高 等 学 校 教 材

实用数学建模与软件应用

（修订版）

肖华勇　编著

西北工业大学出版社

【内容简介】 本书是《实用数学建模与软件应用》的修订版，内容包括经典数学问题的建模巧用、初等模型、优化模型、离散模型、Markov 模型、回归模型、求解时间序列模型、微分方程模型、差分方程模型、存储论模型、排队论模型、图论与网络流问题的 LINGO 求解技巧、概率模型、决策分析、插值与拟合模型、目标规划模型、神经网络模型和随机模拟方法等，针对这些数学模型和不同问题的求解进行了介绍。对每种类型，注重实例讲解，并附有实现的程序或软件应用。

书中对数模竞赛中常用的编程软件 Matlab 和 VC、优化软件 LINGO、统计软件 SPSS 和 SAS，都结合具体实例进行了介绍。本书可以作为本科生数学建模课程的教材，也可供数学建模爱好者参考。

图书在版编目(CIP)数据

实用数学建模与软件应用/肖华勇编著. —修订本 . —西安：西北工业大学出版社，2014.9 (2019.1 重印)

ISBN 978-7-5612-4144-8

Ⅰ. ①实… Ⅱ. ①肖… Ⅲ. ①数学模型—建立模型—应用软件 Ⅳ. ①O141.4

中国版本图书馆 CIP 数据核字(2014)第 213107 号

出版发行：西北工业大学出版社
通信地址：西安市友谊西路 127 号 邮编：710072
电 话：(029)88493844 88491757
网 址：www.nwpup.com
印 刷 者：兴平市博闻印务有限公司
开 本：787 mm×1 092 mm 1/16
印 张：21
字 数：512 千字
版 次：2014 年 9 月第 2 版 2019 年 1 月第 2 次印刷
定 价：59.00 元

前　　言

每年举办的全国数学建模竞赛(简称数模竞赛)吸引了众多的大学生参加,不少学生还参加每年2月份举办的美国数模竞赛。现在数学建模活动已在各大学如火如荼地开展起来了,这说明大家对数学建模的学习有着强烈的需求。我从1997年带队参加数模竞赛开始接触数学建模,逐渐对它产生了强烈的兴趣,平常十分喜欢研究数学建模,感觉它把数学、计算机软件和应用很好地结合起来了。在多年的带队过程中,也取得了很好的成绩。到2008年为止,我带队在全国竞赛中先后获得8个全国一等奖,3个全国二等奖,11个陕西省一等奖;带队参加美国数模竞赛,共获得1个特等奖,8个一等奖,8个二等奖;带队参加了两届“电工杯”数模竞赛,共获得4个一等奖,13个二等奖;带队参加了一届“苏北数学建模联赛”,获得一等奖1项,二等奖1项。从2001年开始,我一直在西北工业大学从事本科生的数学建模教学。在教学、培训队员和带队参赛中,积累了丰富的数学建模经验。

每年4月,在西北工业大学的校内数模竞赛前,学生会都会邀请我给全校学生做一次数学建模报告。不少学生常问我这样一些问题:学数学建模看什么书适合并好上手?参加数模竞赛要掌握哪些知识?编程要掌握哪些软件,达到什么水平?每次我都只能给出一些简短的回答而无法更深入地回答他们的疑问。也许,本书对这些问题的回答能提供一个参考吧!尽管目前关于数学建模的书已有不少,但或者理论太深不易看懂,或者涉及的面比较狭窄,或者只有模型缺乏软件求解,初学者不好上手。这使我一直想写一本初学者容易上手,操作性强,又可以深入下去的专门教材。本书正是基于这样一种理念的尝试。本书的特点是有相当全面的各种数学模型,但不求探讨不易弄懂的数学理论,而是结合具体实例建立模型,并采用数模竞赛中常用的软件进行求解,做到对每一模型都给出求解的程序或软件求解的方法,这样即使是初学者也能很快上手。对类似问题,读者也可以独立建模和求解。对那些有相当基础的读者,通过本书的学习则可以获得比较全面综合的数学建模知识,同时体会对许多问题求解的一些特别方法和技巧,达到提高能力的目的。

为做到这些,在本书中,对不同模型或不同问题的求解,根据使用软件的方便程度,采用Matlab编程,或VC编程,或LINGO编程,或用统计软件SPSS或SAS求解。如回归分析给出既有Matlab编程,也有SPSS和SAS求解过程;对时间序列求解,给出了SAS求解过程。读者只要按照这个方法,就可以对其他问题同样进行求解,既方便又容易上手。

本书还给出了神经网络模型及软件求解方法,时间序列模型及SAS软件具体求解方法,随机模拟的方法及不同问题的计算机模拟思想与实现程序。所有这些都有具体案例或竞赛题作参考。这些使得本书具有新颖性和很强的实用性。

对一些经典的数学问题,如人、狼、羊、菜过河问题,等分酒问题,商人过河问题等,本书不但给出了通常的求解方法,而且首次用图论的思想进行求解,读者看后一定会感觉到这些解法是如此简单清晰,给人耳目一新,情不自禁地产生出原来这些问题还可以这样解的感觉。而这恰恰体现了数学建模的思维。

本书是在2008年第1版的基础上修订而成,在修订过程中对部分章节进行了重写,使其更加完整,同时增加了每章小结,增加了附录部分,以便读者更好地学习和理解数学建模的知识。

本书的模型种类较全,各章既可以单独学习,也可以结合起来学习。所有内容都注重通过实例、建模和程序(软件)求解,让读者容易读得懂,并很容易算得出,学起来没有障碍。而要想再深入,只须要再继续下去;要想解决一个具体问题,只要把这些知识综合起来就行了。

肖华勇

2014年6月于西安

目　录

第1章 Matlab 使用简介

Matlab 是美国 Math Works 公司20世纪80年代中期推出的数学软件,优秀的数值计算能力和卓越的数据可视化能力使其很快在数学软件中脱颖而出。到目前为止,其版本7.0版已经推出。

Matlab 的主要特点:

(1)有高性能数值计算的高级算法,特别适合矩阵代数领域;

(2)有大量事先定义的数学函数,并且有很强的用户自定义函数的能力;

(3)有强大的绘图功能以及具有教育、科学和艺术学的图解和可视化的二维、三维图;

(4)基于 HTML 的完整的帮助功能;

(5)适合个人应用的强有力的面向矩阵(向量)的高级程序设计语言;

(6)与其他语言编写的程序结合和输入输出格式化数据的能力;

(7)有在多个应用领域解决难题的工具箱。

由于 Matlab 编程方便,有大量内部函数和工具箱可以使用,作图也十分方便,因此在数学实验和数学建模竞赛中,就常使用 Matlab 作为编程工具。

根据数学实验的需要,现在对 Matlab 作简单介绍。

1. 常用函数介绍

(1) 三角函数。

sin——正弦

sinh——双曲正弦

asin——反正弦

asinh——反双曲正弦

cos——余弦

cosh——双曲余弦

acos——反余弦

acosh——反双曲余弦

tan——正切

tanh——双曲正切

atan——反正切

atanh——反双曲正切

(2) 指数函数与对数函数。

exp——指数

log——e 为底的对数

log10——常用对数

sqrt——平方根

(3) 与复数有关的函数。

abs——模或绝对值

angle——辐角

conj——复共轭

imag——虚部

real——实部

(4) 舍入函数及其他数值函数。

fix——向0舍入

floor——向负无穷舍入

ceil——向正无穷舍入

round——四舍五入

rem(a,b)——计算 a/b 的余数

sign(x)——符号函数

（5）有关向量的函数。

min(x)：向量 x 的元素的最小值；

max(x)：向量 x 的元素的最大值；

mean(x)：向量 x 的元素的平均值；

median(x)：向量 x 的元素的中位数；

std(x)：向量 x 的元素的标准差；

diff(x)：向量 x 的相邻元素的差；

sort(x)：对向量 x 的元素进行排序；

length(x)：向量 x 的元素个数；

norm(x)：向量 x 的 Euclidean 长度；

sum(x)：向量 x 的元素总和；

prod(x)：向量 x 的元素连乘积；

cumsum(x)：向量 x 的累计元素总和；

cumprod(x)：向量 x 的累计元素总乘积；

dot(x，y)：向量 x 和 y 的内积；

cross(x，y)：向量 x 和 y 的外积。

2. 矩阵常见计算

（1）矩阵输入最简单的方法是把矩阵的元素直接排列在方括号中，每行内的元素间用空格或逗号隔开，行与行之间用分号隔开。例如：

$$\boldsymbol{A}=\begin{bmatrix}1 & 4 & 7\\3 & 6 & 9\\6 & 7 & 4\end{bmatrix}$$

输入为

$$\boldsymbol{A}=[1,4,7;3,6,9;6,7,4]$$

或

$$\boldsymbol{A}=[1,4,7;\quad 3,6,9;\quad 6,7,4]$$

输出结果为

```
1  4  7
3  6  9
6  7  4
```

（2）矩阵的转置。矩阵的转置用符号“$'$”来表示，例如：

$$\boldsymbol{A}=[1,4,7;3,6,9;6,7,4]$$

$$\boldsymbol{B}=\boldsymbol{A}'$$

则显示为

```
B=
   1  3  6
   4  6  7
   7  9  4
```

也可直接转置，$\boldsymbol{B}=[1,4,7;3,6,9;6,7,4]'$。

（3）矩阵的加减。矩阵的加减使用的是“＋”和“－”运算符，进行矩阵加减运算必须是同型矩阵。例如：

$$\boldsymbol{A}=[1,3,6;4,5,7;7,8,9]$$

$$\boldsymbol{B}=[3,5,7;2,4,6;1,3,9]$$

$$\boldsymbol{C}=\boldsymbol{A}+\boldsymbol{B}$$

则显示结果为

$C=$

4	8	13
6	9	13
8	11	18

令矩阵可以与一个数进行加减运算，运算法则是对应每个元素加减同一个数，如 $Z=C-1$，则结果为

$Z=$

3	7	12
5	8	12
7	10	17

(4) 矩阵乘法。矩阵乘法用符号“ * ”表示，要求前一矩阵的列数与后一矩阵的行数相同。例如：

$A=[1,4,7;2,5,8]$

$B=[4,5,9;1,7,8;3,2,1]$

$C=A*B$

则结果为

$C=$

29	47	48
37	61	66

另外，Matlab 中还可以进行矩阵与数的乘法，其规则是矩阵每个元素与该数相乘。例如：

$A=[1\quad 5\quad 8;2\quad 6\quad 9]$

$B=3*A$

结果为

$B=$

3	15	24
6	18	27

(5) 矩阵的行列式。求方阵 A 的行列式，用 det(A)表示。例如：

$A=[1\quad 3\quad 6;2\quad 5\quad 8;3\quad 9\quad 11]$

$Z=\det(A)$

则结果为

$Z=7$

(6) 矩阵求逆。非奇异矩阵 A 求逆用 inv(A)表示。例如：

$A=[1\quad 3\quad 6;2\quad 5\quad 8;3\quad 9\quad 11]$

$Z=\mathrm{inv}(A)$

则结果为

$Z=$

−2.428 6	3.000 0	−0.857 1
0.285 7	−1.000 0	0.571 4
0.428 6	0	−0.142 9

如要验证,可计算 $\boldsymbol{C}=\boldsymbol{A}*\boldsymbol{Z}$,结果为

$$\boldsymbol{C}=\begin{matrix} 1.0000 & 0 & -0.0000 \\ -0.0000 & 1.0000 & -0.0000 \\ 0 & 0 & 1.0000 \end{matrix}$$

利用逆矩阵可以解方程组。例如：

$$\boldsymbol{AX}=\boldsymbol{b}$$

其中

$$\boldsymbol{A}=[1\quad 3\quad 6;\ 2\quad 5\quad 8;\ 3\quad 9\quad 11]$$

$$\boldsymbol{b}=[3\quad 6\quad 7]'$$

计算表达式为 $\boldsymbol{X}=\mathrm{inv}(\boldsymbol{A})*\boldsymbol{b}$,则结果为

$$\boldsymbol{X}=[4.7143\quad -1.1429\quad 0.2857]$$

或用 $\boldsymbol{X}=\boldsymbol{A}\backslash\boldsymbol{b}$ 也可求解,而且 $\boldsymbol{X}=\boldsymbol{A}\backslash\boldsymbol{b}$ 还可以求解矛盾方程组。

现在进行函数拟合。

因变量 y 与自变量 x 之间存在以下关系：

$$y=a+b\mathrm{e}^{-x}$$

观测数据对为

x	0.0	0.3	0.8	1.1	1.6	2.3
y	0.82	0.72	0.63	0.60	0.55	0.5

由此可建立矛盾方程组为

$$\boldsymbol{AX}=\boldsymbol{y}$$

其中

$$\boldsymbol{X}=[a,b]'$$

可建立以下 M 文件：

```
t=[0.0  0.3  0.8  1.1  1.6  2.3]'
y=[0.82  0.72  0.63  0.60  0.55  0.5]'
A=[ones(size(t)),exp(-t)]
X=inv(A'*A)*A'*y
```

或

```
X=A\y
```

可得结果为

$$\boldsymbol{X}=[0.4760\quad 0.3413]$$

即

$$a=0.4760,\quad b=0.3413$$

函数拟合为

$$y=0.476+0.3413\mathrm{e}^{-x}$$

结果图形如图 1.1 所示。M 文件为

```
t=[0.0  0.3  0.8  1.1  1.6  2.3]'
y=[0.82  0.72  0.63  0.60  0.55  0.5]'
```

```
    A=[ones(size(t)),exp(-t)]
    x=inv(A' * A) * A' * y
n=500
tt=zeros(n,1);
yy=zeros(n,1);
dt=2.3/n;
for i=1:n
    tt(i)=i * dt;
    yy(i)=x(1)+x(2) * exp(-tt(i));
end
plot(t,y,'* b',tt,yy,'r')
```

b—表示代表原数据

r—表示代表拟合曲线

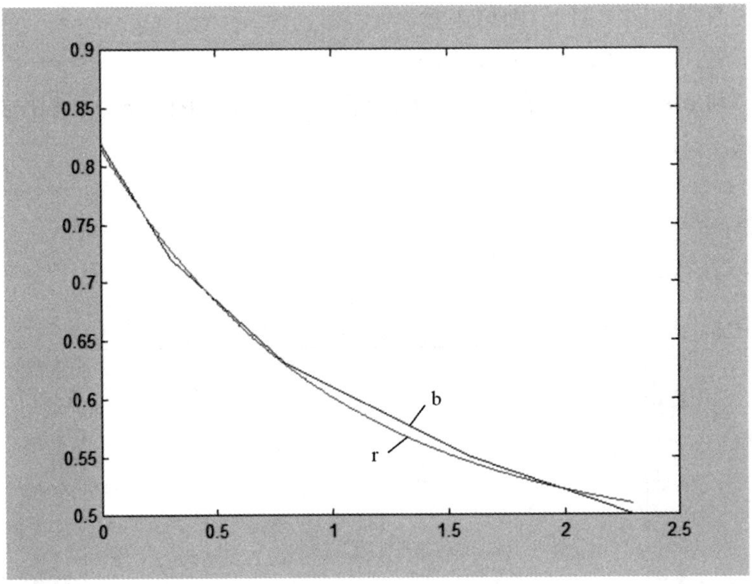

图 1.1　拟合曲线图

(7) 矩阵特征值。如果 $\boldsymbol{A}$ 为方阵,满足 $\boldsymbol{AX}=\lambda\boldsymbol{X}$ 的 λ 称为 $\boldsymbol{A}$ 的特征值,$\boldsymbol{X}$ 称为 $\boldsymbol{A}$ 的特征向量。计算 $\boldsymbol{A}$ 的特征值用 eig($\boldsymbol{A}$)表示。例如:

$$\boldsymbol{A}=[1\quad 3\quad 6;2\quad 5\quad 8;3\quad 6\quad 8]$$

$$\boldsymbol{Z}=\text{eig}(\boldsymbol{A})$$

则结果为

$$\boldsymbol{Z}=[15.238\,2 \\ -1.336\,5 \\ 0.098\,2]$$

若要同时求出特征向量，采用表达式[**X**,**V**]＝eig(**A**)，则结果为

X＝

－0.413 5	－0.785 1	0.731 8
－0.609 4	－0.374 8	－0.647 2
－0.676 5	0.493 1	0.213 6

V＝

15.238 2	0	0
0	－1.336 5	0
0	0	0.098 2

其中，**X** 各列为特征向量，**V** 主对角元素为特征值。

3. 函数作图

(1) 二维平面曲线作图函数。

plot(x,y,'s')

其中，x 和 y 是长度相同的向量；s 表示线型和颜色，可以不选，则采用默认方式。

如果作多条曲线在同一图上，则用函数

plot(x1,y1,'s1',x2,y2,'s2',…,xn,yn,'sn')

若将 sin(x)和 cos(x)同时作在一张图上(见图 1.2)，区间取[0,π]，则程序如下：

```
x=0:0.1:2*pi;
y1=sin(x);
y2=cos(x);
plot(x,y1,'r',x,y2,'b');
```

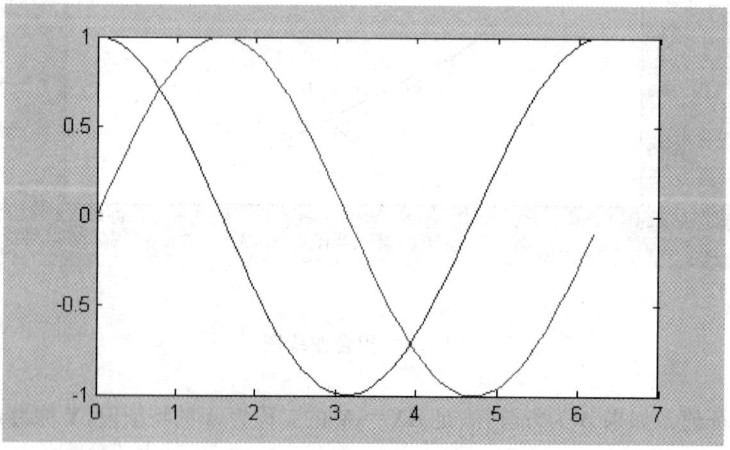

图 1.2　y＝sin(x)和 y＝cos(x)图形

(2) 多窗口作图。如果将屏幕分为几个窗口分别作图，采用函数如下：

subplot(m,n,k)

表示将窗口分为 m×n 个子窗口，当前图在第 k 个窗口完成。

如果要在第一个窗口作 y＝sin(x)，第二个窗口作 y＝cos(x)，第三个窗口作 $y=\sqrt{x}$，第四个窗口作 y＝ln(x)，那么程序如下：

```
x1=0:0.1:2*pi; y1=sin(x1);
x2=-pi:0.1:pi; y2=cos(x2);
x3=0:0.1:10; y3=sqrt(x3);
x4=2:0.2:10; y4=log(x4);
subplot(2,2,1); plot(x1,y1); title('y=sin(x)'); grid on
subplot(2,2,2); plot(x2,y2); title('y=cos(x)'); grid on
subplot(2,2,3); plot(x3,y3); title('y=sqrt(x)');grid on
subplot(2,2,4); plot(x4,y4); title('y=ln(x)'); grid on
```

图形如图 1.3 所示。

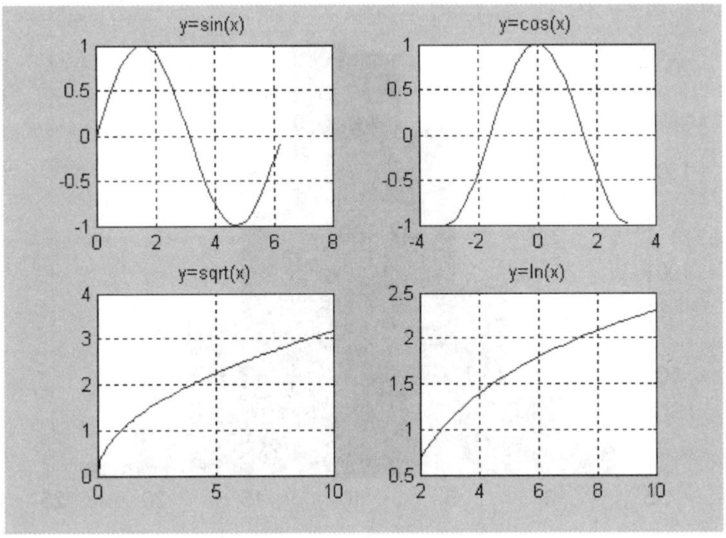

图 1.3　分窗口作图结果演示

(3) 直方图作图 hist。二维直方图，可以显示出数据的分布。所有向量 X 中的元素或者是矩阵 y 中的列向量中的元素是根据它们的数值范围来分组的，每一组作为一个条形进行显示。条形直方图中的 x 轴反映了数据 X 中元素数值的范围，直方图的 y 轴显示出参量 X 中的元素落入该组的数目。

用法　count = hist(X)

把向量 X 中的元素放入等距的 10 个条形中，且返回每一个条形中的元素个数。若 X 为矩阵，则该命令按列对 X 进行处理。

count = hist(X,center)

参量 X 为向量，把 X 中元素放到 m(m=length(center))个由 center 中元素指定的位置为中心的直方图中。

count = hist(X,number)

参量 number 为标量，用于指定条形的数目。

[count,center]=hist(X)

返回向量 X 中包含频率计数的 count 与条形的位置向量 center，可以用命令 bar(center, count)画出条形直方图。

例如，作 1 000 个服从正态分布 N(10,5)的数据的直方图，程序如下：

```
X=normrnd(10,5,1000,1);
z=hist(X);
```

结果图形见图 1.4。也可采用下面的程序：

```
X=normrnd(10,5,1000,1);
[count,center]=hist(X);
bar(center,count);
```

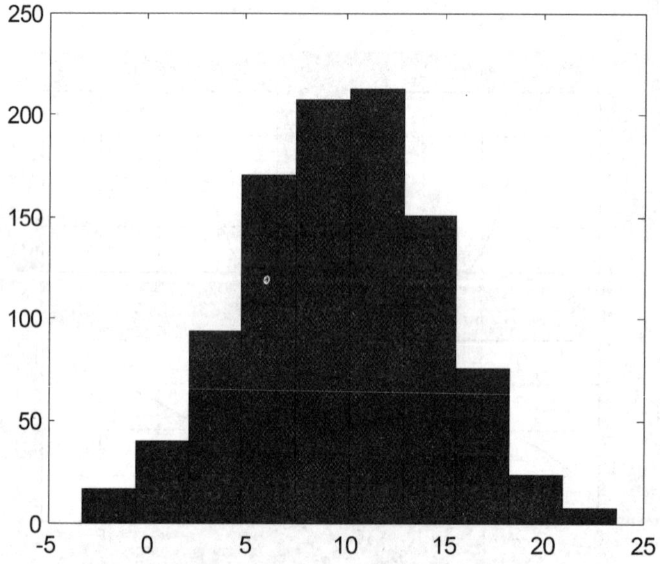

图 1.4　直方图

(4) 二维图形注释命令 grid。

功能：给图形的坐标面增加分隔线，该命令会对当前坐标轴的属性有影响。

用法：grid on　给当前的坐标轴增加分隔线。

　　grid off　从当前的坐标轴中去掉分隔线。

　　grid　转换分隔线的显示与否的状态。

　　grid(axes_handle,on|off)　对指定的坐标轴 axes_handle 是否显示分隔线。

(5) 三维曲面作图。

命令 1　mesh

功能：生成由 X,Y 和 Z 指定的网线面。

用法：mesh(X,Y,Z)　画出三维网格图，和曲面的高度相匹配。

1)若 X 与 Y 均为向量，length(X)=n，length(Y)=m，而[m,n]=size(Z)，空间中的点(X(i),Y(j),Z(i,j))为所画曲面网线的交点，分别地，X 对应于 Z 的列，Y 对应于 Z 的行。

2)若 X 与 Y 均为矩阵，则空间中的点 (X(i,j),Y(i,j),Z(i,j))为所画曲面的网线的交点。由[n,m] = size(Z)，得 X =1:n 与 Y=1:m，其中 Z 为定义在矩形划分区域上的单值函数。

程序如下：

```
[X,Y]=meshgrid(-3:1/8:3);
Z=peaks(X,Y);
mesh(X,Y,Z);
```

结果图形见图 1.5。

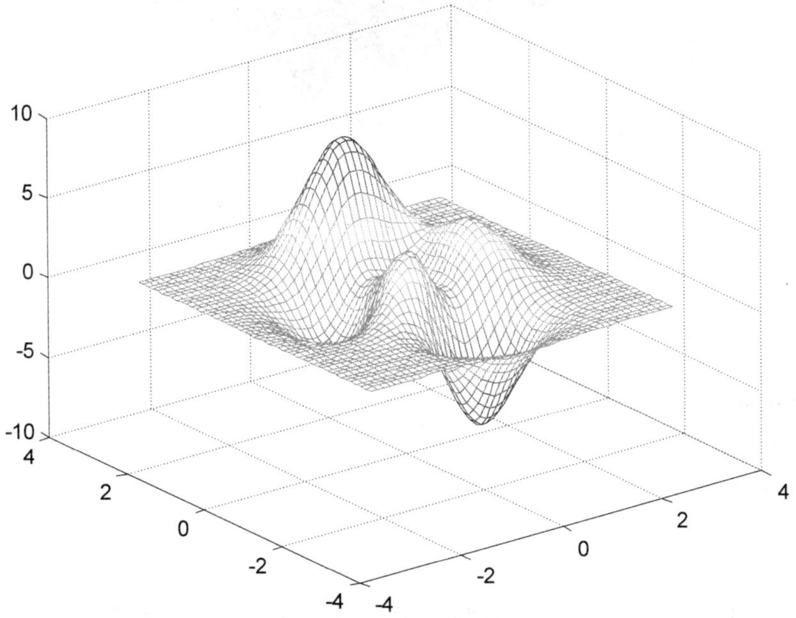

图 1.5　mesh 作图实例

命令 2　surf

功能：在矩形区域内显示三维带阴影曲面图。

用法：surf(Z)　生成一个由矩阵 Z 确定的三维带阴影的曲面图，其中[m,n]=size(Z)，而 X=1:n，Y=1:m。高度 Z 为定义在一个几何矩形区域内的单值函数，Z 同时指定曲面高度数据的颜色，所以颜色对于曲面高度是恰当的。

surf(X,Y,Z)中数据 Z 同时为曲面高度，也是颜色数据。X 和 Y 为定义 x 坐标轴和 y 坐标轴的曲面数据。若 X 与 Y 均为向量，length(X)=n，length(Y)=m，而[m,n]=size(Z)，在这种情况下，空间曲面上的节点为(X(i)，Y(j)，Z(i,j))。

程序如下：

```
[X,Y]=meshgrid(-3:1/8:3);
Z=peaks(X,Y);
surf(X,Y,Z);
```

结果图形见图 1.6。

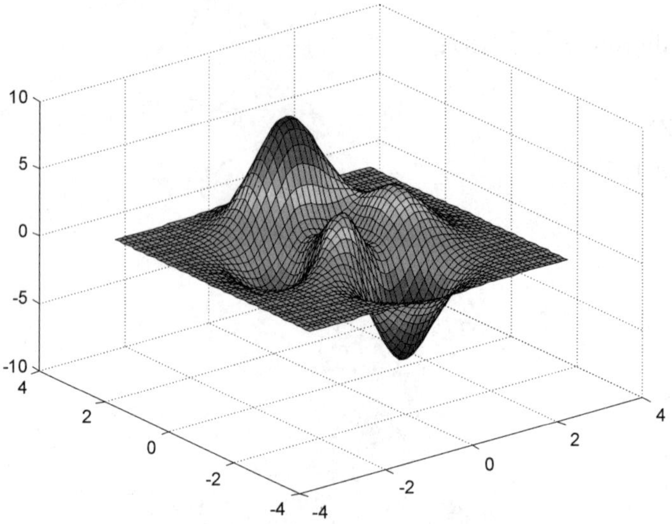

图 1.6　surf 作图实例

4. 基本语句

(1) for 语句。

```
for  x=a:d:b
  (command)
end
```

a 为起始点，b 为终止点，d 为区间间隔。循环体(command)内为执行语句。

例如，求 1+3+5+…+99，程序如下：

```
  s=0;
for i=1:2:99
      s=s+i;
end
  s
```

结果为 2 500。

(2) while 语句。

```
while expression
  (command)
end
```

当 Matlab 中碰到 while 指令时，首先检测 expression 的值。当为真时，执行循环体中语句，并循环执行，直到 expression 值为假才结束循环。

求 1+3+5+…+99。用该语句实现的程序如下：

```
s=0;
  i=1;
```

```
  while i<100
  s=s+i;
  i=i+2;
end
s
```

(3) if-else-end 语句。该语句通常有 3 种形式，见表 1.1。

表 1.1　if 语句的 3 种形式

单分支	双分支	多分支
if expression 　(command) end	if expression 　(command1) else 　(command2) 　end	if expression1 　(command1) elseif expression2 　(command2) .... else 　　(commandn) 　end

用该语句求 1～100 中被 3 整除余 1 的数和为 s1，被 3 整除余 2 的数和为 s2，被 3 整除的数和为 s3。程序如下：

```
s1=0;s2=0; s3=0;
for i=1:100
if(mod(i,3)==1) s1=s1+i;
elseif (mod(i,3)==2) s2=s2+i;
else s3=s3+i; end
end
fprintf('s1=%3d s2=%3d s3=%3d\n',s1,s2,s3);
```

结果如下：

s1=1717　s2=1650　s3=1683

5. M 文件

Matlab 中 M 文件有两种：脚本 M 文件和函数 M 文件。

一个比较复杂的程序通常需要反复调试，而我们通常也要编写一大段程序，这时通常可建立一个脚本 M 文件将其存储起来，以便于随时调用计算。脚本 M 文件就是许多命令的简单组合。

建立 M 文件的方法：

在 Matlab 的窗口中单击 File→New→M-File。打开 M 文件编辑窗口，在该窗口中输入程序，再以 m 为扩展名存储。要运行该 M 文件，可按 F5 键或在命令窗口中输入该文件名，按确定键就可以。

当要编写一个函数便于主程序调用时，该函数通常也需要写为 M 文件。这种 M 文件称为函数 M 文件。

函数 M 文件是文件名后缀为 m 的文件，这类文件的第一行必须以一特殊字符 function 开始，格式为：

function　因变量名＝函数名（自变量名）

接下来各行是从自变量计算因变量的语句，可以是几条语句，也可以是很多语句。一定要将最后的计算结果赋给因变量。特别要注意的是，M 文件的文件名必须与函数名完全一致。

函数 M 文件和脚本 M 文件主要有以下差异：

(1)函数 M 文件的文件名必须与函数名相同，而脚本 M 文件则可以任意取合法的文件名。

(2)脚本 M 文件没有输入参数与输出参数，而函数 M 文件有输入与输出参数。对函数进行调用时，可以按少于函数 M 文件规定的输入与输出变量个数，但不能多于函数 M 文件规定的输入与输出变量个数。

(3)脚本 M 文件运行产生的所有变量都是全局变量，而函数 M 文件的所有变量除特别申明外都是局部变量。

例如，计算函数 $z=(x^2-2x)e^{(-x^2-y^2-xy)}$ 在(0.1,0.2)处的函数值。

编写 M 文件 fun.m：

```
function z=fun(x)
z=(x(1)^2-x(1)*2)*exp(-x(1)^2-x(2)^2-x(1)*x(2));
return;
```

在命令窗口中输入

```
>>x=[0.1,0.2]
>>z=fun(x)
```

得到结果为

```
z=-0.1772
```

本 章 小 结

本章主要介绍了 Matlab 的常用函数、矩阵常见计算、函数作图、基本语句、M 文件的建立。这些可以满足利用 Matlab 进行基本的计算与作图。在实际完成任务过程中，还需要通过许多实际的例子和赛题进行大量的练习和实战，才能真正提高 Matlab 的编程水平。在数学建模的练习和实际竞赛中，Matlab 是一种重要的编程工具。多以实际问题或赛题作为练习，才能提高你的水平，加油吧！

第 2 章　LINGO 软件使用简介

LINGO 是一种专门用于求解数学规划问题的软件包。由于 LINGO 执行速度快，易于方便地输入、求解和分析数学规划问题，因此在教学、科研和工业界得到广泛应用。LINGO 主要用于求解线性规划、非线性规划、二次规划和整数规划等问题，也可以用于求解一些线性和非线性方程组及代数方程求根等。

本章介绍的 LINGO 程序可在 LINGO 5.0，LINGO 8.0，LINGO 9.0 中使用。

2.1　LINGO 使用介绍

2.1.1　LINGO 编写格式

LINGO 模型以 MODEL 开始，以 END 结束。中间为语句，分为四大部分(SECTION)：

(1) 集合部分(SETS)。这部分以“SETS:”开始，以“ENDSETS”结束。这部分的作用在于定义必要的变量，便于后面编程进行大规模计算，就像 C 语言在程序的第一部分定义变量和数组一样，在 LINGO 中称为集合(SET)及其元素(MEMBER 或 ELEMENT，类似于数组的下标)和属性(ATTRIBUTE，类似于数组)。

LINGO 中的集合有两类：一类是原始集合(PRIMITIVE SETS)，其定义的格式为

```
SETNAME/member list(or 1..n)/:
attribute,attribute,etc.
```

另一类是导出集合(DERIVED SETS)，即引用其他集合定义的集合，其定义的格式为

```
SETNAME(set1,set2,etc.):attribute,attribute,etc.
```

如果要在程序中使用数组，就必须在该部分进行定义，否则可不需要该部分。

(2) 目标与约束。这部分定义了目标函数、约束条件等，一般要用到 LINGO 的内部函数，可在后面的具体应用中体会其功能与用法。求解优化问题时，该部分是必需的。

(3) 数据部分(DATA)。这部分以“DATA:”开始，以“ENDDATA”结束。其作用在于对集合的属性(数组)输入必要的数值，格式为 attribut=value_list。该部分主要是方便数据的输入。

(4) 初始化部分(INIT)。这部分以“INIT:”开始，以“ENDINIT”结束。其作用在于对集合的属性(数组)定义初值，格式为 attribute=value_list。由于非线性规划求解时，通常得到的是局部最优解，而局部最优解受输入的初值影响，通常可改变初值来得到不同的解，从而发现更好的解。

编写 LINGO 程序要注意以下几点。

(1) 所有的语句除 SETS，ENDSETS，DATA，ENDDATA，INIT，ENDINIT 和 MODEL，END 之外，必须以一个分号“;”结尾。

(2) LINGO 求解非线性规划时已约定各变量非负。

2.1.2 LINGO 内部函数使用详解

LINGO 建立优化模型时可以引用大量的内部函数,这些函数以"@"符号打头。

1. 常用数学函数

@ABS(X):返回变量 X 的绝对数值。

@COS(X):返回 X 的余弦值,X 的单位为弧度。

@EXP(X):返回 e^x 的值,其中 e 为自然对数的底,即 2.718 28…。

@FLOOR(X):向 0 靠近,返回 X 的整数部分。若@FLOOR(3.7),则返回 3;若@FLOOR(−3.7),则返回−3。

@LGM(X):返回 Γ 函数的自然对数值。

@LOG(X):返回变量 X 的自然对数值。

@SIGN(X):返回变量 X 的符号值。当 X<0 时为−1;当 X>0 时为 1。

@SIN(X):返回 X 的正弦值,X 的单位为弧度。

@SMAX(X1, X2,…, XN):返回一列值 X1, X2,…, XN 的最大值。

@SMIN(X1, X2,…, XN):返回一列值 X1, X2,…, XN 的最小值。

@TAN(X):返回 X 的正切值,X 的单位为弧度。

2. 集合函数

集合函数的用法:

set_operator (set_name|condition:expression)

其中,set_operator 部分是集合函数名(见下);set_name 是数据集合名;expression 部分是表达式;|condition 部分是条件,用逻辑表达式描述(无条件时可省略)。逻辑表达式中可以有 3 种逻辑算符(#AND#(与),#OR#(或),#NOT#(非))和 6 种关系算符(#EQ#(等于),#NE#(不等于),#GT#(大于),#GE#(大于等于),#LT#(小于),#LE#(小于等于))。

常见的集合函数如下:

@FOR (set_name:constraint_expressions):对集合(set_name)的每个元素独立地生成约束,约束由约束表达式(constraint_expressions)描述。

@MAX(set_name:expression):返回集合上的表达式(expression)的最大值。

@MIN(set_name:expression):返回集合上的表达式(expression)的最小值。

@SUM(set_name:expression):返回集合上的表达式(expression)的和。

@SIZE(set_name):返回数据集 set_name 中包含元素的个数。

@IN(set_name,set_element):若数据集 set_name 中包含元素 set_element,则返回 1,否则返回 0。

3. 变量界定函数

变量函数对变量的取值范围附加限制,共有 4 种。

@BND(L,X,U)限制 L≤X≤U;

@BIN(X)限制 X 为 0 或 1;

@FREE(X)取消对 X 的符号限制(即可取任意实数值);

@GIN(X)限制 X 为整数值。

2.2　LINGO 求解实例

例 2.1　某昼夜服务的公交路线每天各时间区段内需司机和乘务人员见表 2.1。设司机和乘务人员分别在各时间区段一开始上班，并连续工作 8h，问该公交线路至少配备多少名司机和乘务人员？从第一班开始排，试建立线性模型。

表 2.1　班次表

班　次	时　间	最少需要人数
1	6:00—10:00	60
2	10:00—14:00	70
3	14:00—18:00	60
4	18:00—22:00	50
5	22:00—2:00	20
6	2:00—6:00	30

解　在每一时间段里上班的司机和乘务人员中，既包括在该时间段内开始时报到的人员，还包括在上一时间段工作的人员。因为每一时间段只有 4h，而每个司乘人员却要连续工作 8h，所以每班的人员应理解为该班次相应时间段开始时报到的人员。

设 x_i 为第 i 班应报到的人员($i=1,2,\cdots,6$)，则应配备人员总数为

$$Z=\sum_{i=1}^{6} x_i$$

按所需人数最少的要求，可得到线性模型为

$$\min Z=\sum_{i=1}^{6} x_i$$

$$s.t.\begin{cases} x_1+x_6\geqslant 60 \\ x_1+x_2\geqslant 70 \\ x_2+x_3\geqslant 60 \\ x_3+x_4\geqslant 50 \\ x_4+x_5\geqslant 20 \\ x_5+x_6\geqslant 30 \\ x_1,x_2,\cdots,x_6\geqslant 0 \end{cases}$$

LINGO 程序如下：

```
MODEL:
  min=x1+x2+x3+x4+x5+x6;
  x1+x6>=60;
  x1+x2>=70;
  x2+x3>=60;
  x3+x4>=50;
```

```
x4＋x5＞＝20;
x5＋x6＞＝30;
END
```

得到的解为

x1＝60,x2＝10,x3＝50,x4＝0,x5＝30,x6＝0;

配备的司机和乘务人员最少为150人。

例 2.2 公司在各地有4项业务，选定了4位业务员去处理。由于业务能力、经验和其他情况不同，4位业务员去处理4项业务的费用(单位:元)各不相同，见表2.2。应当怎样分派任务，才能使总的费用最小？

表 2.2 业务的费用表

业务员＼业务	1	2	3	4
1	1 100	800	1 000	700
2	600	500	300	800
3	400	800	1 000	900
4	1 100	1 000	500	700

解 这是一个最优指派问题，引入如下变量：

$$x_{ij}=\begin{cases}1, & \text{分派第 } i \text{ 个人做第 } j \text{ 项业务}\\ 0, & \text{不分派第 } i \text{ 个人做第 } j \text{ 项业务}\end{cases}$$

设矩阵 $\mathbf{A}_{4\times 4}$ 为指派矩阵，其中 $a(i,j)$ 为第 i 个业务员做第 j 项业务的业务费，则可以建立以下模型：

$$\min Z=\sum_{i=1}^{4}\sum_{j=1}^{4}a_{ij}x_{ij}$$

$$s.t.\begin{cases}\sum_{i=1}^{4}x_{ij}=1, & j=1,2,3,4\\ \sum_{j=1}^{4}x_{ij}=1, & i=1,2,3,4\\ x_{ij}=0 \text{ 或 } 1, & i,j=1,2,3,4\end{cases}$$

LINGO 程序如下：

```
MODEL:
SETS:
person/1..4/;
task/1..4/;
assign(person,task):a,x;
ENDSETS
DATA:
a=1100,800,1000,700,
```

```
  600,500,300,800,
  400,800,1000,900,
  1100,1000,500,700;
ENDDATA
min=@sum(assign:a * x);
@for(person(i):@sum(task(j):x(i,j))=1);
@for(task(j):@sum(person(i):x(i,j))=1);
@for(assign(i,j):@bin(x(i,j)));
END
```

得到的结果如下：

x(1,1)=0,x(1,2)=0,x(1,3)=0,x(1,4)=1;

x(2,1)=0,x(2,2)=1,x(2,3)=0,x(2,4)=0;

x(3,1)=1,x(3,2)=0,x(3,3)=0,x(3,4)=0;

x(4,1)=0,x(4,2)=0,x(4,3)=1,x(4,4)=0;

最小费用为 2100 元。即：第 1 个业务员做第 4 项业务，第 2 个业务员做第 2 项业务，第 3 个业务员做第 1 项业务，第 4 个业务员做第 3 项业务，总费用最小，为 2 100 元。

LINGO 程序中输入的数据也可以从文本文件中读入，特别是数据比较多时，将程序与数据分开，显得更方便。例如，上面程序也可以这样写：

```
MODEL:
SETS:
person/1..4/;
task/1..4/;
assign(person,task):a,x;
ENDSETS
DATA:
a=@file(data.txt);
ENDDATA
min=@sum(assign:a * x);
@for(person(i):@sum(task(j):x(i,j))=1);
@for(task(j):@sum(person(i):x(i,j))=1);
@for(assign(i,j):@bin(x(i,j)));
END
```

同时在 LINGO 目录下建立文本文件 data.txt，数据如下：

```
1100,800,1000,700
600,500,300,800
400,800,1000,900
1100,1000,500,700
```

其计算结果与上面相同。

例 2.3　有 4 种资源被用于生产 3 种产品，资源量、产品单件可变费用、单件售价、资源单耗量及组织 3 种商品生产的固定费用见表 2.3。现要求制订一个生产计划，使总收益最大。

表 2.3　数据详细表

单耗量 资源 \ 产品	Ⅰ	Ⅱ	Ⅲ	资源量
A	2	4	8	500
B	2	3	4	300
C	1	2	3	100
D	3	5	7	700
单件可变费用/元	4	6	12	
固定费用/元	100	150	200	
单件售价/元	7	10	20	

解　总收益等于销售收入减去生产产品的固定费用与可变费用之和。问题的困难之处在于事先不知道某种产品是否生产，因而不能确定是否有相应的固定费用。可引入 0-1 变量来解决是否需要固定费用问题。

设 x_j 是第 j 种产品的产量，$j=1,2,3$；再设：

$$y_j=\begin{cases}1, & \text{生产第 } j \text{ 种产品}(x_j>0)\\ 0, & \text{不生产第 } j \text{ 种产品}(x_j=0)\end{cases},\quad j=1,2,3$$

第 Ⅰ 种产品销售 1 件可收入 $7-4=3$ 元，第 Ⅱ 种产品销售 1 件可收入 $10-6=4$ 元，第 Ⅲ 种产品销售 1 件可收入 $20-12=8$ 元。

则问题的整数规划模型为

$$\max Z=3x_1+4x_2+8x_3-100y_1-150y_2-200y_3$$

$$s.t.\begin{cases}2x_1+4x_2+8x_3\leqslant 500\\ 2x_1+3x_2+4x_3\leqslant 300\\ x_1+2x_2+3x_3\leqslant 100\\ 3x_1+5x_2+7x_3\leqslant 700\\ x_1\leqslant M_1y_1\\ x_2\leqslant M_2y_2\\ x_3\leqslant M_3y_3\\ x_j\geqslant 0 \text{ 且为整数}, \quad j=1,2,3\\ y_j=0 \text{ 或 } 1, \quad j=1,2,3\end{cases}$$

其中 M_j 为 x_j 的某个上界。根据第 2 个约束条件，可取 $M_1=150, M_2=100, M_3=75$，也可统一取其最大值 $M=150$。

如果生产第 j 种产品，则其产量 $x_j>0$。由约束条件 $x_j\leqslant M_jy_j$ 知 $y_j=1$，此时相应的生产第 j 种产品的固定费用在目标函数中被考虑。如果不生产第 j 种产品，则其产量 $x_j=0$。由约束条件 $x_j\leqslant M_jy_j$ 知，y_j 可为 0 也可为 1。但显然只有 $y_j=0$ 有利于目标函数最大，从而相

应的生产第 j 种产品的固定费用在目标函数中将不被考虑，因此引入 y_j 是合理的。

下面是 LINGO 程序。

```
MODEL:
DATA:
M=150;
ENDDATA
max=3*x1+4*x2+8*x3-100*y1-150*y2-200*y3;! 目标函数;
2*x1+4*x2+8*x3<=500;
2*x1+3*x2+4*x3<=300;
x1+2*x2+3*x3<=100;
3*x1+5*x2+7*x3<=700;
x1<=M*y1;
x2<=M*y2;
x3<=M*y3;
@GIN(x1);@GIN(x2);@GIN(x3);! 指定产品件数为整数;
@BIN(y1);@BIN(y2);@BIN(y3);! 指定 0-1 变量;
END
```

得到的解为 x1=100,x2=0,x3=0,y1=1,y2=0,y3=0。最大值为 Z=200 元。

本章小结

本章主要介绍了优化软件 LINGO 的编写格式和内部函数，并以几个简单的线性规划实例为例，具体讲解了如何利用 LINGO 编程。LINGO 在关于优化的模型中，常常需要使用它。对数学建模，掌握 LINGO 编程，是一项基本技术。LINGO 不但入门容易，而且只要稍微多加练习，你就会熟练掌握！

第3章　经典数学问题的建模巧用

在这一章里，介绍一些利用数学知识或数学模型巧妙地解决一些经典的数学问题和数学游戏。这些问题有的看起来简单，却又不好下手，有一种山重水复疑无路的感觉。然而采用合适的数学方法或数学工具后，突然有一种柳暗花明又一村的感觉。下面举几个这样的经典数学问题或数学游戏。

3.1　状态转移问题

例 3.1　人、狼、羊、菜渡河问题。一个摆渡人希望用一条小船把一只狼、一头羊和一篮白菜从一条河的左岸渡到右岸去，而船小只能容纳人、狼、羊、菜中的两个，决不能在无人看守的情况下留下狼和羊在一起，也不允许羊和白菜在一起，应怎样渡河才能将狼、羊、白菜都运过去?

解　采用试探法可以得到两种方法。

方法 1：① 人、羊(去) → ② 人(回) → ③ 人、狼(去) → ④ 人、羊(回) → ⑤ 人、菜(去) → ⑥ 人(回) → ⑦ 人、羊(去)；

方法 2：① 人、羊(去) → ② 人(回) → ③ 人、菜 (去) → ④ 人、羊(回) → ⑤ 人、狼(去) → ⑥ 人(回) → ⑦ 人、羊(去)。

然而对于这样的问题，如何采用数学的方法来获得最优解呢？这是我们要解决的问题。

问题分析：

人、狼、羊、菜渡河问题(有的又叫人、狗、米渡河问题)是一个多步决策问题，每一步都需要对渡河装载的东西进行决策。在保证安全的前提下，把人、狼、羊、菜全部渡过河去。我们采用状态变量表示某一岸人、狼、羊、菜的状况，决策变量为每次运载的东西。可以找出状态随决策变化的规律，问题转化为在状态允许范围内，确定每一步的决策，达到安全渡河的条件。

模型建立与求解：

我们用(x_1, x_2, x_3, x_4)作为状态变量，表示人、狼、羊、菜在此岸的状态。若 $x_1=0$ 表示人在彼岸，则 $x_1=1$ 表示人在此岸。例如$(1,0,1,0)$表示人和羊在此岸，狼和菜在彼岸。根据问题的要求，我们知道总共有 10 个状态是安全的。它们的集合 S 为

$$S=\{(1,1,1,1),\ (1,1,1,0),\ (1,1,0,1),\ (1,0,1,1),\ (1,0,1,0),\ (0,0,0,0),\ (0,0,0,1),\ (0,0,1,0),\ (0,1,0,0),(0,1,0,1)\}$$

每次可供决策的变量集合 D 为

$$D=\{(1,0,0,0),\ (1,1,0,0),\ (1,0,1,0),\ (1,0,0,1)\}$$

状态之间的转移是每次从 D 中选取一个决策向量，对 S 中的状态进行操作。操作方式如下：

如对状态 $s=(1,1,1,0)$，选取 $d=(1,0,0,0)$ 进行操作，实际上等价于 s 与 d 进行模 2 求和，

即 $s+d=(1,1,1,0)+(1,0,0,0)=(0,1,1,0)$，该状态不安全，因此 $(1,1,1,0)$ 不能转化为状态 $(0,1,1,0)$。若选取 $d=(1,1,0,0)$ 进行操作，则 $s+d=(1,1,1,0)+(1,1,0,0)=(0,0,1,0)$，该状态是安全的，因此 $(1,1,1,0)$ 可以转化为 $(0,0,1,0)$ 状态。而且 $(0,0,1,0)$ 也可以转化为 $(1,1,1,0)$ 状态，即状态之间的转化是相互的。由此可以得到 10 个状态之间的转移关系图，如图 3.1 所示。我们的目标是从状态 1 出发，经过最少的步数到达状态 6。对如图 3.1 所示的状态转移图，采用标号表示其连接关系，得到图 3.2 所示的连接图。

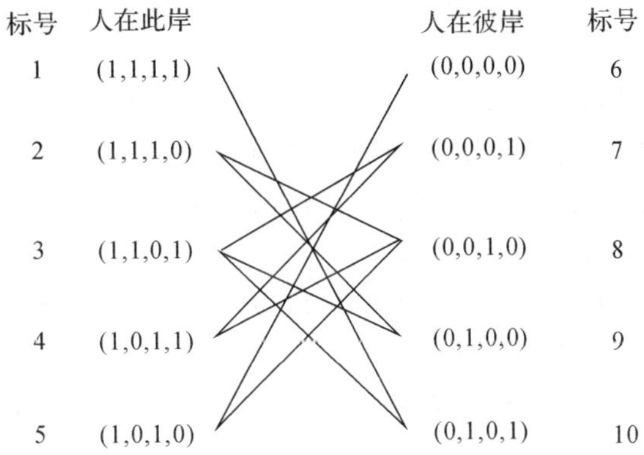

图 3.1　状态转移图

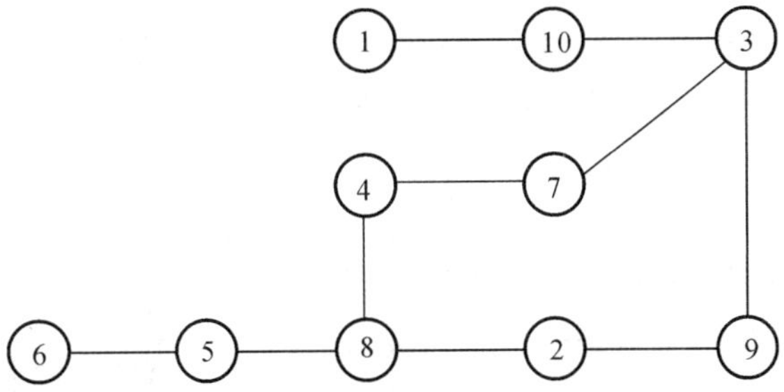

图 3.2　用标号表示的连接图

由图 3.2 容易看出，状态 1 到状态 6 的最短路线共有两条，都为 7 步，分别为：

路线 1：1 → 10 → 3 → 7 → 4 → 8 → 5 → 6

路线 2：1 → 10 → 3 → 9 → 2 → 8 → 5 → 6

对应的解恰好为前面试探法得到的解。

方法 1：① 人、羊（去）→ ② 人（回）→ ③ 人、狼（去）→ ④ 人、羊（回）→ ⑤ 人、菜（去）→ ⑥ 人（回）→ ⑦ 人、羊（去）；

方法 2：① 人、羊（去）→ ② 人（回）→ ③ 人、菜（去）→ ④ 人、羊（回）→ ⑤ 人、狼（去）→ ⑥ 人（回）→ ⑦ 人、羊（去）。

例 3.2　商人过河问题。有 3 名商人各带一个仆人乘船渡河，小船只能容纳两个人，由他们自己划船。仆人们约定，在河的一岸，一旦仆人的人数比商人多，就杀人越货。但是如何乘船的大权掌握在商人们手里。问商人们怎样才能安全渡河？

问题分析：

安全渡河问题是一个多步决策问题。每一步，即船由此岸驶向彼岸或从彼岸回到此岸，都要对船上的商人和仆人的个数作出决策。在保证安全的前提下，在有限步内使全部人员过河。采用状态变量表示某一岸的人员状况，决策变量表示船上人员状况。可以找出状态随决策变化的规律，问题转化为在状态允许范围内（安全渡河的条件），确定每一步的决策，达到安全渡河的条件。

模型建立：

设第 k 次渡河前此岸的商人数为 x_k，仆人数为 y_k，$k=1,2,\cdots$，则状态变量为 (x_k, y_k)，其中 x_k, y_k 取值为 0,1,2,3。安全渡河条件下的状态集合为允许的状态集合，记作 S。容易知道该集合为

$$S=\{(0,0),(0,1),(0,2),(0,3),(3,0),(3,1),(3,2),(1,1),(2,2),(3,3)\} \tag{3.1}$$

S 共 10 种状态。每种安全状态既要满足此岸安全，同时彼岸也要安全。

记第 k 次渡河船上的商人数为 u_k，仆人数为 v_k，则决策变量为 $d_k=(u_k, v_k)$。允许的决策集合记为 D，由船的容量可知 D 的集合为

$$D=\{(2,0),(0,2),(1,1),(1,0),(0,1)\} \tag{3.2}$$

每次有 5 种决策可供选择。

由于 k 为奇数时船从此岸到彼岸，k 为偶数时船从彼岸到此岸，因此状态 s_k 随决策 d_k 而变化的规律为

$$s_0=(3,3)$$

$$s_k=s_{k-1}+(-1)^k d_k, \quad k=1,2,3,\cdots \tag{3.3}$$

式(3.3)称为状态转移律。这样制定安全的渡河方案归结为如下的多步决策模型：

求决策 $d_k(k=1,2,3,\cdots)$，使状态 $s_k \in S$ 按照转移律式(3.3)，由初始状态(3,3)，经过有限步 n 到达目的状态(0,0)，并且步数 n 尽量小。

模型求解：

(1) 手工求解。对该问题，可以编制程序实现多步决策，求出各步决策 $d_k(k=1,2,3,\cdots)$。但对商人过河问题，可以采用图解的方法简单地用手工方法求解。

在如图 3.3 所示的 xOy 平面上，作 3 行 3 列的格子。每个格子点 (x,y) 代表一种此岸状态，允许的 10 个状态在图上用黑点标出。每次决策或者是过去或者是回来。过去时采用向下走 1 个($d=(0,1)$)或 2 个格子($d=(0,2)$)，或者向左走 1 个($d=(1,0)$)或 2 个格子($d=(2,0)$)，或者向左下走两个格子($d=(1,1)$)。回来时采用向上走 1 个($d=(0,1)$)或 2 个格子($d=(0,2)$)，或者向右走 1 个($d=(1,0)$)或 2 个格子($d=(2,0)$)，或者向右上走两个格子($d=(1,1)$)。每过去一次同时需要回来一次，直到从初始状态(3,3)点到达(0,0)状态为止。

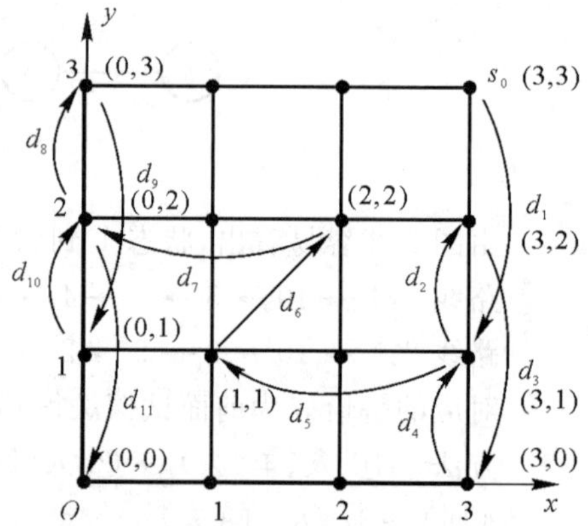

图 3.3　安全渡河的示意图

求解过程如同下棋，过程见图 3.3 标出的箭头方向。

用数字给出其过程如下：

初始状态：　　$s_0=(3,3)$

第k步决策	第k步后此岸状态	第k步后彼岸状态
$d_1=(2,0)$	$s_1=(3,1)$	$\bar{s}_1=(0,2)$
$d_2=(0,1)$	$s_2=(3,2)$	$\bar{s}_2=(0,1)$
$d_3=(0,2)$	$s_3=(3,0)$	$\bar{s}_3=(0,3)$
$d_4=(0,1)$	$s_4=(3,1)$	$\bar{s}_4=(0,2)$
$d_5=(2,0)$	$s_5=(1,1)$	$\bar{s}_5=(2,2)$
$d_6=(1,1)$	$s_6=(2,2)$	$\bar{s}_6=(1,1)$
$d_7=(2,0)$	$s_7=(0,2)$	$\bar{s}_7=(3,1)$
$d_8=(0,1)$	$s_8=(0,3)$	$\bar{s}_8=(3,0)$
$d_9=(0,2)$	$s_9=(0,1)$	$\bar{s}_9=(3,2)$
$d_{10}=(0,1)$	$s_{10}=(0,2)$	$\bar{s}_{10}=(3,1)$
$d_{11}=(0,2)$	$s_{11}=(0,0)$	$\bar{s}_{11}=(3,3)$

(2) 图论求解。前面的(1) 采用的是如下棋一样的手工操作。通常只能找到可行解，不能保证是最优解，而且通常不具有一般性。这里采用图论的方法进行一般求解。

由图 3.1 知，此岸共有 10 种状态，每种状态用二维向量(x,y)来表示。考虑每种状态可以转化的其他状态，由此构成一个图。但一种状态能否转化为另一种状态，不但跟该状态是否安全有关，而且跟船在此岸还是在彼岸有关。如(3,1) 状态，当船在此岸时(偶数次渡河后)，可以转化为(3,0)；当船在彼岸时(奇数次渡河后)，就不能转化为(3,0)。因此，为统一考虑状态之间的转化，采用三维向量(x,y,z)来表示。x表示此岸商人数($x=0,1,2,3$)，y表示此岸仆人数($y=0,1,2,3$)，z表示船在此岸还是彼岸($z=1$表示船在此岸，$z=0$表示船在彼岸)。因此，总共有 20 个状态，可以建立 20 个顶点的图。

根据船每次最多装 2 人，容易建立状态之间的转移关系。我们容易得到 20 种状态之间的转移关系，如图 3.4 所示。该图对 20 个状态分别标号，同时给出了各状态之间的转移，两个状态之间的转移是相互的。图 3.4 为无向图，对该图重新用标号进行连接，得到如图 3.5 所示的连接图(相连的两点表示两状态可互相转化)。我们的问题转化为求顶点 1 到顶点 20 的最短路。显然由图 3.5 可知，最短路为 $1\to13\to2\to14\to3\to16\to5\to18\to7\to19\to8\to20$ 或 $1\to15\to2\to14\to3\to16\to5\to18\to7\to19\to8\to20$。其最短路长度为 11，即最少经过 11 步可以由(3,3) 转移到(0,0)，完成安全渡河。

用状态向量表示(只表示此岸状态) 如下：

$$(3,3)\to(3,1)\to(3,2)\to(3,0)\to(3,1)\to(1,1)\to(2,2)\to(0,2)\to(0,3)\to(0,1)\to(0,2)\to(0,0)$$

该顺序与手工求解中得到的 $s_0,s_1,s_2,\cdots,s_{11}$ 完全一样。或者为

$$(3,3)\to(2,2)\to(3,2)\to(3,0)\to(3,1)\to(1,1)\to(2,2)\to(0,2)\to(0,3)\to(0,1)\to(0,2)\to(0,0)$$

共有两种步数最少的渡河方法。

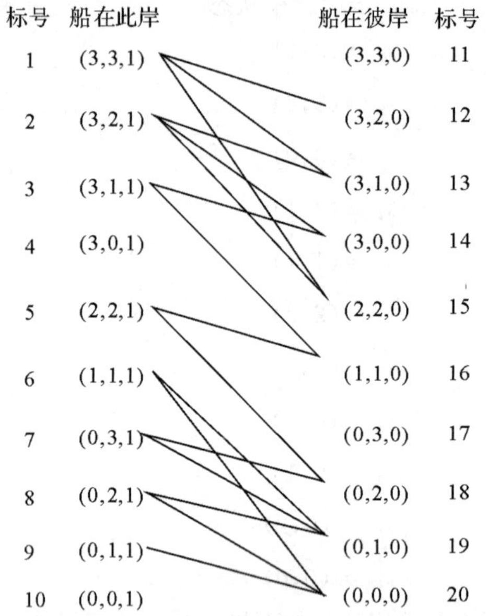

图 3.4　状态转移图

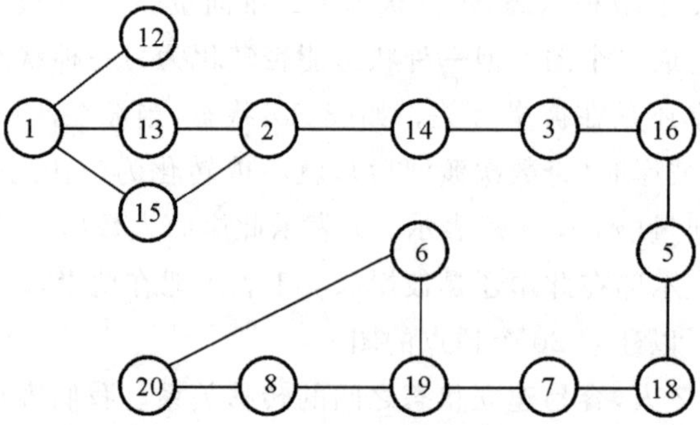

图 3.5　用标号表示的连接图

例 3.3　等分酒问题。现有一只装满 8 斤酒的瓶子和两只分别装 5 斤和 3 斤酒的空瓶，如何才能将这 8 斤酒分成两等份？

解　手工操作法。设状态向量(a,b,c)，其中a代表可装 8 斤酒的瓶子，b代表可装 5 斤酒的瓶子，c代表可装 3 斤酒的瓶子。该问题转化为如何将初始状态(8,0,0)达到目标状态(4,4,0)。其操作过程必须满足条件：任何两瓶之间操作必须满足其中一个瓶子清空为 0 或另一个装满。下面是一个实现步骤：

(8,0,0) → (3,5,0) → (3,2,3) → (6,2,0) → (6,0,2) → (1,5,2) → (1,4,3) → (4,4,0)

(共经 7 步操作) 该方法是一种尝试方法。下面采用状态转移的方法，利用图论知识进行求解。

从初始状态(8,0,0) 开始，依此推出新出现的状态，由新出现的状态再推出更新的状态，直到不能推出新状态为止。其中每个状态距离初始状态都有一个步长，新状态的后继状态的步数如果比同样的已有状态的步数更大，则舍去。

例如，(8,0,0) 可以推出两个后继状态(3,5,0) 和(5,0,3)，记为两个新状态。由(3,5,0)

可以推出 3 个后继状态(0,5,3),(8,0,0),(3,2,3)。其中(8,0,0)为已经出现的状态,舍去,只记录两个新状态。由此可以推出所有的状态转移图,如图 3.6 所示。在该图中,如(1,5,2)状态的后继状态有(1,4,3),(0,5,3),(3,5,0),其中(0,5,3)和(3,5,0)前面都已经出现,并且其距离初始状态(8,0,0)更近,在这里出现只会增加步数,故舍去。

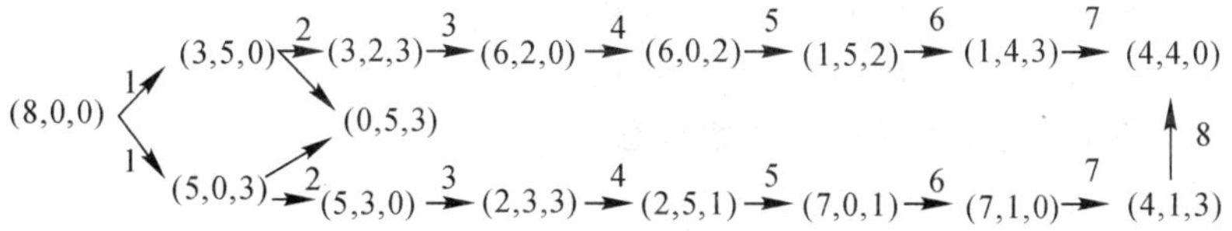

图 3.6　分酒问题的状态转移图

从图 3.6 容易看出,从(8,0,0)状态可以有两种方式实现平分酒。一种方式是采用上面的方式,通过 7 步实现;另一种方式是下面的方式,通过 8 步实现。当然采用上面的方式是最少步数的方式,实现过程为

(8,0,0) → (3,5,0) → (3,2,3) → (6,2,0) → (6,0,2) → (1,5,2) → 1,4,3) → (4,4,0)

其与尝试得到的结果是一致的。

以上 3 个问题,都是经典的数学智力题,都涉及状态之间的转移,通称为状态转移问题。对这种纯粹的实际问题或游戏,看似跟数学无关,然而经过一定的转换,就转化为纯粹的数学问题了。

3.2　数学巧用

例 3.4　棋子颜色问题。任意拿出黑、白两种颜色的棋子共 n 个,随机排成一个圆圈。然后在两颗颜色相同的棋子中间放一颗黑色棋子,在两颗颜色不同的棋子中间放一颗白色棋子,放完后撤掉原来所放的棋子,再重复以上的过程,这样放下一圈后就拿走前次的一圈棋子。问这样重复进行下去各棋子的颜色会怎样变化呢?

分析与求解:

由于在两颗同色棋子中放一颗黑色棋子,两颗不同色的棋子中间放一颗白色棋子,因此可将黑色棋子用 1 表示,白色棋子用 −1 表示。这是因为 $-1\times(-1)=1, 1\times 1=1$,这代表两颗同色棋子中放一颗黑色棋子;$1\times(-1)=-1$,这代表两颗不同色的棋子中间放一颗白色棋子。

设棋子数为 $n, a_1, a_2, \cdots, a_n$,为初始状态,则当 $n=2$ 时,有

步数	状态	
0	a_1	a_2
1	a_1a_2	a_2a_1
2	$a_1^2a_2^2$	$a_1^2a_2^2$

经过两步,最后全为 1,即全变为黑色棋子。

当 $n=3$ 时,有

步数	状态(舍掉偶次项)		
0	a_1	a_2	a_3
1	a_1a_2	a_2a_3	a_3a_1
2	a_1a_3	a_1a_2	a_2a_3
3	a_2a_3	a_1a_3	a_1a_2
4	a_1a_2	a_2a_3	a_3a_1

说明当 $n=3$ 时,经过 3 步又进入初始状态。

当 $n=4$ 时,有

步数	状态(舍掉偶次项)			
0	a_1	a_2	a_3	a_4
1	a_1a_2	a_2a_3	a_3a_4	a_4a_1
2	a_1a_3	a_2a_4	a_1a_3	a_2a_4
3	$a_1a_2a_3a_4$	$a_1a_2a_3a_4$	$a_1a_2a_3a_4$	$a_1a_2a_3a_4$
4	$a_1^2a_2^2a_3^2a_4^2$	$a_1^2a_2^2a_3^2a_4^2$	$a_1^2a_2^2a_3^2a_4^2$	$a_1^2a_2^2a_3^2a_4^2$

说明当 $n=4$ 时,经过 4 步全变为黑色棋子。

当 $n=5$ 时(舍掉偶次项),有

0	a_1	a_2	a_3	a_4	a_5
1	a_1a_2	a_2a_3	a_3a_4	a_4a_5	a_5a_1
2	a_1a_3	a_2a_4	a_3a_5	a_1a_4	a_2a_5
3	$a_1a_2a_3a_4$	$a_2a_3a_4a_5$	$a_1a_3a_4a_5$	$a_1a_2a_4a_5$	$a_1a_2a_3a_5$
4	a_1a_5	a_1a_2	a_2a_3	a_3a_4	a_4a_5
5	a_2a_5	a_1a_3	a_2a_4	a_3a_5	a_1a_4
6	$a_1a_2a_3a_5$	$a_1a_2a_3a_4$	$a_2a_3a_4a_5$	$a_1a_3a_4a_5$	$a_1a_2a_4a_5$

既不循环也不全为黑子。

结论:当棋子数为 2^n 时,至多经过 2^n 次操作,就可以全部变为黑子;当棋子数不为 2^n 时,则一般不能全变为黑子。

Matlab 程序:

```
% 棋子颜色问题演示
% 1— 黑子, -1— 白子
 n=4; % 定义棋子数
 times=6;% 定义迭代次数
 x0=zeros(1,n);
 x1=zeros(1,n); % 定义数组
 for i=1:n
  k=rand(1,1);
  if(k > 0.5) x0(i)=1;
  else x0(i)=-1;
  end
 end;  % 赋初值
```

```
x0
for i = 1:times
  i
  for k = 1:n - 1
    x1(k) = x0(k) * x0(k + 1);
  end
  x1(n) = x0(n) * x0(1);
  x1   % 显示各次结果
  x0 = x1;
end
```

程序语句解释：

(1) zeros(m,n)，产生一个 m × n 的零矩阵，通常用于定义一个指定大小的矩阵。zeros(1,n) 则产生一个全部为 0 的行向量。

(2) rand(m,n)，产生一个 m × n 的随机矩阵，每个元素都服从[0,1] 上的均匀分布。rand(1,1) 则产生一个服从[0,1] 上的均匀分布的数字。

例 3.5　跑步问题。在任何一个 5 min 时间区内均不能跑完 500 m，问 10 min 能否恰好跑完1 000 m？

解　设 $s(t)$ 表示 t(min) 内跑完的路程，显然 $s(0)=0$。

若 10 min 能跑完 1 000 m，则有 $s(10)=1\ 000$。

设 $f(t)=s(t+5)-s(t)-500$，则 $f(t)$ 是[0,5] 的连续函数。

显然，若 $f(t)$ 在[0,5] 内有零点，则存在一个 5 min 能跑完 500 m，这将与题目矛盾。因此，可先假设 10 min 能跑完 1 000 m，则有 $s(10)=1\ 000$。

由 $f(t)$ 得

$$f(0)=s(5)-500$$

$$f(5)=s(10)-s(5)-500=500-s(5)$$

则

$$f(0)f(5)=-(s(5)-500)^2\leqslant 0$$

$f(t)$ 在[0,5] 内必有一个零点 t_1。即：从 t_1 开始的 5 min 可以跑完 1 000 m，这与题目矛盾，故 10 min 不能跑完 1 000 m。

将问题扩展，若任何一个 3 min 不能跑完 300 m，则是否 10 min 能跑完 1 000 m，是否 12 min 能跑完 1 200 m？

可以举出一个例子说明 10 min 能跑完 1 000 m(见表 3.1)。

表 3.1　每分钟路程数据

第 i 分钟	1	2	3	4	5	6	7	8	9	10
路程 /m	280	0	0	280	0	0	280	0	0	160

按照表 3.1 中跑法，可以保证任何一个 3 min 不能跑完 300 m，但 10 min 能跑完 1 000 m。对能否跑完 1 200 m，可仿照前面的方法来做。

设 $s(t)$ 表示 t(min) 内跑完的路程，显然 $s(0)=0$。若 12 min 能跑完 1 200 m，则有

$s(12)=1\,200$。

设 $f(t)=s(t+3)-s(t)-300$，则 $f(t)$ 是 $[0,9]$ 的连续函数。

由 $f(t)$ 的性质及任何 3 min 不能跑完 300 m，得

$$f(0)=s(3)-300 \tag{3.4}$$

$$f(3)=s(6)-s(3)-300 \tag{3.5}$$

$$f(6)=s(9)-s(6)-300 \tag{3.6}$$

$$f(9)=s(12)-s(9)-300=900-s(9) \tag{3.7}$$

由式(3.4)、式(3.5)、式(3.6)相加，得

$$f(0)+f(3)+f(6)=s(9)-900$$

由连续函数性质得，存在一点 $t_1\in[0,6]$，使得

$$3f(t_1)=f(0)+f(3)+f(6)=s(9)-900$$

则

$$f(t_1)f(9)=-(s(9)-900)^2\leqslant 0$$

则存在一点 $t_2\in[t_1,9]$，使得 $f(t_2)=0$。即从 t_2 开始的 3 min 将跑完 300 m，这与题目矛盾，故假设错误，12 min 不能跑完 1 200 m。

例 3.6　铺瓷砖问题。要用 40 块方形瓷砖铺如图 3.7 所示形状的地面，但当时市场上只有长方形瓷砖，每块大小等于方形的两块。一人买了 20 块长方形瓷砖，试着铺地面，结果弄来弄去始终无法铺好。试问是这人的功夫不到家还是这个问题根本无解呢？

图 3.7　瓷砖待铺图

解　如图 3.8 所示，将各方格依次填入 0 和 1。其中 0 和 1 相间隔，0 周围全为 1，1 周围全为 0。则每块长方形瓷砖总是盖住左右相邻或上下相邻的一个 0 和 1。对图中 0 和 1 进行计数，总共有 19 个 1 和 21 个 0，故 20 块长方形砖不可能盖住 40 块方形砖。

	0	1	0	1	0	
0	1	0	1	0	1	0
1	0	1	0	1	0	1
0	1	0	1	0	1	0
1	0	1	0	1	0	1
0	1	0	1	0	1	0

图 3.8　标号的瓷砖待铺图

例 3.7　某仓库要存放 7 种化学药品，其中有些药品彼此不能存放在一起，因为互相之间可能引起化学反应导致危险，所以必须把仓库分成若干区，各区之间相互隔离。用 $x_1, x_2, x_3, x_4, x_5, x_6, x_7$ 分别表示 7 种药品。已知不能放在一起的药品为 (x_1, x_2)，(x_1, x_4)，(x_2, x_3)，(x_2, x_5)，(x_2, x_7)，(x_3, x_4)，(x_3, x_6)，(x_4, x_5)，(x_4, x_7)，(x_5, x_6)，(x_5, x_7)，(x_6, x_7)。问：至少应把仓库分成多少隔离区，才能确保安全？

解　每种药品用一个顶点表示。若两种药品可以放在一起，则在图上对这两点进行连接，得到图 3.9。

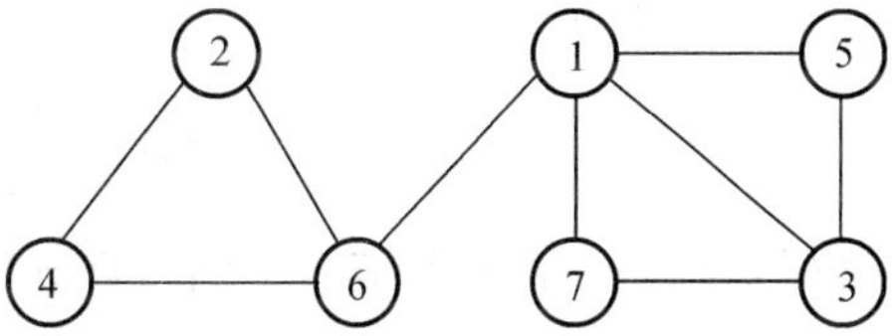

图 3.9　药品可放在一起的示意图

该问题转化为图 3.9 中，有哪些完全子图。

从该图可以看出，完全子图有 (x_2, x_4, x_6)，(x_1, x_3, x_5)，(x_7)，或者划分为 (x_2, x_4, x_6)，(x_1, x_3, x_7)，(x_5)。因此，要把仓库分为 3 个隔离区。

例 3.8　如图 3.10 为一个宝窟示意图，它共分为 16 个房间，每一个房间都是连通的，每一间地上都有数量不同的金块。你可以从入口进去，但必须从出口出来。每到一间房内就捡起那里面的全部金块，不过每个房间只能进去一次。试问：你最多可以捡到多少金块？

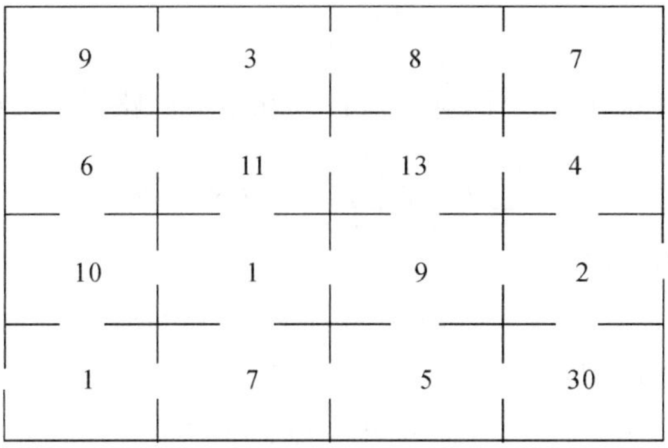

图 3.10　宝窟示意图

解　为便于用图表示，对各个房间门进行标号，如图 3.11 所示。我们的目标是从点 1 出发，经过一些顶点从点 26 出来，获得尽可能多的金块。

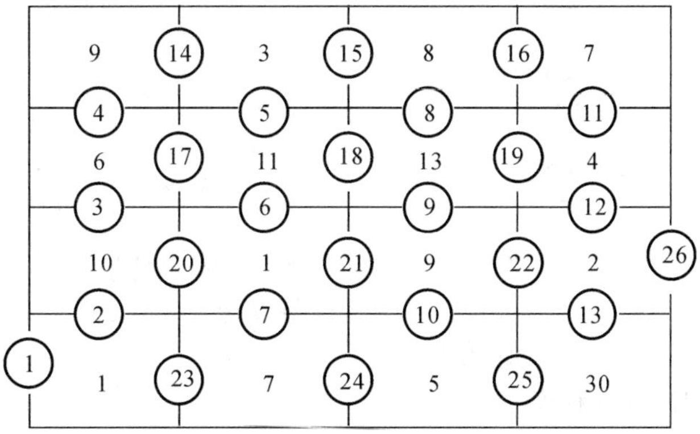

图 3.11　对房间门标号后的宝窟示意图

将该图进行重新转化，顶点为标号 1,2,…,26 的点。两点之间只要有共同的房间，就当做连通，其连通的权值为房间的金块。由此可以得到各顶点之间的权值，如 $w(1,2)=1$，$w(1,23)=1$，$w(2,23)=1$，$w(3,20)=10$，$w(2,3)=10$，…。具体的权值矩阵见下面的 LINGO9 程序中矩阵 $\boldsymbol{W}$。

该问题转化为求点 1 到点 26 的最长路径。该最长路径的模型求解如下：

决策变量：设

$$x_{ij}=\begin{cases}1, & \text{节点 } i \text{ 与节点 } j \text{ 连通}\\ 0, & \text{节点 } i \text{ 与节点 } j \text{ 不连通}\end{cases}$$

目标函数为寻找一条节点 1 到节点 n 的通路，使其上权值和最大，故目标函数为

$$\max Z=\sum_{i=1}^{n}\sum_{j=1}^{n}w_{ij}x_{ij}$$

(1) 对节点 1 恰有一条路径出去，有

$$\sum_{j=2}^{n}x_{1j}=1$$

(2) 对节点 n 恰有一条路径到达，有

$$\sum_{i=1}^{n-1}x_{in}=1$$

(3) 对除起始点和目标点 n 之外，其他点进入和出去的路径是一样多(可都为 0)，则

$$\sum_{k=1}^{n}x_{ki}=\sum_{j=1}^{n}x_{ij},\quad i\neq 1,n$$

(4) 对不通的路径不取，约束为

$$x_{ij}\leqslant w_{ij},\quad i,j=1,2,\cdots,n$$

(5) 要求不出现圈，约束为

$$u_i-u_j+nx_{ij}\leqslant n-1,\quad i,j=2,3,\cdots,n$$

总模型为

$$\min Z=\sum_{i=1}^{n}\sum_{j=1}^{n}w_{ij}x_{ij}$$

$$s.t.\begin{cases}\displaystyle\sum_{k=1}^{n}x_{ki}=\sum_{j=1}^{n}x_{ij}, & i\neq 1,n\\ \displaystyle\sum_{j=2}^{n}x_{1j}=1\\ \displaystyle\sum_{i=1}^{n-1}x_{in}=1\\ u_i-u_j+nx_{ij}\leqslant n-1, & i,j=2,3,\cdots,n\\ x_{ij}\leqslant w_{ij}, & i,j=1,2,\cdots,n\\ x_{ij}=0 \text{ 或 } 1\end{cases}$$

该问题求解的 LINGO9 程序：

```
！最多金子程序；
model：
```

```
sets:
point/1..26/:u;
road(point,point):W,X;
endsets
data:
W=0,1,0,0,0,0,0,0,0,0,0,0,0,0,0,0,0,0,0,0,0,1,0,0,0,
1,0,10,0,0,0,0,0,0,0,0,0,0,0,0,0,0,0,10,0,0,1,0,0,0,
0,10,0,6,0,0,0,0,0,0,0,0,0,0,0,6,0,0,10,0,0,0,0,0,0,
0,0,6,0,0,0,0,0,0,0,0,0,9,0,0,6,0,0,0,0,0,0,0,0,0,
0,0,0,0,0,11,0,0,0,0,0,0,0,3,3,0,11,11,0,0,0,0,0,0,0,0,
0,0,0,0,11,0,1,0,0,0,0,0,0,0,0,0,11,11,0,1,1,0,0,0,0,0,
0,0,0,0,0,1,0,0,0,0,0,0,0,0,0,0,0,0,0,1,1,0,7,7,0,0,
0,0,0,0,0,0,0,0,13,0,0,0,0,0,8,8,0,13,13,0,0,0,0,0,0,0,
0,0,0,0,0,0,0,13,0,9,0,0,0,0,0,0,0,13,13,0,9,9,0,0,0,0,
0,0,0,0,0,0,0,0,9,0,0,0,0,0,0,0,0,0,0,0,9,9,0,5,5,0,
0,0,0,0,0,0,0,0,0,0,4,0,0,0,7,0,0,4,0,0,0,0,0,0,0,
0,0,0,0,0,0,0,0,0,4,0,2,0,0,0,0,0,4,0,0,2,0,0,0,2,
0,0,0,0,0,0,0,0,0,0,0,2,0,0,0,0,0,0,0,0,2,0,0,30,2,
0,0,0,9,3,0,0,0,0,0,0,0,0,3,0,0,0,0,0,0,0,0,0,0,0,
0,0,0,0,3,0,0,8,0,0,0,0,0,3,0,8,0,0,0,0,0,0,0,0,0,
0,0,0,0,0,0,0,8,0,0,7,0,0,0,8,0,0,0,0,0,0,0,0,0,0,
0,0,6,6,11,11,0,0,0,0,0,0,0,0,0,0,0,0,0,0,0,0,0,0,0,
0,0,0,0,11,11,0,13,13,0,0,0,0,0,0,0,0,0,0,0,0,0,0,0,0,0,
0,0,0,0,0,0,0,13,13,0,4,4,0,0,0,0,0,0,0,0,0,0,0,0,0,
0,10,10,0,0,1,1,0,0,0,0,0,0,0,0,0,0,0,0,0,1,0,0,0,0,0,
0,0,0,0,0,1,1,0,9,9,0,0,0,0,0,0,0,0,0,1,0,9,0,0,0,0,
0,0,0,0,0,0,0,0,9,9,0,2,2,0,0,0,0,0,0,0,9,0,0,0,0,2,
1,1,0,0,0,0,7,0,0,0,0,0,0,0,0,0,0,0,0,0,0,0,0,7,0,0,
0,0,0,0,0,0,7,0,0,5,0,0,0,0,0,0,0,0,0,0,0,0,7,0,5,0,
0,0,0,0,0,0,0,0,0,5,0,0,30,0,0,0,0,0,0,0,0,0,5,0,0,
0,0,0,0,0,0,0,0,0,0,0,2,2,0,0,0,0,0,0,0,0,2,0,0,0,0;
!只输出取1的值;
@text()=@writefor(road(i,j)|x(i,j)#GT#0:'x(',i,',',j,')=',x(i,j),'');
enddata

max=@sum(road(i,j):w(i,j)*x(i,j));!最长路;
n=@size(point);
@for(point(i)|i#ne#1#and#i#ne#n:@sum(point(k):x(k,i))=@sum(point(j):
x(i,j)));
```

```
@sum(point(j) | j#ne#1:x(1,j)) =1; ! 起始点要出去;
@sum(point(k) | k#ne#n:x(k,n)) =1; ! 要到达目标点;
@for(road(i,j) | i#GT#4:u(i) - u(j) + n * x(i,j) <= n - 1); ! 不出现圈;
@for(road(i,j):x(i,j) <= W(i,j)); ! 不能到达的路不考虑;
@for(point(i):@free(u(i)));
! 各房间最多只能去一次;
! 第1列;
x(1,2) + x(2,1) + x(1,23) + x(23,1) + x(2,23) + x(23,2) <=1;
x(2,3) + x(3,2) + x(2,20) + x(20,2) + x(3,20) + x(20,3) <=1;
x(3,4) + x(4,3) + x(3,17) + x(17,3) + x(4,17) + x(17,4) <=1;
x(4,14) + x(14,4) <=1;
! 第2列;
x(7,23) + x(7,24) + x(23,24) + x(23,7) + x(24,7) + x(24,23) <=1;
x(6,7) + x(6,20) + x(6,21) + x(7,20) + x(7,21) + x(20,21) + x(7,6) + x(20,6) +
x(21,6) + x(20,7) + x(21,7) + x(21,20) <=1;
x(5,6) + x(5,17) + x(5,18) + x(6,17) + x(6,18) + x(17,18) + x(6,5) + x(17,5) +
x(18,5) + x(17,6) + x(18,6) + x(18,17) <=1;
x(5,14) + x(5,15) + x(14,15) + x(14,5) + x(15,5) + x(15,14) <=1;
! 第3列;
x(10,24) + x(10,25) + x(24,25) + x(24,10) + x(25,10) + x(25,24) <=1;
x(9,10) + x(9,21) + x(9,22) + x(10,21) + x(10,22) + x(21,22) + x(10,9) + x(21,9)
+ x(22,9) + x(21,10) + x(22,10) + x(22,21) <=1;
x(8,9) + x(8,18) + x(8,19) + x(9,18) + x(9,19) + x(18,19) + x(9,8) + x(18,8) +
x(19,8) + x(18,9) + x(19,9) + x(19,18) <=1;
x(8,15) + x(8,16) + x(15,16) + x(15,8) + x(16,8) + x(16,15) <=1;
! 第4列;
x(13,25) + x(25,13) <=1;
x(12,13) + x(12,22) + x(12,26) + x(13,22) + x(13,26) + x(22,26) + x(13,12) +
x(22,12) + x(26,12) + x(22,13) + x(26,13) + x(26,22) <=1;
x(11,12) + x(11,19) + x(12,19) + x(12,11) + x(19,11) + x(19,12) <=1;
x(11,16) + x(16,11) <=1;

@for(road(i,j):@bin(x(i,j)));

end
```

输出结果为

x(1,2) = 1　x(2,20) = 1　x(4,14) = 1　x(6,17) = 1　x(9,10) = 1　x(10,25) = 1　x(11,19)=1　x(13,26)=1　x(14,15)=1　x(15,16)=1　x(16,11)=1　x(17,4) =1　x(19,9)=1　x(20,6)=1　x(25,13)=1

因此路径为

1 → 2 → 20 → 6 → 17 → 4 → 14 → 15 → 16 → 11 → 19 → 9 → 10 → 25 → 13 → 16

共经过 15 个房间，获得总金子为 119 块，恰为最优值。具体路径如图 3.12 所示。

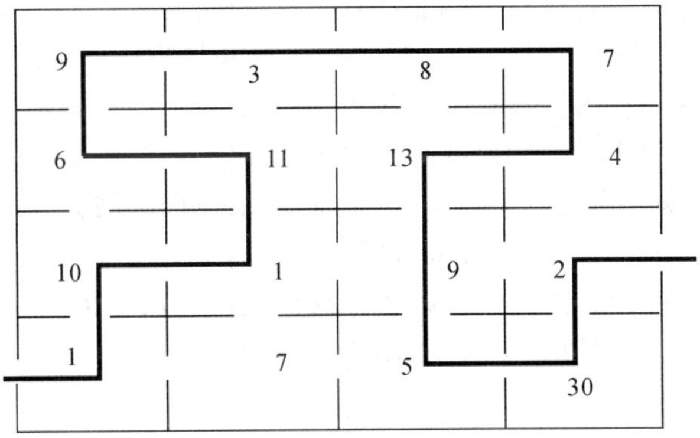

图 3.12　最优路径示意图

实现权值矩阵输入的 C 程序如下：

对该 LINGO9 中的权值矩阵有许多的 0，可以采用 C 语言将非 0 赋值，并且根据该矩阵的对称性，只赋上三角的非 0 值，然后输出矩阵全部元素到文件中，再拷贝到 LINGO 程序中的 dada 部分。该 C 程序为：

```
#include <stdio.h>
#include <string.h>
#include <stdlib.h>
#include <time.h>

#define N   26
void main()
{
  int i,j;
  int w[N+1][N+1];
  FILE *fw;



  fw=fopen("w.txt","w");
 for(i=1;i<=N;i++)
      for(j=1;j<=N;j++)
         w[i][j]=0;

 //赋上三角非 0 权值
  w[1][2]=1; w[1][23]=1;
  w[2][3]=10; w[2][20]=10; w[2][23]=1;
```

```
w[3][4]=6; w[3][17]=6; w[3][20]=10;
w[4][14]=9; w[4][17]=6;
w[5][6]=11; w[5][17]=11;  w[5][18]=11; w[5][14]=3; w[5][15]=3;
w[6][7]=1; w[6][20]=1; w[6][21]=1; w[6][17]=11;  w[6][18]=11;
w[7][20]=1; w[7][21]=1;  w[7][23]=7; w[7][24]=7;
w[8][9]=13; w[8][18]=13; w[8][19]=13; w[8][15]=8; w[8][16]=8;
w[9][10]=9; w[9][21]=9; w[9][22]=9; w[9][18]=13; w[9][19]=13;
w[10][21]=9; w[10][22]=9; w[10][24]=5; w[10][25]=5;
w[11][16]=7; w[11][12]=4; w[11][19]=4;
w[12][19]=4; w[12][13]=2; w[12][22]=2; w[12][26]=2;
w[13][22]=2; w[13][26]=2; w[13][25]=30;
w[14][15]=3;
w[15][16]=8;
w[20][21]=1;
w[21][22]=9;
w[22][26]=2;
w[23][24]=7;
w[24][25]=5;

//获得下三角元素值
for(i=2;i<=N;i++)
      for(j=1;j<i;j++)
            w[i][j]=w[j][i];
//输出到文件
 for(i=1;i<=N;i++)
 {
      for(j=1;j<=N;j++)
        fprintf(fw,"%1d,",w[i][j]);
      fprintf(fw,"\n");
 }
 fclose(fw);
}
```

本章小结

本章介绍了几个经典的数学问题:过河问题,等分酒问题,棋子颜色问题,金块问题。对这些经典的数学问题,采用了数学建模的思想方法重新进行了考虑。正所谓老树发新芽,从数学建模的角度看待经典数学问题,对建模思维具有很大的启迪作用。

第4章　初等模型

本章介绍几个经典的初等模型。

4.1　席位公平分配模型

设某团体有 n 个单位，每个单位有人数 a_i，总席位为 $s=\sum_{i=1}^{n}a_i$，现有席位 p 个待分配。问：各单位分配多少个席位是公平的？这就是席位公平分配问题，有的文章又称为资源公平分配问题。

那么如何考虑公平分配席位问题呢？这里给出 4 种模型。

模型一：比例法

比例法的思想就是按比例分配给各单位席位。

设各单位分配的席位为 x_i，则 $x_i=\left\lfloor p\times\frac{a_i}{s}\right\rfloor$，$\lfloor\ \rfloor$ 表示向下取整。设各单位分得席位的小数部分为 $r_i=p\times\frac{a_i}{s}-x_i$，尚未分配完的席位为 $k=p-\sum_{i=1}^{n}x_i$，则将 k 个尚未分配完的席位依次分给小数部分最大的单位。

例 4.1　设某学校有 6 个系学生共 500 名，各系人数见表 4.1。现在学生会有 30 个席位，如何分配呢？

表 4.1　6 个系人数分布

系	1	2	3	4	5	6
人数/人	100	202	67	40	59	32

解　按比例法计算，得各系席位名额如表 4.2 所示。

表 4.2　6 个系的席位分配结果

系	1	2	3	4	5	6
席位(含小数)/个	6	12.12	4.02	2.4	3.54	1.92
席位/个	6	12	4	2	4	2

模型二：Q 值法

设各单位分配的席位为 x_i，$i=1,2,\cdots,n$，则各单位每个席位代表的人数为 $\frac{a_i}{x_i}$。显然，该数值越大，对该单位越不公平。考察两个单位 i 和 j 之间席位分配的不公平程度。

若$\frac{a_i}{x_i} > \frac{a_j}{x_j}$,则定义对单位 i 的相对不公平程度为

$$r_i(x_i, x_j) = \frac{a_i/x_i - a_j/x_j}{a_j/x_j}$$

若$\frac{a_j}{x_j} > \frac{a_i}{x_i}$,则定义对单位 j 的相对不公平程度为

$$r_j(x_i, x_j) = \frac{a_j/x_j - a_i/x_i}{a_i/x_i}$$

建立相对不公平程度指标后,制定的分配方案应使相对不公平程度尽量小。

假定$\frac{a_i}{x_i} > \frac{a_j}{x_j}$,当再增加一个席位时,有下列情况:

(1) 当$\frac{a_i}{x_i + 1} > \frac{a_j}{x_j}$,即当增加的 1 个席位分配给单位 i 时,仍然对单位 i 不公平,自然该席位分配给单位 i。

(2) 当$\frac{a_i}{x_i + 1} < \frac{a_j}{x_j}$,即当增加的 1 个席位分配给单位 i 时,就会对单位 j 不公平。而如果将该席位分配给单位 j,自然会对单位 i 不公平。这个席位到底分给哪一方呢?需要考察哪种分法对另一方造成的不公平程度最小。

该席位分配给单位 i,对单位 j 的相对不公平程度为

$$r_j(x_i + 1, x_j) = \frac{a_j/x_j - a_i/(x_i + 1)}{a_i/(x_i + 1)} = \frac{a_j(x_i + 1)}{x_j a_i} - 1$$

该席位分配给单位 j,对单位 i 的相对不公平程度为

$$r_i(x_i, x_j + 1) = \frac{a_i/x_i - a_j/(x_j + 1)}{a_j/(x_j + 1)} = \frac{a_i(x_j + 1)}{x_i a_j} - 1$$

为使不公平程度最小,若 $r_j(x_i + 1, x_j) < r_i(x_i, x_j + 1)$,则该席位分配给单位 i。若 $r_j(x_i + 1, x_j) > r_i(x_i, x_j + 1)$,则该席位分配给单位 j。

若 $r_j(x_i + 1, x_j) < r_i(x_i, x_j + 1)$,即

$$\frac{a_j(x_i + 1)}{x_j a_i} - 1 < \frac{a_i(x_j + 1)}{x_i a_j} - 1$$

则

$$\frac{a_j^2}{x_j(x_j + 1)} < \frac{a_i^2}{x_i(x_i + 1)}$$

此时席位分配给单位 i。

同理,当$\frac{a_j^2}{x_j(x_j + 1)} > \frac{a_i^2}{x_i(x_i + 1)}$时,则席位分配给单位 j。

记 $Q_i = \frac{a_i^2}{x_i(x_i + 1)}$,则席位分配给 Q 大的一方。

对情形(1),同样有

$$\frac{a_i^2}{x_i(x_i + 1)} > \frac{a_j^2}{x_j x_j} > \frac{a_j^2}{x_j(x_j + 1)}$$

因此 Q 值法同样适用。

将该方法推广到 n 个单位的席位分配情况。设各单位分配的席位 x_i 已经确定,当再增加

1个席位时,计算各单位的 Q 值。其中 Q 值为

$$Q_i = \frac{a_i^2}{x_i(x_i+1)}, \quad i=1,2,\cdots,n$$

将该席位分配给 Q 值最大的一方,这样可使造成的不公平程度最小。

实际计算时,可按照以下方式进行:

(1) 给各单位1个席位,即令 $x_i=1, i=1,2,\cdots,n$。

(2) 增加1个席位,计算 $Q_i=\dfrac{a_i^2}{x_i(x_i+1)}, i=1,2,\cdots,n$。记 $Q_k=\max\{Q_i\}$,则令 $x_k=x_k+1$。

(3) 计算已分配席位 $L=\sum_{i=1}^{n} x_i$。若 $L<p$,则重复执行(2),直到 $L=p$。此时获得的各 x_i 即为各单位分配到的席位。

对例4.1,编制的 Matlab 程序:

```
a=[100,202,67,40,59,32];% 各单位人数
n=length(a);
p=30; % 总席位
S=sum(a); % 总人数
x=ones(1,n); % 各单位初始席位数

Q=zeros(1,n);

L=sum(x);
while(L<p) % 直到所有席位分配完为止
for i=1:n
 Q(i)=a(i)^2/(x(i)*(x(i)+1)); % 计算各单位Q值
end
[u,k]=max(Q); % 求最大Q值和对应单位k
x(k)=x(k)+1; % 该单位席位数加1
L=L+1; % 已分配席位数加1
end

fprintf('各单位分配席位:');
for i=1:n
    fprintf('%2d ',x(i));
end
fprintf('\n');
```

计算结果:

各单位分配席位:6　12　4　2　4　2

模型三：d'Hondt 法

该方法的思想是尽量让各单位平均 1 个席位代表的人数尽量小(也即同样的人数情况下席位尽量多)，同时要满足总席位不变。

算法：将各单位的人数分别用正整数 1,2,3,4,5,… 相除，对商数取前 p 个数，分别标上横线。各单位分得的席位取横线上数对应最大的除数(见表 4.3)。

表 4.3　d'Hondt 方法结果表

	1	2	3	4	5	6	7	8	9	10	11	12	13	14
1	100	50	33.3	25.0	20.0	16.7	14.3	12.5	11.1	10.0	9.1	8.3	7.7	7.1
2	202	101	67.3	50.5	40.4	33.7	28.9	25.3	22.4	20.2	18.4	16.8	15.5	14.4
3	67	33.5	22.3	16.8	13.4	11.2	9.6	8.4	7.4	6.7	6.1	5.6	5.2	4.8
4	40	20	13.3	10.0	8.0	6.7	5.7	5.0	4.4	4.0	3.6	3.3	3.1	2.9
5	59	29.5	19.7	14.8	11.8	9.8	8.4	7.4	6.6	5.9	5.4	4.9	4.5	4.2
6	32	16	10.7	8.0	6.4	5.3	4.6	4.0	3.6	3.2	2.9	2.7	2.5	2.3

从表4.3中可以看出，前30个数最小的是15.5。将各系商不低于15.5的数字下面标上横线，各系取最大的除数，即为分配的席位，则各系分配的席位为 6,13,4,2,3,2。其对应的各单位 1 个席位代表的席位分别为 16.7,15.5,16.8,20,19.7,16。显然，数值越大者吃亏越多，数值越小者越占便宜。

模型四：目标函数法

设各单位分配的席位为 x_i，则各单位每个席位代表的人数为$\frac{a_i}{x_i}$，平均每个席位代表的人数为$\frac{s}{p}$。对每个单位来说，尽量使$\frac{a_i}{x_i}$与$\frac{s}{p}$接近。因此，目标函数为

$$\min Z = \sum_{i=1}^{n}\left(\frac{a_i}{x_i} - \frac{s}{p}\right)^2$$

满足的约束

$$\sum_{i=1}^{n} x_i = p$$

且各 x_i 取整数。因此，该模型为

$$\min Z = \sum_{i=1}^{n}\left(\frac{a_i}{x_i} - \frac{s}{p}\right)^2$$

$$s.t. \begin{cases} \sum_{i=1}^{n} x_i = p \\ x_i \text{ 取整}, i = 1,2,\cdots,n \end{cases}$$

对该模型，可以采用编制 LINGO 程序求解。对例 4.1，编制的 LINGO 程序：

```
model:
sets:
depart/1..6/:a,x;
endsets
```

```
data:
a=100,202,67,40,59,32; ! 6个系人数;
p=30;
enddata
s=@sum(depart(i):a(i)); ! 总人数;
min=@sum(depart(i):(a(i)/x(i)-s/p)^2); ! 目标函数;
@sum(depart(i):x(i))=p; ! 席位约束条件;
@for(depart(i):@gin(x(i)));
end
```

最后求得目标值为 Z=15.26;

各单位分得的席位为 x1=6,x2=12,x3=4,x4=2,x5=4,x6=2。

分析:

以上4种模型,对例4.1的计算结果大都相同。由于方法的不同,对个别单位略有差异。这很正常。

那么,以上4种模型,哪一种最合理呢?这就要给出理想的席位分配需要满足的原则。

记 $x_i^-=\left\lfloor p\times\frac{a_i}{s}\right\rfloor$,$x_i^+=\left\lceil p\times\frac{a_i}{s}\right\rceil$,其中$\lfloor\ \rfloor$表示向下取整,$\lceil\ \rceil$表示向上取整。人们提出的理想的原则有两条:

原则一　$x_i^-\leqslant x_i\leqslant x_i^+,i=1,2,\cdots,n$。即:$x_i$ 必取 x_i^- 或 x_i^+ 二者之一。

原则二　$x_i(p,a_1,a_2,\cdots,a_n)\leqslant x_i(p+1,a_1,a_2,\cdots,a_n),i=1,2,\cdots,n$。即:总席位增加时,$x_i$ 不应该减少。

令人遗憾的是,没有同时满足以上两条原则的分配方案。

4.2　汽车刹车距离模型

司机与前面的车保持多大的距离是安全的?安全的刹车距离跟什么有关?该刹车距离能否用时间来度量?如何度量?表4.4中列出了某种车型不同速度下的安全刹车距离,试找出其函数关系,并求出该种车型时速100 km·h^{-1}下的安全刹车距离。

表4.4　不同速度下的刹车距离

速度/(km·h^{-1})	10	20	30	40	50	60	70	80	90
安全刹车距离/m	3	7	13	21	29	39	50	63	77

解答分析:

1. 刹车距离模型

刹车距离由反应距离和制动距离组成。

反应距离指从司机决定刹车到制动开始起作用汽车行驶的距离。

制动距离指制动器开始起作用到汽车完全停止行驶的距离。

2. 模型假设

(1) 刹车距离 d 等于反应距离 d_1 和制动距离 d_2 之和。

(2) 反应距离 d_1 与车速 v 成正比，比例系数为反应时间 t_1。

(3) 刹车时使用最大制动力 F，F 做的功等于汽车动能的改变，且 F 与车的质量 m 成正比。

3. 模型建立与求解

由假设(2)，得

$$d_1 = t_1 v \tag{4.1}$$

由假设(3)，有 $Fd_2 = \frac{1}{2}mv^2$，而 $F = ma$，则 $d_2 = \frac{1}{2a}v^2$。其中 a 为刹车加速度，是常数，则

$$d_2 = kv^2 \tag{4.2}$$

刹车距离与速度的模型为

$$d = t_1 v + kv^2 \tag{4.3}$$

其中 t_1 根据经验取 0.75 s，现利用实际数据（见表 4.5）来确定 k。

表 4.5　车速与刹车距离

车　速		实际刹车距离 /m	计算刹车距离 /m	刹车时间 /s
km/h	m/s			
10	2.78	3	2.82	1.1
20	5.56	7	7.10	1.3
30	8.33	13	12.85	1.6
40	11.11	21	20.07	1.9
50	13.89	29	28.75	2.1
60	16.67	39	38.90	2.3
70	19.44	50	50.52	2.6
80	22.22	63	63.61	2.8
90	25.0	77	78.16	3.1

由 $d_i = 0.75v_i + kv_i^2 (i = 1, 2, \cdots, 9)$，将表 4.5 中第 2 列和第 3 列数据代入，有

$$k = \frac{\sum_{i=1}^{7}(d_i - 0.75v_i)v_i^2}{\sum_{i=1}^{7}v_i^4} = 0.095$$

则刹车距离与速度关系为

$$d = 0.75v + 0.095v^2 \tag{4.4}$$

表 4.5 中第 4 列为根据式(4.4) 计算的刹车距离，第 5 列是采用实际刹车距离时的刹车时间。

由式(4.4) 还可以得到刹车时间与车速关系为

$$t = 0.75 + 0.095v \tag{4.5}$$

可以计算出，当 $v = 100$ km/h $= 27.8$ m/s 时，安全刹车距离 $d = 94.18$ m，安全时间为$d/v = 3.4$ s。

Matlab 程序：

```
v=10:10:90;
v=v*1000/3600; % 速度转换为(米/秒)
d=[3,7,13,21,29,39,50,63,77];% 实际刹车距离
s1=0.0;
s2=0.0;
for i=1:7
    s1=s1+(d(i)-0.75*v(i))*v(i)*v(i);
    s2=s2+v(i)^4;
end;
k=s1/s2;% 求参数 k
ds=0.75*v+k*v.^2;% 计算刹车距离
plot(v,ds,v,d,'*') % 作比较图
xlabel('速度(米/秒)');
ylabel('距离(米)');
t=d./v;
fprintf('车速  实际刹车距离  计算刹车距离  刹车时间\n');
for i=1:9
    fprintf('  %6.2f    %6.1f        %6.1f        %6.1f\n',v(i),d(i),ds(i),t(i));
end;

v1=100*1000/3600;
d1=0.75*v1+k*v1^2;
fprintf('v=%5.2f d=%5.2f\n',v1,d1);
```

输出的结果见表 4.5,输出图形如图 4.1 所示。

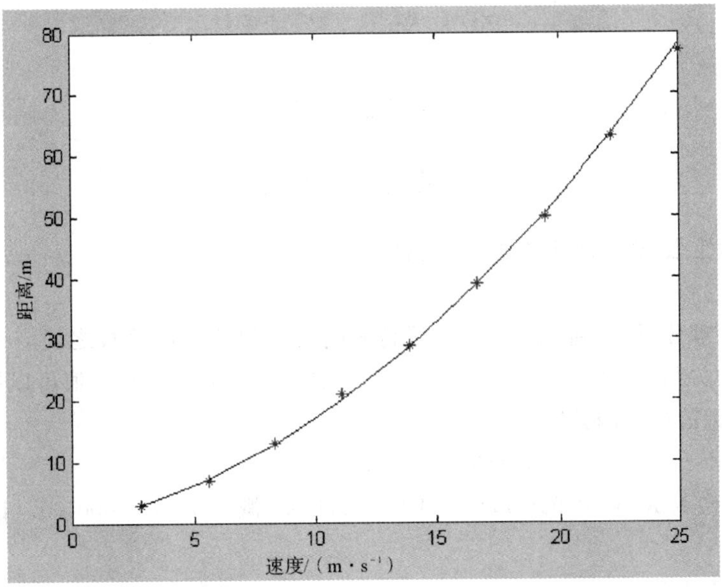

图 4.1 实际刹车距离(*)与计算刹车距离(实线)比较

4.3 录音机记数器模型

在录音机运行过程中，观测了录音机运行的时间和它的记数器的读数，数据见表 4.6，试建立录音机的运行规律。

表 4.6 录音机运行的时间和它的记数器读数

时间 /min	1	2	3	4	5	10	15	20	25	30	31	…
记数 / 圈	9	18	28	37	47	97	151	211	280	362	382	…

这个问题的第一印象是要求组建数学模型来描述计数器读数与时间的关系。如果的确如此，完全可以按照前面的方法给出一种经验模型来描述它。但这对录音机运行规律所进行的讨论是有限的，不妨首先从录音机的运行机理来讨论这个模型。

观察表 4.6 所列的数据发现，计数器读数的变化不是匀速的，它的增长速度逐渐变快。这使我们联想到这个计数器所记的应该是缠有磁带的轮的转动情况，进一步观察还可以发现这个轮的转动的转数与计数器读数的变化是成正比的。这个磁带轮转动的速度随着缠在它上面的磁带的减少而逐渐加快，因此有理由设想录音机运行时磁带轮转动的线速度也就是磁带在磁头处的运行速度是不变的。于是为了分析录音机的运行状况，我们有下述的假设：

(1) 计数器的读数 n 与缠有磁带的轮的转数 k 成正比。

(2) 磁带运动时的线速度是常数 v。

(3) 磁带的厚度为 d，缠绕时各圈的磁带间没有空隙且缠绕的松紧程度一致。

如果在录音机开始运行时把计数器置为 0 状态，与计数器相连的磁带轮上缠有 k 圈磁带而空磁带轮的半径为 r。于是由假设(1) 有 $k=cn$ 。

随着轮盘的转动，轮盘面积的增加应等于磁带转过的长度与厚度的乘积。当转过 k 圈时，有

$$\pi(r+kd)^2-\pi r^2=vtd$$

且 $k=cn$，则

$$t=\frac{2\pi rc}{v}n+\frac{\pi c^2 d}{v}n^2$$

令
$$a=\frac{2\pi rc}{v},\quad b=\frac{\pi c^2 d}{v}$$

由 v,r,c,d 都为常数，得 a,b 为常数，因此有

$$t=an+bn^2 \tag{4.6}$$

由上面的机理分析，得到了录音机的运行时间与它的计数器读数之间应该是一个通过原点的二次函数的关系，系数 a 和 b 是待估的参数。使用表 4.6 中的观测值可以用来估计模型的这两个参数，得到的拟合函数为

$$t=0.111\,09n+0.000\,08n^2$$

对应的复相关系数为 $R^2=0.998\,7$，$F=1\,096\,256.98$，概率 $p=0.000\,00$。说明该模型是适合的。

Matlab 程序：

```
t=[1,2,3,4,5,10,15,20,25,30,31]';
n=[9,18,28,37,47,97,151,211,280,362,382]';
A=[n,n.*n];
[b,bint,r,rint,stats]=regress(t,A); % 线性回归
fprintf('回归方程为 t=%7.5f*n+%7.5f*n^2.\n',b(1),b(2));
fprintf('复相关系数 R^2 = %6.4f F = %8.2f  概率 p = %7.5f\n',stats(1),
stats(2), stats(3));
num=500
nn=zeros(num,1);
tt=zeros(num,1);
dt=max(n)/num;
for i=1:num
    nn(i)=i*dt;
    tt(i)=b(1)*nn(i)+b(2)*nn(i)^2;
end % 计算各点的函数值
plot(n,t,'*b',nn,tt,'r') % 作比较图
```

输出结果：

回归方程为 t=0.11109*n−0.00008*n^2；

复相关系数 R^2=0.9987,F=1096256.98,概率 p=0.00000；

拟合的曲线如图 4.2 所示。

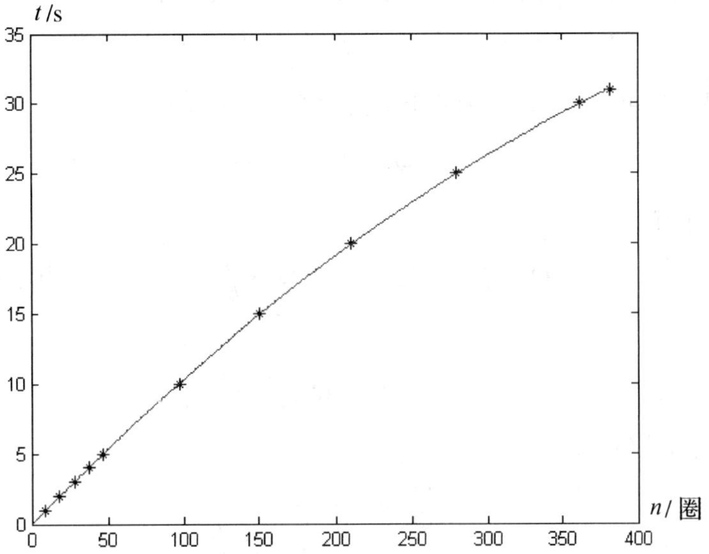

图 4.2　原始点(*)与拟合曲线(实线)图

4.4　双层玻璃功效模型

如图 4.3 所示左边为双层玻璃窗，右边为单层玻璃窗，对双层玻璃窗与单层玻璃窗的热量散失进行比较分析。

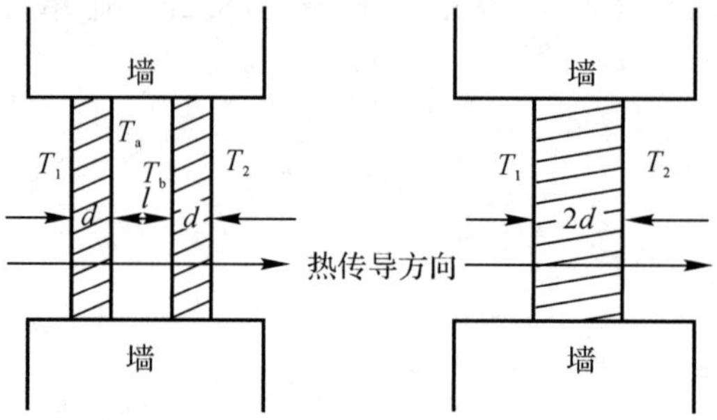

图 4.3　双层玻璃和单层玻璃示意图

设玻璃热传导系数为 k_1，空气热传导系数为 k_2。

热传导定律：厚度为 d 的均匀介质，两侧温度差为 ΔT，单位时间内由温度高的一侧向温度低的一侧通过单位面积的热量 Q 满足：

$$Q = k\,\frac{\Delta T}{d} \tag{4.7}$$

其中，k 为热传导系数。

设双层玻璃窗单位时间单位面积上散失的热量为 Q_1，则

$$Q_1 = k_1\,\frac{T_1 - T_a}{d} = k_2\,\frac{T_a - T_b}{l} = k_1\,\frac{T_b - T_2}{d} \tag{4.8}$$

设单层玻璃窗单位时间单位面积上散失的热量为 Q_2，则

$$Q_2 = k_1\,\frac{T_1 - T_2}{2d} \tag{4.9}$$

由式(4.8) 有

$$T_1 - T_a = Q_1 \cdot \frac{d}{k_1},\quad T_a - T_b = Q_1 \cdot \frac{l}{k_2},\quad T_b - T_2 = Q_1 \cdot \frac{d}{k_1}$$

则

$$T_1 - T_2 = Q_1\left(\frac{2d}{k_1} + \frac{l}{k_2}\right) \tag{4.10}$$

将式(4.10) 代入式(4.9)，有

$$\frac{Q_1}{Q_2} = \frac{1}{1 + \frac{1}{2}\frac{k_1}{k_2}\cdot\frac{l}{d}}$$

而$\frac{k_1}{k_2} = 16 \sim 32$，取最小值，令 $h = \frac{l}{d}$，有

$$\frac{Q_1}{Q_2} = \frac{1}{1 + 8h}$$

其图形如图 4.4 所示。

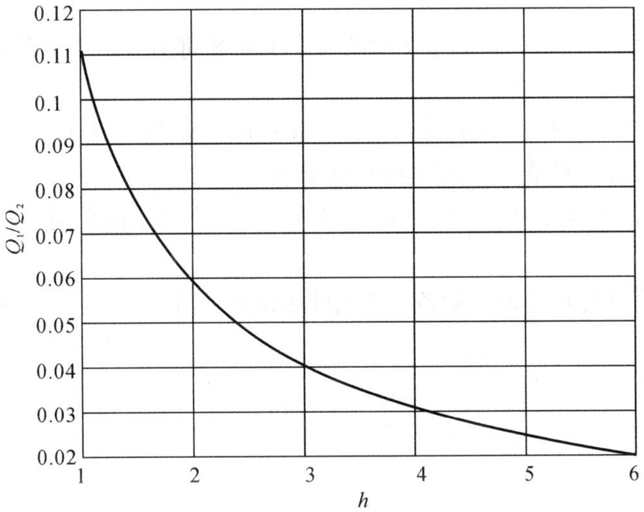

图 4.4　热量散失比 Q_1/Q_2 与 $h=l/d$ 关系图

当 $h=4$ 时，则 $Q_1=3\%\times Q_2$。通常取 $h=l/d=4$。

4.5　效益合理分配模型

在经济或社会活动中，个人、公司、党派、国家等有时候需要相互合作结成联盟或集团，通常能比他们单独行动获得更大的经济效益或社会效益。这时候合理地分配这些效益可以促进相互的合作，否则会使以后的合作变得松散甚至难以进行。因此，如何建立数学模型合理分配大家合作得到的效益，是一个十分重要的问题。

例 4.2　现有甲、乙、丙 3 人经商。如果单干，每人可以获利 10 万元；如果甲、乙合作可获利 60 万元，甲、丙合作可获利 40 万元，乙、丙合作可获利 80 万元；如果 3 人合作，则可获利 120 万元。问：当 3 人合作时，如何合理分配 120 万元收入？

解　我们容易想到这样的模型：设 3 人合作时甲、乙、丙 3 人各得 x_1,x_2,x_3 万元，则问题应该满足：

$$x_1+x_2+x_3=120 \tag{4.11}$$

$$x_1,x_2,x_3\geqslant 10,\ x_1+x_2\geqslant 60,\ x_1+x_3\geqslant 40,\ x_2+x_3\geqslant 80 \tag{4.12}$$

式(4.11)表示 3 人总分配的钱为 3 人合作的总收入。式(4.12)表示 3 人分配的钱应该满足每个人的收入不低于各自单干时的收入和 2 人合作时的收入。

但这样的解有很多，如(40,30,50)，(30,30,60)，(20,40,60)都为满足约束条件的解。那么什么样的分配方案是合理的呢？该问题称为 n 人合作对策，Shapley L. S 1953 年提出了解决该问题的一种方法，称 Shapley 值。

n 人合作对策和 Shapley 值：n 个人从事某项经济活动，对于他们之中若干个人组合成的每一种合作(单人也算一种合作特例)，都会得到一定的效益，当他们之间的利益是非对抗性时，合作中人数的增加通常会引起效益的增大。这样，全体 n 个人合作时带来最大的效益。n 个人的集合和各种合作效益就构成 n 人合作对策，Shapley 值是分配这种效益的一种方案。

定义如下：

设集合 $I=\{1,2,\cdots,n\}$，如果对于 I 中的任一子集 S 都对应一个实值函数，满足

$$v(\varnothing)=0 \tag{4.13}$$

$$v(S_1 \cup S_2) \geqslant v(S_1)+v(S_2),\quad S_1 \cap S_2=\varnothing \tag{4.14}$$

那么称$[I,v]$为 n 人合作对策，v 为对策的特征函数。

在上面的定义中，I 定义为 n 个人的集合，S 为 n 个人集合中的任何一种合作，$v(S)$ 为合作 S 的效益。

设 x_i 为第 i 个人从合作的最大效益 $v(I)$ 中得到的一份收入，$(x_1,x_2,\cdots,x_n)$ 称为 n 人合作的分配，满足：

$$\sum_{i=1}^{n} x_i = v(I) \tag{4.15}$$

$$x_i \geqslant v_i,\quad i=1,2,\cdots,n \tag{4.16}$$

通常这有无穷多解。

Shapley 值的计算方法：

一个很自然的想法是根据各人给联盟带来的贡献进行分配。Shapley 值在直观上就是局中人对所有边际贡献求加权平均。边际贡献是该局中人对他能参与的所有联盟做出的贡献，也就是他加入的所有联盟收益带来的增加，计算公式为

$$x_i=\sum_{\substack{S\subseteq I\\ \{i\}\not\subseteq S}} w(S)\cdot[v(S\cup\{i\})-v(S)] \tag{4.17}$$

$$w(S)=\frac{|S|!\times(n-|S|-1)!}{n!} \tag{4.18}$$

这里 x_i 为 Shapley 值，$|S|$ 为联盟 S 中局中人的个数。

式(4.17)中$[v(S\cup\{i\})-v(S)]$为局中人 i 对联盟 S 的边际贡献。式(4.18)中 $w(S)$ 是局中人 i 与联盟 S 合作的概率。式(4.17)就是按照式(4.18)的概率对局中人 i 的所有边际贡献加权求和，其结果作为其效益分配，也即 Shapley 值。

在 Shapley 公式计算中，重要的是权值的计算，不同的权值计算方法代表不同的分配方式。Shapley 公式中权值可以这样来直观理解，n 个人的集合 I 中不含局中人 i 的子集有：

不含任何人(空集)的个数：C_{n-1}^0；

含 1 个局中人的子集个数：C_{n-1}^1；

……

含 k 个局中人的子集个数：C_{n-1}^k；

……

含 $n-1$ 个局中人的子集个数：C_{n-1}^{n-1}；

总共有子集(联盟)个数：$C_{n-1}^0+C_{n-1}^1+\cdots+C_{n-1}^{n-1}=2^{n-1}$。

这里共分 n 种情况，每种情况下局中人个数依次为 $0,1,2,\cdots,n-1$ 个。

设局中人 i 选择与 $0,1,2,\cdots,n-1$ 个人合作的概率相等，都为$\dfrac{1}{n}$。而含 k 个人的子集(联盟)个数为 C_{n-1}^k，局中人 i 与该种情况下的每个联盟选择合作的概率也相等。因此，由概率乘法公式有，局中人 i 选择与某个含 k 人的联盟 S 合作的概率为

$$w(S)=\frac{1}{n}\cdot\frac{1}{C_{n-1}^{k}}=\frac{k!\ \times(n-k-1)!}{n!}$$

其中，$k=|S|$ 为联盟 S 中局中人个数。

这里关键是利用了两个等概率。局中人 i 选择与 $0,1,2,\cdots,n-1$ 个人合作等概率，与 k 个人合作情况下选择与每种联盟合作等概率。

这里给出例 4.2 中按照 Shapley 值进行分配的计算过程，如表 4.7 ～ 表 4.9 所示。

表 4.7　对局中人甲的分配计算过程

S	$\varnothing$	$\{2\}$	$\{3\}$	$\{2,3\}$
$v(S)$	0	10	10	80
$v(S\cup\{1\})$	10	60	40	120
$v(S\cup\{1\})-v(S)$	10	50	30	40
$w(S)$	1/3	1/6	1/6	1/3
$w(S)[v(S\cup\{1\})-v(S)]$	10/3	50/6	30/6	40/3

表 4.8　对局中人乙的分配计算过程

S	$\varnothing$	$\{1\}$	$\{3\}$	$\{1,3\}$
$v(S)$	0	10	10	40
$v(S\cup\{2\})$	10	60	80	120
$v(S\cup\{2\})-v(S)$	10	50	70	80
$w(S)$	1/3	1/6	1/6	1/3
$w(S)[v(S\cup\{2\})-v(S)]$	10/3	50/6	70/6	80/3

表 4.9　对局中人丙的分配计算过程

S	$\varnothing$	$\{1\}$	$\{2\}$	$\{1,2\}$
$v(S)$	0	10	10	60
$v(S\cup\{3\})$	10	40	80	120
$v(S\cup\{3\})-v(S)$	10	30	70	60
$w(S)$	1/3	1/6	1/6	1/3
$w(S)[v(S\cup\{3\})-v(S)]$	10/3	30/6	70/6	60/3

甲获得利益为

$$x_1=\sum_{\substack{S\subseteq I\\ \{1\}\notin S}}w(S)[v(S\cup\{1\})-v(S)]=10/3+50/6+30/6+40/3=30\text{ 万元}$$

乙获得利益为

$$x_2=\sum_{\substack{S\subseteq I\\ \{2\}\notin S}}w(S)[v(S\cup\{2\})-v(S)]=10/3+50/6+70/6+80/3=50\text{ 万元}$$

丙获得利益为

$$x_3 = \sum_{\substack{S \subseteq I \\ \{3\} \notin S}} w(S)[v(S \cup \{3\}) - v(S)] = 10/3 + 30/6 + 70/6 + 60/3 = 40 \text{ 万元}$$

因此，根据Shapley公式计算，甲、乙、丙3人最后分得的利益为30万元、50万元、40万元。

例 4.3 污水处理费用的合理分担问题。设沿河有3个城镇1,2,3，地理位置如图4.5所示。三城镇的污水需要处理后才能排入河中。三城镇既可以单独建立污水处理厂，也可以联合建厂，采用管道将污水集中处理。污水由上游向下游通过管道输送，用Q表示污水量(t/s)，L表示管道长度(km)。根据经验公式，建立污水处理厂的费用为$P_1 = 73Q^{0.712}$(千元)，铺设管道费用为$P_2 = 0.66Q^{0.51}L$(千元)。已知三城镇污水处理量为$Q_1 = 5$ t/s，$Q_2 = 3$ t/s，$Q_3 = 5$ t/s，L的数值如图4.5所示。试从节约总投资的角度为三城镇制定污水处理方案。如果联合建厂，各城镇如何合理分担费用？

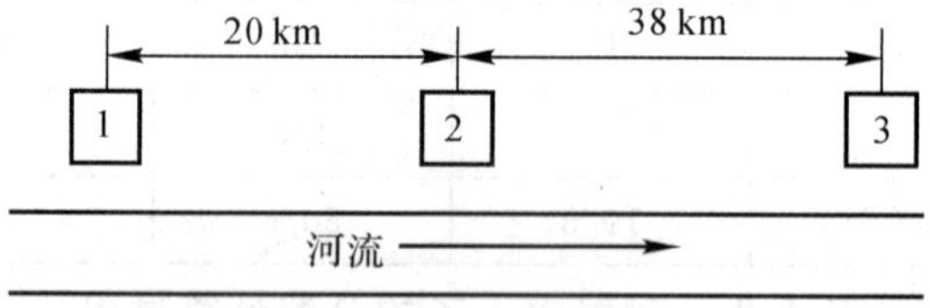

图 4.5 三城镇地理位置示意图

解 三城镇污水处理方式共有以下5种方案。

(1) 三城镇各自独立建厂情形。三城镇各自费用为

$$C(1) = 73 \times 5^{0.712} = 229.6 \text{ 千元}$$

$$C(2) = 73 \times 3^{0.712} = 159.6 \text{ 千元}$$

$$C(3) = 73 \times 5^{0.712} = 229.6 \text{ 千元}$$

总费用为
$$T_1 = C(1) + C(2) + C(3) = 618.8 \text{ 千元}$$

(2)1,2合作在城镇2处建厂，3独立建厂情形，有

$$C(1,2) = 73 \times (5+3)^{0.712} + 0.66 \times 5^{0.51} \times 20 = 350.9 \text{ 千元}$$

总费用为
$$T_2 = C(1,2) + C(3) = 580.5 \text{ 千元}$$

(3)2,3合作在城镇3处建厂，1独立建厂情形，有

$$C(2,3) = 73 \times (3+5)^{0.712} + 0.66 \times 3^{0.51} \times 38 = 364.8 \text{ 千元}$$

总费用为
$$T_3 = C(2,3) + C(1) = 594.4 \text{ 千元}$$

(4)1,3合作在城镇3处建厂，2独立建厂情形，有

$$C(1,3) = 73 \times (5+5)^{0.712} + 0.66 \times 5^{0.51} \times 58 = 463.1 \text{ 千元}$$

该费用超过1,3独立建厂的费用$C(2)+C(3)=459.2$千元，合作没有效益，因此该合作取消。

(5)3个城镇合作在城镇3处建厂情形。

$$D_5 = C(1,2,3) = 73 \times (5+3+5)^{0.712} + 0.66 \times 5^{0.51} \times 20 + 0.66 \times 8^{0.51} \times 38 = 555.8 \text{ 千元}$$

对以上5个方案进行比较，采用3个城镇合作建厂总费用最小，因此该方案最好，最小费用为555.8千元。下面的问题是3个城镇如何分担这些费用。

分配方案1：

考虑水的流向。建厂费用由3个城镇按排污比例分担，铺设管道的费用由使用了管道的污水排放方按比例分配。

3个城镇的联合建厂费用为

$$d=73\times(5+3+5)^{0.712}=453.4\ 千元$$

1和2之间铺设管道的费用为

$$d_{12}=0.66\times5^{0.51}\times20=29.996\ 千元$$

2和3之间铺设管道的费用为

$$d_{23}=0.66\times(5+3)^{0.51}\times38=60.356\ 千元$$

城镇1承担的费用为

$$\text{Cost1}=d\times\frac{5}{13}+d_{12}+d_{23}\times\frac{5}{8}=249.6\ 千元$$

城镇2承担的费用为

$$\text{Cost2}=d\times\frac{3}{13}+d_{23}\times\frac{3}{8}=131.8\ 千元$$

城镇3承担的费用为

$$\text{Cost3}=d\times\frac{5}{13}=174.4\ 千元$$

该方案对城镇1来说，其合作后承担的费用为249.6千元，而其单独建厂时费用才229.6千元。合作后其承担费用增大，显然不合理，城镇1显然会采取不合作的态度。

分配方案2：

不考虑水的流向。建厂费用和铺设管道的费用都由3个城镇按排污比例分担。

3个城镇的联合建厂总费用为555.8千元，3个城镇排污比例分担费用如下：

城镇1承担的费用为

$$\text{Cost1}=D_5\times\frac{5}{13}=213.8\ 千元$$

城镇2承担的费用为

$$\text{Cost2}=D_5\times\frac{3}{13}=128.2\ 千元$$

城镇3承担的费用为

$$\text{Cost3}=D_5\times\frac{5}{13}=213.8\ 千元$$

该方案的优点是合作后，3个城镇的费用都比单独建厂时减少了，因此具有合理性。缺点是没有考虑水的流向，没有考虑3个城镇对合作减少的费用所做的贡献。在考虑这些特点后，我们采用Shapley方法。

分配方案3：

当采用3个城镇独立建厂时，总费用为618.8千元，而采用合作建厂后费用降为555.8千元，减少的费用618.8－555.8＝63千元为合作产生的效益。因此，根据3个城镇各自对合作产生的效益来分配产生的效益，这就是Sharpley法。

不同合作方式下的效益函数：

不合作时的效益为0，即

$$v(\varnothing)=0,\quad v(1)=v(2)=v(3)=0$$

1和2合作时的效益为合作时减少的费用，即

$$v(1,2)=C(1)+C(2)-C(1,2)=38.3 \text{ 千元}$$

2 和 3 合作时的效益为合作时减少的费用,即

$$v(2,3)=C(2)+C(3)-C(2,3)=24.4 \text{ 千元}$$

1 和 3 合作没有效益,即

$$v(1,3)=0$$

1,2 和 3 合作时的效益为

$$v(1,2,3)=C(1)+C(2)+C(3)-C(1,2,3)=63 \text{ 千元}$$

城填 1,2,3 的分配计算过程见表 4.10、表 4.11 和表 4.12。

表 4.10 城镇 1 的分配计算过程

S	$\varnothing$	$\{2\}$	$\{3\}$	$\{2,3\}$
$v(S)$	0	0	0	24.4
$v(S\cup\{1\})$	0	38.3	0	63
$v(S\cup\{1\})-v(S)$	0	38.3	0	38.6
$w(S)$	1/3	1/6	1/6	1/3
$w(S)[v(S\cup\{1\})-v(S)]$	0	38.3/6	0	38.6/3

表 4.11 城镇 2 的分配计算过程

S	$\varnothing$	$\{1\}$	$\{3\}$	$\{1,3\}$
$v(S)$	0	0	0	0
$v(S\cup\{2\})$	0	38.3	24.4	63
$v(S\cup\{2\})-v(S)$	0	38.3	24.4	63
$w(S)$	1/3	1/6	1/6	1/3
$w(S)[v(S\cup\{2\})-v(S)]$	0	38.3/6	24.4/6	63/3

城镇 1 获得效益为

$$x_1=\sum_{\substack{S\subseteq I\\ \{1\}\notin S}} w(S)[v(S\cup\{1\})-v(S)]=38.3/6+38.6/3=19.3 \text{ 千元}$$

城镇 2 获得效益为

$$x_2=\sum_{\substack{S\subseteq I\\ \{2\}\notin S}} w(S)[v(S\cup\{2\})-v(S)]=38.3/6+24.4/6+63/3=31.5 \text{ 千元}$$

表 4.12 对城镇 3 的分配计算过程

S	$\varnothing$	$\{1\}$	$\{2\}$	$\{1,2\}$
$v(S)$	0	0	0	38.3
$v(S\cup\{3\})$	0	0	24.4	63
$v(S\cup\{3\})-v(S)$	0	0	24.4	24.7
$w(S)$	1/3	1/6	1/6	1/3
$w(S)[v(S\cup\{3\})-v(S)]$	0	0	24.4/6	24.7/3

城镇 3 获得效益为

$$x_3=\sum_{\substack{S\subseteq I\\ \{3\}\notin S}} w(S)[v(S\cup\{3\})-v(S)]=24.4/6+24.7/3=12.3 \text{ 千元}$$

因此，根据 Shapley 公式计算，3 个城镇获得效益分别为 19.3 千元、31.5 千元、12.3 千元。

3 个城镇获得效益看做合作建厂后相对各自独立建厂时节约的费用，因此城镇 1 的费用为

$$\text{Cost1} = C(1) - x_1 = 229.6 - 19.3 = 210.3 \text{ 千元}$$

城镇 2 的费用为

$$\text{Cost2} = C(2) - x_2 = 159.6 - 31.5 = 128.1 \text{ 千元}$$

城镇 3 的费用为

$$\text{Cost3} = C(3) - x_3 = 229.6 - 12.3 = 217.3 \text{ 千元}$$

分析：

对方案 3 和方案 2，城镇 2 的费用相同。方案 3 相对方案 2，对城镇 3 的费用增大了 3.5 千元，而城镇 1 的费用减少了 3.5 千元。两种方案下城镇 2 的费用都最小，这与其排污量最小有关，也与其地理位置居于 1 和 3 之间有关。

本章小结

本章介绍了几个经典的初等数学模型：席位公平分配模型，汽车刹车距离模型，录音机记数模型，双层玻璃功效模型，效益合理分配模型。这些模型虽然比较简单，但这些都是从实际生活出发，解决现实中的一个个小问题。而且在建模过程中，建立了关于该问题的一些新的概念和独特方法，很好的解决了该问题。这对生活中问题的数学建模，具有启发作用。掌握这些小问题的数学建模方法，也是对建模思维的一个很好的训练。

第5章　优化模型

5.1　生猪的出售时间问题

一饲养场每天投入5元资金用于饲料、设备、人力，估计可使一头100kg重的生猪每天增加3kg。目前生猪出售的市场价格为每公斤15元，但是预测每天会降低0.15元。问：该饲养场应该什么时候出售这样的生猪？如果上面的估计和预测有出入，对结果有多大影响？

模型假设　每天投入5元资金使生猪体重每天增加常数为 $r(=3\text{kg})$；生猪出售的市场价格每天降低常数为 $g(=0.15$ 元)。

模型建立　给出记号约定：t——时间(天)；w——生猪体重(kg)；p——单价(元/kg)；R——销售的收入(元)；C——t 天投入的资金(元)；Q——纯利润(元)。

由假设得第 t 天时的重量为

$$w(t)=100+rt\quad(r=3)$$

第 t 天时的价格为

$$p(t)=15-gt\quad(g=0.15)$$

第 t 天时的销售收入为

$$R(t)=w(t)p(t)=(100+rt)(15-gt)=1\,500+(15r-100g)t-rgt^2$$

第 t 天时的成本为

$$C(t)=5t$$

目前如果销售收入为

$$R(0)=w(0)p(0)=100\times15=1\,500\text{ 元}$$

则第 t 天时销售的利润为

$$Q(t)=w(t)p(t)-C(t)-R(0)=(15r-100g-5)t-rgt^2\tag{5.1}$$

利用二次函数性质或求导容易知道，当销售利润最大时，有

$$t=\frac{15r-100g-5}{2rg}\tag{5.2}$$

将 $r=3$，$g=0.15$ 代入，有

$$t=\frac{25}{2\times0.45}=27.8$$

由于天数取整，则当 $t=28$ 时，销售利润最大，且为 $Q(28)=347.2$ 元。

敏感性分析　由于模型假设中的参数(生猪每天体重的增加 r 和价格的降低 g)是估计和预测的，所以应该研究它们有所变化时对模型结果的影响。

(1) 设每天生猪价格的降低 $g=0.15$ 元不变，研究 r 变化的影响。由式(5.2)可得

$$t=\frac{15r-20}{0.3r},\quad r\geqslant 2 \tag{5.3}$$

t 是 r 的增函数,图 5.1 为函数图。

(2) 设每天生猪体重的增加 $r=3\text{kg}$ 不变,研究 g 变化的影响。由式(5.2)可得

$$t=\frac{20-50g}{3g},\quad 0\leqslant g\leqslant 0.4 \tag{5.4}$$

t 是 g 的减函数,图 5.2 为函数图。

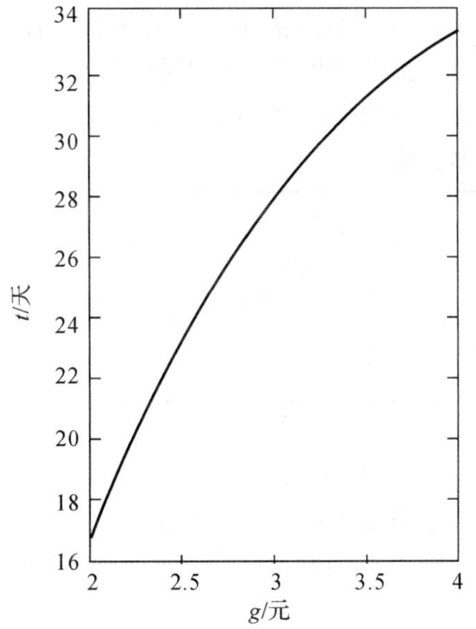

图 5.1　t 与 r 的关系

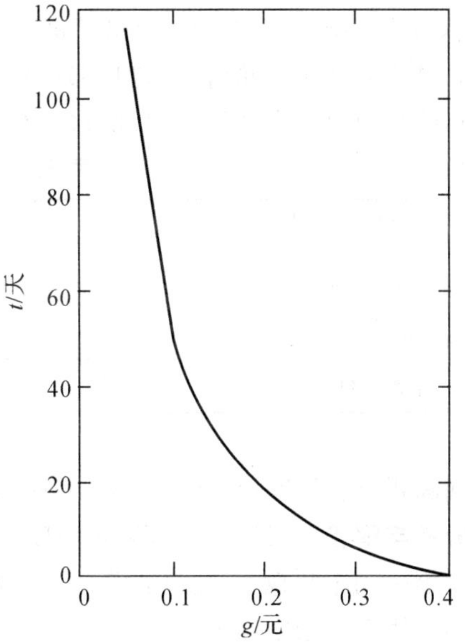

图 5.2　t 与 g 的关系

可以用相对改变量衡量结果对参数的敏感程度。t 对 r 的敏感度记做 $S(t,r)$,定义为

$$S(t,r)=\frac{\Delta t/t}{\Delta r/r}\approx\frac{\mathrm{d}t}{\mathrm{d}r}\frac{r}{t} \tag{5.5}$$

而

$$\frac{\mathrm{d}t}{\mathrm{d}r}=\frac{100g+5}{2gr^2}$$

则

$$S(t,r)=\frac{100g+5}{15r-100g-5} \tag{5.6}$$

当 $r=3,g=0.15$ 时,可得

$$S(t,r)\approx 0.8$$

即生猪每天体重 r 增加 1%,出售时间推迟 0.8%。

类似地,定义 t 对 g 的敏感度 $S(t,g)$。由式(5.4),当 $g=0.1$ 时,可得

$$S(t,g)=\frac{\Delta t/t}{\Delta g/g}\approx\frac{\mathrm{d}t}{\mathrm{d}g}\frac{g}{t} \tag{5.7}$$

而

$$\frac{\mathrm{d}t}{\mathrm{d}g}=\frac{5-15r}{2rg^2}$$

则

$$S(t,g)=\frac{5-15r}{15r-100g-5} \tag{5.8}$$

当 $r=3,g=0.15$ 时,可算出

$$S(t,g) \approx -1.6$$

即生猪价格每天的降低 g 增加 1%，出售时间提前 1.6%。r 和 g 的微小变化对模型结果的影响并不算大。

5.2 两辆平板车装货问题

有 7 种规格的包装箱要装到两辆平板车上，包装箱的宽和高是一样的，但厚度 t(cm) 和重量 w(kg) 是不同的。表 5.1 给出了每种包装箱的厚度、重量以及数量。每辆平板车有 10.2m 的地方可用来装包装箱(像面包片那样)，载重为 40 t。由于地区货运的限制，对 C_5，C_6，C_7 类包装箱的总数有一个特别的限制：这三类包装箱所占的空间(厚度) 不能超过 302.7 cm。

表 5.1 包装箱参数信息

包装箱类型	C_1	C_2	C_3	C_4	C_5	C_6	C_7
厚度 t/cm	48.7	52.0	61.3	72.0	48.7	52.0	64.0
重量 w/kg	2 000	3 000	1 000	500	4 000	2 000	1 000
件数 / 件	8	7	9	6	6	4	8

问题要求：设计一种装车方案，使剩余的空间最小(AMCM88B)。

分析与解答 设 C_i 类包装箱厚度为 t_i(cm)，重量为 w_i(kg)，件数为 n_i 件。

设第一辆车装载 C_i 类包装箱 x_i 件，第二辆车装载 C_i 类包装箱 y_i 件($i=1,2,\cdots,7$)。

第一辆车剩余空间为

$$Z_1 = 1\ 020 - \sum_{i=1}^{7} t_i x_i$$

第二辆车剩余空间为

$$Z_2 = 1\ 020 - \sum_{i=1}^{7} t_i y_i$$

总剩余空间最小为目标，则目标函数为

$$\min Z = Z_1 + Z_2$$

约束满足：

(1) 件数满足 $x_i + y_i \leqslant n_i$，$i=1,2,\cdots,7$，且 x_i，y_i 为整数。

(2) 各辆车载重量不超过 40 t，有

$$\sum_{i=1}^{7} w_i x_i \leqslant 40\ 000, \quad \sum_{i=1}^{7} w_i y_i \leqslant 40\ 000$$

(3) 各辆车载长度不超过 1 020 cm，有

$$Z_1 \geqslant 0, \quad Z_2 \geqslant 0$$

(4) C_5，C_6，C_7 类包装箱的厚度不能超过 302.7 cm，有

$$\sum_{i=5}^{7} t_i (x_i + y_i) \leqslant 302.7$$

由此得到整数线性规划模型为

$$\min Z=(1\,020-\sum_{i=1}^{7}t_ix_i)+(1\,020-\sum_{i=1}^{7}t_iy_i)$$

$$s.t.\begin{cases}\sum_{i=1}^{7}t_ix_i\leqslant 1\,020\\ \sum_{i=1}^{7}t_iy_i\leqslant 1\,020\\ x_i+y_i\leqslant n_i\\ \sum_{i=1}^{7}w_ix_i\leqslant 40\,000\\ \sum_{i=1}^{7}w_iy_i\leqslant 40\,000\\ \sum_{i=5}^{7}t_i(x_i+y_i)\leqslant 302.7\\ x_i,y_i\ 为非负整数，\quad i=1,2,\cdots,7\end{cases}$$

得到解为

$$x_1=6,\ x_2=2,\ x_3=9,\ x_4=1,\ x_5=0,\ x_6=0,\ x_7=0$$
$$y_1=2,\ y_2=5,\ y_3=0,\ y_4=5,\ y_5=3,\ y_6=3,\ y_7=0$$

目标值为　$Z=0.6$

其中，第一辆平板车剩余空间 0.1cm；第二辆平板车剩余空间 0.5cm。

LINGO 程序：

```
! 两辆平板车装货问题 AMCM88B;
model:
sets:
num/1..7/:w,t,n,x,y;
endsets
data:
t=48.7,52.0,61.3,72.0,48.7,52.0,64.0;
w=2000,3000,1000,500,4000,2000,1000;
n=8,7,9,6,6,4,8;
enddata
min=(1020-@sum(num:t*x))+(1020-@sum(num:t*y));
@sum(num:t*x)<=1020;
@sum(num:t*y)<=1020;
@sum(num:w*x)<=40000;
@sum(num:w*y)<=40000;
@for(num(i):x(i)+y(i)<=n(i));
@sum(num(i)|i#GE#5#AND#i#LE#7:(x(i)+y(i))*t(i))<=302.7;
@for(num:@GIN(x));
```

```
@for(num:@GIN(y));
end
```

5.3 汽车生产与原油采购

1. 汽车厂生产计划问题

一汽车厂生产小、中、大3种类型的汽车，已知各类型每辆车对钢材、劳动时间的需求，利润以及每月工厂钢材、劳动时间的现有量见表5.2。试制订月生产计划，使工厂的利润最大。

进一步讨论：由于各种条件限制，如果生产某一类型汽车，则至少要生产80辆，那么最优的生产计划应作何改变？

表 5.2 汽车厂的生产数据

	小型	中型	大型	现有量
钢材 /t	1.5	3	5	600
劳动时间 /h	280	250	400	60 000
利润 / 万元	2	3	4	

模型建立与求解 设每月生产小、中、大型汽车的数量分别为 x_1, x_2, x_3，工厂的月利润为 z，则目标函数为利润最大，即

$$\max z = 2x_1 + 3x_2 + 4x_3$$

钢材约束有

$$1.5x_1 + 3x_2 + 5x_3 \leqslant 600$$

劳动时间约束有

$$280x_1 + 250x_2 + 400x_3 \leqslant 60\ 000$$

且 x_1, x_2, x_3 为整数。则得到的线性规划模型为

$$\max z = 2x_1 + 3x_2 + 4x_3$$

$$s.t. \begin{cases} 1.5x_1 + 3x_2 + 5x_3 \leqslant 600 \\ 280x_1 + 250x_2 + 400x_3 \leqslant 60\ 000 \\ x_1, x_2, x_3 \text{ 取整} \end{cases}$$

解为 $x_1 = 64, x_2 = 168, x_3 = 0$，目标值为 $z = 632$ 万元。

LINGO 程序：

```
model:
max=2*x1+3*x2+4*x3;
1.5*x1+3*x2+5*x3<=600;
280*x1+250*x2+400*x3<=60 000;
@gin(x1);
@gin(x2);
@gin(x3);
```

end

进一步讨论，当生产某一类型汽车时，则至少要生产80辆。新增0-1变量 y_1,y_2,y_3，要求当 $y_i=1$ 时，$x_i \geqslant 80$；当 $y_i=0$ 时，$x_i=0$，$i=1,2,3$。$y_i=1$ 表示要生产第 i 种汽车；$y_i=0$ 表示不生产第 i 种汽车。则增加约束：

$$x_i \geqslant 80y_i, \quad i=1,2,3$$

该约束使 $y_i=1$ 时，有

$$x_i \geqslant 80, \quad x_i \leqslant My_i, \quad i=1,2,3$$

M 为足够大的整数，例如取 $M=1\,000$。该约束使 $y_i=0$ 时，$x_i=0$。这两个约束限制任何一种汽车只要生产，一定至少为80辆。

则新的整数规划模型为

$$\max z = 2x_1 + 3x_2 + 4x_3$$

$$s.t. \begin{cases} 1.5x_1 + 3x_2 + 5x_3 \leqslant 600 \\ 280x_1 + 250x_2 + 400x_3 \leqslant 60\,000 \\ x_i \geqslant 80y_i, i=1,2,3 \\ x_i \leqslant 1\,000y_i, i=1,2,3 \\ y_1,y_2,y_3 \text{ 取 0 或 1} \\ x_1,x_2,x_3 \text{ 取整} \end{cases}$$

解为 $x_1=80,x_2=150,x_3=0$，目标值为 $z=610$ 万元。

LINGO 程序：

```
model:
max=2*x1+3*x2+4*x3;
1.5*x1+3*x2+5*x3<=600;
280*x1+250*x2+400*x3<=60000;
x1>=80*y1;
x2>=80*y2;
x3>=80*y3;
x1<=1000*y1;
x2<=1000*y2;
x3<=1000*y3;
@bin(y1);
@bin(y2);
@bin(y3);
@gin(x1);
@gin(x2);
@gin(x3);
end
```

2. 原油采购与加工问题

某公司用两种原油(A和B)混合加工成两种汽油(甲和乙)。甲、乙两种汽油含原油A的最低比例分别为50%和60%，每千克售价分别为4 800元和5 600元。该公司现有原油A和

B的库存分别为500 kg和1 000 kg,还可以从市场上买到不超过1 500 kg的原油A。原油A的市场价为:购买量不超过500 kg时的单价为10 000元/kg;购买量超过500kg但不超过1 000 kg时,超过500 kg的部分8 000元/kg;购买量超过1 000 kg时,超过1 000 t的部分6 000元/kg。该公司应如何安排原油的采购和加工?

模型建立　设原油A的购买量为 x,根据题目所给数据,采购的支出 $c(x)$(价格以千元/kg为单位)为

当 $0 \leqslant x \leqslant 500$ 时,采购成本

$$c(x) = 10x$$

当 $500 < x \leqslant 1\,000$ 时,采购成本为

$$c(x) = 10 \times 500 + 8(x - 500) = 1\,000 + 8x$$

当 $1\,000 < x \leqslant 1\,500$ 时,采购成本为

$$c(x) = 10 \times 500 + 8 \times (1\,000 - 500) + 6 \times (x - 1\,000) = 3\,000 + 6x$$

则采购成本的分段函数为

$$c(x) = \begin{cases} 10x, & 0 \leqslant x \leqslant 500 \\ 1\,000 + 8x, & 500 \leqslant x \leqslant 1\,000 \\ 3\,000 + 6x, & 1\,000 \leqslant x \leqslant 1\,500 \end{cases}$$

该分段函数为非线性函数,我们设法将其用线性进行表达。

设0-1变量 y_1, y_2, y_3。$y_i = 1$ 表示取第 i 段,每个 x 只对应其中一段,即

$$y_1 + y_2 + y_3 = 1$$

设分段点处 x 的取值为 x_1, x_2, x_3, x_4,这里 $x_1 = 0, x_2 = 500, x_3 = 1\,000, x_4 = 1\,500$。对应的函数值为 $c(x_1), c(x_2), c(x_3), c(x_4)$,这里 $c(x_1) = 0, c(x_2) = 5\,000, c(x_3) = 9\,000, c(x_4) = 12\,000$。

设 $\alpha_1, \alpha_2, \alpha_3, \alpha_4$ 表示每个端点的权重,则当 x 位于第 i 段时,$x = \alpha_i x_+ \alpha_{i+1} x_{i+1}$,则

$$c(x) = \alpha_i c(x_i) + \alpha_{i+1} c(x_{i+1})$$

其中 $\alpha_i + \alpha_{i+1} = 1$。

因此,该分段函数可用线性表达式表述为

$$x = \alpha_i x_i + \alpha_{i+1} x_{i+1}$$

$$c(x) = \alpha_i c(x_i) + \alpha_{i+1} c(x_{i+1})$$

$$\alpha_1 + \alpha_2 + \alpha_3 + \alpha_4 = 1$$

$$y_1 + y_2 + y_3 = 1$$

$$\alpha_1 \leqslant y_1, \alpha_2 \leqslant y_1 + y_2, \alpha_3 \leqslant y_2 + y_3, \alpha_4 \leqslant y_3$$

设原油A用于生产甲、乙两种汽油的数量分别为 x_{11} 和 x_{12},原油B用于生产甲、乙两种汽油的数量分别为 x_{21} 和 x_{22},如图5.3所示。

		汽油	
		甲	乙
原油	A	x_{11}	x_{12}
	B	x_{21}	x_{22}

图5.3　汽油构成示意图

总的收入为 $4.8(x_{11}+x_{21})+5.6(x_{12}+x_{22})$，目标函数为利润最大，即

$$\max z=4.8(x_{11}+x_{21})+5.6(x_{12}+x_{22})-c(x)$$

约束条件：

设购买原油 A 有 x(t)，则有 $x\leqslant 1\ 500$；

原油 A 的总量约束为 $x_{11}+x_{12}\leqslant 500+x$；

原油 B 的总量约束为 $x_{21}+x_{22}\leqslant 1\ 000$；

汽油甲中原油 A 比例不低于 50%，则有

$$\frac{x_{11}}{x_{11}+x_{21}}\geqslant 0.5$$

汽油乙中原油 A 比例不低于 60%，则有

$$\frac{x_{12}}{x_{12}+x_{22}}\geqslant 0.6$$

所有变量非负，有 $x_{11},x_{12},x_{21},x_{22},x\geqslant 0$，则得到的规划模型为

$$\max z=4.8(x_{11}+x_{21})+5.6(x_{12}+x_{22})-c(x)$$

$$s.t.\begin{cases} x\leqslant 1\ 500 \\ x_{11}+x_{12}\leqslant 500+x \\ x_{21}+x_{22}\leqslant 1\ 000 \\ \dfrac{x_{11}}{x_{11}+x_{21}}\geqslant 0.5 \\ \dfrac{x_{12}}{x_{12}+x_{22}}\geqslant 0.6 \\ x_{11},x_{12},x_{21},x_{22},\quad x\geqslant 0 \\ x=\sum_{i=1}^{4}\alpha_i x_i \\ c(x)=\sum_{i=1}^{4}\alpha_i c(x_i) \\ \alpha_1+\alpha_2+\alpha_3+\alpha_4=1 \\ y_1+y_2+y_3=1 \\ \alpha_1\leqslant y_1,\alpha_2\leqslant y_1+y_2,\alpha_3\leqslant y_2+y_3,\alpha_4\leqslant y_3 \\ y_1,y_2,y_3=0 \text{ 或 } 1 \end{cases}$$

其中

$$x_1=0,\ x_2=500,\ x_3=1\ 000,\ x_4=1\ 500$$

$$c(x_1)=0,\ c(x_2)=5\ 000,\ c(x_3)=9\ 000,\ c(x_4)=12\ 000$$

解之得

原油 A 用于生产甲汽油 $x_{11}=0$ kg，用于生产乙汽油 $x_{12}=1\ 500$ kg；

原油 B 用于生产甲汽油 $x_{21}=0$ kg，用于生产乙汽油 $x_{22}=1\ 000$ kg；

购买原油 A 为 $x=1\ 000$ kg；

$\alpha_1=0,\alpha_2=0,\alpha_3=1,\alpha_4=0$；$y_1=0,y_2=0,y_3=1$；

目标值为 $z=5\ 000$。

LINGO 程序：

```
model:
max=4.8*(x11+x21)+5.6*(x12+x22)-cx;
x<=1500;
x11+x12<=500+x;
x21+x22<=1000;
x11>=0.5*(x11+x21);
x12>=0.6*(x12+x22);
x=af2*500+af3*1000+af4*1500;
cx=af2*5000+af3*9000+af4*12000;
af1+af2+af3+af4=1;
y1+y2+y3=1;
af1<=y1;
af2<=y1+y2;
af3<=y2+y3;
af4<=y3;
@bin(y1);
@bin(y2);
@bin(y3);
end
```

对一般的分段函数在 LINGO 中用线性表达的方式如下：

设一个分段线性函数有 n 段，其自变量的分段点为 $x_1, x_2, \cdots, x_n, x_{n+1}$，对应分段点处的函数值为 $f(x_1), f(x_2), \cdots, f(x_n), f(x_{n+1})$。

设 0-1 变量 $y_1, y_2, \cdots, y_n$。$y_i=1$ 表示取第 i 段，每个 x 只对应其中一段，因此有

$$\sum_{i=1}^{n} y_i = 1$$

设 $\alpha_1, \alpha_2, \cdots, \alpha_n, \alpha_{n+1}$ 表示每个分段点的权重，则当 x 位于第 i 段时，有

$$x = \alpha_i x_i + \alpha_{i+1} x_{i+1}$$

$$c(x) = \alpha_i c(x_i) + \alpha_{i+1} c(x_{i+1})$$

其中 $\alpha_i + \alpha_{i+1} = 1$。

因此，该分段函数可用线性表达式表述为

$$x = \sum_{i=1}^{n+1} \alpha_i x_i$$

$$c(x) = \sum_{i=1}^{n+1} \alpha_i f(x_i)$$

$$\sum_{i=1}^{n+1} \alpha_i = 1$$

$$\sum_{i=1}^{n} y_i = 1$$

$$\alpha_1 \leqslant y_1, \alpha_2 \leqslant y_1 + y_2, \cdots, \alpha_n \leqslant y_{n-1} + y_n, \alpha_{n+1} \leqslant y_n$$

5.4　接力队的选拔与选修课策略

1. 混合泳接力队的选拔

问题　某班准备从 5 名游泳队员中选择 4 人组成接力队，参加学校的 4×100m 混合泳接力比赛。5 名队员 4 种泳姿的百米平均成绩见表 5.3。问：应如何选拔队员组成接力队？

如果最近队员丁的蛙泳成绩有较大退步，只有 1′15″2；而队员戊经过艰苦训练自由泳成绩有所进步，达到 57″5，组成接力队的方案是否应该调整？

表 5.3　5 名队员 4 种泳姿的百米平均成绩

队　员	蝶　泳	仰　泳	蛙　泳	自由泳
甲	1′06″8	1′15″6	1′27	58″6
乙	57″2	1′06″	1′06″4	53″
丙	1′18″	1′07″8	1′24″6	59″4
丁	1′10″	1′14″2	1′09″6	57″2
戊	1′07″4	1′11″	1′23″8	1′02″4

模型的建立　记甲、乙、丙、丁、戊分别为队员 $i=1,2,3,4,5$，记蝶泳、仰泳、蛙泳、自由泳分别为泳姿 $j=1,2,3,4$，记队员 i 的第 j 种泳姿的百米最好成绩为 c_{ij}（见表 5.4）。

表　5.4　　单位：s

c_{ij}	$j=1$	$j=2$	$j=3$	$j=4$
$i=1$	66.8	75.6	87	58.6
$i=2$	57.2	66	66.4	53
$i=3$	78	67.8	84.6	59.4
$i=4$	70	74.2	69.6	57.2
$i=5$	67.4	71	83.8	62.4

引入 0－1 变量 x_{ij}，若选择队员 i 参加泳姿 j 的比赛，记 $x_{ij}=1$，否则记 $x_{ij}=0$。根据组成接力队的要求，x_{ij} 应该满足以下两个约束条件：

（1）每人最多只能入选 4 种泳姿之一，则有

$$\sum_{j=1}^{4} x_{ij} \leqslant 1, \quad i=1,2,3,4,5$$

（2）每种泳姿必须有 1 人而且只能有 1 人入选，则有

$$\sum_{i=1}^{5} x_{ij} = 1, \quad j=1,2,3,4$$

当队员 i 入选泳姿 j 时，$c_{ij}x_{ij}$ 表示他（她）的成绩，否则 $c_{ij}x_{ij}=0$，则目标函数为接力队的成绩

$$z=\sum_{i=1}^{5}\sum_{j=1}^{4}c_{ij}x_{ij}$$

综上,该问题的 0-1 规划模型为

$$\min z=\sum_{i=1}^{5}\sum_{j=1}^{4}c_{ij}x_{ij}$$

$$s.t.\begin{cases}\sum_{j=1}^{4}x_{ij}\leqslant 1, & i=1,2,3,4,5\\ \sum_{i=1}^{5}x_{ij}=1, & j=1,2,3,4\\ x_{ij}=0\text{ 或 }1\end{cases}$$

解得 $x_{14}=1$, $x_{21}=1$, $x_{32}=1$, $x_{43}=1$,目标最小为 $z=253.2$。即:甲参加自由泳,乙参加蝶泳,丙参加仰泳,丁参加蛙泳,总成绩最好,时间为 253.2 s。

当队员丁的蛙泳成绩退步为 1′15″2,修改 $c_{43}=75.2$;队员戊自由泳成绩提高到 57″5,修改 $c_{54}=57.5$。仍然采用上面模型,结果为

$$x_{21}=1,\ x_{32}=1,\ x_{43}=1,\ x_{54}=1$$

目标最小为

$$z=257.7\text{ s}$$

即乙参加蝶泳,丙参加仰泳,丁参加蛙泳,戊参加自由泳,总成绩最好,时间为 257.7 s。

原问题的 LINGO 程序:

```
model:
sets:
person/1..5/;
item/1..4/;
assign(person,item):c,x;
endsets
data:
c=66.8, 75.6, 87, 58.6,
57.2, 66, 66.4, 53,
78, 67.8, 84.6, 59.4,
70, 74.2, 69.6, 57.2,
67.4, 71, 83.8, 62.4;
enddata
min=@sum(assign(i,j):c(i,j)*x(i,j));! 时间最少;
@for(person(i):@sum(item(j):x(i,j))<=1);! 每个人最多参加1项;
@for(item(j):@sum(person(i):x(i,j))=1);! 每个项目有1人参加:
@for(assign(i,j):@bin(x(i,j)));
end
```

2. 选修课策略

某学校规定,运筹学专业的学生毕业时必须至少学习过两门数学课、三门运筹学课和两门计算机课。这些课程的编号、名称、学分、所属类别和先修课要求见表 5.5。那么,毕业时学生

最少可以学习这些课程中哪些课程?

如果某个学生既希望选修课程的数量少,又希望所获得的学分多,他可以选修哪些课程?

表 5.5　课程情况

课程编号	课程名称	学分	所属类别	先修课要求
1	微积分	5	数学	
2	线性代数	4	数学	
3	最优化方法	4	数学,运筹学	微积分,线性代数
4	数据结构	3	数学,计算机	计算机编程
5	应用统计	4	数学,运筹学	微积分,线性代数
6	计算机模拟	3	计算机,运筹学	计算机编程
7	计算机编程	2	计算机	
8	预测理论	2	运筹学	应用统计
9	数学实验	3	运筹学,计算机	微积分,线性代数

模型的建立:

(1) 不考虑学分的情形。记 $i=1,2,\cdots,9$ 表示 9 门课程的编号。设 $x_i=1$ 表示第 i 门课程选修,$x_i=0$ 表示第 i 门课程不选。问题的目标为选修的课程总数最少,即

$$\min Z=\sum_{i=1}^{9}x_i$$

约束条件包括两个方面:

第一方面是课程数量的约束。每个人最少要学习 2 门数学课,则

$$x_1+x_2+x_3+x_4+x_5\geqslant 2$$

每个人最少要学习 3 门运筹学课 ,则

$$x_3+x_5+x_6+x_8+x_9\geqslant 3$$

每个人最少要学习 2 门计算机课,则有

$$x_4+x_6+x_7+x_9\geqslant 2$$

第二方面是先修课程的关系约束。如数据结构的先修课程是计算机编程,这意味着如果 $x_4=1$,必须 $x_7=1$,这个条件可以表示为 $x_4\leqslant x_7$(注意当 $x_4=0$ 时对 x_7 没有限制)。这样,所有课程的先修课要求可表示为如下的约束:

最优化方法的先修课是微积分和线性代数,有

$$x_3\leqslant x_1,\quad x_3\leqslant x_2$$

数据结构的先修课程是计算机编程,有

$$x_4\leqslant x_7$$

应用统计的先修课是微积分和线性代数,有

$$x_5\leqslant x_1,\ x_5\leqslant x_2$$

计算机模拟的先修课程是计算机编程,有

$$x_6\leqslant x_7$$

预测理论的先修课程是应用统计，有

$$x_8 \leqslant x_5$$

数学实验的先修课是微积分和线性代数，有

$$x_9 \leqslant x_1, \quad x_9 \leqslant x_2$$

这样一来，总的 0－1 规划模型为

$$\min Z = \sum_{i=1}^{9} x_i$$

$$s.t. \begin{cases} x_1 + x_2 + x_3 + x_4 + x_5 \geqslant 2 \\ x_3 + x_5 + x_6 + x_8 + x_9 \geqslant 3 \\ x_4 + x_6 + x_7 + x_9 \geqslant 2 \\ x_3 \leqslant x_1, \ x_3 \leqslant x_2 \\ x_4 \leqslant x_7 \\ x_5 \leqslant x_1, \ x_5 \leqslant x_2 \\ x_6 \leqslant x_7 \\ x_8 \leqslant x_5 \\ x_9 \leqslant x_1, \ x_9 \leqslant x_2 \\ x_1, x_2, \cdots, x_9 = 0 \text{ 或 } 1 \end{cases}$$

解之得

$$x_1 = 1, \ x_2 = 1, \ x_3 = 1, \ x_6 = 1, \ x_7 = 1, \ x_9 = 1$$

即选修课程为微积分、线性代数、最优化方法、计算机模拟、计算机编程、数学实验。

LINGO 程序：

```
model:
sets:
item/1..9/:c,x;
endsets
data:
c=5,4,4,3,4,3,2,2,3;
enddata
min=@sum(item(i):x(i));! 课程最少;
x(1)+x(2)+x(3)+x(4)+x(5)>=2;
x(3)+x(5)+x(6)+x(8)+x(9)>=3;
x(4)+x(6)+x(7)+x(9)>=2;
x(3)<=x(1);
x(3)<=x(2);
x(4)<=x(7);
x(5)<=x(1);
x(5)<=x(2);
x(6)<=x(7);
x(8)<=x(5);
```

```
x(9) <= x(1);
x(9) <= x(2);
@for(item(i):@bin(x(i)));
end
```

(2) 考虑学分的情形。当要求学分最多时,设各门课程学分为 c_i,则增加学分最大的目标函数为

$$\max Z = \sum_{i=1}^{9} c_i x_i$$

这样总的双目标 0－1 规划模型为

$$\min Z_1 = \sum_{i=1}^{9} x_i$$

$$\max Z_2 = \sum_{i=1}^{9} c_i x_i$$

$$s.t.\begin{cases} x_1 + x_2 + x_3 + x_4 + x_5 \geqslant 2 \\ x_3 + x_5 + x_6 + x_8 + x_9 \geqslant 3 \\ x_4 + x_6 + x_7 + x_9 \geqslant 2 \\ x_3 \leqslant x_1,\ x_3 \leqslant x_2 \\ x_4 \leqslant x_7 \\ x_5 \leqslant x_1,\ x_5 \leqslant x_2 \\ x_6 \leqslant x_7 \\ x_8 \leqslant x_5 \\ x_9 \leqslant x_1,\ x_9 \leqslant x_2 \\ x_1, x_2, \cdots, x_9 = 0 \text{ 或 } 1 \end{cases}$$

当把选修课程指定为 6 门时,对学分最大求最优,解之得

$$x_1 = 1,\ x_2 = 1,\ x_3 = 1,\ x_5 = 1,\ x_7 = 1,\ x_9 = 1$$

最大学分为

$$Z = 22$$

即选修课程为微积分、线性代数、最优化方法、应用统计、计算机编程、数学实验,学分达到 22 分。

LINGO 程序:

```
model:
sets:
item/1..9/:c,x;
endsets
data:
c=5,4,4,3,4,3,2,2,3;
enddata
max=@sum(item(i):c(i)*x(i));
@sum(item(i):x(i))=6; ! 课程为6门;
x(1)+x(2)+x(3)+x(4)+x(5)>=2;
```

```
x(3)+x(5)+x(6)+x(8)+x(9)>=3;
x(4)+x(6)+x(7)+x(9)>=2;
x(3)<=x(1);
x(3)<=x(2);
x(4)<=x(7);
x(5)<=x(1);
x(5)<=x(2);
x(6)<=x(7);
x(8)<=x(5);
x(9)<=x(1);
x(9)<=x(2);
@for(item(i):@bin(x(i)));
end
```

5.5 最优组队问题

某车间要参加单位举办的技术操作比赛，比赛设有 5 个单项和 1 个全能项目(同时参加 5 个单项)

如果比赛规定：

(1) 每个车间可派 14 人参加比赛，每人至少参赛一项；

(2) 参加比赛的队员中必须有 3 人参加全能比赛，其余队员参加单项比赛，且参加每个单项比赛的队员数不得超过 6 人(不包括全能队员)；

(3) 参加全能的队员不能参加单项；

(4) 参加单项比赛的队员至多可以参加 3 个单项；

(5) 参加单项比赛的队员得分是其参加项目得分之和，参加全能比赛的队员得分是其参加项目得分和的 4/5，车间的得分是车间所有参赛队员得分之和。

问如何安排参加比赛最好?

某车间参加岗位技术比赛队员的期望得分见表 5.6。

表 5.6 各参赛队员的期望得分

队 员	1	2	3	4	5	6	7	8	9	10	11	12	13	14
单项 1	10	1	4	10	5	5	4	6	2	4	8	6	10	9
单项 2	9	5	6	4	4	7	4	7	8	6	7	8	1	4
单项 3	7	5	5	6	7	7	8	8	7	10	2	6	4	5
单项 4	3	5	9	5	8	6	9	10	6	6	5	4	2	4
单项 5	3	10	8	2	8	7	7	5	8	6	9	8	3	7

建立模型：

建立决策变量：

考察参加全能比赛的情况，令 $y_j=1$ 表示第 j 人参加全能比赛；$y_j=0$ 表示第 j 人不参加全能比赛。

参加全能比赛的为 3 人，则有

$$\sum_{j=1}^{14} y_j = 3$$

考察参加单项比赛的情况，令 $x_{ij}=1$ 表示第 j 人参加第 i 项单项比赛，$x_{ij}=0$ 表示第 j 人不参加第 i 项单项比赛。

每个参加全能比赛的不参加单项比赛，则有

$$x_{ij} \leqslant 1 - y_j \quad j=1,2,\cdots,14; i=1,\cdots,5$$

该约束表示当第 j 人参加全能比赛时（$y_j=1$），则第 j 人不参加所有单项比赛，因此必有 $x_{ij}=0, i=1,\cdots,5$。当第 j 人不参加参加全能比赛时（$y_j=0$），则第 j 人可参加也可不参加单项比赛，$x_{ij}=0$ 或 1。这样就把参加单项比赛和参加全能比赛分开考虑，计算各自得分。最后考虑总得分，方便建立模型和计算。

参加单项比赛的人至少参加 1 项，我们要求当 $y_j=0$ 时，要求 $\sum\limits_{i=1}^{5} x_{ij} \geqslant 1$，则有

$$\sum_{i=1}^{5} x_{ij} \geqslant 1 - y_j \quad j=1,\cdots,14$$

上式中当 $y_j=0$ 时，有 $\sum\limits_{i=1}^{5} x_{ij} \geqslant 0$。但我们希望 $\sum\limits_{i=1}^{5} x_{ij}=0$，这通过结合前一个约束能得到保证。

参加单项比赛的人至多参加 3 项，则有

$$\sum_{i=1}^{5} x_{ij} \leqslant 3 \quad j=1,\cdots,14$$

对参加单项比赛的队员，每个项目最多允许 6 人参加，则有

$$\sum_{j=1}^{14} x_{ij} \leqslant 6 \quad i=1,\cdots,5$$

设 a_{ij} 表示第 j 人参加第 i 个项目的期望得分，该数据已知。设 s_j 表示第 j 人参加 5 个项目的总得分。则有

$$s_j = \sum_{i=1}^{5} a_{ij} j = 1,2,\cdots,14$$

参加全能比赛的队员总得分为

$$z_1 = 0.8 \sum_{j=1}^{14} s_j . y_j$$

参加单项比赛的队员总得分为

$$z_2 = \sum_{i=1}^{5} \sum_{j=1}^{14} a_{ij} . x_{ij}$$

则车间 14 人参加比赛总得分为

$$z = z_1 + z_2 = 0.8 \sum_{j=1}^{14} s_j . y_j + \sum_{i=1}^{5} \sum_{j=1}^{14} a_{ij} . x_{ij}$$

因此我们的目标函数是参加比赛的队员总得分最高，因此目标函数为

$$z=0.8\sum_{j=1}^{14}s_j.y_j+\sum_{i=1}^{5}\sum_{j=1}^{14}a_{ij}.x_{ij}$$

因此我们可以建立总的 0－1 线性规划模型：

$$z=0.8\sum_{j=1}^{14}s_j.y_j+\sum_{i=1}^{5}\sum_{j=1}^{14}a_{ij}.x_{ij}$$

$$s.t.\begin{cases}\sum_{j=1}^{14}y_j=3\\ x_{ij}\leqslant 1-y_j\quad j=1,2,\cdots,14;i=1,\cdots,5\\ \sum_{i=1}^{5}x_{ij}\geqslant 1-y_j\quad j=1,\cdots,14\\ \sum_{i=1}^{5}x_{ij}\leqslant 3\quad j=1,\cdots,14\\ \sum_{j=1}^{14}x_{ij}\leqslant 6\quad i=1,\cdots,5\\ s_j=\sum_{i=1}^{5}a_{ij}\quad j=1,2,\cdots,14\\ x_{ij}=0\text{ 或 }1\quad j=1,2,\cdots,14;i=1,\cdots,5\\ y_j=0\text{ 或 }1\quad j=1,2,\cdots,14\end{cases}$$

LINGO 程序：

```
model:
sets:
person/1..14/:y,s;
item/1..5/;
assign(item,person):x,A;
endsets
data:
A=10  1  4  10  5  5  4  6  2  4  8  6  10  9
9  5  6  4  4  7  4  7  8  6  7  8  1  4
7  5  5  6  7  7  8  8  7  10  2  6  4  5
3  5  9  5  8  6  9  10  6  6  5  4  2  4
3  10  8  2  8  7  7  5  8  6  9  8  3  7;
enddata
max=z;
z=z1+z2;! 车间总得分;
z1=0.8*@sum(person(j):y(j)*s(j));! 参加全能比赛的总得分;
z2=@sum(assign(i,j):a(i,j)*x(i,j));! 参加单项比赛的总得分;
@for(person(j):@sum(item(i):x(i,j))>=1-y(j));! 每个参加单项比赛的队员至少
```

参加1项；

```
@for(person(j):@sum(item(i):x(i,j)) <=3);! 每个参加单项比赛的队员最多不超过3项;
@for(item(i):@sum(person(j):x(i,j)) <=6);! 每个项目最多允许6人参加;
@for(assign(i,j):x(i,j) <=1-y(j));! 参加全能比赛的不能参加单项比赛;
@sum(person(j):y(j)) =3;! 总共只有3人参加全能比赛;
@for(person(j):s(j) =@sum(item(i):a(i,j)));! 每个队员所得分;
@for(assign(i,j):@bin(x(i,j)));
@for(person(j):@bin(y(j)));
end
```

求解结果为

总得分 $z=309.8$，其中全能得分 $z_1=76.8$，单项得分 $z_2=233$，则

$$y_5=1, y_6=1, y_{12}=1$$

表示第5、第6、第12名队员参加全能比赛，其他11人参加单项比赛情况见表5.7。

表5.7　队员参加单项比赛情况

队员	1	2	3	4	7	8	9	10	11	13	14
单项1	1	0	0	1	0	1	0	0	1	1	1
单项2	1	1	1	0	0	0	1	1	1	0	0
单项3	1	0	0	1	1	1	1	1	0	0	0
单项4	0	1	1	1	1	1	0	1	0	0	0
单项5	0	1	1	0	1	0	1	0	1	0	1

5.6　钢管和易拉罐下料

1. 钢管下料问题

某钢管零售商从钢管厂进货，将钢管按照顾客的要求切割后售出，从钢管厂进货时得到的原料钢管都是19 m。

(1) 现在一客户需要50根4 m、20根6 m和15根8 m的钢管，应如何下料最节省？

(2) 零售商如果采用的不同切割模式太多，将会导致生产过程的复杂化，从而增加生产和管理成本，所以该零售商规定采用的不同切割模式不能超过3种。此外，该客户除需要(1)中的三种钢管外，还需要10根5m的钢管。应如何下料最节省？

问题(1) 分析与模型建立。首先分析1根19 m的钢管切割为4 m，6 m，8 m的钢管的模式，所有模式相当于求解不等式方程：

$$4k_1+6k_2+8k_3 \leqslant 19$$

的整数解。但要求剩余材料 $r=19-(4k_1+6k_2+8k_3)<4$。

容易得到所有模式见表 5.8。

表 5.8　钢管切割模式

模　式	4 m	6 m	8 m	余料 /m
1	4	0	0	3
2	3	1	0	1
3	2	0	1	3
4	0	0	2	3
5	0	3	0	1
6	1	1	1	1
7	1	2	0	3

决策变量:用 x_i 表示按照第 i 种模式($i=1,2,\cdots,7$) 切割的原料钢管的根数。

决策目标:以切割后剩余的总余料量最小为目标,则有

$$\min z_1=\sum_{i=1}^{7}x_i$$

以切割后剩余的总余料最小为目标,设第 i 种模式的余料为 r_i m。则由表 5.8 可得

$$\min z_2=\sum_{i=1}^{7}r_i.x_i$$

设第 i 种切割模式下 4 m 长的钢管 a_i 根,6 m 长的钢管 b_i 根,8 m 长的钢管 c_i 根,10 m 长的钢管 d_i 根。则约束条件:

为满足客户的需求,4 m 长的钢管至少 50 根,有

$$\sum_{i=1}^{7}a_ix_i\geqslant 50$$

6 m 长的钢管至少 20 根,有

$$\sum_{i=1}^{7}b_ix_i\geqslant 20$$

8 m 长的钢管至少 15 根,有

$$\sum_{i=1}^{7}c_ix_i\geqslant 15$$

因此模型为

$$\min z_1=\sum_{i=1}^{7}x_i$$

$$\min z_2=\sum_{i=1}^{7}r_i.x_i$$

$$s.t.\begin{cases}\sum_{i=1}^{7} a_i x_i \geqslant 50 \\ \sum_{i=1}^{7} b_i x_i \geqslant 20 \\ \sum_{i=1}^{7} c_i x_i \geqslant 15 \\ x_i \text{ 取整}, i=1,2,\cdots,7\end{cases}$$

解之得

$$x_1=0, x_2=15, x_3=0, x_4=5, x_5=0, x_6=5, x_7=0$$

目标值 $z_1=25, z_2=35$。

即 15 根钢管采用切割模式 2:3 根 4 m,1 根 6 m,余料 1 m。

5 根钢管采用切割模式 4:2 根 8 m,余料 3 m。

5 根钢管采用切割模式 6:1 根 4 m,1 根 6 m,1 根 8 m,余料 1 m。

切割模式采用了 3 种,使用钢管 25 根,余料为 35 m。

固定 $z_1=25$,求 z_2 最小结果一样。说明在该问题中当使用钢管数最少时,余料也最少。

LINGO 程序:

```
model:
sets:
model/1..7/:a,b,c,r,x;
endsets
data:
a=4,3,2,0,0,1,1;
b=0,1,0,0,3,1,2;
c=0,0,1,2,0,1,0;
r=3,1,3,3,1,1,3;
enddata

min=z1;
z1=@sum(model(i):x(i));! 钢管总数;
z2=@sum(model(i):r(i)*x(i));! 余料;
@sum(model(i):a(i)*x(i))>=50;! 4 m长钢管约束;
@sum(model(i):b(i)*x(i))>=20;! 6 m长钢管约束;
@sum(model(i):c(i)*x(i))>=15;! 8 m长钢管约束;
@for(model(i):@gin(x(i)));
end
```

问题(2)分析与模型建立。

首先分析 1 根 19 m 的钢管切割为 4 m,6 m,8 m,5 m 的钢管的模式,所有模式相当于求解不等式方程:

$$4k_1+6k_2+8k_3+5k_4 \leqslant 19$$

的整数解。但要求剩余材料 $r=19-(4k_1+6k_2+8k_3)<4$。

利用 Matlab 程序求出所有模式见表 5.9。

求出所有模式的 Matlab 程序：

```
number=0;
for k1=0:4
  for k2=0:3
    for k3=0:2
      for k4=0:3
r=19-(4*k1+6*k2+8*k3+5*k4);
if(r>=0)&(r<4)
  number=number+1;
  fprintf('%2d  %2d  %2d  %2d  %2d%2d\n',number,k1,k2,k3,k4,r);
end
      end
    end
  end
end
```

表 5.9 钢管切割模式

模式	4m	6m	8m	5m	余料/m
1	0	0	1	2	1
2	0	0	2	0	3
3	0	1	0	2	3
4	0	1	1	1	0
5	0	2	0	1	2
6	0	3	0	0	1
7	1	0	0	3	0
8	1	0	1	1	2
9	1	1	1	0	1
10	1	2	0	0	3
11	2	0	0	2	1
12	2	0	1	0	3
13	2	1	0	1	0
14	3	0	0	1	2
15	3	1	0	0	1
16	4	0	0	0	3

决策变量：用 x_i 表示按照第 i 种模式（$i=1,2,\cdots,16$）切割的原料钢管的根数。

决策目标：以切割原料钢管的总根数最少为目标，则有

$$\min z_1=\sum_{i=1}^{16}x_i$$

以切割后剩余的总余料量最小为目标，设第 i 种模式的余料为 r_i m。则由表 5.9 可得

$$\min z_2=\sum_{i=1}^{16}r_i.x_i$$

设第 i 种切割模式下 4 m 长的钢管 a_i 根，6 m 长的钢管 b_i 根，8 m 长的钢管 c_i 根，10 m 长的钢管 d_i 根。则约束条件有

为满足客户的需求，4 m 长的钢管至少 50 根，有

$$\sum_{i=1}^{16}a_ix_i\geqslant 50$$

6 m 长的钢管至少 20 根，有

$$\sum_{i=1}^{16}b_ix_i\geqslant 20$$8 m 长的钢管至少 15 根，有

$$\sum_{i=1}^{16}c_ix_i\geqslant 15$$

5 m 长的钢管至少 10 根，有

$$\sum_{i=1}^{16}d_ix_i\geqslant 10$$

为实现最多使用 3 种切割模式，增设 0 - 1 变量 $y_i,i=1,2,\cdots,16$。

当 $y_i=0$ 时，$x_i=0$，表示不使用第 i 种切割模式；当 $y_i=1$ 时，$x_i\geqslant 1$，表示使用第 i 种切割模式。因此有

$$x_i\geqslant y_i,x_i\leqslant M.y_i,i=1,2,\cdots,16$$

其中 M 足够大，如这里取 100，则

$$\sum_{i=1}^{16}y_i\leqslant 3$$

因此模型为

$$\min z_1=\sum_{i=1}^{16}x_i$$

$$\min z_2=\sum_{i=1}^{16}r_i.x_i$$

$$
s.t.\begin{cases}
\sum_{i=1}^{16} a_i x_i \geqslant 50 \\
\sum_{i=1}^{16} b_i x_i \geqslant 20 \\
\sum_{i=1}^{16} c_i x_i \geqslant 15 \\
\sum_{i=1}^{16} d_i x_i \geqslant 10 \\
x_i \leqslant M.y_i, i=1,2,\cdots,16 \\
x_i \geqslant y_i, i=1,2,\cdots,16 \\
\sum_{i=1}^{16} y_i \leqslant 3 \\
x_i \text{ 取整}, i=1,2,\cdots,16 \\
y_i = 0 \text{ 或 } 1, i=1,2,\cdots,16 \\
M \text{ 足大}
\end{cases}
$$

解之得

1）当使用钢管数 z_1 最小时，求得的解为

$$x_2=8, x_{13}=10, x_{15}=10, \text{其余为 } 0。$$

目标值 $z_1=28, z_2=34$。

即 8 根钢管采用切割模式 2:2 根 8 m，余料 3 m。

10 根钢管采用切割模式 13:2 根 4 m，1 根 6 m，1 根 5 m，余料为 0。

10 根钢管采用切割模式 15:3 根 4 m，1 根 6 m，余料 1 m。

切割模式采用了 3 种，使用钢管 $z_2=28$ 根，余料为 $z_1=34$ m。

固定 $z_1=28$，求 z_2 最小结果一样。说明在该问题中当使用钢管数最少时，余料也最少。

LINGO 程序：

```
model:
sets:
model/1..16/:a,b,c,d,r,x,y;
endsets
data:
a=0,0,0,0,0,0,1,1,1,1,2,2,2,3,3,4;
b=0,0,1,1,2,3,0,0,1,2,0,0,1,0,1,0;
c=1,2,0,1,0,0,0,1,1,0,0,1,0,0,0,0;
d=2,0,2,1,1,0,3,1,0,0,2,0,1,1,0,0;
r=1,3,3,0,2,1,0,2,1,3,1,3,0,2,1,3;
enddata

min=z2;
z1=@sum(model(i):r(i)*x(i));! 余料;
```

```
z2 = @sum(model(i):x(i));! 钢管总数;
@sum(model(i):a(i) * x(i)) >= 50;! 4m 长钢管约束;
@sum(model(i):b(i) * x(i)) >= 20;! 6m 长钢管约束;
@sum(model(i):c(i) * x(i)) >= 15;! 8m 长钢管约束;
@sum(model(i):d(i) * x(i)) >= 10;! 5m 长钢管约束;
@for(model(i):x(i) >= y(i));
@for(model(i):x(i) <= 1000 * y(i));
@sum(model(i):y(i)) <= 3;
@for(model(i):@gin(x(i)));
@for(model(i):@bin(y(i)));
end
```

2. 易拉罐下料问题

某公司采用一套冲压设备生产一种罐装饮料的易拉罐，这种易拉罐是用镀锡板冲压制成的。易拉罐为圆柱形，包括罐身、上盖和下底，罐身高 10 cm，上盖和下底的直径均为 5 cm。该公司使用两种不同规格的镀锡板原料：规格 1 的镀锡板为正方形，边长 24 cm；规格 2 的镀锡板为长方形，长、宽分别为 32 cm 和 28 cm。由于生产设备和生产工艺的限制，对于规格 1 的镀锡板原料，只可以按照图 5.4 中的模式 1、模式 2 或模式 3 进行冲压；对于规格 2 的镀锡板原料，只能按照模式 4 进行冲压。使用模式 1、模式 2、模式 3、模式 4 进行每次冲压所需要的时间分别为 1.5s，2s，1s，3s。

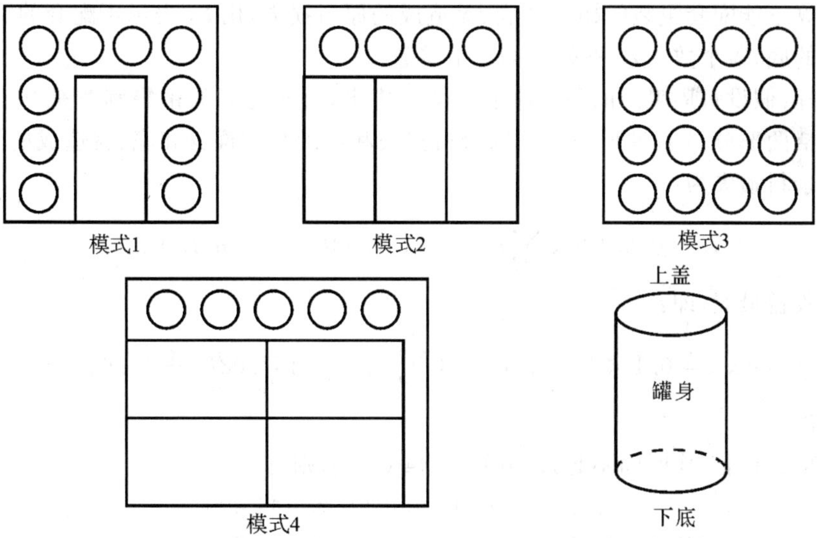

图 5.4　模式与易拉罐示意图

该工厂每周工作 40 h，每周可供使用的规格 1、规格 2 的镀锡板原料分别为 5 万张和 2 万张。目前每只易拉罐的利润为 0.10 元，原料余料损失为 0.001 元 /cm（如果周末有罐身、上盖或下底不能配套组装成易拉罐出售，也看作是原料余料损失）。

问工厂应如何安排每周的生产？

分析与解答:

可计算出每种模式下的余料,罐身面积,罐底或盖面积。

罐身面积 $s_1 = \pi \times 5 \times 10 = 157.08\ \text{cm}^2$

罐底或盖面积 $s_2 = \pi \times 5^2/4 = 19.64\ \text{cm}^2$

模式 1 的余料 $r_1 = 24 \times 24 - s_1 - 10 \times s_2 = 222.57\ \text{cm}^2$

模式 2 的余料 $r_2 = 24 \times 24 - 2 \times s_1 - 4 \times s_2 = 183.3\ \text{cm}^2$

模式 3 的余料 $r_3 = 24 \times 24 - 16 \times s_2 = 261.84\ \text{cm}^2$

模式 4 的余料 $r_4 = 32 \times 28 - 4 \times s_1 - 5 \times s_2 = 169.5\ \text{cm}^2$

将 4 种冲压模式的特点列于表 5.10 中。

表 5.10 4 种模式特点

模式	罐身个数	罐底、罐盖个数	余料损失 /cm²	冲压时间 /s
模式 1	1	10	222.57	1.5
模式 2	2	4	183.3	2
模式 3	0	16	261.84	1
模式 4	4	5	169.5	3

分析与模型建立。

决策变量:用 x_i 表示按照第 i 种模式的冲压次数($i=1,2,3,4$),k 表示一周生产的易拉罐个数。为计算不能配套组装的罐身和底、盖造成的原料损失,用 L_1 表示不配套的罐身个数,L_2 表示不配套的底、盖个数。x_i 和 k,L_1,L_2 是整数。

决策目标:假设每周生产的易拉罐能够全部售出,公司每周的销售利润是 $0.1 \times k$。原料余料损失包括两部分:4 种冲压模式下的余料损失和不配套的罐身和底、盖造成的原料损失。

则总的余料损失为:

$$0.001 \times \left(\sum_{i=1}^{4} r_i . x_i + 157.08L_1 + 19.64L_2\right)$$

目标函数为收益最大,即:

$$\max z = 0.1 \times k - 0.001 \times \left(\sum_{i=1}^{4} r_i . x_i + 157.08L_1 + 19.64L_2\right)$$

约束条件

时间约束:每周工作时间不超过 40 h = 144 000 s,则有

$$1.5x_1 + 2x_2 + x_3 + 3x_4 \leqslant 144\ 000$$

原料约束:每周可使用的规格 1 的镀锡板原料为 50 000 张,则

$x_1 + x_2 + x_3 \leqslant 50\ 000$ 规格 2 的镀锡板原料 20 000 张

$$x_4 \leqslant 2\ 0000$$

配套约束:由模式可知 1 周生产的罐身个数与易拉罐个数满足

$$k \leqslant x_1 + 2x_2 + 4x_4$$

1 周生产的罐底、盖个数与易拉罐个数满足

$$2k \leqslant 10x_1 + 4x_2 + 16x_3 + 5x_4$$

则不配套的罐身个数 L_1 满足：

$$L_1 = x_1 + 2x_2 + 4x_4 - k$$

不配套的底、盖个数 L_2 满足：

$$L_2 = 10x_1 + 4x_2 + 16x_3 + 5x_4 - 2k$$

则总的整数线性规划模型为

$$\max z = 0.1 \times k - 0.001 \times \left(\sum_{i=1}^{4} r_i . x_i + 157.08L_1 + 19.64L_2\right)$$

$$s.t.\begin{cases} 1.5x_1 + 2x_2 + x_3 + 3x_4 \leqslant 144\,000 \\ x_1 + x_2 + x_3 \leqslant 50\,000 \\ x_4 \leqslant 20\,000 \\ k \leqslant x_1 + 2x_2 + 4x_4 \\ 2k \leqslant 10x_1 + 4x_2 + 16x_3 + 5x_4 \\ L_1 = x_1 + 2x_2 + 4x_4 - k \\ L_2 = 10x_1 + 4x_2 + 16x_3 + 5x_4 - 2k \\ x_1, x_2, x_3, x_4 \text{ 取整} \\ k, L_1, L_2 \text{ 取整} \end{cases}$$

其中　$r_1 = 222.57, r_2 = 183.3, r_3 = 261.84, r_4 = 169.5$

利用 LINGO 解得

目标值　$z = 4\,298.188$ 元

$$x_1 = 7\,500,\quad x_2 = 3\,6375,\quad x_3 = 0, x_4 = 20\,000$$

$$k = 160\,250,\quad L_1 = 0,\quad L_2 = 0$$

说明冲压第 1 种模式的锡板 7 500 张，第 2 种模式的锡板 36 375 张，第 3 种模式的锡板 0 张。第 4 种模式的锡板 20 000 张。则规格 1 的锡板剩余 50 000－(7 500＋36 375)＝6 125 张，规格 2 的锡板无剩余。

生产易拉罐 160 250 个，罐身、罐底和罐盖都无剩余。

总收益为 4 298.188 元。

LINGO 程序：

```
model:
sets:
model/1..4/:r,x;
endsets
data:
r=222.57,183.3,261.84,169.5;
enddata
max=0.1*k-0.001*(@sum(model(i):x(i)*r(i))+157.08*L1+19.64*L2);
1.5*x(1)+2*x(2)+x(3)+3*x(4)<=144000;! 时间约束;
x(1)+x(2)+x(3)<=50000;! 规格1的锡板张数约束;
x(4)<=20000;! 规格2的锡板张数约束;
k<=x(1)+2*x(2)+4*x(4);! 罐身个数满足条件;
```

```
2 * k <= 10 * x(1) + 4 * x(2) + 16 * x(3) + 5 * x(4); ! 罐底、盖个数满足约束;
L1 = x(1) + 2 * x(2) + 4 * x(4) - k; ! 不配套的罐身个数;
L2 = 10 * x(1) + 4 * x(2) + 16 * x(3) + 5 * x(4) - 2 * k; ! 不配套的罐底、盖个数;
@for(model(i):@gin(x(i)));
@gin(k);@gin(L1);@gin(L2);
end
```

5.7 天然肠衣问题

天然肠衣制作加工是我国的一个传统产业,出口量占世界首位。肠衣经过清洗整理后被分割成长度不等的小段(原料),进入组装工序。传统的生产方式依靠人工,边丈量原料长度边心算,将原材料按指定根数和总长度组装出成品(捆)。

原料按长度分档,通常以 0.5 m 为一档,如:14 m 至 14.4 m 按 14 m 计算,14.5 m 至 14.9 m 按 14.5 m 计算,其余的依此类推。为了提高生产效率,公司计划改变组装工艺,先丈量所有原料,建立一个原料表。表 5.11 为某批次原料描述。

表 5.11　原料描述表　　单位:m

长度	14 ~ 14.4	14.5 ~ 14.9	15 ~ 15.4	15.5 ~ 15.9	16 ~ 16.4	16.5 ~ 16.9	17 ~ 17.4	17.5 ~ 17.9
根数	35	29	30	42	28	42	45	49
长度	18 ~ 18.4	18.5 ~ 18.9	19 ~ 19.4	19.5 ~ 19.9	20 ~ 20.4	20.5 ~ 20.9	21 ~ 21.4	21.5 ~ 21.9
根数	50	64	52	63	49	35	27	16
长度	22 ~ 22.4	22.5 ~ 22.9	23 ~ 23.4	23.5 ~ 23.9	24 ~ 24.4	24.5 ~ 24.9	25 ~ 25.4	25.5 ~ 25.9
根数	12	2	0	6	0	0	0	1

根据以上成品和原料描述,设计一个原料搭配方案,工人根据这个方案"照方抓药"进行生产。

公司对搭配方案有以下具体要求:

(1) 对于给定的一批原料,装出的成品捆数越多越好;

(2) 对于成品捆数相同的方案,最短长度最长的成品越多,方案越好;

(3) 为提高原料使用率,总长度允许有 ±0.5 m 的误差,总根数允许比标准少 1 根;

(4) 为减少组装的复杂性,要求组装的模式尽可能最少。这里一种模式表示各种长度的肠衣构成情况相同。

请建立上述问题的数学模型,给出求解方法,并对表 5.11 给出的实际数据进行求解,给出搭配方案。(该题根据全国数模竞赛 2011D 改编)

问题求解:

首先求出 20 种肠衣根据原料可搭配成捆的所有模式,然后建立线性规划模型求解。

首先编制 Matlab 程序求出 20 种肠衣根据原料可搭配成捆的所有模式,然后在模式中选择最佳的搭配。

先对问题进行分析:

1) 最大捆数分析：

20 种原材料中长度为 $L=\sum_{i=1}^{20} a_i . l_i = 12\ 159.5$ m

每捆长度最少为 88.5 m，因此捆数最多为

$$K \leqslant [12\ 195.5/88.5] = [137.4] = 137$$

其中[.]表示取整。

20 种原材料的总根数为 $T=\sum_{i=1}^{20} a_i = 677$ 根

每捆最少为 4 根，因此捆数最多为 $K \leqslant [677/4] = [169.25] = 169$ 捆。

二者取最小值，因此 $K \leqslant 137$。

2) 每捆成品的组成模式分析：

每捆成品可以有不同的构成模式，每种模式由一个向量$(x_1, x_2, \cdots, x_{20})$构成。$x_i$ 代表第i种材料的根数。则各 x_i 取值的最大整数值为

$$M_i = \min\left\{a_i, \left[\frac{89.5}{l_i}\right], 5\right\} \quad i=1,2,\cdots,20$$

计算得到各 $x_i(i=1,2,\cdots,20)$ 的最大取值 M_i 为

5，5，5，5，5，5，5，5，4，4，4，4，4，4，4，4，4，2，3，1。

如果直接对各 x_i 从 0 到 M_i 进行完全枚举所有符合条件的模式，计算量为

$$T=\prod_{i=1}^{20}(M_i+1) = (5+1)^8\ (4+1)^9 (2+1)(3+1)(1+1) \approx 7.87 \times 10^{13}$$

如此巨大的计算量很难进行枚举。

我们通过剪枝计算，可大大减少计算量，采用 Matlab 编程，可在不到 1 秒钟内计算出所有模式，其总数为 2 783 种。实现程序见 changyi.m。

3) 模型建立

设共有 n 种模式(这里 n=2 783)，每种模式为一个 20 维的列向量，代表一种符合条件的模式。即根数满足 4 或 5 根，长度为 88.5 m、或 89 m、或 89.5 m 的一捆。所有些模式用矩阵 $\boldsymbol{B}_{2073\times 20}$ 表示。b_{ij} 表示第 i 种模式中第 j 种长度的肠衣的根数。$i=1,2,\cdots,2783$；$j=1,2,\cdots,20$。所有模式向量由前面计算得到。

决策变量为第 i 种模式 x_i 捆，则成品捆数最多的目标函数为

$$\max\ z_1 = \sum_{i=1}^{2783} x_i$$

现设法找到所有模式中最短长度最长的模式。在 Matlab 中通过编程，进行剪枝计算，得到在所有的 2 783 种模式中，每捆最短长度最长的有 3 种模式，第一种是模式 1，为 2 根 22 m 和 2 根 22.5 m 构成；第二种是模式 2，为 3 根 22 m 和 1 根 22.5 m 构成；第三种是模式 3，为 3 根 22 m 和 1 根 23.5 m 构成。

则第二目标要求最短长度最长的捆数最大，有

$$\max\ z_2 = x_1 + x_2 + x_3$$

满足的约束为各种长度的原料的数量，则有

$$\sum_{i=1}^{2783} x_i b_{ij} \leqslant a_j \quad j=1,2,\cdots,20$$

a_j 第 j 种长度的原料的根数。

更进一步，从实际问题出发，当模式数比较多时，会增加搭配操作的复杂性，导致花费更多的搭配组装时间，因此我们尽量使搭配的模式尽量少。因此我们在前面两个目标情况下，考虑使搭配模式最少的方案。

建立决策变量 $y_i=\begin{cases}1, & \text{第 } i \text{ 种模式选中}\\ 0, & \text{第 } i \text{ 种模式未选中}\end{cases}\quad (i=1,2,\cdots,2\,783)$

我们建立的第三目标为总模式数最小，即

$$\min Z_3=\sum_{i=1}^{2783} y_i$$

需要满足的约束有

当第 i 种模式未被选中时，则不能选取该种模式作成品，且选中时不影响 x_i 的取值，则有

$$x_i \leqslant M.\,y_i \quad (i=1,2,\cdots,2\,783)$$

其中 M 为一个足够大整数，如可取 $M=200$

当第 i 种模式被选中时，则该种模式下一定有成品，因此有

$$x_i \geqslant y_i \quad (i=1,2,\cdots,2\,783)$$

则总的模型为

$$\max z_1=\sum_{i=1}^{2\,783} x_i$$

$$\max z_2=x_1+x_2+x_3$$

$$\min Z_3=\sum_{i=1}^{2783} y_i$$

$$s.\,t.\begin{cases}\sum\limits_{i=1}^{2783} x_i b_{ij} \leqslant a_j & j=1,2,\cdots,20\\ x_i \leqslant M.\,y_i & i=1,2,\cdots,2\,783\\ x_i \geqslant y_i & i=1,2,\cdots,2\,783\\ x_i \text{ 为整数}, y_i=0 \text{ 或 } 1; & i=1,2,\cdots,2\,783\end{cases}$$

LINGO 程序见附录中 changyi. Lg4，其中 a＝35，29，30，42，28，42，45，49，50，64，52，63，49，35，27，16，12，2，6，1。

令第一目标 z_1 最大化，利用 LINGO 得到 $z_1=137$，最短长度为 22 m 的有 2 捆，其模式为 3 根 22 m 和 1 根 23.5 m 构成。该结果还不是最优解。

将 $z_1=137$ 变为约束，令 z_2 最大，利用 LINGO 求解。得到 $z_2=3$ 的最优解。该解情况下材料无剩余，但使用模式有 32 种。

再将 $z_1=137$，$z_2=3$ 作为约束，对目标 Z 最小，利用 LINGO 得到总模式为 16 种的搭配方案。

具体搭配方案见表 5.12。输出该结果的程序见附录中程序 3 的 Matlab 程序 result. m。

在该方案中，总捆数为 137 捆，达到最大，总共使用模式为 16 种，达到最小。

最短长度为 22 m 的有 3 捆. 分别为：

2 捆模式为 3 根 22 m 和 1 根 22.5 m 的原材料。

1 捆模式为 3 根 22 m 和 1 根 23.5 m 的原材料。

总共使用原材料 677 根，总长度为 12 159.5 m，恰好将原材料用完无剩余。

该搭配方案达到最优。

注意该结果中具体的方案不是唯一的。

表 5.12　最优搭配方案表（粗体为最短长度最长的方案）

序号	模　式	长度 /m	根 数	捆 数
1	22.0 m2 根，22.5 m2 根	89	4	1
2	22.0 m3 根，23.5 m1 根	89.5	4	2
3	21.0m3 根，25.5m1 根	88.5	4	1
4	21.5m2 根，22m1 根，23.5m1 根	88.5	4	4
5	14m1 根，15m1 根，19.5m1 根，20m1 根，20.5m1 根	89	5	29
6	14m1 根，17.5m1 根，18.5m1 根，19m1 根，20m1 根	89	5	6
7	14.5m1 根，15m1 根，18.5m1 根，20m1 根，20.5m1 根	88.5	5	1
8	14.5m1 根，16m1 根，16.5m1 根，20.5m1 根，21m1 根	88.5	5	2
9	14.5m1 根，16m1 根，16.5m1 根，21m1 根，21.5m1 根	89.5	5	8
10	14.5m1 根，16m1 根，18m1 根，19m1 根，21m1 根	88.5	5	14
11	14.5m1 根，16m1 根，18m1 根，20m1 根，20.5m1 根	89	5	3
12	14.5m1 根，16m1 根，18.5m1 根，19.5m1 根，20m1 根	88.5	5	1
13	15.5m1 根，16.5m1 根，17.5m1 根，19m1 根，20m1 根	88.5	5	9
14	15.5m1 根，17m1 根，18m1 根，18.5m1 根，19.5m1 根	88.5	5	22
15	15.5m1 根，17.5m1 根，18m1 根，18.5m1 根，19.5m1 根	89	5	11
16	16.5m1 根，17m1 根，17.5m1 根，18.5m1 根，19m1 根	88.5	5	23
总计				137

附录：程序 1：输出所有模式的 Matlab 程序 changyi.m，该程序采用剪枝法进行枚举所有模式。输出文件为 changyi.txt，该文件按行存储所有模式。方便后面的 LINGO 程序调用该数据文件。

```
%20 种长度：
l=[14,14.5,15,15.5,16,16.5,17,17.5,18,18.5,19,19.5,20,20.5,21,21.5,22,22.5,
23.5,25.5];
a =[35,29,30,42,28,42,45,49,50,64,52,63,49,35,27,16,12,2,6,1];%20 种原料的
根数：
L =l * a';   % 总长度
Total =floor(L/88.5);% 最多根数
  fprintf('最大捆数：%2d\n',Total);
n =length(l);
```

```
g = zeros(1,n);
fori = 1:n
  t = min(5,floor(89.5/l(i)));
  g(i) = min(t,a(i));% 获得各种长度的类型肠衣的最多根数
end

Model = zeros(1,20);  % 记录模式
  L = zeros(1,300);% 记录每种模式的最短长度

Total = 0;
fid = fopen('d:\lingo12\dat\changyi.txt','w');
                                % 指定输出所有模式的文件名,即模型中的矩阵 B

fori1 = 0:g(1)
     Len = i1 * l(1);
     Gen = i1;
   if Len > 89.5 || Gen > 5break;end
                                % 若长度或根数超过限制则跳出该循环,以下同
    fori2 = 0:g(2)
       Len = i1 * l(1) + i2 * l(2);
       Gen = i1 + i2;
       if Len > 89.5 || Gen > 5break;end
    for i3 = 0:g(3)
       Len = i1 * l(1) + i2 * l(2) + i3 * l(3);
       Gen = i1 + i2 + i3;
       if Len > 89.5 || Gen > 5break;end

         for i4 = 0:g(4)
              Len = i1 * l(1) + i2 * l(2) + i3 * l(3) + i4 * l(4);
           Gen = i1 + i2 + i3 + i4;
              if Len > 89.5 || Gen > 5break;end

           for i5 = 0:g(5)
                Len = i1 * l(1) + i2 * l(2) + i3 * l(3) + i4 * l(4) + i5 * l(5);
             Gen = i1 + i2 + i3 + i4 + i5;
             if Len > 89.5 || Gen > 5break;end

           for i6 = 0:g(6)
                Len = i1 * l(1) + i2 * l(2) + i3 * l(3) + i4 * l(4) + i5 * l(5) + i6 * l(6);
```

```
      Gen = i1 + i2 + i3 + i4 + i5 + i6;
      if Len > 89.5 || Gen > 5break;end

    for i7 = 0:g(7)
Len = i1 * l(1) + i2 * l(2) + i3 * l(3) + i4 * l(4) + i5 * l(5) + i6 * l(6) + i7 * l(7);
      Gen = i1 + i2 + i3 + i4 + i5 + i6 + i7;
      if Len > 89.5 || Gen > 5break;end

        for i8 = 0:g(8)
Len = i1 * l(1) + i2 * l(2) + i3 * l(3) + i4 * l(4) + i5 * l(5) + i6 * l(6) + i7 * l(7);
        Len = Len + i8 * l(8);
        Gen = i1 + i2 + i3 + i4 + i5 + i6 + i7 + i8;
        if Len > 89.5 || Gen > 5break;end

        for i9 = 0:g(9)
Len = i1 * l(1) + i2 * l(2) + i3 * l(3) + i4 * l(4) + i5 * l(5) + i6 * l(6) + i7 * l(7);
        Len = Len + i8 * l(8) + i9 * l(9);
        Gen = i1 + i2 + i3 + i4 + i5 + i6 + i7 + i8 + i9;
        if Len > 89.5 || Gen > 5break;end

        for i10 = 0:g(10)
Len = i1 * l(1) + i2 * l(2) + i3 * l(3) + i4 * l(4) + i5 * l(5) + i6 * l(6) + i7 * l(7);
        Len = Len + i8 * l(8) + i9 * l(9) + i10 * l(10);
        Gen = i1 + i2 + i3 + i4 + i5 + i6 + i7 + i8 + i9 + i10;
        if Len > 89.5 || Gen > 5break;end

        for i11 = 0:g(11)
Len = i1 * l(1) + i2 * l(2) + i3 * l(3) + i4 * l(4) + i5 * l(5) + i6 * l(6) + i7 * l(7);
        Len = Len + i8 * l(8) + i9 * l(9) + i10 * l(10) + i11 * l(11);
        Gen = i1 + i2 + i3 + i4 + i5 + i6 + i7 + i8 + i9 + i10 + i11;
        if Len > 89.5 || Gen > 5break;end

        for i12 = 0:g(12)
Len = i1 * l(1) + i2 * l(2) + i3 * l(3) + i4 * l(4) + i5 * l(5) + i6 * l(6) + i7 * l(7);
        Len=Len+i8 * l(8)+i9 * l(9)+i10 * l(10)+i11 * l(11)+i12 * l(12);
        Gen = i1 + i2 + i3 + i4 + i5 + i6 + i7 + i8 + i9 + i10 + i11 + i12;
        if Len > 89.5 || Gen > 5break;end

        for i13 = 0:g(13)
```

```
        Len = i1 * l(1) + i2 * l(2) + i3 * l(3) + i4 * l(4) + i5 * l(5) + i6 * l(6) + i7 * l(7);
Len = Len + i8 * l(8) + i9 * l(9) + i10 * l(10) + i11 * l(11) + i12 * l(12) + i13 * l(13);
            Gen = i1 + i2 + i3 + i4 + i5 + i6 + i7 + i8 + i9 + i10 + i11 + i12 + i13;
            if Len > 89.5 || Gen > 5break;end

            for i14 = 0:g(14)
        Len = i1 * l(1) + i2 * l(2) + i3 * l(3) + i4 * l(4) + i5 * l(5) + i6 * l(6) + i7 * l(7);
Len = Len + i8 * l(8) + i9 * l(9) + i10 * l(10) + i11 * l(11) + i12 * l(12) + i13 * l(13);
            Len = Len + i14 * l(14);
            Gen = i1+i2+i3+i4+i5+i6+i7+i8+i9+i10+i11+i12+i13+i14;
            if Len > 89.5 || Gen > 5break;end

            for i15 = 0:g(15)
        Len = i1 * l(1) + i2 * l(2) + i3 * l(3) + i4 * l(4) + i5 * l(5) + i6 * l(6) + i7 * l(7);
Len = Len + i8 * l(8) + i9 * l(9) + i10 * l(10) + i11 * l(11) + i12 * l(12) + i13 * l(13);
            Len = Len + i14 * l(14) + i15 * l(15);
        Gen = i1 + i2 + i3 + i4 + i5 + i6 + i7 + i8 + i9 + i10 + i11 + i12 + i13 + i14 + i15;
            if Len > 89.5 || Gen > 5break;end
            for i16 = 0:g(16)
        Len = i1 * l(1) + i2 * l(2) + i3 * l(3) + i4 * l(4) + i5 * l(5) + i6 * l(6) + i7 * l(7);
Len = Len + i8 * l(8) + i9 * l(9) + i10 * l(10) + i11 * l(11) + i12 * l(12) + i13 * l(13);
            Len = Len + i14 * l(14) + i15 * l(15) + i16 * l(16);
Gen = i1 + i2 + i3 + i4 + i5 + i6 + i7 + i8 + i9 + i10 + i11 + i12 + i13 + i14 + i15 + i16;
            if Len > 89.5 || Gen > 5break;end
        for i17 = 0:g(17)
        Len = i1 * l(1) + i2 * l(2) + i3 * l(3) + i4 * l(4) + i5 * l(5) + i6 * l(6) + i7 * l(7);
Len = Len + i8 * l(8) + i9 * l(9) + i10 * l(10) + i11 * l(11) + i12 * l(12) + i13 * l(13);
        Len = Len + i14 * l(14) + i15 * l(15) + i16 * l(16) + i17 * l(17);
  Gen = i1 + i2 + i3 + i4 + i5 + i6 + i7 + i8 + i9 + i10 + i11 + i12 + i13 + i14 + i15 + i16 + i17;
        if Len > 89.5 || Gen > 5break;end

            for i18 = 0:g(18)
        Len = i1 * l(1) + i2 * l(2) + i3 * l(3) + i4 * l(4) + i5 * l(5) + i6 * l(6) + i7 * l(7);

Len = Len + i8 * l(8) + i9 * l(9) + i10 * l(10) + i11 * l(11) + i12 * l(12) + i13 * l(13);
Len = Len + i14 * l(14) + i15 * l(15) + i16 * l(16) + i17 * l(17) + i18 * l(18);
Gen = i1 + i2 + i3 + i4 + i5 + i6 + i7 + i8 + i9 + i10 + i11 + i12 + i13 + i14 + i15 + i16 + i17 + i18;
            if Len > 89.5 || Gen > 5break;end
            fori19 = 0:g(19)
```

```
Len = i1 * l(1) + i2 * l(2) + i3 * l(3) + i4 * l(4) + i5 * l(5) + i6 * l(6) + i7 * l(7);
Len = Len + i8 * l(8) + i9 * l(9) + i10 * l(10) + i11 * l(11) + i12 * l(12) + i13 * l(13);
Len = Len + i14 * l(14) + i15 * l(15) + i16 * l(16) + i17 * l(17) + i18 * l(18) + i19 * l(19);
Gen = i1 + i2 + i3 + i4 + i5 + i6 + i7 + i8 + i9 + i10 + i11 + i12 + i13 + i14 + i15 + i16 + i17 + i18 + i19;
        if Len > 89.5 || Gen > 5break;end
          fori20 = 0:g(20)
Len = i1 * l(1) + i2 * l(2) + i3 * l(3) + i4 * l(4) + i5 * l(5) + i6 * l(6) + i7 * l(7);
Len = Len + i8 * l(8) + i9 * l(9) + i10 * l(10) + i11 * l(11) + i12 * l(12) + i13 * l(13) + i14 * l(14);
Len = Len + i15 * l(15) + i16 * l(16) + i17 * l(17) + i18 * l(18) + i19 * l(19) + i20 * l(20);
Gen = i1 + i2 + i3 + i4 + i5 + i6 + i7 + i8 + i9 + i10 + i11 + i12 + i13 + i14 + i15 + i16 + i17 + i18 + i19 + i20;

        if Len >= 88.5&&Len <= 89.5&&Gen >= 4&&Gen <= 5
          Total = Total + 1;% 统计总模式
          Model(1) = i1;Model(2) = i2;Model(3) = i3;Model(4) = i4;
          Model(5) = i5;Model(6) = i6;Model(7) = i7;Model(8) = i8;
          Model(9) = i9;Model(10) = i10;Model(11) = i11;
          Model(12) = i12;Model(13) = i13;Model(14) = i14;
          Model(15) = i15;Model(16) = i16;Model(17) = i17;
          Model(18) = i18;Model(19) = i19;Model(20) = i20;

s1 = 0;s2 = 0;
for j = 1:2
s1 = s1 + l(j) * Model(j);% 计算该模式的长度
s2 = s2 + Model(j);% 统计该模式的根数,再一次检查是否符合要求.注意不是必须。
end

   for j = 1:20
   if Model(j) > 0L(Total) = l(j);break;end% 获得该种模式的最短长度.
   end
     for j = 1:20
     fprintf(fid,'%2d',Model(j));% 输出该模式到指定文件中
     end
   fprintf(fid,'\n');

          end
          end
          end
          end
          end
```

```
                  end
                  end
                  end
                end
              end
            end
          end
        end
                end
              end
            end
          end
        end
      end
    end
  end

fclose(fid);
fprintf('总模式 %2d',Total);
```

程序 2:进行优化计算的 LINGO 程序。

```
model:
sets:
kind/1..2783/:x,y;
type/1..20/:l,a,R;
assign(kind,type):model;
endsets
data:
l = 14,14.5,15,15.5,16,16.5,17,17.5,18,18.5,19,19.5,20,20.5,21,21.5,22,22.5,
23.5,25.5;
a=35,29,30,42,28,42,45,49,50,64,52,63,49,35,27,16,12,2,6,1;
model=@file('d:\lingo12\dat\changyi.txt');
@text()=@writefor(kind(i) | x(i)#GT#0:'x(',i,')=',x(i),';');
@text()=@writefor(type(j) | R(j)#GT#0:'R(',j,')=',R(j),';');
enddata

max=z1;
z1=@sum(kind(i):x(i));  ! 目标函数 1;
z2=x(1)+x(2)+x(3);  ! 目标函数 2;
```

```
z3 = @sum(kind(i):y(i));! 目标函数 3;
@for(type(j):@sum(kind(i):x(i) * model(i,j)) <= a(j));  ! 原料约束;
@for(type(j):R(j) = a(j) - @sum(kind(i):x(i) * model(i,j)));
@for(kind(i):x(i) <= 200 * y(i));
@for(kind(i):x(i) >= y(i));
@for(kind(i):@gin(x(i)));
@for(kind(i):@bin(y(i)));
end
```

程序 3:显示最终的 Matlab 程序 result. m。

输出便于查看的表达形式的 Matlab 程序,该程序利用 changyi. lg4 计算得到的结果,调用 changyi. m 生成的文件 changyi. txt,生成便于查看的表达形式。

```
clear;
  load d:\lingo12\dat\changyi.txt;
  Model = d2011_3;
  Len = length(Model);
  x = zeros(1,Len);
  % 将 LINGO 程序计算结果拷贝在下面,便于输出便于查看的结果形式.
x(1) =1;x(2) =2;x(8) =4;x(14) =1;x(156) =5;x(165) =15;x(230) =1;x(496) =34;
x(574) =8;
x(1089) = 2;x(1357) = 3;x(1605) = 23;x(1615) = 3;x(2154) = 7;x(2437) = 26;
x(2441) = 2;
 %20 种长度
l = [14,14.5,15,15.5,16,16.5,17,17.5,18,18.5,19,19.5,20,20.5,21,21.5,22,22.5,
23.5,25.5];
a = [35,29,30,42,28,42,45,49,50,64,52,63,49,35,27,16,12,2,6,1];%20 种原料的
根数
  n = length(l);
    % 输出 LINGO 结果对应的模式
    % 对根数和长度的限制
      number = 0;
      S = [];
      G = [];
      P = [];
      Gen = 0;% 总计总根数
      Kun = 0;% 总捆数
      TotalLen = 0;% 计算总长度
   for i = 1:Len
      if x(i) > 0
```

```
        s1 =0;
        g1 =0;
        number=number+1;
        for j =1:n
            s1 =s1 + Model(i,j) * l(j);   % 计算长度
            g1 =g1 + Model(i,j);   % 计算根数
        end
        S=[S,s1];
        G=[G,g1];
        P=[P,x(i)];
        fprintf('序号 %2d,模式:',number);
        for j =1:n
            if Model(i,j) > 0 fprintf('%3.1f m%1d 根,',l(j),Model(i,j));   end
        end
        fprintf('长度 %3.1f m,%1d 根,%2d 捆.',s1,g1,x(i));
         fprintf('\n');
         Gen=Gen+ g1 * x(i);% 计算总根数
         Kun=Kun+ x(i);  % 计算总捆数
         TotalLen= TotalLen+ s1 * x(i);% 计算总长度
      end   % end if x(i) > 0
    end
      fprintf('总长度 %6.1f 总根数 %6d 总捆数 %5d\n',TotalLen,Gen,Kun);
```

程序运行结果:

序号 1,模式:22.0m2 根,22.5m2 根,长度 89.0m,4 根,1 捆。

序号 2,模式:22.0m3 根,23.5m1 根,长度 89.5m,4 根,2 捆。

序号 3,模式:21.5m2 根,22.0m1 根,23.5m1 根,长度 88.5m,4 根,4 捆。

序号 4,模式:21.0m1 根,21.5m2 根,25.5m1 根,长度 89.5m,4 根,1 捆。

序号 5,模式:16.5m1 根,17.0m1 根,18.0m1 根,18.5m1 根,19.5m1 根,长度89.5m,5 根,5 捆。

序号 6,模式:16.5m1 根,17.0m1 根,17.5m1 根,18.5m1 根,19.5m1 根,长度89.0m,5 根,15 捆。

序号 7,模式:16.5m2 根,17.0m2 根,21.5m1 根,长度 88.5m,5 根,1 捆。

序号 8,模式:15.5m1 根,17.5m1 根,18.0m1 根,18.5m1 根,19.0m1 根,长度88.5m,5 根,34 捆。

序号 9,模式:15.5m1 根,16.5m1 根,18.0m1 根,19.0m1 根,19.5m1 根,长度88.5m,5 根,8 捆。

序号 10,模式:15.0m1 根,16.0m1 根,16.5m1 根,19.5m1 根,21.5m1 根,长度88.5m,5 根,2 捆。

序号 11,模式:14.5m1 根,18.0m1 根,18.5m1 根,19.0m1 根,19.5m1 根,长度89.5m,5 根,3 捆。

序号 12,模式:14.5m1 根,16.0m1 根,17.0m1 根,20.0m1 根,21.0m1 根,长度88.5m,5 根,23 捆。

序号 13,模式:14.5m1 根,16.0m1 根,16.5m1 根,21.0m1 根,21.5m1 根,长度89.5m,5 根,3 捆。

序号 14,模式:14.0m1 根,16.5m1 根,18.5m1 根,19.0m1 根,20.5m1 根,长度88.5m,5 根,7 捆。

序号 15,模式:14.0m1 根,15.0m1 根,19.5m1 根,20.0m1 根,20.5m1 根,长度89.0m,5 根,26 捆。

序号 16,模式:14.0m1 根,15.0m1 根,19.5m2 根,20.5m1 根,长度 88.5m,5 根,2 捆。

总长度 12 159.5m 总根数　677 根 总捆数　137 捆

该结果在表 5.12 中体现。

本章小结

本章介绍了几个经典的优化问题:生猪的出售时间问题,两辆平板车装货问题,汽车生产与原油采购,接力队的选拔与选修课策略,最优组队问题,钢管和易拉罐下料。在这些模型中,重点掌握目标函数及约束条件的数学表达,同时学会熟练掌握并利用 LINGO 进行优化模型的计算。优化模型在数学建模竞赛中经常使用,掌握这些优化问题的建模,可以提高你竞赛中解决优化问题的能力。

第6章　离散模型

6.1　层次分析模型

决策是经常遇到的问题。譬如假期到了，人们打算外出旅游，如何选择旅游的景点；学校评选优秀学生，如何评选和评选谁；中学毕业上大学，如何选择志愿；大的方面如一个国家的物价的控制、国债的发行以及经济发展的战略规划；等等。这些都面临着决策的问题。从系统的观点出发来考虑决策的问题就需要考虑到与决策有关的各个因素，至少是有关的重要因素。例如要选择旅游景点，经常会考虑景色、费用和居住、饮食、交通等条件。要选择升学志愿，必然要考虑到你本人的兴趣爱好、学习基础、专业前途以及收费标准等因素。当然这种决策是比较简单的。一个经济学家在进行社会经济以及科学管理问题的决策时所面临的常常是相互制约的大量因素构成的复杂系统。总之，人们的决策活动无论是简单的还是复杂的，都是在系统的观点下的一个综合判断的过程。

层次分析法(Analytic Hicrachy Process 简记为 AHP) 是美国运筹学家 T. L. Saaty 在 20 世纪 70 年代初提出来的，它是将半定性、半定量的问题转化为定量计算的一种行之有效的方法。把复杂的决策系统层次化，通过逐层比较各种关联因素的重要性来为分析、决策提供定量的依据。它特别适用于那些难以完全用定量方法进行分析的复杂问题。因此在资源分配、选优排序、政策分析、冲突求解以及决策预报等领域得到了广泛的应用。

6.1.1　成对比较矩阵和正互反矩阵

层次分析的一个基本步骤是要比较若干因素对同一目标的影响，从而确定它们在目标中占的比重。比如在旅游问题中要比较景色、费用等因素对地点选择的影响，当然这里所指的影响可以是诸因素在目标中的地位、实现目标所需费用或所得的利润等，这些因素有的有相同的量纲，在数量上是可比的，如费用问题，但更多的是难以定量且不易比较的，如景色问题；有些受到相当大的主观因素的影响，并且许多因素放在一起进行比较时，就更加困难和难以确定。层次分析法采用成对比较法，用它来提高诸因素比较的准确程度。

设要比较 n 个因素 $C_1, C_2, \cdots, C_n$ 对目标 O 的影响，从而确定它们在 O 中所占的比重，每次取两个因素 C_i 和 C_j，用 a_{ij} 表示 C_i 与 C_j 对 O 的影响程度之比，按 $1 \sim 9$ 的比例标度来度量 a_{ij}。n 个元素彼此两两比较，全部结果可用如下的成对比较矩阵表示，即

$$\mathbf{A} = (a_{ij})_{n\times n},\ a_{ij} > 0,\ a_{ji} = \frac{1}{a_{ij}},\ a_{ii} = 1 \quad (i,j = 1,2,\cdots,n) \tag{6.1}$$

称满足上述性质的矩阵 $\mathbf{A}$ 为正互反矩阵。

现在用一个具体的例子来说明。

现要进行假期旅游，有 P_1, P_2, P_3 共3个旅游胜地供你选择，根据诸如景色、费用、住宿、饮食、交通等一些准则去反复比较3个候选地点。其层次结构如图6.1所示。

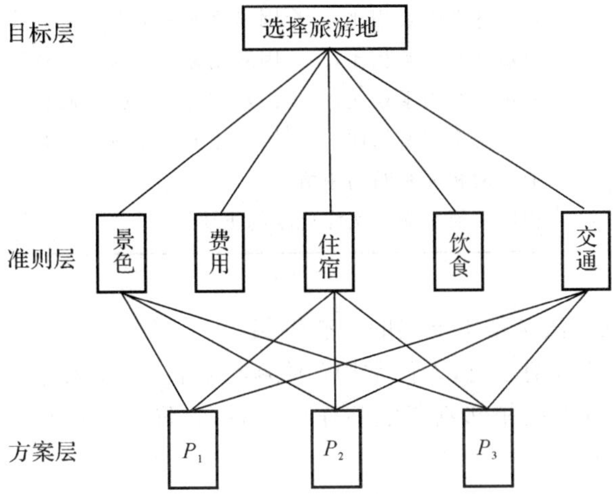

图6.1　选择旅游地的层次结构图

设旅游问题中的这5个因素为景色 C_1、费用 C_2、住宿 C_3、饮食 C_4、交通 C_5。某人考虑该旅游问题所用成对比较法的成对比较矩阵(正互反矩阵)为

$$\mathbf{A}=\begin{bmatrix} 1 & 1/2 & 4 & 3 & 3 \\ 2 & 1 & 7 & 5 & 5 \\ 1/4 & 1/7 & 1 & 1/2 & 1/3 \\ 1/3 & 1/5 & 2 & 1 & 1 \\ 1/3 & 1/5 & 3 & 1 & 1 \end{bmatrix} \tag{6.2}$$

式(6.2)中，$a_{12}=1/2$ 表示景色 C_1 与费用 C_2 对选择旅游地这个目标 O 的重要性之比为 $1:2$；$a_{13}=4$ 表示景色 C_1 与住宿 C_3 的重要性之比为 $4:1$；$a_{23}=7$ 表示费用 C_2 与住宿 C_3 的重要性之比为 $7:1$。由此可以看出，在景色、费用、住宿这3个因素中，费用最重要，景色次之，住宿再次之。

仔细比较式(6.2)会发现，$a_{12}=1/2$，$a_{13}=4$，这表明 C_2 的重要性是 C_1 的2倍，C_1 的重要性是 C_3 的4倍，那么 C_2 的重要性是 C_3 的8倍，即 $a_{23}=8$，而实际上 $a_{23}=7$。说明 C_2 与 C_3 重要性的直接比较与间接比较有一些差异但差异又不大。对 n 个因素总共要作 $n(n-1)/2$ 次比较，要使所有的比较做到直接比较与间接比较完全一致是不太可能的，因此容许这种比较在一定范围内不一致，但又不能差异太大。

这里给出一致阵的定义：如果一个正互反矩阵 $\mathbf{A}$ 满足：

$$a_{ij}a_{jk}=a_{ik} \qquad (i,j,k=1,2,\cdots,n) \tag{6.3}$$

则称 $\mathbf{A}$ 为一致性矩阵，简称一致阵。

关于 a_{ij} 的确定，T. L. Saaty 引用了数字 $1\sim9$ 及其倒数作为标度，见表6.1。

表 6.1　成对矩阵标度及其含义

标　度	含　义
1	表示两个因素相比，具有同样的重要性
3	表示两个因素相比，一个因素比另一个因素稍微重要
5	表示两个因素相比，一个因素比另一个因素明显重要
7	表示两个因素相比，一个因素比另一个因素强烈重要
9	表示两个因素相比，一个因素比另一个因素极端重要
2,4,6,8	上述两相邻判断的中值
1,1/2,…,1/9	相应两因素交换次序比较的重要性

选择 1 ～ 9 的标度方法是基于下述的一些事实：

(1) 在估计事物质的区别性时，人们常用5种判断来表示，即相等、较强、强、很强、绝对强，当需要更高精度时，还可以在相邻判断之间作出比较，这样，总共有 9 个数据，既保持了连贯性，又便于在实践中应用。

(2) 心理学家认为，人们在同时比较若干对象时，能够区别差异的心理学极限为7±2个对象，这样它们之间的差异正好可以用 9 个数字表示出来。

(3) T. L. Saaty 还将 1 ～ 9 的标度方法同另外 26 种标度方法进行过比较，结果表明 1 ～ 9 标度是可行的，并且能较好地将思维判断数量化。

6.1.2　权向量和一致性指标

通过两两成对比较得到的判断矩阵 **A** 不一定满足矩阵的一致性条件式(6.3)。希望能找到一个数量标准来衡量矩阵 **A** 不一致的程度，为此，先来分析一下一致阵的情况。

设想一下，现在把一块单位重量的大石头 O 分成 n 块小石头 $C_1, C_2, \cdots, C_n$，各小块石头的重量为 $w_i(i=1,2,\cdots,n)$，则 $C_1, C_2, \cdots, C_n$ 在 O 中占的比重可用其重量排序，即为 $(w_1, w_2, \cdots, w_n)^{\mathrm{T}}$，$C_i$ 与 C_j 的相对重量为 $a_{ij}=w_i/w_j$。这样就得到判断矩阵 **A**，即

$$\boldsymbol{A}=\begin{bmatrix}\dfrac{w_1}{w_1} & \dfrac{w_1}{w_2} & \cdots & \dfrac{w_1}{w_n}\\ \dfrac{w_2}{w_1} & \dfrac{w_2}{w_2} & \cdots & \dfrac{w_2}{w_n}\\ \vdots & \vdots & & \vdots\\ \dfrac{w_n}{w_1} & \dfrac{w_n}{w_2} & \cdots & \dfrac{w_n}{w_n}\end{bmatrix} \tag{6.4}$$

显然 **A** 是满足一致性条件的正互反阵。

容易证明，n 阶一致阵有下列性质：

(1)**A** 的秩为 1，**A** 的唯一特征根为 n。

(2)**A** 的任一列向量都是对应于特征根 n 的特征向量。

如果得到的成对阵是一致阵，像式(6.4) 的 **A**，自然应取对应于特征根的归一化的特征向量表示诸因素 $C_1, C_2, \cdots, C_n$ 的权重，这个向量称为权向量。如果成对阵 **A** 不是一致的，但在不一致的容许范围内，T. L. Saaty 等人建议采用 **A** 的最大特征根 $\lambda_{\max}$ 对应的特征向量 $\boldsymbol{w}=(w_1,$

$w_2,\cdots,w_n)^T$ 作为权向量,即 $\boldsymbol{w}$ 满足:

$$\boldsymbol{A}\boldsymbol{w}=\lambda_{\max}\boldsymbol{w} \tag{6.5}$$

且

$$\sum_{i=1}^{n} w_i = 1$$

直观地看,因为矩阵 $\boldsymbol{A}$ 的特征根和特征向量连续地依赖于矩阵的元素 a_{ij},所以当 a_{ij} 离一致性的要求不远时,$\boldsymbol{A}$ 的特征根和特征向量也与一致阵的相差不大。当 $\lambda_{\max}$ 比 n 大得越多,$\boldsymbol{A}$ 的不一致程度就越大,用特征向量作为权向量引起的误差就会越大。因而可以用 $\lambda_{\max}-n$ 的大小来衡量 $\boldsymbol{A}$ 的不一致程度。T. L. Saaty 将下式作为一致性指标,即

$$\mathrm{CI}=\frac{\lambda_{\max}-n}{n-1} \tag{6.6}$$

对一致性正互反阵来说,一致性指标 CI 等于零。

由于 $\sum_{i=1}^{n}\lambda_i=n$,实际上 CI 相当于 $n-1$ 个特征根 $\lambda_2,\cdots,\lambda_n$(最大特征根 $\lambda_{\max}$ 除外)的平均值。

显然,仅依靠 CI 值来作为判断矩阵 $\boldsymbol{A}$ 是否具有满意一致性的标准是不够的,因为人们对客观事物的复杂性和认识的多样性,以及可能产生的片面性跟问题的因素多少、规模大小有关,即随着 n 值($1\sim 9$)增大而增大。为此 T. L. Saaty 又提出了平均随机一致性指标 RI。

平均随机一致性指标 RI 是这样得到的:对于固定的 n,随机构造正互反矩阵 $\boldsymbol{A}'$,其中 a'_{ij} 是从 1,2,…,9,1/2,1/3,…,1/9 中随机抽取的,这样的 $\boldsymbol{A}'$ 是最不一致的,取充分大的子样(500 个样本)得到 $\boldsymbol{A}'$ 的最大特征根的平均值 $\lambda'_{\max}$,定义

$$\mathrm{RI}=\frac{\lambda'_{\max}-n}{n-1} \tag{6.7}$$

对于 $1\sim 9$ 阶的判断矩阵,T. L. Saaty 给出 RI 值,见表 6.2。

表 6.2　平均随机一致性指标 RI

n	1	2	3	4	5	6	7	8	9	10	11
RI	0	0	0.58	0.90	1.12	1.24	1.32	1.41	1.45	1.49	1.51

表中 $n=1,2$ 时 RI$=0$,是因为 1,2 阶的正互反阵总是一致阵。

计算平均一致性指标的 Matlab 程序:

```
n=11;
A=ones(n,n);
number=1500;% 模拟次数
R=0;
for kp=1:number
% 获得一个成对比较阵
for i=1:n-1
  for j=i+1:n
      ki=floor(1+9*rand(1,1));
      kj=floor(1+9*rand(1,1));
```

```
        A(i,j) = ki/kj;
        A(j,i) = kj/ki;
    end
end

lam = max(eig(A)); % 求最大特征值

CI = (lam - n)/(n - 1);
R = R + CI;
%fprintf('%2d lam = %7.3f CI = %5.2f R = %5.2f\n',kp,lam,CI,R);
end    %end for kp
RI = R/number;
fprintf('n = %2d,随机一致性指标 %6.3f\n',n,RI);
```

对于 $n \geqslant 3$ 的成对比较阵 **A**,将它的一致性指标 CI 与同阶的随机一致性指标 RI 之比称为一致性比率 CR。若

$$CR = \frac{CI}{RI} < 0.1$$

则认为成对判别 **A** 的不一致程度在容许范围内,可以用其特征向量作为权向量。否则就需要调整成对判别矩阵,使之具有满意的一致性。

现在求出选择旅游地的 5 个因素成对比较矩阵 **A**(式(6.2))的权值与一致性检验。

对式(6.2)的矩阵 **A**,容易求得最大特征值 $\lambda_{\max} = 5.072$。

对应的归一化特征向量为 $\boldsymbol{w} = (0.263\,6,\ 0.475\,8,\ 0.053\,8,\ 0.098\,1,\ 0.108\,7)$。

一致性指标为

$$CI = \frac{5.072 - 5}{5 - 1} = 0.018$$

当 $n = 5$ 时,随机一致性指标 RI = 1.12,则一致性比率为

$$CR = \frac{CI}{RI} = \frac{0.018}{1.12} = 0.016\,1 < 0.1$$

一致性比率通过,前面的特征向量 **w** 可以作为 5 个因素的权重。

6.1.3 组合权向量与组合一致性检验

在旅游决策问题中,已经得到准则层对目标层的权向量,获得旅游问题中 5 个因素的权重。用同样的方法可以构造第 3 层方案层对第 2 层(准则层)的每一个成对比较阵。不妨设为

$$\boldsymbol{B}_1 = \begin{bmatrix} 1 & 3 & 5 \\ 1/3 & 1 & 2 \\ 1/5 & 1/2 & 1 \end{bmatrix},\quad \boldsymbol{B}_2 = \begin{bmatrix} 1 & 1/3 & 1/8 \\ 3 & 1 & 1/3 \\ 8 & 3 & 1 \end{bmatrix},\quad \boldsymbol{B}_3 = \begin{bmatrix} 1 & 2 & 4 \\ 1/2 & 1 & 3 \\ 1/4 & 1/3 & 1 \end{bmatrix}$$

$$\boldsymbol{B}_4 = \begin{bmatrix} 1 & 3 & 5 \\ 1/3 & 1 & 2 \\ 1/5 & 1/2 & 1 \end{bmatrix},\quad \boldsymbol{B}_5 = \begin{bmatrix} 1 & 2 & 1/4 \\ 1/2 & 1 & 1/6 \\ 4 & 6 & 1 \end{bmatrix}$$

其中 $\boldsymbol{B}_k(k=1,2,\cdots,5)$ 中元素 $b_{ij}^{(k)}$ 是方案 P_i（旅游地 i）与 P_j（旅游地 j）对于准则 C_k（景色、费用等）的优越性的比较尺度。

由成对矩阵 $\boldsymbol{B}_k(k=1,2,\cdots,5)$ 计算出权向量 $\boldsymbol{w}_k$，最大特征根 λ_k，一致性指标 CI_k，结果列于表 6.3 中。

表 6.3　$\boldsymbol{w}_k$，$\boldsymbol{\lambda}_k$ 和 $\mathbf{CI}_k$ 结果

k	1	2	3	4	5
	0.648 3	0.081 9	0.558 4	0.648 3	0.192 9
$\boldsymbol{w}_k$	0.229 7	0.236 3	0.319 6	0.229 7	0.106 1
	0.122 0	0.681 7	0.122 0	0.122 0	0.701 0
λ_k	3.003 7	3.001 5	3.018 3	3.003 7	3.009 2
CI_k	0.001 8	0.000 77	0.009 1	0.001 8	0.004 6
CR_k	0.003 2	0.001 3	0.015 8	0.003 2	0.007 9

由于当 $n=3$ 时随机一致性指标 $\mathrm{RI}=0.58$，所有一致性指标 $\mathrm{CR}_k<0.1$，因此 5 组权值都通过一致性检验，5 组权向量都可以作为权值。

可以计算出第 3 层方案层相对目标层的权向量，该向量称为组合向量。

方案 P_1 相对目标层的权值：

$$y_1=0.6483\times0.2636+0.0819\times0.4758+0.5584\times0.0538+0.6483\times0.0981+0.1929\times0.1087=0.3245$$

方案 P_2 相对目标层的权值：

$$y_2=0.2297\times0.2636+0.2363\times0.4758+0.3196\times0.0538+0.2297\times0.0981+0.1061\times0.1087=0.2242$$

方案 P_3 相对目标层的权值：

$$y_3=0.1220\times0.2636+0.6817\times0.4758+0.1220\times0.0538+0.1220\times0.0981+0.7010\times0.1087=0.4513$$

因此，方案层相对目标层的权向量为 $\boldsymbol{y}=(0.3245,0.2242,0.4513)$。从结果来看，方案 P_3 的权重达到最大，因此可选取方案 P_3 作为旅游的最佳方案。

再对整个系统的一致性进行检验。该检验称为组合一致性检验。包括准则层、方案层的一致性及整个系统的一致性。

已经知道准则层的一致性比率为

$$\mathrm{CR}_1=0.0161$$

方案层所有方案的的一致性比率为

$$\mathrm{CR}_2=\frac{\sum_{j=1}^{5}w_j\mathrm{CI}_j}{\sum_{j=1}^{5}w_j\mathrm{RI}_j}=0.0032$$

其中，$w_1,\cdots,w_5$ 为方案层的上一层准则层的权重；$\mathrm{CI}_1,\cdots,\mathrm{CI}_5$ 为方案层的 5 个一致性指标；$\mathrm{CR}_j=0.58$。

整个系统的组合一致性比率为

$$CR = CR_1 + CR_2 = 0.0161 + 0.0032 = 0.0193 < 0.1$$

因此组合一致性检验通过检验，由表 6.3 得到的权向量可以作为最终决策的依据。

6.1.4 层次分析法的基本步骤

可将层次分析法的基本步骤作下述归纳。

(1) 分析系统中各因素之间的关系，建立系统的递阶层次结构。这些层次大体上可以分为三类：

1) 最高层：它是分析问题的预定目标或理想结果。

2) 中间层：它包括为实现目标所涉及的中间环节，它也可以由若干个层次组成。

3) 最低层：它是为实现目标而供选择的各种措施、决策方案。但是，每层包含的因素个数不要超过 9 个，过多时，可考虑再分出层次来。

(2) 构造两两成对比较的判断矩阵。判断矩阵元素的值反映了人们对因素关于目标的相对重要性的认识，在相邻的两个层次中，高层次为目标，低层次为因素。

(3) 层次单排序及其一致性检验。判断矩阵 $\boldsymbol{A}$ 的特征根 $\boldsymbol{A}\boldsymbol{w} = \lambda_{\max}\boldsymbol{w}$ 将 $\boldsymbol{w}$ 归一化，即为诸因素对于目标的相对重要性的排序数值，计算出 CI 值。当 $CR_1 < 0.1$ 时，则认为层次单排序的结果有满意的一致性，否则需要调整判断矩阵的元素取值。

(4) 层次总排序。计算同一层次所有因素对于最高层（总目标）相对重要性的排序权值，称为层次总排序，这一过程是最高层次到最低层次逐层进行的，若上一层次 A 包含 m 个因素 $A_1, A_2, \cdots, A_m$，其层次总排序的权值分别为 $a_1, a_2, \cdots, a_m$，下一层次 B 包含 n 个因素 $B_1, B_2, \cdots, B_n$，它们对于因素 A_j 的层次单排序的权值分别为 $b_{1j}, b_{2j}, \cdots, b_{nj}$（$B_k$ 与 A_j 无联系时，取 $b_{kj} = 0$），此时 B 层次总排序的权值由表 6.4 给出。

表 6.4　层次总排序数值

层次B \ 层次A	A_1	A_2	$\cdots$	A_m	B 层次总排序数值
	a_1	a_2	$\cdots$	a_m	
B_1	b_{11}	b_{12}	$\cdots$	b_{1m}	$\sum_{j=1}^{m} a_j b_{1j}$
B_2	b_{21}	b_{22}	$\cdots$	b_{2m}	$\sum_{j=1}^{m} a_j b_{2j}$
$\vdots$	$\vdots$	$\vdots$		$\vdots$	$\vdots$
B_n	b_{n1}	b_{n2}	$\cdots$	b_{nm}	$\sum_{j=1}^{m} a_j b_{nj}$

这一过程是从高层到低层逐层进行的，如果 B 层次因素对于 A_j 单排序的一致性指标为 CI_j，相应的平均随机一致性指标为 RI_j，则 B 层次总排序一致性比率为

$$CR_2 = \frac{\sum_{j=1}^{m} a_j CI_j}{\sum_{j=1}^{m} a_j RI_j} \tag{6.8}$$

类似地，当 $CR_2 < 0.1$ 时，认为 B 层排序结果具有满意的一致性，否则就需要重新调整判断矩阵的元素取值。

整个系统的组合一致性比率为 $CR = CR_1 + CR_2$。当 $CR < 0.1$ 时，组合一致性检验通过，最后得到的权向量$(C_1, C_2, \cdots, C_n)$可以作为最终决策的依据。

6.1.5　应用举例

例 6.1　某工厂有一笔企业留成利润，要由厂领导和职代会决定如何利用，可供选择的方案有：发奖金、扩建福利设施、引进新设备。为进一步促进企业发展，如何合理使用这笔利润？

解　(1) 对于这个问题我们采用层次分析法进行分析，所有措施的目的都是为了更好地调动职工积极性，提高企业技术水平和改善职工生活，当然最终目的是为了促进企业的发展，因此，建立的递阶层次结构如图 6.2 所示。

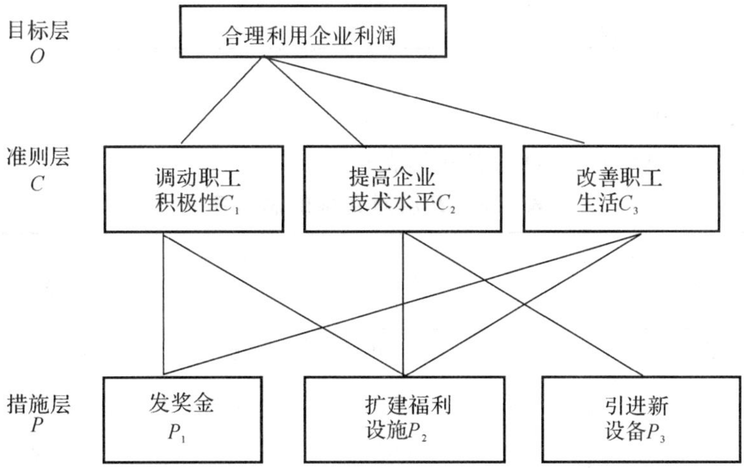

图 6.2　企业措施方案选择层次图

(2) 构造判断矩阵，并求最大特征根、特征向量、一致性指标和随机一致性比率。

O—C 判断矩阵：

O	C_1	C_2	C_3	W
C_1	1	1/5	1/3	0.105
C_2	5	1	3	0.637
C_3	3	1/3	1	0.258

计算得 $\lambda_{max} = 3.038$，$CI = 0.019$。

一致性比率 $CR = 0.033 < 0.1$，因此通过一致性检验，该权重可作为 3 个因素 C_1, C_2, C_3 的权值。

C_1—P 判断矩阵：

C_1	P_1	P_2	W
P_1	1	3	0.75
P_2	1/3	1	0.25

计算得 $\lambda_{max}=2$，$CI=0$。

C_2—P 判断矩阵：

C_2	P_2	P_3	W
P_2	1	1/5	0.167
P_3	5	1	0.863

计算得 $\lambda_{max}=2$，$CI=0$。

C_3—P 判断矩阵：

C_3	P_1	P_2	W
P_1	1	2	0.667
P_2	1/2	1	0.333

计算得 $\lambda_{max}=2$，$CI=0$。

(3) 各方案对总目标 O 的层次总排序见表 6.5。

表 6.5 P 层对目标的总排序

C \ P	C_1	C_2	C_3	y
	0.105	0.637	0.258	
P_1	0.75	0	0.667	0.250 8
P_2	0.25	0.167	0.333	0.218 5
P_3	0	0.863	0	0.549 7

从计算结果来看，措施 3 的总权重最大，为 0.549 7。因此，采用新设备 P_3，才更能合理利用企业利润。其组合一致性比率显然也通过一致性检验。

例 6.2 2005B 题：DVD 在线租赁中满意度权值的确定。（原题参考全国大学生建模竞赛网站）

随着信息时代的到来，网络成为人们生活中越来越不可或缺的元素之一。许多网站利用其强大的资源和知名度，面向其会员群提供日益专业化和便捷化的服务。例如，音像制品的在线租赁就是一种可行的服务。这项服务充分发挥了网络的诸多优势，包括传播范围广泛、直达核心消费群、强烈的互动性、感官性强、成本相对低廉等，为顾客提供更为周到的服务。

考虑如下的在线 DVD 租赁问题。顾客缴纳一定数量的月费成为会员，订购 DVD 租赁服务。会员对哪些 DVD 有兴趣，只要在线提交订单，网站就会通过快递的方式尽可能满足要求。会员提交的订单包括多张 DVD，这些 DVD 是基于其偏爱程度排序的。网站会根据手头现有的 DVD 数量和会员的订单进行分发。每个会员每个月租赁次数不得超过 2 次，每次获得 3 张 DVD。会员看完 3 张 DVD 之后，只需要将 DVD 放进网站提供的信封里寄回（邮费由网站承担），就可以继续下次租赁。

该赛题的第 2 问是这样的：表 6.6 中列出了网站拥有的 100 种 DVD 的现有张数和当前需要处理

的1 000位会员的在线订单(具体数据请从http://mcm.edu.cn/mcm05/problems2005c.asp下载)，如何对这些DVD进行分配，才能使会员获得最大的满意度？请具体列出前30位会员(即C0001～C0030)分别获得哪些DVD。

表6.6　现有DVD张数和当前需要处理的会员的在线订单(表格格式示例)

DVD编号		D001	D002	D003	D004	⋮
DVD现有数量		10	40	15	20	…
会员在线订单	C0001	6	0	0	0	…
	C0002	0	0	0	0	…
	C0003	0	0	0	3	…
	C0004	0	0	0	0	…
	…	…	…	…	…	…

注：D001～D100表示100种DVD，C000 1～C1 000表示1 000个会员，会员的在线订单用数字1,2,…表示，数字越小表示会员的偏爱程度越高，数字0表示对应的DVD当前不在会员的在线订单中。

解　在该问题中，表格中会员对各种DVD的偏爱程度是用数字1,2,…,10来表示的，我们需要将每种偏爱程度转化为满意度的权值。

首先需要确定满意度。由于会员对每种DVD的偏爱程度是用数字1,2,…,10表示，越小偏爱程度越大。用层次分析法确定每种偏爱程度对应的权重。构造判断矩阵

$$\begin{bmatrix} 1 & 2 & 3 & \cdots & 10 \\ 1/2 & 1 & 3/2 & \cdots & 5 \\ 1/3 & 2/3 & 1 & \cdots & 10/3 \\ \vdots & \vdots & \vdots & & \vdots \\ 1/10 & 2/10 & 3/10 & \cdots & 1 \end{bmatrix}$$

其中，$a_{ij}=j/i\ (i,j=1,2,\cdots,10)$。由于数字越大表示对该种DVD的偏爱程度越低，因此可选用其倒数作为重要性的表示，由此得到上面的成对判别矩阵。容易知道，该矩阵是一致阵，因而其任一列就是最大特征值对应的特征向量。可取特征向量：

$$\boldsymbol{X}=[1,1/2,1/3,\cdots,1/10]$$

作为各偏爱程度的满意度指标，也即各种偏爱程度的权重为偏爱程度的倒数。另外，偏爱程度为0的权重也为0。

根据各种偏爱程度的权重可以得到满意度的权重矩阵$\boldsymbol{W}$。设第i个会员对第j种DVD的偏爱程度为k，则权重为

$$W_{ij}=\begin{cases}\dfrac{1}{k}, & k\geqslant 1\\ 0, & k=0\end{cases}\qquad (i=1,2,\cdots,1\,000;j=1,2,\cdots,100)$$

6.2　循环比赛排名模型

若干支球队参加单循环比赛，各队两两交锋。假设每场比赛只计胜负，不计比分，在比赛结束后排名次。

设 n 支球队或队员比赛，第 i 支球队与第 j 支球队由比赛表现的能力表示为

$$a_{ij}=p_{ij},\quad a_{ji}=1-p_{ij}\quad (i=1,2,\cdots,n-1;\ j=i+1)$$

其中，p_{ij} 表示第 i 支球队胜第 j 支球队的概率。

又设 $a_{ii}=0$，则第 i 支球队胜其余 $n-1$ 支球队的能力表示为

$$s_i=\sum_{j=1}^{n}a_{ij}\quad (i=1,2,\cdots,n)$$

则各球队的排名根据 $\{s_i\}$ 的大小进行。s_i 越大越靠前，越小越靠后。

但实际中 p_{ij} 并不知道，只有根据比赛进行估计。

(1) 当进行 m 次比赛，第 i 支球队胜 l 次，则估计 $p_{ij}=\dfrac{l}{m}$，$p_{ji}=\dfrac{m-l}{m}$。

(2) 当只进行一次比赛时，若第 i 支球队胜，则记 $a_{ij}=1$，$a_{ji}=0$；若第 j 支球队胜，则记 $a_{ij}=0$，$a_{ji}=1$。

现在对只进行一次比赛的情况进行讨论。

1. 双向连通竞赛图

对于任何一对顶点，存在两条有向路径，使两顶点可以互相连通，这种有向图称为双向连通竞赛图。

如图 6.3 是 4 个队比赛结果的双向连通竞赛图。其对应的邻接矩阵为

$$\boldsymbol{A}=\begin{bmatrix}0&1&1&0\\0&0&1&1\\0&0&0&1\\1&0&0&0\end{bmatrix}$$

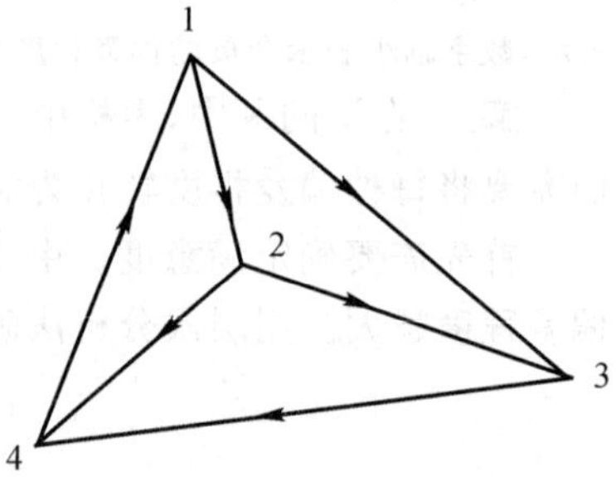

图 6.3 双向连通竞赛图示例

设 $\boldsymbol{e}=(1,1,1,1)^{\mathrm{T}}$，则 $\boldsymbol{s}_1=\boldsymbol{Ae}=(2,2,1,1)^{\mathrm{T}}$，该式表明各队胜的场次数；$\boldsymbol{s}_2=\boldsymbol{As}_1=(3,2,1,2)^{\mathrm{T}}$，该式是各队的 2 级得分，其意义是他战胜的各个球队的得分之和，可以作为排名的依据，但无法排出 3 和 4 的名次。可继续进行下去，得到以下结果：

$$\boldsymbol{s}_3=\boldsymbol{As}_2=(3,3,2,3)\quad \boldsymbol{s}_4=\boldsymbol{As}_3=(5,5,3,3)\quad \boldsymbol{s}_5=\boldsymbol{As}_4=(8,6,3,5)$$

$$\boldsymbol{s}_6=\boldsymbol{As}_5=(9,8,5,8)\quad \boldsymbol{s}_7=\boldsymbol{As}_6=(13,13,8,9)\quad \boldsymbol{s}_8=\boldsymbol{As}_7=(21,17,9,13)$$

$\boldsymbol{s}_k$ 各分量代表各队的第 k 级得分，其意义是它战胜的各个球队的前一级得分之和，因此更可以作为排名的依据。容易得出其排名为 $1\to2\to4\to3$。

对一般性，记 $\boldsymbol{s}_1=\boldsymbol{Ae}$，$\boldsymbol{s}_2=\boldsymbol{As}_1$，…，$\boldsymbol{s}_k=\boldsymbol{As}_{k-1}$，则有

$$\boldsymbol{s}_k=\boldsymbol{As}_{k-1}=\boldsymbol{A}^k\boldsymbol{e}\ (k=1,2,\cdots)\tag{6.9}$$

迭代次数越多，名次排定顺序就越稳定。可将其较高级的得分作为排名的依据。对其他双向连通竞赛图也可以采用类似方法迭代计算得到。

但这里有一个问题，是否双向连通竞赛图都一定可以按照式(6.9)的方法排出确定的名次，另外是否还有更简单的方法？

为了回答这个问题，先给出素阵的定义：对于 $n(n\geqslant4)$ 个顶点的双向连通竞赛图的邻接矩阵 $\boldsymbol{A}$，一定存在正整数 r，使得 $\boldsymbol{A}^r>0$，这样的 $\boldsymbol{A}$ 就称为素阵。

Perron-Frobenius 定理　素阵 $\boldsymbol{A}$ 的最大特征根为正单根 λ，λ 对应正特征向量 $\boldsymbol{s}$，且有

$$\lim_{k\to\infty}\frac{\boldsymbol{A}^k\boldsymbol{e}}{\lambda^k}=\boldsymbol{s}\tag{6.10}$$

式(6.10)说明k级得分分量$\boldsymbol{s}_k$，当$k\to\infty$时(归一化后)将趋向于$\boldsymbol{A}$的对应最大特征根的特征向量$\boldsymbol{s}$，因此特征向量$\boldsymbol{s}$可作为排名次依据的得分向量。

求出前面求矩阵$\boldsymbol{A}$的最大特征值为$\lambda_{\max}=1.395\ 3$，对应的特征向量为(0.625 6，0.551 6，0.321 3，0.448 4)，特征向量中分量大小与排名次序一致。

2. 非双向连通竞赛图

对于非双向连通竞赛图，则没有此结论，如

$$\boldsymbol{A}=\begin{bmatrix}0&0&1&0\\1&0&1&1\\0&0&0&1\\1&0&0&0\end{bmatrix}$$

对应的竞赛图见图6.4。

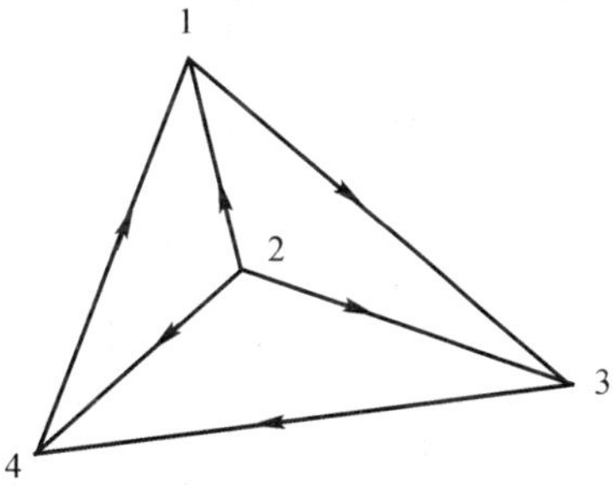

图6.4　非双向连通竞赛图示例

按照前面的方法计算，得到$\boldsymbol{s}_1=\boldsymbol{Ae}=(1,3,1,1)^{\mathrm{T}}$，$\boldsymbol{s}_2=\boldsymbol{As}_1=(1,3,1,1)^{\mathrm{T}}$，$\boldsymbol{s}_3=\boldsymbol{As}_2=(1,3,1,1)^{\mathrm{T}}$，其最大特征值对应特征向量为(0.288 7，0.866 0，0.288 7，0.288 7)。从结果看，无法对1，3，4进行排名。

例6.3　足球比赛排名问题(1993B)。

表6.7给出了我国12支足球队在1988—1989年足球甲级队联赛中的成绩，要求：

(1) 设计一个依据这些成绩排出诸队名次的算法，并给出用该算法排名次的结果。

(2) 把算法推广到任意N个队的情况。

(3) 讨论：数据应具备什么样的条件，用你的方法才能够排出诸队的名次？

表6.7　比赛结果表

比分 球队 \ 球队	T1	T2	T3	T4	T5	T6	T7	T8	T9	T10	T11	T12
T1	X	0:1 1:0 0:0	2:2 1:0 0:2	2:0 3:1 1:0	3:1	1:0	0:1 1:3	0:2 2:1	1:0 4:0	1:1 1:1	X	X
T2		X	2:0 0:1 1:3	0:0 2:0 0:0	1:1	2:1	1:1 1:1	0:0 0:0	2:0 1:1	0:2 0:0	X	X
T3			X	4:2 1:1 0:0	2:1	3:0	1:0 1:4	0:1 3:1	1:0 2:3	0:1 2:0	X	X
T4				X	2:3	0:1	0:5 2:3	2:1 1:3	0:1 0:0	0:1 1:1	X	X

续表

比分 \ 球队 球队	T1	T2	T3	T4	T5	T6	T7	T8	T9	T10	T11	T12
T5					X	0∶1	X	X	X	X	1∶0 1∶2	0∶0 1∶1
T6						X	X	X	X	X	X	X
T7							X	1∶0 2∶0 0∶0	2∶1 3∶0 1∶0	3∶1 3∶0 2∶2	3∶1	2∶0
T8								X	0∶1 1∶2 2∶0	1∶1 1∶0 0∶1	3∶1	0∶0
T9									X	3∶0 1∶0	1∶0	1∶0
T10										X	1∶0	2∶0
T11											X	1∶1 1∶2 1∶1
T12												X

说明:(1)12 支球队依次记做 T1,T2,…,T12。

(2) 符号 X 表示两队未曾比赛。

(3) 数字表示两队比赛结果,如 T3 行与 T8 列交叉处的数字表示 T3 与 T8 比赛了 2 场,T3 与 T8 的进球数之比为 0∶1 和 3∶1。

解 (1) 建立邻接矩阵 $\boldsymbol{A}$。对 i 队和 j 队,若 i 队胜 j 队的场次多,则令 $a_{ij}=1, a_{ji}=0$。若 i 队和 j 队胜的场次一样,但 i 队比 j 队的净胜球多,则令 $a_{ij}=1, a_{ji}=0$。若 i 队和 j 队胜的场次一样,净胜球也一样,或者 i 队和 j 队没有交战,则令 $a_{ij}=-1, a_{ji}=-1$,表示 i 队和 j 队的胜败待定。由此得到尚为完善的邻接矩阵 $\boldsymbol{A}$ 表 6.8 见。

表 6.8 初始邻接矩阵 A

a_{ij} \ 球队 球队	T1	T2	T3	T4	T5	T6	T7	T8	T9	T10	T11	T12
T1	0	−1	0	1	1	1	0	0	1	−1	−1	−1
T2	−1	0	0	1	0	1	0	−1	1	0	−1	−1
T3	1	1	0	1	1	1	0	1	−1	1	−1	−1

续表

a_{ij} 球队 \ 球队	T1	T2	T3	T4	T5	T6	T7	T8	T9	T10	T11	T12
T4	0	0	0	0	0	0	0	0	0	0	−1	−1
T5	0	−1	0	1	0	0	−1	−1	−1	−1	−1	0
T6	0	0	0	1	1	0	−1	−1	−1	−1	−1	−1
T7	1	−1	1	1	−1	−1	0	1	1	1	1	1
T8	1	−1	0	1	−1	−1	0	0	−1	−1	1	−1
T9	0	0	−1	1	−1	−1	0	−1	0	1	1	1
T10	−1	1	0	1	−1	−1	0	−1	0	0	1	1
T11	−1	−1	−1	−1	−1	−1	0	0	0	0	0	0
T12	−1	−1	−1	−1	1	−1	0	−1	0	0	1	0

(2) 修正邻接矩阵 **A**。计算各队一级和二级得分，有

$$a1=(4,3,7,0,1,2,8,3,4,4,0,2)$$

$$a2=(7,6,17,0,0,1,24,4,6,5,0,1)$$

其中，一级得分为各队所胜队数，二级得分为各队所胜队的一级得分和。

根据一级得分修正邻接矩阵 **A** 中尚未确定的比赛胜败。当 $a_{ij}=-1, a1_i>a1_j$ 时，令 $a_{ij}=1, a_{ji}=0$，表示 i 队胜 j 队。

经过一级得分修正 **A** 后，对尚未确定胜败的队，采用二级得分修正，当 $a_{ij}=-1, a2_i>a2_j$ 时，令 $a_{ij}=1, a_{ji}=0$，表示 i 队胜 j 队。

对尚未确定胜败的队伍，采用抽签（随机）方式确定胜败。得到修正后的邻接矩阵见表6.9。

表 6.9　修正后的邻接矩阵 A

a_{ij} 球队 \ 球队	T1	T2	T3	T4	T5	T6	T7	T8	T9	T10	T11	T12
T1	0	1	0	1	1	1	0	0	1	1	1	1
T2	0	0	0	1	1	1	0	1	1	0	1	1
T3	1	1	0	1	1	1	0	1	1	1	1	1
T4	0	0	0	0	0	0	0	0	0	0	0	0
T5	0	0	0	1	0	0	0	0	0	0	1	0
T6	0	0	0	1	1	0	0	0	0	0	1	0
T7	1	1	1	1	1	1	0	1	1	1	1	1
T8	1	0	0	1	1	1	0	0	0	0	1	1
T9	0	0	0	1	1	1	0	1	0	1	1	1
T10	0	1	0	1	1	1	0	1	0	0	1	1
T11	0	0	0	1	0	0	0	0	0	0	0	0
T12	0	0	0	1	1	1	0	0	0	0	1	0

(3) 排名。根据修正后的邻接矩阵 **A**,计算其各级得分或最大特征值对应的特征向量,作为排名的依据。

如 12 个队的 20 级得分为

$$a_{20}=(3\ 336\ 894,2\ 072\ 949,6\ 087\ 933,0,0,0,9\ 354\ 474,1\ 790\ 388,2\ 072\ 949,2\ 072\ 949,0,0)$$

邻接矩阵 **A** 的最大特征值为 1.863 7,对应的特征向量为

$$\boldsymbol{w}=(0,124\ 6,0.077\ 4,0.227\ 3,0,0,0,0.349\ 2,0.066\ 8,0.077\ 4,0.077\ 4,0,0)$$

最大特征值对应的特征向量与 12 个队的 20 级得分大小顺序一致,可以作为排名的依据。

从特征向量来看,T7 排第 1,T3 排第 2,T1 排第 3;T2,T9,T10 排名相同,居第 4 至第 6;T8 排第 7;T4,T5,T6,T11,T12 排名相同,居第 8 至第 12。

对根据特征向量排名相同的队伍,需要根据其他信息进行确定。

考察 T9,T10,T2。

由于一级得分 $a_1=(4,3,7,0,1,2,8,3,4,4,0,2)$,其中 T2,T9,T10 都交战 8 场,T2 胜 3 场,T9 和 T10 胜 4 场,因此 T9 和 T10 排在 T2 前。再从二级得分来看,T9 得分为 6,T10 得分为 5,因此 T9 应排在 T10 前。因此,T2,T9,T10 的排名顺序为 T9,T10,T2。

考察 T4,T5,T6,T11,T12。

由于一级得分 T6 和 T12 最高,都为 2,二级得分都为 1,因此 T6 和 T12 靠前。T5 的一级得分为 1,T11 的一级得分为 0,则 T5 排在 T11 前。T11 和 T4 的一级和二级得分都为 0,但从比赛成绩来看,T11 比赛 6 场,平 1 场,输 5 场,而 T4 赛 9 场输 9 场,因此 T11 排在 T4 前,T4 排最后。再考虑 T6 和 T12,他们都各胜两场,除都胜了 T5 外,T12 胜了 T11,而 T6 胜了排名最后的 T4,因此将 T12 排在 T6 前。因此 T4,T5,T6,T11,T12 的排名顺序为 T12,T6,T5,T11,T4。

最后得到的总排名为 T7,T3,T1,T9,T10,T2,T12,T6,T5,T11,T4。

Matlab 实现程序:

```
% 不完全的邻接矩阵 A
A=[0,-1,0,1,1,1,0,0,1,-1,-1,-1;
    -1,0,0,1,0,1,0,-1,1,0,-1,-1;
    1,1,0,1,1,1,0,1,-1,1,-1,-1;
    0,0,0,0,0,0,0,0,0,0,-1,-1;
    0,-1,0,1,0,0,-1,-1,-1,-1,-1,0;
    0,0,0,1,1,0,-1,-1,-1,-1,-1,-1;
    1,-1,1,1,-1,-1,0,1,1,1,1,1;
    1,-1,0,1,-1,-1,0,0,-1,-1,1,-1;
    0,0,-1,1,-1,-1,0,-1,0,1,1,1;
    -1,1,0,1,-1,-1,0,-1,0,0,1,1;
    -1,-1,-1,-1,-1,-1,0,0,0,0,0,0;
    -1,-1,-1,-1,1,-1,0,-1,0,0,1,0];

[m,n]=size(A);

D=A;
```

```
for i=1:m
    for j=1:n
        if(D(i,j) ==-1) D(i,j)=2; end
    end
end

% 获得一级得分向量
a1=zeros(1,n);
for i=1:m
  s=0;
  for j=1:n
    if(A(i,j) ==1) s=s+A(i,j); end
  end
  a1(i)=s;
end

% 获得二级得分向量
a2=zeros(1,n);
for i=1:m
  s=0;
  for j=1:n
    if(A(i,j) ==1) s=s+a1(j); end
  end
  a2(i)=s;
end

% 根据一级和二级得分向量完善邻接矩阵 A

for i=1:m
    for j=1:n
  if(A(i,j) ==-1)
      if(a1(i) > a1(j)) A(i,j)=1; A(j,i)=0; end
      if(a1(i) < a1(j)) A(i,j)=0; A(j,i)=1; end
  end
    end
end

for i=1:m
    for j=1:n
```

```
    if(A(i,j) == -1)
        if(a2(i) > a2(j)) A(i,j) = 1; A(j,i) = 0; end
        if(a2(i) < a2(j)) A(i,j) = 0; A(j,i) = 1; end
    end
      end
end

for i = 1:m
   for j = 1:n
   if(A(i,j) == -1)
        r = rand(1,1);
     if(r >= 0.5) A(i,j) = 1; A(j,i) = 0;
     else  A(i,j) = 0; A(j,i) = 1; end
   end
   end
end

num = 20;
Y = ones(n,1);
B = A;
for i = 1:num
  Y = A * Y;
  B = B * A;
end

[u,v] = eig(A);
for i = 1:n
  z(i) = v(i,i);
end
[p,k] = max(z) % 获得最大特征值及位置

w = u(:,k); % 获得最大特征值对应特征向量
w = w/sum(w);
fprintf('序号  得分      特征向量\n');
for k = 1:n
fprintf('%2d   %-7d    %-5.3f\n',k,Y(k),w(k));
end
```

输出结果:

序号	得分	特征向量
1	3336894	0.125
2	2072949	0.077
3	6087933	0.227
4	0	0.000
5	0	0.000
6	0	0.000
7	9354474	0.349
8	1790388	0.067
9	2072949	0.077
10	2072949	0.077
11	0	0.000
12	0	0.000

例 6.4　乒乓球循环比赛排名问题。

2007 年 5 月 23 到 27 日，第 49 届世界乒乓球单项锦标赛在萨格勒布进行，本次单项赛包括男、女单打，男、女双打和混双 5 个项目，共计可派出男女各 12 名选手。国家乒乓球队在世乒赛等重大国际比赛前，往往进行队内大循环比赛，然后选出前几名队员参赛。

其中男单选拔规则如下：

中国乒乓球男队的比赛共 16 人参加，比赛采用 11 分制，每场为 5 局 3 胜。在比赛中如出现伤病和其他不可预测的原因而中途退出比赛者，在此前的比赛成绩有效。

根据规定，两次队内选拔赛积分相加获得前三名的运动员将获得参加第 49 届世乒赛男子单打比赛的资格，获得四至六名的运动员将获得第 49 届世乒赛的参赛资格。表 6.10 和表 6.11 分别列出了两次大循环相互的比赛成绩，表格中 1 表示横向运动员赢了纵向运动员，反之则为 0。请根据该成绩对所有队员进行排名。

表 6.10　第一阶段循环比赛成绩

第一轮	郝帅	马琳	张超	王励勤	王皓	马龙	陈玘	雷振华	李平	单明杰	张继科	邱贻可	王建军	许昕	李虎	侯英超
郝帅	0	0	1	0	1	1	1	1	1	1	1	1	1	1	1	1
马琳	1	0	1	1	0	1	1	1	0	1	0	0	1	1	1	1
张超	0	0	0	0	0	1	1	0	1	1	1	1	1	1	1	1
王励勤	1	0	1	0	1	0	0	1	1	0	1	1	1	0	1	1
王皓	0	1	1	0	0	1	0	1	1	0	0	1	1	1	1	1
马龙	0	0	0	1	0	0	1	0	1	1	1	1	0	1	1	1
陈玘	0	0	0	1	1	0	0	0	0	1	1	0	1	1	1	0
雷振华	0	0	1	0	0	1	1	0	1	1	0	0	1	1	1	1
李平	0	1	0	0	0	0	1	0	0	1	1	1	1	0	1	1

续 表

第一轮	郝帅	马琳	张超	王励勤	王皓	马龙	陈玘	雷振华	李平	单明杰	张继科	邱贻可	王建军	许昕	李虎	侯英超
单明杰	0	0	0	1	1	0	0	0	0	0	0	1	1	1	1	1
张继科	0	1	0	0	1	0	0	1	0	1	0	1	0	0	0	1
邱贻可	0	1	0	0	0	0	1	1	0	0	0	0	1	1	1	0
王建军	0	0	0	0	0	1	0	0	0	0	1	0	0	1	1	1
许昕	0	0	0	1	0	0	0	0	1	0	1	0	0	0	0	1
李虎	0	0	0	0	0	0	0	0	0	0	1	0	0	1	0	0
侯英超	0	0	0	0	0	0	1	0	0	0	0	1	0	0	1	0

表 6.11 第二阶段循环比赛成绩

第二轮	郝帅	马琳	张超	王励勤	王皓	马龙	陈玘	雷振华	李平	单明杰	张继科	邱贻可	王建军	许昕	李虎	侯英超
郝帅	0	1	1	1	0	1	1	0	1	1	0	0	1	0	1	1
马琳	0	0	1	1	1	0	1	1	0	0	1	1	1	1	1	1
张超	0	0	0	0	0	0	1	1	1	0	0	0	1	1	0	1
王励勤	0	0	1	0	1	1	1	1	1	1	1	0	1	1	1	1
王皓	1	0	1	0	0	0	1	1	0	1	1	1	1	1	1	1
马龙	0	1	1	0	1	0	1	1	1	1	1	1	1	1	1	1
陈玘	0	0	0	0	0	0	0	1	1	0	0	1	1	0	1	1
雷振华	1	0	0	0	0	0	0	0	0	1	1	0	0	1	1	1
李平	0	1	0	0	1	0	0	1	0	1	0	1	1	1	1	1
周斌	0	1	1	0	0	0	1	0	0	0	0	0	1	0	0	0
张继科	1	0	1	0	0	0	1	0	1	1	0	1	1	0	0	0
邱贻可	1	0	1	1	0	0	0	1	0	1	0	0	1	1	1	0
王建军	0	0	0	0	0	0	0	1	0	0	0	0	0	0	0	0
许昕	1	0	0	0	0	0	1	0	0	1	1	0	1	0	1	1
李虎	0	0	1	0	0	0	0	0	0	1	1	0	1	0	0	1
侯英超	0	0	0	0	0	0	0	0	0	1	1	1	1	0	0	0

其中第二轮周斌顶替第一轮因伤不能参加的单明杰，其第一轮的成绩按单明杰的算，因此这两人的成绩当周斌的计算。

解 由第一阶段循环比赛成绩可得到邻接矩阵 $\boldsymbol{A}_1$，其中 $a1_{ij}=1$ 表示 i 胜，$a1_{ij}=0$ 表示 i

输给 j。

同样，由第二阶段循环比赛成绩可得到邻接矩阵 $\mathbf{A}_2$，其中 $a2_{ij}=1$ 表示 i 胜 j，$a2_{ij}=0$ 表示 i 输给 j。

由两次循环比赛的成绩得到综合矩阵 $\mathbf{A}$，其中 $a_{ij}=(a1_{ij}+a2_{ij})/2$。

这样当 $a1_{ij}=1, a2_{ij}=1$ 时，则 $a_{ij}=1$，表示 i 胜 j。

当 $a1_{ij}=1, a2_{ij}=0$，或 $a1_{ij}=0, a2_{ij}=1$ 时，则 $a_{ij}=0.5$，表示 i 与 j 胜率相同，都为 0.5。

当 $a1_{ij}=0, a2_{ij}=0$ 时，则 $a_{ij}=0$，表示 i 输给 j。

这样综合矩阵 $\mathbf{A}$ 各元素取值为 0 或 0.5 或 1，表示胜率，是 0－1 邻接矩阵的扩展。

最后得到的综合矩阵 $\mathbf{A}$ 见表 6.12。

表 6.12　综合矩阵 A

a_{ij} 队员 / 队员	郝帅	马琳	张超	王励勤	王皓	马龙	陈玘	雷振华	李平	周斌	张继科	邱贻可	王建军	许昕	李虎	侯英超
郝帅	0	0.5	1	0.5	0.5	1	1	0.5	1	1	0.5	0.5	1	0.5	1	1
马琳	0.5	0	1	1	0.5	0.5	1	1	0	0.5	0.5	0.5	1	1	1	1
张超	0	0	0	0	0	0.5	1	0.5	1	0.5	0.5	0.5	1	1	0.5	1
王励勤	0.5	0	1	0	1	0.5	0.5	1	1	0.5	1	0.5	1	0.5	1	1
王皓	0.5	0.5	1	0	0	0.5	0.5	1	0.5	0.5	0.5	1	1	1	1	1
马龙	0	0.5	0.5	0.5	0.5	0	1	0.5	1	1	1	1	0.5	1	1	1
陈玘	0	0	0	0.5	0.5	0	0	0.5	0.5	0.5	0.5	0.5	1	0.5	1	0.5
雷振华	0.5	0	0.5	0	0	0.5	0.5	0	0.5	1	0.5	0	0.5	1	1	1
李平	0	1	0	0	0.5	0	0.5	0.5	0	1	0.5	1	1	0.5	1	1
周斌	0	0.5	0.5	0.5	0.5	0	0.5	0	0	0	0	0.5	1	0.5	0.5	0.5
张继科	0.5	0.5	0.5	0	0.5	0	0.5	0.5	0.5	1	0	1	0.5	0	0	0.5
邱贻可	0.5	0.5	0.5	0.5	0	0	0.5	1	0	0.5	0	0	1	1	1	0
王建军	0	0	0	0	0	0.5	0	0.5	0	0	0.5	0	0	0.5	0.5	0.5
许昕	0.5	0	0	0.5	0	0	0.5	0	0.5	0.5	1	0	0.5	0	0.5	1
李虎	0	0	0.5	0	0	0	0	0	0	0.5	1	0	0.5	0.5	0	0.5
侯英超	0	0	0	0	0	0	0.5	0	0	0.5	0.5	1	0.5	0	0.5	0

求得综合矩阵 $\mathbf{A}$ 的最大特征值为 6.38，对应的归一化的特征向量为 $\mathbf{w}=$(0.101 322，0.095 904，0.060 594，0.095 582，0.087 542，0.093 150，0.050 794，0.058 527，0.067 374，0.046 691，0.061 483，0.059 527，0.024 322，0.045 926，0.025 564，0.025 698)。

计算各人的10级得分，其归一化后的向量与归一化的特征向量 $\mathbf{w}$ 相同，因此 $\mathbf{w}$ 可作为排名的依据。得到的结果见表 6.13。

表 6.13　选拔赛两轮比赛综合排名

运动员	归一化特征向量	综合排名
郝帅	0.101 322	1
马琳	0.095 904	2
张超	0.060 594	8
王励勤	0.095 582	3
王皓	0.087 542	5
马龙	0.093 150	4
陈玘	0.050 794	11
雷振华	0.058 527	10
李平	0.067 374	6
周斌	0.046 691	12
张继科	0.061 483	7
邱贻可	0.059 527	9
王建军	0.024 322	16
许昕	0.045 926	13
李虎	0.025 564	15
侯英超	0.025 698	14

官方最后确定的男单名单是：王励勤、马琳、王皓、马龙、郝帅、陈玘、侯英超。其中，陈玘是在第三阶段通过三轮 PK 胜出获得名额的，侯英超是教练组最后综合考虑加入到名单中的。而男队除陈玘、侯英超外其他几名本身就是前五名，所以按综合排名确定名单前五名是可行的，因为要照顾一些特殊打法的运动员，所以还要教练组综合评定决定。

实现的 Matlab 程序：

```
A1=[0 0 1 0 1 1 1 1 1 1 1 1 1 1 1 1
1 0 1 1 0 1 1 1 0 1 0 0 1 1 1 1
0 0 0 0 0 1 1 0 1 1 1 1 1 1 1 1
1 0 1 0 1 0 0 1 1 0 1 1 1 0 1 1
0 1 1 0 0 1 0 1 1 0 0 1 1 1 1 1
0 0 0 1 0 0 1 0 1 1 1 1 0 1 1 1
0 0 0 1 1 0 0 0 0 1 1 0 1 1 1 0
0 0 1 0 0 1 1 0 1 1 0 0 1 1 1 1
0 1 0 0 0 0 1 0 0 1 1 1 1 0 1 1
0 0 0 1 1 0 0 0 0 0 0 1 1 1 1 1
0 1 0 0 1 0 0 1 0 1 0 1 0 0 0 1
0 1 0 0 0 0 1 1 0 0 0 0 1 1 1 0
```

```
0  0  0  0  0  1  0  0  0  0  1  0  0  1  1  1
0  0  0  1  0  0  0  0  1  0  1  0  0  0  0  1
0  0  0  0  0  0  0  0  0  0  1  0  0  1  0  0
0  0  0  0  0  0  1  0  0  0  0  1  0  0  1  0];
A2=[0  1  1  1  0  1  1  0  1  1  0  0  1  0  1  1
0  0  1  1  1  0  1  1  0  0  1  1  1  1  1  1
0  0  0  0  0  0  1  1  1  0  0  0  1  1  0  1
0  0  1  0  1  1  1  1  1  1  1  0  1  1  1  1
1  0  1  0  0  0  1  1  0  1  1  1  1  1  1  1
0  1  1  0  1  0  1  1  1  1  1  1  1  1  1  1
0  0  0  0  0  0  0  1  1  0  0  1  1  0  1  1
1  0  0  0  0  0  0  0  0  1  1  0  0  1  1  1
0  1  0  0  1  0  0  1  0  1  0  1  1  1  1  1
0  1  1  0  0  0  1  0  0  0  0  0  1  0  0  0
1  0  1  0  0  0  1  0  1  1  0  1  1  0  0  0
1  0  1  1  0  0  0  1  0  1  0  0  1  1  1  0
0  0  0  0  0  0  0  1  0  0  0  0  0  0  0  0
1  0  0  0  0  0  1  0  0  1  1  0  1  0  1  1
0  0  1  0  0  0  0  0  0  1  1  0  1  0  0  1
0  0  0  0  0  0  0  0  0  1  1  1  1  0  0  0];
[m,n]=size(A1);
res=sum(A1')+sum(A2');

  fprintf('序号    两轮总积分\n');
for i=1:n
  fprintf('%2d      %4d\n',i,res(i));
end

A=A1+A2;
A=A/2;
res2=sum(A');

num=10;
Y=ones(n,1);
for i=1:num
   Y=A*Y;
end
Y=Y/sum(Y); %归一化计算
```

```
[u,v]=eig(A);
for i=1:n
   z(i)=v(i,i);
end
[p,k]=max(z); % 获得最大特征值及位置

w=u(:,k); % 获得最大特征值对应特征向量
w=w/sum(w);
fprintf('序号          得分      特征向量\n');
for k=1:n
fprintf('%2d        %-8.6f      %-8.6f\n',k,Y(k),w(k));
end
```

输出结果:

序号	两轮总积分	序号	两轮总积分	序号	两轮总积分	序号	两轮总积分
1	23	2	22	3	16	4	22
5	21	6	22	7	13	8	15
9	17	10	11	11	13	12	14
13	6	14	11	15	7	16	7

序号	得分	特征向量	序号	得分	特征向量
1	0.101 322	0.101 322	9	0.067 374	0.067 374
2	0.095 904	0.095 904	10	0.046 691	0.046 691
3	0.060 594	0.060 594	11	0.061 483	0.061 483
4	0.095 582	0.095 582	12	0.059 527	0.059 527
5	0.087 542	0.087 542	13	0.024 322	0.024 322
6	0.093 150	0.093 150	14	0.045 926	0.045 926
7	0.050 794	0.050 794	15	0.025 564	0.025 564
8	0.058 527	0.058 527	16	0.025 698	0.025 698

从计算结果看,10 级别得分归一化后与归一化的特征向量相同,都可以作为排名的依据。

本章小结

本章讲解了两个离散模型:层次分析模型和循环比赛排名模型。层次分析模型在确定客观权重过程中具有十分重要的地位。在许多数模竞赛中,有时候整个问题主要使用层次分析模型;有时候对多个指标进行加权,会部分使用到层次分析法。掌握该方法,一定会在竞赛中助你一臂之力。循环比赛排名问题,在体育比赛排名、论文排名、单位排名等排名问题中都可以使用到。掌握该方法,并学会灵活运用。一旦碰到排名问题,可以将其借来使用。

第 7 章　Markov 模型

马尔可夫性:系统通常在每个时期所处的状态是随机的,从这个时期到下个时期只取决于这个时期的状态和转移概率,与以前各时期的状态无关。这种性质称为无后效性,或称马尔可夫性(Markov),即已知现在,将来与历史无关。

时间、状态均为离散的随机转移过程,通常用 Markov 模型描述。

Markov 模型在经济、社会、生态、遗传等许多领域有广泛的应用。

7.1　健康与疾病模型

1. 模型实例

例 7.1　保险公司把人的健康状态分为健康和疾病两种状态。以一年作为一个时段,设转移概率为:今年健康明年健康概率为 0.8,今年健康明年疾病概率为 0.2;今年疾病明年健康概率为 0.7,今年疾病明年疾病概率为 0.3。若按此规律一直进行下去,处于健康和疾病状态的人的概率分布将如何?

分析与解答　设 X_n 表示第 n 年的状态,$X_n=1$ 表示健康,$X_n=0$ 表示疾病。

$a_i(n)$ 表示第 n 年处于状态 i 的概率,即 $a_i(n)=P\{X_n=i\}$。

设 p_{ij} 表示由今年状态 i 转移到状态 j 的概率,即 $p_{ij}=P\{X_{n+1}=j \mid X_n=i\}$,则由全概率公式可得到模型:

$$\begin{cases} a_1(n+1)=a_1(n)p_{11}+a_2(n)p_{21} \\ a_2(n+1)=a_1(n)p_{12}+a_2(n)p_{22} \end{cases}$$

其中 $\boldsymbol{P}=\begin{bmatrix} 0.8 & 0.2 \\ 0.7 & 0.3 \end{bmatrix}$。

设初始值为$(a_1,a_2)=(1,0)$,迭代结果见表 7.1。

表 7.1　初值为(1,0) 迭代结果表

n	0	1	2	3	4	…	∞
$a_1(n)$	1	0.8	0.78	0.778	0.778	…	7/9
$a_2(n)$	0	0.2	0.22	0.222	0.222	…	2/9

设初始值为$(a_1,a_2)=(0,1)$,迭代结果见表 7.2。

表 7.2　初值为(0,1) 迭代结果表

n	0	1	2	3	4	…	∞
$a_1(n)$	0	0.7	0.77	0.777	0.777 7	…	7/9
$a_2(n)$	1	0.3	0.23	0.223	0.222 3	…	2/9

设稳定态为(w_1, w_2),代入有

$$\begin{cases} w_1 = w_1 \times 0.8 + w_2 \times 0.7 \\ w_2 = w_1 \times 0.2 + w_2 \times 0.3 \end{cases}$$

给定 $w_1 + w_2 = 1$,解得 $w_1 = 7/9, w_2 = 2/9$。

解　计算机模拟:人第 i 年的健康和疾病状态用 $x(i)$ 表示。$x(i) = 1$ 表示健康,$x(i) = 0$ 表示疾病。

模拟步骤:

(1) 置初始状态 $x(1) = 1$。

(2) 对第 i 步,产生 0 ~ 1 之间的均匀随机数 $rd(i)$。当 $x(i) = 1$ 时,若 $rd(i) < 0.8$,则 $x(i+1) = 1$,若 $rd(i) \geqslant 0.8$,则 $x(i+1) = 0$;当 $x(i) = 0$ 时,若 $rd(i) < 0.7$,则 $x(i+1) = 1$,若 $rd(i) \geqslant 0.7$,则 $x(i+1) = 0$。

(3) 统计 n 年 $x(n)$ 中 1 的个数,则 1 出现的频率为 $p_1 = s/n$,0 出现的频率为 $p_2 = 1 - s/n$。

程序:

```
% 疾病与健康状态 Markov 链模拟
n = 50000;
x = zeros(n,1);
rd = rand(n,1);
x(1) = 1; % 设定初始状态为健康
for i = 1:n - 1
  if(x(i) = 1) % 当前为健康状态
        if(rd(i) < 0.8) x(i + 1) = 1;
        else  x(i + 1) = 0;
        end
   else % 当前为疾病状态
        if(rd(i) < 0.7) x(i + 1) = 1;
        else x(i + 1) = 0;
        end
   end
end
p1 = sum(x)/n;
p2 = 1 - p1;
fprintf('处于健康状态的频率 %6.4f,处于疾病状态的频率 %6.4f\n',p1,p2);
fprintf('处于健康状态的概率 %6.4f,处于疾病状态的概率 %6.4f\n',7/9,2/9);
```

模拟结果:

处于健康状态的频率 0.777 4,处于疾病状态的频率 0.222 6

处于健康状态的概率 0.777 8,处于疾病状态的概率 0.222 2

例 7.2　若把人的状态分为健康、疾病和死亡 3 种状态。以 1 年作为一个时段,设转移概率为:今年健康,明年健康概率为 0.8,明年疾病概率为 0.18,明年死亡概率为 0.02;今年疾病,

明年健康概率为 0.65，明年疾病概率为 0.25，明年死亡概率为 0.1；今年死亡，明年仍为死亡概率为 1。若按此规律一直进行下去，处于健康、疾病和死亡三种状态的人的概率分布将如何？

分析与解答　设 X_n 表示第 n 年的状态，$X_n=1$ 表示健康，$X_n=2$ 表示疾病，$X_n=3$ 表示死亡。

$a_i(n)$ 表示第 n 年处于状态 i 的概率，即 $a_i(n)=P\{X_n=i\}$。

设 p_{ij} 表示由今年状态 i 转移到状态 j 的概率，即 $p_{ij}=P\{X_{n+1}=j \mid X_n=i\}$，则由全概率公式可得到模型为

$$\begin{cases} a_1(n+1)=a_1(n)p_{11}+a_2(n)p_{21}+a_3(n)p_{31} \\ a_2(n+1)=a_1(n)p_{12}+a_2(n)p_{22}+a_3(n)p_{32} \\ a_3(n+1)=a_1(n)p_{13}+a_2(n)p_{23}+a_3(n)p_{33} \end{cases}$$

其中 $\boldsymbol{P}=\begin{bmatrix} 0.8 & 0.18 & 0.02 \\ 0.65 & 0.25 & 0.1 \\ 0 & 0 & 1 \end{bmatrix}$。

设初始值为 $(a_1,a_2,a_3)=(1,0,0)$，迭代结果见表 7.3。

表 7.3　初值为 (1,0,0) 迭代结果表

n	0	1	2	3	20	50	80	100	…	∞
$a_1(n)$	1	0.8	0.757	0.728 5	0.389 8	0.129 3	0.042 9	0.020 6	…	0
$a_2(n)$	0	0.18	0.189	0.183 5	0.098 3	0.032 6	0.010 8	0.005 2	…	0
$a_3(n)$	0	0.02	0.037 8	0.054 6	0.266 0	0.428 4	0.482 3	0.496 3	…	1

设初始值为 $(a_1,a_2,a_3)=(0,1,0)$，迭代结果见表 7.4。

表 7.4　初值为 (0,1,0) 迭代结果表

n	0	1	2	3	20	50	80	100	…	∞
$a_1(n)$	1	0.65	0.682 5	0.662 7	0.354 9	0.117 7	0.039 1	0.018 7	…	0
$a_2(n)$	0	0.25	0.179 5	0.167 7	0.089 5	0.029 7	0.009 8	0.004 7	…	0
$a_3(n)$	0	0.01	0.025 5	0.040 9	0.233 2	0.381 1	0.430 2	0.442 9	…	1

设稳定态为 (w_1,w_2,w_3)，代入有

$$\begin{cases} w_1=0.8\times w_1+0.65\times w_2 \\ w_2=0.18\times w_1+0.25\times w_2 \\ w_3=0.02\times w_1+0.1\times w_2+w_3 \end{cases}$$

给定 $w_1+w_2+w_3=1$，解得 $(w_1,w_2,w_3)=(0,0,1)$。

解　计算机模拟：人第 i 年的健康和疾病状态用 $x(i)$ 表示。$x(i)=1$ 表示健康，$x(i)=2$ 表示疾病，$x(i)=3$ 表示死亡。

模拟步骤：

(1) 置初始状态 $x(1)=1$。

(2) 对第 i 步，产生 0～1 之间的均匀随机数 $rd(i)$。当 $x(i)=1$ 时，若 $rd(i)<0.8$，则

$x(i+1)=1$；若 $0.8 \leqslant rd(i) < 0.98$，则 $x(i+1)=2$；若 $rd(i) \geqslant 0.98$，则 $x(i+1)=3$。

当 $x(i)=2$ 时，若 $rd(i) < 0.65$，则 $x(i+1)=1$；若 $0.65 \leqslant rd(i) < 0.9$，则 $x(i+1)=2$；若 $rd(i) \geqslant 0.9$，则 $x(i+1)=3$。

当 $x(i)=3$ 时，$x(i+1)=3$。

(3) 统计 n 年 $x(n)$ 中 1 的个数 s_1，2 的个数 s_2，3 的个数 s_3，则 1 出现的频率为 $p_1=s_1/n$，2 出现的频率为 $p_2=s_2/n$，3 出现的频率为 $p_3=s_3/n$。

模拟程序：

```
% 疾病与健康状态 Markov 链模拟
n = 50000;
x = zeros(n,1);
rd = rand(n,1);
x(1) = 1; % 设定初始状态为健康
%1 健康,2 疾病,3 死亡
for i = 1:n - 1
  if(x(i) == 1) % 当前为健康状态
       if(rd(i) < 0.8) x(i+1) = 1;
       elseif(rd(i) < 0.98)   x(i+1) = 2;
       else x(i+1) = 3;
       end
   elseif(x(i) == 2) % 当前为疾病状态
       if(rd(i) < 0.65) x(i+1) = 1;
       elseif(rd(i) < 0.9) x(i+1) = 2;
       else x(i+1) = 3;
       end
    else   % 当前为死亡状态
        x(i+1) = 3;
       end
end
s1 = 0; s2 = 0; s3 = 0;
for i = 1:n
  if(x(i) == 1) s1 = s1 + 1;
  elseif(x(i) == 2) s2 = s2 + 1;
      else s3 = s3 + 1;
      end
  end
p1 = s1/n;
p2 = s2/n;
p3 = s3/n;
fprintf('处于健康状态的频率 %6.4f,处于疾病状态的频率 %6.4f,处于死亡状态的频率
```

```
%6.4f\n',p1,p2,p3);
```

模拟结果：

处于健康状态的频率 0.000 7，处于疾病状态的频率 0.000 3，处于死亡状态的频率0.999 0

2. 马氏链及基本方程

按照系统的发展，时间离散化为 $n=0,1,2,\cdots$，对每个 n，系统的状态用 X_n 表示。设 X_n 取 k 个离散值 $X_n=1,2,\cdots,k$，记 $a_i(n)=P\{X_n=i\}$，即状态 i 的概率。状态转移概率 $p_{ij}=P\{X_{n+1}=j \mid X_n=i\}$。

如果 X_{n+1} 的取值只取决于 X_n 的取值及转移概率，而与 $X_{n-1},X_{n-2}\cdots$ 无关，则这种随机转移过程称为马氏链。得到马氏链及基本方程为

$$a_j(n+1)=\sum_{i=1}^{k}a_i(n)p_{ij}, \quad j=1,2,\cdots,k \tag{7.1}$$

并且 $a_i(n)$ 和 p_{ij} 应满足：

$$\sum_{i=1}^{k}a_i(n)=1, \quad n=0,1,2\cdots \tag{7.2}$$

$$p_{ij}\geqslant 0, \quad i,j=1,2,\cdots,k \tag{7.3}$$

$$\sum_{j=1}^{k}p_{ij}=1, \quad i=1,2,\cdots,k \tag{7.4}$$

记 $a(n)=(a_1(n),a_2(n),\cdots,a_k(n))$，$P=\{p_{ij}\}_{k\times k}$，则方程(7.1) 表达为

$$a(n+1)=a(n)\boldsymbol{P}$$

则

$$a(n)=a(0)\boldsymbol{P}^n$$

3. 马氏链的两种类型

(1) 正则链。特点：从任意状态出发经过有限次转移能到达另外的任意状态。

定义 7.1　一个有 k 个状态的马氏链如果存在正整数 N，使从任意状态 i 经过 N 次转移都以大于零的概率到达状态 $j(i,j=1,2,\cdots,k)$，则称为正则链。

定理 7.1　若马氏链的转移矩阵为 $\boldsymbol{P}$，则它是马氏链的充要条件是，存在正整数 N，使 $\boldsymbol{P}^N>0$。

定理 7.2　正则链存在唯一的极限状态概率 $\boldsymbol{w}=(w_1,w_2,\cdots,w_k)$，使得当 $n\to\infty$ 时，状态概率 $a(n)\to\boldsymbol{w}$，$\boldsymbol{w}$ 与初始状态概率 $a(0)$ 无关。$\boldsymbol{w}$ 又称稳态概率，满足

$$\boldsymbol{w}\boldsymbol{P}=\boldsymbol{w} \tag{7.5}$$

$$\sum_{i=1}^{n}w_i=1 \tag{7.6}$$

首达概率　从状态 i 出发经 n 次转移，第一次到达状态 j 的概率称为 i 到达 j 的首达概率，记作 $f_{ij}(n)$。

平均转移次数　$\mu_{ij}=\sum_{n=1}^{\infty}nf_{ij}(n)$ 为由状态 i 第一次到达状态 j 的平均转移次数。μ_{ii} 是状态 i 首次返回的平均转移次数。

定理 7.3　对应正则链 $\mu_{ii}=\dfrac{1}{w_i}$。

(2) 吸收链。转移概率 $p_{ii}=1$ 的状态 i 称为吸收状态，如果马氏链至少包含一个吸收状态，并且从每一个吸收状态出发，能以正的概率经有限次转移到达某个吸收状态，则这个马氏链称为吸收链。

若吸收链有 r 个吸收状态，$k-r$ 个非吸收状态，则转移矩阵的标准形式可表示为

$$\boldsymbol{P}=\begin{bmatrix} \boldsymbol{I}_{r\times r} & \boldsymbol{O} \\ \boldsymbol{R} & \boldsymbol{Q} \end{bmatrix}$$

其中 $k-r$ 阶方阵 $\boldsymbol{Q}$ 的特征值 λ 满足 $|\lambda|<1$。

定理 7.4 对于吸收链 $\boldsymbol{P}$ 的标准形式，$(\boldsymbol{I}-\boldsymbol{Q})$ 可逆，即

$$\boldsymbol{M}=(\boldsymbol{I}-\boldsymbol{Q})^{-1}=\sum_{s=0}^{\infty}\boldsymbol{Q}^s$$

记元素全为 1 的列向量 $\boldsymbol{e}=(1,1,\cdots,1)^{\mathrm{T}}$，则 $\boldsymbol{y}=\boldsymbol{Me}$ 的第 i 分量是从第 i 个非吸收状态出发，被某个吸收状态吸收的平均转移次数。

对前面的健康、疾病和死亡三态模型中，按标准形式标为 $X_n=1$ 表示死亡，$X_n=2$ 表示健康，$X_n=3$ 表示疾病，则标准的转移矩阵：

$$\boldsymbol{P}=\begin{bmatrix} 1 & 0 & 0 \\ 0.02 & 0.8 & 0.18 \\ 0.1 & 0.65 & 0.25 \end{bmatrix},\quad \boldsymbol{Q}=\begin{bmatrix} 0.8 & 0.18 \\ 0.65 & 0.25 \end{bmatrix}$$

$$\boldsymbol{M}=(\boldsymbol{I}-\boldsymbol{Q})^{-1}=\begin{bmatrix} 22.727\,3 & 5.454\,5 \\ 19.697\,0 & 6.060\,6 \end{bmatrix}$$

$$\boldsymbol{y}=\boldsymbol{Me}=\begin{bmatrix} 28.181\,8 \\ 25.757\,6 \end{bmatrix}$$

即健康的人平均经过 28.181 8 次转向死亡，患病的人平均经过 25.757 6 次转向死亡。

设状态 i 是非吸收态，j 是吸收态，那么首达概率 $f_{ij}(n)$ 是 i 经 n 次转移被 j 吸收的概率，而

$$f_{ij}=\sum_{n=1}^{\infty}f_{ij}(n)$$

是从非吸收态 i 出发被吸收态 j 吸收的概率。

定理 7.5 设吸收链的转移矩阵 $\boldsymbol{P}$ 为标准形式，记 $\boldsymbol{F}=[f_{ij}]_{(k-r)\times r}$，则

$$\boldsymbol{F}=\boldsymbol{MR}$$

对前面的健康、疾病和死亡三态模型中，有

$$\boldsymbol{M}=(\boldsymbol{I}-\boldsymbol{Q})^{-1}=\begin{bmatrix} 22.727\,3 & 5.454\,5 \\ 19.697\,0 & 6.060\,6 \end{bmatrix},\quad \boldsymbol{R}=\begin{bmatrix} 0.02 \\ 0.1 \end{bmatrix}$$

则

$$\boldsymbol{F}=\boldsymbol{MR}=\begin{bmatrix} 1 \\ 1 \end{bmatrix}$$

表示健康态和疾病态最终被死亡态吸收的概率都为 1。

7.2 钢琴销售的存储策略

问题：像钢琴这样的奢侈品销售量很小，商店里一般不会有多大的存储量让它积压资金。现一家商店根据以往经验，平均每周售出 1 架钢琴。经理制订的策略是，每周末检查库存量，

仅当库存量为零时，才订购 3 架供下周销售；否则不订购。估计在这种策略下失去销售机会的可能性有多大，每周的平均销售量是多少？

模型假设：

(1) 钢琴每周需求量服从 Poisson 分布，均值为每周 1 架。

(2) 存储策略是：当周末库存量为零时，订购 3 架，周初到货；否则不订购。

(3) 以每周初的库存量作为状态变量，状态转移具有无后效性。

(4) 在稳态情况下计算该存储策略失去销售机会的概率和每周的平均销售量。

1. 计算机模拟

该问题可直接采用计算机模拟。

模拟步骤：

(1) 产生期望为 1 的 Poisson 分布 n 个值 $D(n)$，表示 n 周的市场需求量。

(2) 设 $S(i)$ 表示第 i 周周一的存储量，$cons$ 表示总销售量，num 表示失去销售机会的次数。设 $S(1)=3$，$cons=0$，$num=0$，迭代计算按如下公式：

1) 当 $D(i)<S(i)$ 时，需求量不超过存储量，则

$$cons=cons+D(i),\quad S(i+1)=S(i)-D(i)$$

2) 当 $D(i)=S(i)$ 时，需求量等于存储量，则

$$cons=cons+S(i),\quad S(i+1)=3$$

3) 当 $D(i)>S(i)$ 时，需求量大于存储量，则

$$cons=cons+S(i),\quad S(i+1)=3,\quad num=num+1$$

(3) 计算失去销售机会的模拟概率 $prob=num/n$，平均每周销售量 $aver=cons/n$。

模拟程序：

```
% 计算机模拟钢琴销售策略
n=10000;
lp=1; %Possion 分布
D=poissrnd(lp,n,1); % 模拟每周的需求量

S=zeros(n+1,1); % 存储每周一的存储量
num=0; % 记录失去销售机会的次数
cons=0;% 记录销售总量
S(1)=3; % 第一周周一存储量

for i=1:n
if(D(i) < S(i))% 当需求量小于存储量
     cons=cons+D(i); % 统计每周销售量
     S(i+1)=S(i)-D(i);% 计算下周一存储量
elseif(D(i)==S(i)) % 当需求量等于存储量
   cons=cons+S(i);
   S(i+1)=3;
else% 当需求量超过存储量
```

```
        num = num + 1;% 失去销售机会
        cons = cons + S(i); % 统计每周销售量
        S(i + 1) = 3;% 下周一存储量
    end
    end
    prob = num/n; % 计算失去销售机会的频率
    aver = cons/n;% 计算平均每周销售量
    fprintf('失去销售机会的频率 %6.4f\n',prob);
    fprintf('平均每周销售量 %6.4f\n',aver);

    % 附加计算如下数值
    % 统计存储分别为 1,2,3 的频率
    s1 = 0; s2 = 0; s3 = 0;
    for i = 1:n
    if (S(i) == 1) s1 = s1 + 1;
    elseif (S(i) == 2) s2 = s2 + 1;
    else s3 = s3 + 1;
    end
    end
    p1 = s1/n; p2 = s2/n; p3 = s3/n;
    fprintf('存储为 1 的频率 %6.4f,存储为 2 的频率 %6.4f,存储为 3 的频率 %6.4f\n',p1,
p2,p3);

    % 转移矩阵
    ee = 2.71828;
    P = [1/ee,0,1 - 1/ee;
        1/ee,1/ee,1 - 2/ee;
        1/(2 * ee),1/ee,1 - 3/(2 * ee)];
    % 由转移矩阵 n 次方计算稳定态
    PP = P^100;
    fprintf('存储为 1 的概率 %6.4f,存储为 2 的概率 %6.4f,存储为 3 的概率 %6.4f\n',PP(1,
1),PP(1,2),PP(1,3));

    % 由初始值迭代计算稳定态
    x = [1,0,0];
    for i = 1:100
        x = x * P;
    end
    fprintf('存储为 1 的概率 %6.4f,存储为 2 的概率 %6.4f,存储为 3 的概率 %6.4f',x(1),
```

```
x(2),x(3));
```

模拟结果：

失去销售机会的频率 0.107 9

平均每周销售量 0.867 6

存储为1的频率 0.284 5,存储为2的频率 0.264 1,存储为3的频率 0.451 4

存储为1的概率 0.284 7,存储为2的概率 0.263 1,存储为3的概率 0.452 1

存储为1的概率 0.284 7,存储为2的概率 0.263 1,存储为3的概率 0.452 1

2. 理论计算

(1) 稳定状态概率的计算。设 D_n 表示第 n 周的市场需求量，$P\{D_n=k\}=\frac{1}{k!}\frac{1}{\mathrm{e}}$；$S_n$ 表示第 n 周周一的存储量，$S_n=1,2,3$。

转移概率的计算：

$$p_{11}=P\{S_{n+1}=1\mid S_n=1\}=P\{D_n=0\}=\frac{1}{\mathrm{e}}$$

$$p_{12}=P\{S_{n+1}=2\mid S_n=1\}=0$$

$$p_{13}=P\{S_{n+1}=3\mid S_n=1\}=P\{D_n\geqslant 1\}=1-\frac{1}{\mathrm{e}}$$

$$p_{21}=P\{S_{n+1}=1\mid S_n=2\}=p\{D_n=1\}=\frac{1}{\mathrm{e}}$$

$$p_{22}=P\{S_{n+1}=2\mid S_n=2\}=P\{D_n=0\}=\frac{1}{\mathrm{e}}$$

$$p_{23}=P\{S_{n+1}=3\mid S_n=2\}=P\{D_n\geqslant 2\}=1-\frac{2}{\mathrm{e}}$$

$$p_{31}=P\{S_{n+1}=1\mid S_n=3\}=P\{D_n=2\}=\frac{1}{2\mathrm{e}}$$

$$p_{32}=P\{S_{n+1}=2\mid S_n=3\}=P\{D_n=1\}=\frac{1}{\mathrm{e}}$$

$$p_{33}=P\{S_{n+1}=3\mid S_n=3\}=P\{D_n\geqslant 3\}+P\{D_n=0\}=1-\frac{3}{2\mathrm{e}}$$

设 $a_i(n)=P\{S_n=i\}$，$i=1,2,3$，则可得马尔可夫方程：

$$(a_1(n+1)),a_2(n+1),a_3(n+1)=(a_1(n),a_2(n),a_3(n))\boldsymbol{P}$$

其中转移矩阵 $\boldsymbol{P}=\begin{bmatrix}1/\mathrm{e} & 0 & 1-1/\mathrm{e}\\ 1/\mathrm{e} & 1/\mathrm{e} & 1-2/\mathrm{e}\\ 1/2\mathrm{e} & 1/\mathrm{e} & 1-3/2\mathrm{e}\end{bmatrix}$。

由转移矩阵 $\boldsymbol{P}$ 知该链为正则链，其收敛的稳定状态为

$$(w_1,w_2,w_3)=(0.284\,7,0.263\,1,0.452\,1)$$

即稳定状态下，有

$$P\{S_n=1\}=0.284\,7,\ P\{S_n=2\}=0.263\,1,\ P\{S_n=3\}=0.452\,1\}$$

(2) 计算失去销售机会的概率及每周平均销售量。

1) 计算失去销售机会的概率。由全概率公式，失去销售机会的概率

$$p = P\{D_n > S_n\} = P\{S_n = 1\}P\{D_n > 1 \mid S_n = 1\} + P\{S_n = 2\}P\{D_n > 2 \mid S_n = 2\} + P\{S_n = 3\}P\{D_n > 3 \mid S_n = 3\}$$

因需求与存储量独立,故

$$p = P\{S_n = 1\}P\{D_n > 1\} + P\{S_n = 2\}P\{D_n > 2\} + P\{S_n = 3\}P\{D_n > 3\} = 0.284\ 7 \times (1 - 2/\mathrm{e}) + 0.263\ 1 \times (1 - 5/2\mathrm{e}) + 0.452\ 1 \times (1 - 8/3\mathrm{e}) = 0.104\ 9$$

2) 每周平均销售量。设每周销售量为 $X = 0,1,2,3$,则

$$P\{X = 1\} = P\{S_n = 1\}P\{D_n \geqslant 1\} + P\{S_n = 2\}P\{D_n = 1\} + P\{S_n = 3\}P\{D_n = 1\} = 0.284\ 7 \times (1 - 1/\mathrm{e}) + 0.263\ 1 \times 1/\mathrm{e} + 0.452\ 1 \times 1/\mathrm{e} = 0.443\ 1$$

$$P\{X = 2\} = P\{S_n = 2\}P\{D_n \geqslant 2\} + P\{S_n = 3\}P\{D_n = 2\} = 0.263\ 1 \times (1 - 2/\mathrm{e}) + 0.452\ 1 \times 1/2\mathrm{e} = 0.152\ 7$$

$$P\{X = 3\} = P\{S_n = 3\}P\{D_n \geqslant 3\} = 0.452\ 1 \times (1 - 5/2\mathrm{e}) = 0.036\ 3$$

$$P\{X = 0\} = P\{D_n = 0\} = 1/\mathrm{e} = 0.367\ 9$$

则销售期望为 $EX = 0.443\ 1 \times 1 + 0.152\ 7 \times 2 + 0.036\ 3 \times 3 = 0.857\ 4$。

(3) 敏感性分析。计算当市场需求量为 λ 时,转移概率为

$$p_{11} = P\{S_{n+1} = 1 \mid S_n = 1\} = P\{D_n = 0\} = \mathrm{e}^{-\lambda}$$

$$p_{12} = P\{S_{n+1} = 2 \mid S_n = 1\} = 0$$

$$p_{13} = P\{S_{n+1} = 3 \mid S_n = 1\} = P\{D_n \geqslant 1\} = 1 - \mathrm{e}^{-\lambda}$$

$$p_{21} = P\{S_{n+1} = 1 \mid S_n = 2\} = P\{D_n = 1\} = \lambda \mathrm{e}^{-\lambda}$$

$$p_{22} = P\{S_{n+1} = 2 \mid S_n = 2\} = P\{D_n = 0\} = \mathrm{e}^{-\lambda}$$

$$p_{23} = P\{S_{n+1} = 3 \mid S_n = 2\} = P\{D_n \geqslant 2\} = 1 - (1 + \lambda)\mathrm{e}^{-\lambda}$$

$$p_{31} = P\{S_{n+1} = 1 \mid S_n = 3\} = P\{D_n = 2\} = \frac{\lambda^2 \mathrm{e}^{-\lambda}}{2}$$

$$p_{32} = P\{S_{n+1} = 2 \mid S_n = 3\} = P\{D_n = 1\} = \lambda \mathrm{e}^{-\lambda}$$

$$p_{33} = P\{S_{n+1} = 3 \mid S_n = 3\} = P\{D_n \geqslant 3\} + P\{D_n = 0\} = 1 - (\lambda + \lambda^2/2)\mathrm{e}^{-\lambda}$$

设 $a_i(n) = P\{S_n = i\}$, $i = 1,2,3$,则可得马尔可夫方程

$$(a_1(n+1)),a_2(n+1),a_3(n+1) = (a_1(n),a_2(n),a_3(n))\boldsymbol{P}$$

其中转移矩阵 $\boldsymbol{P} = \begin{bmatrix} \mathrm{e}^{-\lambda} & 0 & 1 - \mathrm{e}^{-\lambda} \\ \lambda \mathrm{e}^{-\lambda} & \mathrm{e}^{-\lambda} & 1 - (1 + \lambda)\mathrm{e}^{-\lambda} \\ \lambda^2 \mathrm{e}^{-\lambda}/2 & \lambda \mathrm{e}^{-\lambda} & 1 - (\lambda + \lambda^2/2)\mathrm{e}^{-\lambda} \end{bmatrix}$。

由转移矩阵 $\boldsymbol{P}$ 知该链为正则链,其收敛的稳定状态为:

当 $\lambda = 0.8$ 时,$(w_1, w_2, w_3) = (0.293\ 7, 0.279\ 0, 0.427\ 4)$;

当 $\lambda = 0.9$ 时,$(w_1, w_2, w_3) = (0.289\ 2, 0.271\ 1, 0.439\ 7)$;

当 $\lambda = 1$ 时,$(w_1, w_2, w_3) = (0.284\ 7, 0.263\ 1, 0.452\ 1)$;

当 $\lambda = 1.1$ 时,$(w_1, w_2, w_3) = (0.280\ 3, 0.255\ 0, 0.464\ 7)$;

当 $\lambda = 1.2$ 时,$(w_1, w_2, w_3) = (0.275\ 8, 0.246\ 9, 0.477\ 3)$。

失去销售机会的概率为

$$p = P\{D_n > S\} = P\{S_n = 1\}P\{D_n > 1\} + P\{S_n = 2\}P\{D_n > 2\} + P\{S_n = 3\}P\{D_n > 3\} = w_1[1 - (1 + \lambda)\mathrm{e}^{-\lambda}] + w_2[1 - (1 + \lambda + \lambda^2/2)\mathrm{e}^{-\lambda}] +$$

$$w_3[(1+\lambda+\lambda^2/2+\lambda^3/6)e^{-\lambda}]$$

计算结果见表 7.5。

表 7.5　不同 λ 下的概率

λ	0.8	0.9	1	1.1	1.2
P	0.073 3	0.088 8	0.104 9	0.121 7	0.138 9

从分析结果看出，当市场需求增长约 10% 时，失去销售机会的概率增加约 15%。

问题扩展 1

若经理制定的策略是，每周末检查库存量，仅当库存量为 0 或 1 时，才订购 3 架供下周销售；否则不订购。估计在这种策略下失去销售机会的可能性有多大，每周的平均销售量是多少？

模型假设：

(1) 钢琴每周需求量服从 Poisson 分布，均值为每周 1 架。

(2) 存储策略是：当周末库存量为 0 或 1 时，订购 3 架，周初到货；否则不订购。

(3) 以每周初的库存量作为状态变量，状态转移具有无后效性。

(4) 在稳态情况下计算该存储策略失去销售机会的概率和每周的平均销售量。

1. 计算机模拟

该问题可直接采用计算机模拟。

模拟步骤：

(1) 产生期望为 1 的 Possion 分布 n 个值 $D(n)$，表示 n 周的市场需求量。

(2) 设 $S(i)$ 表示第 i 周周一的存储量，$Z(i)$ 表示第 i 周周末的存储量，$cons$ 表示总销售量，num 表示失去销售机会的次数。设 $S(1)=3$，$cons=0$，$num=0$，迭代计算按以下公式：

1) 当 $D(i)\leqslant S(i)$ 时，需求量不超过存储量，则

$$cons=cons+D(i),\quad Z(i)=S(i)-D(i)$$

2) 当 $D(i)>S(i)$ 时，需求量大于存储量，则

$$cons=cons+S(i),\quad Z(i)=0,\quad num=num+1$$

3) 当 $Z(i)\leqslant 1$ 时，$S(i+1)=3$；当 $Z(i)>1$ 时，$S(i+1)=Z(i)$。

(3) 计算失去销售机会的模拟概率 $prob=num/n$，平均每周销售量 $aver=cons/n$。

模拟程序：

```
% 计算机模拟钢琴销售策略
n = 50000;
lp = 1; %Possion 分布
D = poissrnd(lp,n,1); % 模拟每周的需求量


S = zeros(n + 1,1); % 存储每周一的存储量
Z = zeros(n,1); % 存储每周末的存储量
num = 0; % 记录失去销售机会的次数
cons = 0;% 记录销售总量
S(1) = 3; % 第一周周一存储量
```

```
for i = 1:n
if(D(i) <= S(i))      % 当需求量不超过存储量
    cons = cons + D(i); % 统计每周销售量
    Z(i) = S(i) - D(i);% 周末库存量
else% 当需求量超过存储量
    num = num + 1;% 失去销售机会
    cons = cons + S(i); % 统计每周销售量
    Z(i) = 0;% 周末库存量
end
if(Z(i) <= 1) S(i + 1) = 3;
else    S(i + 1) = Z(i); % 下周周一存储量
end
end
prob = num/n; % 计算失去销售机会的频率
aver = cons/n;% 计算平均每周销售量
fprintf('失去销售机会的频率 %6.4f\n',prob);
fprintf('平均每周销售量 %6.4f\n',aver);

% 附加计算如下数值
% 统计存储分别为 2,3 的频率
 s2 = 0; s3 = 0;
for i = 1:n
if (S(i) == 2) s2 = s2 + 1;
elseif (S(i) == 3) s3 = s3 + 1;
end
end
p2 = s2/n; p3 = s3/n;
fprintf('存储为 2 的频率 %6.4f,存储为 3 的频率 %6.4f\n',p2,p3);

% 转移矩阵
lp = 1.0;
P = [exp(-lp),1 - exp(-lp);
   lp * exp(-lp),1 - lp * exp(-lp)];
% 由转移矩阵 n 次方计算稳定态
PP = P^100;
fprintf('存储为 2 的概率 %6.4f,存储为 3 的概率 %6.4f\n',PP(1,1),PP(1,2));

% 由初始值迭代计算稳定态
x = [0,1];
```

```
for i=1:100
    x=x*P;
end
fprintf('存储为 2 的概率 %6.4f,存储为 3 的概率 %6.4f\n',x(1),x(2));

% 理论计算稳定态
w(1)=lp*exp(-lp)/(1-exp(-lp)+lp*exp(-lp));
w(2)=(1-exp(-lp))/(1-exp(-lp)+lp*exp(-lp));

pp=w(1)*(1-(1+lp+lp^2/2)*exp(-lp))+w(2)*(1-(1+lp+lp^2/2+
lp^3/6)*exp(-lp));
fprintf('失去销售机会的频率 %6.4f\n',pp);

px0=exp(-lp); %x=0 的概率
px1=lp*exp(-lp); %x=1 的概率
px2=w(1)*(1-(1+lp)*exp(-lp))+w(2)*lp^2*exp(-lp)/2; %x=2 的概率
px3=w(2)*(1-(1+lp+lp^2/2)*exp(-lp)); %x=3 的概率

EX=1*px1+2*px2+3*px3; % 数学期望
fprintf('平均每周销售量 %6.4f\n',EX);
```

计算结果：
失去销售机会的频率 0.040 0
平均每周销售量 0.940 2
存储为 2 的频率 0.368 0,存储为 3 的频率 0.632 0
存储为 2 的概率 0.367 9,存储为 3 的概率 0.632 1
存储为 2 的概率 0.367 9,存储为 3 的概率 0.632 1
失去销售机会的频率 0.041 5
平均每周销售量 0.947 1

2. 理论计算

(1) 稳定态概率的计算。设 D_n 表示第 n 周的市场需求量，$P\{D_n=k\}=\dfrac{\lambda^k e^{-\lambda}}{k!}$；$S_n$ 表示第 n 周周一的存储量，$S_n=2,3$。

转移概率的计算：

计算当市场需求量为 λ 时，转移概率为

$$p_{11}=P\{S_{n+1}=2\mid S_n=2\}=P\{D_n=0\}=e^{-\lambda}$$

$$p_{12}=P\{S_{n+1}=3\mid S_n=2\}=P\{D_n>0\}=1-e^{-\lambda}$$

$$p_{21}=P\{S_{n+1}=2\mid S_n=3\}=P\{D_n=1\}=\lambda e^{-\lambda}$$

$$p_{22}=P\{S_{n+1}=3\mid S_n=3\}=1-P\{D_n=1\}=1-\lambda e^{-\lambda}$$

设 $a_i(n)=P\{S_n=i+1\}$，$i=1,2$，则可得马尔可夫方程

$$(a_1(n+1),a_2(n+1))=(a_1(n),a_2(n))\boldsymbol{P}$$

其中转移矩阵 $\boldsymbol{P}=\begin{bmatrix} e^{-\lambda} & 1-e^{-\lambda} \\ \lambda e^{-\lambda} & 1-\lambda e^{-\lambda} \end{bmatrix}$。

由转移矩阵 $\boldsymbol{P}$ 知该链为正则链，其收敛的稳定状态为

$$(w_1,w_2)=\left(\frac{\lambda e^{-\lambda}}{1-e^{-\lambda}+\lambda e^{-\lambda}},\frac{1-e^{-\lambda}}{1-e^{-\lambda}+\lambda e^{-\lambda}}\right)$$

(2) 失去销售机会的概率，有

$$p=P\{D_n>S_n\}=P\{S_n=2\}P\{D_n>2\}+P\{S_n=3\}P\{D_n>3\}=$$
$$w_1[1-(1+\lambda+\lambda^2/2)e^{-\lambda}]+w_2[1-(1+\lambda+\lambda^2/2+\lambda^3/6)e^{-\lambda}]$$

当 $\lambda=1$ 时，$p=0.041\,5$。

(3) 每周平均销售量计算。设每周销售量为 $X=0,1,2,3$，则

$$P\{X=1\}=P\{S_n=2\}P\{D_n=1\}+P\{S_n=3\}P\{D_n=1\}=$$
$$w_1\lambda e^{-\lambda}+w_2\lambda e^{-\lambda}=\lambda e^{-\lambda}=\lambda e^{-\lambda}$$
$$P\{X=2\}=P\{S_n=2\}P\{D_n\geqslant 2\}+P\{S_n=3\}P\{D_n=2\}=$$
$$w_1[1-(1+\lambda)e^{-\lambda}]+w_2\frac{\lambda^2 e^{-\lambda}}{2}$$
$$P\{X=3\}=P\{S_n=3\}P\{D_n\geqslant 3\}=w_2[1-(1+\lambda+\frac{\lambda^2}{2})e^{-\lambda}]$$
$$P\{X=0\}=P\{D_n=0\}=e^{-\lambda}$$

则销售期望为

$$EX=\lambda e^{-\lambda}+2\left[w_1[1-(1+\lambda)e^{-\lambda}]+w_2\frac{\lambda^2 e^{-\lambda}}{2}\right]+3\left[w_2\left[1-(1+\lambda+\frac{\lambda^2}{2})e^{-\lambda}\right]\right]$$

当 $\lambda=1$ 时，$EX=0.947\,1$。

(4) 敏感性分析。对 $\lambda=1$ 周围数值的计算结果见表 7.6。

表 7.6　不同 λ 下的概率及期望

λ	0.8	0.9	1	1.1	1.2
P	0.024 2	0.032 3	0.041 5	0.051 9	0.063 3
EX	0.770 6	0.859 8	0.947 1	1.032 4	1.115 6

从分析结果看出，当市场需求增长约10％时，失去销售机会的概率增加约25％，平均每周销售量的数学期望增长10％。

问题扩展 2

若经理制订的策略是，每周末检查库存量，仅当库存量为零时，订购量为本周销售量加2架供下周销售；否则不订购。估计在这种策略下失去销售机会的可能性有多大，每周的平均销售量是多少？

模型假设：

(1) 钢琴每周需求量服从 Poisson 分布，均值为每周1架。

(2) 存储策略是：当周末库存量为0时，存储本周销售量加2架，周初到货；否则不订购。

(3) 以每周初的库存量作为状态变量,状态转移具有无后效性。

(4) 在稳态情况下计算该存储策略失去销售机会的概率,及每周的平均销售量。

1. 计算机模拟

该问题可直接采用计算机模拟。

模拟步骤:

(1) 产生期望为1的Poisson分布 n 个值 $D(n)$,表示 n 周的市场需求量。

(2) 设 $S(i)$ 表示第 i 周周一的存储量,$cons$ 表示总销售量,num 表示失去销售机会的次数。设 $S(1)=3, cons=0, num=0$,迭代计算按如下公式:

1) 当 $D(i)<S(i)$ 时,需求量不超过存储量,则

$$cons=cons+D(i),\quad S(i+1)=S(i)-D(i)$$

2) 当 $D(i)=S(i)$ 时,需求量等于存储量,则

$$cons=cons+S(i),\quad S(i+1)=D(i)+2$$

3) 当 $D(i)>S(i)$ 时,需求量大于存储量,则

$$cons=cons+S(i),\quad S(i+1)=S(i)+2,\quad num=num+1$$

(3) 计算失去销售机会的模拟概率 $prob=num/n$,平均每周销售量 $aver=cons/n$。

模拟程序:

```
% 计算机模拟钢琴销售策略
n=50000; % 模拟次数
lp=1; %Poisson 分布
D=poissrnd(lp,n,1); % 模拟每周的需求量

S=zeros(n+1,1); % 存储每周一的存储量
num=0; % 记录失去销售机会的次数
cons=0;% 记录销售总量
S(1)=3; % 第一周周一存储量

for i=1:n
if(D(i)<S(i))% 当需求量小于存储量
      cons=cons+D(i); % 统计每周销售量
      S(i+1)=S(i)-D(i);% 计算下周一存储量
elseif(D(i)==S(i)) % 当需求量等于存储量
   cons=cons+S(i);
   S(i+1)=D(i)+2;
else% 当需求量超过存储量
      num=num+1;% 失去销售机会
      cons=cons+S(i); % 统计每周销售量
      S(i+1)=S(i)+2;% 下周一存储量
```

```
end
end
prob = num/n; % 计算失去销售机会的频率
aver = cons/n;% 计算平均每周销售量
fprintf('失去销售机会的频率 %6.4f\n',prob);
fprintf('平均每周销售量 %6.4f\n',aver);

% 附加计算如下数值
% 统计存储分别为 1,2,3,4,5...的频率
k = max(S);% 最大存储量
ss = zeros(k,1);% 存储频数
pp = zeros(k,1); % 存储频率
for i = 1:n
   for j = 1:k
     if (S(i) == j) ss(j) = ss(j) + 1; end % 统计频数
   end
end
for i = 1:k
     pp(i) = ss(i)/n;
end
for i = 1:k
fprintf('存储为 %d 的频率 %6.4f\n',i,pp(i));
end

% 理论计算
% 求转移矩阵 P,取 kn = 10;
kn = 10;
P = zeros(kn,kn);

for ik = 1:kn
    for j = ik - 1: - 1:0
   P(ik,ik - j) = poisspdf(j,lp);
    end
    if((ik + 2) <= kn)
    P(ik,ik + 1) = 0; P(ik,ik + 2) = 1 - poisscdf(ik - 1,lp);
  end;
end
```

```
PP = P^100;
w = PP(1,:); % 稳态概率

% 计算损失概率
probl = 0;
for i = 1:kn
    probl = probl + w(i) * (1 - poisscdf(i,lp));
end
fprintf('失去销售机会的概率 %6.4f\n',probl);

% 计算销售期望
px = zeros(kn,1);
EX = 0;
for m = 1:kn
  px(m) = w(m) * (1 - poisscdf(m - 1,lp)) + sum(w(m + 1:kn)) * poisspdf(m,lp); %
计算概率
  EX = EX + m * px(m); % 求数学期望
end
fprintf('平均每周销售量理论值 %6.4f\n',EX);
```

模拟结果：

失去销售机会的频率 0.091 6

平均每周销售量 0.879 4

存储为 1 的频率 0.248 6

存储为 2 的频率 0.234 1

存储为 3 的频率 0.342 1

存储为 4 的频率 0.126 1

存储为 5 的频率 0.045 5

存储为 6 的频率 0.003 3

存储为 7 的频率 0.000 3

失去销售机会的概率 0.091 9

平均每周销售量理论值 0.875 1

2. 理论计算

(1) 稳定态概率的计算。设 D_n 表示第 n 周的市场需求量，$P\{D_n = k\} = \dfrac{\lambda^k e^{-\lambda}}{k!}$。

S_n 表示第 n 周周一的存储量，$S_n = 1,2,3,4,5$。

转移概率的计算：

计算当市场需求量为 λ 时，转移概率为

$$p_{11}=P\{S_{n+1}=1 \mid S_n=1\}=P\{D_n=0\}=\mathrm{e}^{-\lambda}$$
$$p_{12}=P\{S_{n+1}=2 \mid S_n=1\}=0$$
$$p_{13}=P\{S_{n+1}=3 \mid S_n=1\}=P\{D_n \geqslant 1\}=1-\mathrm{e}^{-\lambda}$$
$$p_{21}=P\{S_{n+1}=1 \mid S_n=2\}=P\{D_n=1\}=\lambda \mathrm{e}^{-\lambda}$$
$$p_{22}=P\{S_{n+1}=2 \mid S_n=2\}=P\{D_n=0\}=\mathrm{e}^{-\lambda}$$
$$p_{23}=P\{S_{n+1}=3 \mid S_n=2\}=0$$
$$p_{24}=P\{S_{n+1}=4 \mid S_n=2\}=P\{D_n \geqslant 2\}=1-\mathrm{e}^{-\lambda}-\lambda \mathrm{e}^{-\lambda}$$

……

$$p_{k1}=P\{S_{n+1}=1 \mid S_n=k\}=P\{D_n=k-1\}=\frac{\lambda^{k-1}}{(k-1)!}\mathrm{e}^{-\lambda}$$
$$p_{k2}=P\{S_{n+1}=2 \mid S_n=k\}=P\{D_n=k-2\}=\frac{\lambda^{k-2}}{(k-2)!}\mathrm{e}^{-\lambda}$$
$$p_{k,k-1}=P\{S_{n+1}=k-1 \mid S_n=k\}=P\{D_n=1\}=\lambda \mathrm{e}^{-\lambda}$$
$$p_{k,k}=P\{S_{n+1}=k \mid S_n=k\}=P\{D_n=0\}=\mathrm{e}^{-\lambda}$$
$$p_{k,k+1}=P\{S_{n+1}=k+1 \mid S_n=k\}=0$$
$$p_{k,k+2}=P\{S_{n+1}=k+2 \mid S_n=k\}=P\{D_n \geqslant k\}=1-\sum_{i=0}^{k-1}\frac{\lambda^i}{i!}\mathrm{e}^{-\lambda}$$

……

设 $a_i(n)=P\{S_n=i\}$，$i=1,2,\cdots,k,\cdots$，则可得马尔可夫方程：

$$(a_1(n+1)),\cdots,a_k(n+1),\cdots)=(a_1(n),\cdots,a_k(n),\cdots)\boldsymbol{P}$$

其中转移矩阵为

$$\boldsymbol{P}=\begin{bmatrix} \mathrm{e}^{-\lambda} & 0 & 1-\mathrm{e}^{-\lambda} & 0 & 0 & 0 & 0 \\ \lambda\mathrm{e}^{-\lambda} & \mathrm{e}^{-\lambda} & 0 & 1-\mathrm{e}^{-\lambda}-\lambda\mathrm{e}^{-\lambda} & 0 & 0 & 0 \\ \vdots & \vdots & \vdots & \vdots & \vdots & \vdots & \vdots \\ \frac{\lambda^{k-1}}{(k-1)!}\mathrm{e}^{-\lambda} & \frac{\lambda^{k-2}}{(k-2)!}\mathrm{e}^{-\lambda} & \cdots & \mathrm{e}^{-\lambda} & 0 & 1-\sum_{i=0}^{k-1}\frac{\lambda^i}{i!}\mathrm{e}^{-\lambda} & \cdots \\ \vdots & \vdots & \vdots & \vdots & \vdots & \vdots & \vdots \end{bmatrix}$$

表 7.7 中列出了当 k 取不同值时，转移概率 $p_{k,k+2}=1-\sum_{i=0}^{k-1}\frac{\lambda^i}{i!}\mathrm{e}^{-\lambda}$ 的值。

表 7.7　不同 k 下的转移概率

k	5	6	7	8	9	10	11
$p_{k,k+2}$	0.003 7	0.000 59	8.3×10^{-5}	1.02×10^{-5}	1.13×10^{-6}	1.1×10^{-7}	10^{-8}

因此，转移矩阵矩阵 $\boldsymbol{P}$ 中 k 取 10 就可以了，即最大存储量取 10。

对 $k=10$，转移矩阵 $\boldsymbol{P}$ 为

$$\begin{bmatrix} 0.3679 & 0 & 0.6321 & 0 & 0 & 0 & 0 & 0 & 0 & 0 \\ 0.3679 & 0.3679 & 0 & 0.2642 & 0 & 0 & 0 & 0 & 0 & 0 \\ 0.1839 & 0.3679 & 0.3679 & 0 & 0.0803 & 0 & 0 & 0 & 0 & 0 \\ 0.0613 & 0.1839 & 0.3679 & 0.3679 & 0 & 0.0190 & 0 & 0 & 0 & 0 \\ 0.0153 & 0.0613 & 0.1839 & 0.3679 & 0.3679 & 0 & 0.0037 & 0 & 0 & 0 \\ 0.0031 & 0.0153 & 0.0613 & 0.1839 & 0.3679 & 0.3679 & 0 & 0.0006 & 0 & 0 \\ 0.0005 & 0.0031 & 0.0153 & 0.0613 & 0.1839 & 0.3679 & 0.3679 & 0 & 0.0001 & 0 \\ 0.0001 & 0.0005 & 0.0031 & 0.0153 & 0.0613 & 0.1839 & 0.3679 & 0.3679 & 0 & 0.0000 \\ 0.0000 & 0.0001 & 0.0005 & 0.0031 & 0.0153 & 0.0613 & 0.1839 & 0.3679 & 0.3679 & 0 \\ 0.0000 & 0.0000 & 0.0001 & 0.0005 & 0.0031 & 0.0153 & 0.0613 & 0.1839 & 0.3679 & 0.3679 \end{bmatrix}$$

由转移矩阵 $\boldsymbol{P}$ 知该链为正则链，其收敛的稳定状态为

$$\boldsymbol{w} = (0.24959796704423, 0.23740621819195, 0.33687804355542, 0.12671183930737, 0.04517752884417, 0.00396086759230, 0.00026375721755, 0.00000374341425, 0.00000003476834, 0.00000000006070)$$

(2) 失去销售机会的概率，有

$$p = P\{D_n > S_n\} = \sum_{i=1}^{k} P\{S_n = i\} P\{D_n > i\} = \sum_{i=1}^{k} w_i \left[1 - \sum_{j=0}^{i} \frac{\lambda^j}{j!} e^{-\lambda}\right]$$

当 $\lambda = 1$ 时，取 $k = 10$，则 $p = 0.0919$。

(3) 每周平均销售量计算。设每周销售量为 $X = 0, 1, 2, 3, 4, 5, \cdots, k$，则

$$p_1 = P\{X = 1\} = P\{S_n = 1\} P\{D_n \geqslant 1\} + \sum_{i=2}^{k} P\{S_n = i\} P\{D_n = 1\} = w_1 (1 - e^{-\lambda}) + \sum_{i=2}^{k} w_i \lambda e^{-\lambda}$$

$$p_2 = P\{X = 2\} = P\{S_n = 2\} P\{D_n \geqslant 2\} + \sum_{i=3}^{k} P\{S_n = i\} P\{D_n = 2\} = w_2 [1 - (1 + \lambda) e^{-\lambda}] + \sum_{i=3}^{k} w_i \frac{\lambda^2 e^{-\lambda}}{2}$$

$$p_m = P\{X = m\} = P\{S_n = m\} P\{D_n \geqslant m\} + \sum_{i=m+1}^{k} P\{S_n = i\} P\{D_n = m\} = w_m \left(1 - \sum_{i=0}^{m-1} \frac{\lambda^i e^{-\lambda}}{i!}\right) + \sum_{i=m+1}^{k} w_i \frac{\lambda^m e^{-\lambda}}{m!}$$

$$p_0 = P\{X = 0\} = P\{D_n = 0\} = e^{-\lambda}$$

则销售期望为

$$EX = \sum_{m=1}^{k} m p_m$$

当 $\lambda = 1$ 时，取 $k = 10$，$EX = 0.8751$。

(4) 敏感性分析。对 $\lambda = 1$ 周围数值的计算结果见表 7.8。

表 7.8 不同 λ 下的概率与期望

λ	0.8	0.9	1	1.1	1.2
P	0.065 6	0.078 6	0.091 9	0.105 5	0.119 2
EX	0.715 8	0.796 2	0.875 1	0.952 6	1.028 8

从分析结果看出，当市场需求增长约10%时，失去销售机会的概率增加约15%，平均每周销售量的数学期望增长9%。

本章小结

本章讲解了两个模型：健康与疾病模型，钢琴销售的存储策略。这里主要学会并掌握利用Markov链求解问题。在实际问题中，只要涉及状态之间按一定概率的转移问题，都可以使用Markov模型进行求解。在这种问题中，不但要学会理论求解，还要学会利用计算机随机模拟，才能真正帮助你理解该问题。

第 8 章　回归模型与统计软件

8.1　引　言

2004 年全国数模竞赛的 B 题“电力市场的输电阻塞管理”的第 1 个问题是这样的：

某电网有 8 台发电机组，6 条主要线路，表 8.1 和表 8.2 中的方案 0 给出了各机组的当前出力和各线路上对应的有功潮流值，方案 1～32 给出了围绕方案 0 的一些实验数据，试用这些数据确定各线路上有功潮流关于各发电机组出力的近似表达式。

表 8.1　各机组出力方案　　单位：MW

方案 \ 出力 \ 机组	1	2	3	4	5	6	7	8
0	120	73	180	80	125	125	81.1	90
1	133.02	73	180	80	125	125	81.1	90
2	129.63	73	180	80	125	125	81.1	90
3	158.77	73	180	80	125	125	81.1	90
4	145.32	73	180	80	125	125	81.1	90
5	120	78.596	180	80	125	125	81.1	90
6	120	75.45	180	80	125	125	81.1	90
7	120	90.487	180	80	125	125	81.1	90
8	120	83.848	180	80	125	125	81.1	90
9	120	73	231.39	80	125	125	81.1	90
10	120	73	198.48	80	125	125	81.1	90
11	120	73	212.64	80	125	125	81.1	90
12	120	73	190.55	80	125	125	81.1	90
13	120	73	180	75.857	125	125	81.1	90
14	120	73	180	65.958	125	125	81.1	90
15	120	73	180	87.258	125	125	81.1	90
16	120	73	180	97.824	125	125	81.1	90
17	120	73	180	80	150.71	125	81.1	90
18	120	73	180	80	141.58	125	81.1	90
19	120	73	180	80	132.37	125	81.1	90
20	120	73	180	80	156.93	125	81.1	90
21	120	73	180	80	125	138.88	81.1	90
22	120	73	180	80	125	131.21	81.1	90
23	120	73	180	80	125	141.71	81.1	90

续 表

方案 \ 出力 \ 机组	1	2	3	4	5	6	7	8
24	120	73	180	80	125	149.29	81.1	90
25	120	73	180	80	125	125	60.582	90
26	120	73	180	80	125	125	70.962	90
27	120	73	180	80	125	125	64.854	90
28	120	73	180	80	125	125	75.529	90
29	120	73	180	80	125	125	81.1	104.84
30	120	73	180	80	125	125	81.1	111.22
31	120	73	180	80	125	125	81.1	98.092
32	120	73	180	80	125	125	81.1	120.44

表 8.2 各线路的有功潮流值(各方案与表 8.1 相对应) 单位:MW

方案 \ 有功潮流值 \ 线路	1	2	3	4	5	6
0	164.78	140.87	−144.25	119.09	135.44	157.69
1	165.81	140.13	−145.14	118.63	135.37	160.76
2	165.51	140.25	−144.92	118.7	135.33	159.98
3	167.93	138.71	−146.91	117.72	135.41	166.81
4	166.79	139.45	−145.92	118.13	135.41	163.64
5	164.94	141.5	−143.84	118.43	136.72	157.22
6	164.8	141.13	−144.07	118.82	136.02	157.5
7	165.59	143.03	−143.16	117.24	139.66	156.59
8	165.21	142.28	−143.49	117.96	137.98	156.96
9	167.43	140.82	−152.26	129.58	132.04	153.6
10	165.71	140.82	−147.08	122.85	134.21	156.23
11	166.45	140.82	−149.33	125.75	133.28	155.09
12	165.23	140.85	−145.82	121.16	134.75	156.77
13	164.23	140.73	−144.18	119.12	135.57	157.2
14	163.04	140.34	−144.03	119.31	135.97	156.31
15	165.54	141.1	−144.32	118.84	135.06	158.26
16	166.88	141.4	−144.34	118.67	134.67	159.28
17	164.07	143.03	−140.97	118.75	133.75	158.83
18	164.27	142.29	−142.15	118.85	134.27	158.37
19	164.57	141.44	−143.3	119	134.88	158.01
20	163.89	143.61	−140.25	118.64	133.28	159.12
21	166.35	139.29	−144.2	119.1	136.33	157.59
22	165.54	140.14	−144.19	119.09	135.81	157.67
23	166.75	138.95	−144.17	119.15	136.55	157.59
24	167.69	138.07	−144.14	119.19	137.11	157.65
25	162.21	141.21	−144.13	116.03	135.5	154.26

续表

方案 \ 有功潮流值 \ 线路	1	2	3	4	5	6
26	163.54	141	−144.16	117.56	135.44	155.93
27	162.7	141.14	−144.21	116.74	135.4	154.88
28	164.06	140.94	−144.18	118.24	135.4	156.68
29	164.66	142.27	−147.2	120.21	135.28	157.65
30	164.7	142.94	−148.45	120.68	135.16	157.63
31	164.67	141.56	−145.88	119.68	135.29	157.61
32	164.69	143.84	−150.34	121.34	135.12	157.64

看到这个问题,我们容易想到该问题就是要找出各线路上有功潮流与8台发电机组出力的函数关系。这是数学上一个函数拟合问题。如果进一步数学化就是:

设6条线路上有功潮流为 $y_j(j=1,2,\cdots,6)$,8台发电机组出力为 $x_i(i=1,2,\cdots,8)$,该问题变为寻找函数关系表达式:

$$y_j = f_j(x_1, x_2, \cdots, x_8) \quad (j=1,2,\cdots,6) \tag{8.1}$$

剩下的问题就是寻找具体的函数表达式。

对本问题,采用多元线性回归分析,的确做得很好。而线性回归分析,从多次参赛的经验来看,在许多的国内国际数学建模竞赛中,都有可能用到。因此,下面简单介绍线性回归分析的基本原理、对回归好坏的评价指标以及利用统计软件的实现。

8.2 回归分析方法

回归分析,直观地讲,就是对平面上一些散布的点,采用一条最好的直线去表示。如图8.1所示是12组儿子身高(y)与父亲身高(x)数据关系的散布点采用直线拟合的示意图。

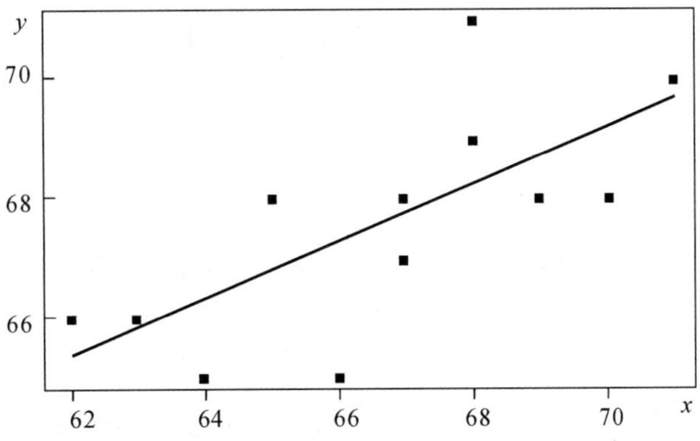

图8.1 平面上散布点的直线拟合示意图

上面的示例中自变量只有一个,属一元回归分析。如果自变量有多个,则属多元回归分析。如8.1节中赛题,自变量是8台发电机组的出力 $x_1, x_2, \cdots, x_8$,作回归分析就属多元回归分析。现在分别简要介绍一元回归分析和多元回归分析的原理和方法。

8.2.1 一元线性回归

模型:

$$y = \alpha + \beta x + \varepsilon \tag{8.2}$$

其中 $\varepsilon \sim N(0, \sigma^2)$。

对一组观测值 $(x_i, y_i)(i = 1, 2, \cdots, n)$,满足

$$y_i = \alpha + \beta x_i + \varepsilon_i \tag{8.3}$$

其中各 ε_i 相互独立且 $\varepsilon_i \sim N(0, \sigma^2)(i = 1, 2, \cdots, n)$。

找一条最好的直线通过 n 个已知的观测点,实际上就是寻找满足如下目标的直线参数 α, β。

目标函数:

$$\sum_{i=1}^{n}(y_i - \hat{a} - \hat{\beta}x_i)^2 = \min_{\alpha,\beta}\sum_{i=1}^{n}(y_i - a - \beta x_i)^2 \tag{8.4}$$

运用高等数学知识,简单介绍参数 α, β 的求法。

记

$$S(a, \beta) = \sum_{i=1}^{n}(y_i - a - \beta x_i)^2 \tag{8.5}$$

则

$$\frac{\partial S}{\partial \alpha} = 2\sum_{i=1}^{n}(y_i - \alpha - \beta x_i) = 0$$

$$\frac{\partial S}{\partial \beta} = 2\sum_{i=1}^{n}(y_i - \alpha - \beta x_i)x_i = 0$$

有

$$\left.\begin{aligned} &n\hat{\alpha} + n\bar{x}\hat{\beta} = n\bar{y} \\ &n\bar{x}\hat{\alpha} + \sum_{i=1}^{n}x_i^2\hat{\beta} = \sum_{i=1}^{n}x_i y_i \end{aligned}\right\} \tag{8.6}$$

这里,$\bar{x} = \dfrac{1}{n}\sum_{i=1}^{n}x_i$,$\bar{y} = \dfrac{1}{n}\sum_{i=1}^{n}y_i$,则

$$\left.\begin{aligned} &\hat{\alpha} = \bar{y} - \hat{\beta}\bar{x} \\ &\hat{\beta} = \frac{\sum_{i=1}^{n}x_i y_i - n\bar{x}\,\bar{y}}{\sum_{i=1}^{n}x_i^2 - n\bar{x}^2} = \frac{\sum_{i=1}^{n}(x_i - \bar{x})(y_i - \bar{y})}{\sum_{i=1}^{n}(x_i - \bar{x})^2} \end{aligned}\right\} \tag{8.7}$$

另外一个问题就是对 σ^2 的无偏估计问题。可以证明,σ^2 的无偏估计为

$$\hat{\sigma}^2 = \frac{\sum_{i=1}^{n}(y_i - \hat{\alpha} - \hat{\beta}x_i)^2}{n-2} \tag{8.8}$$

8.2.2　多元线性回归模型

模型：

$$y=\beta_0+\beta_1 x_1+\cdots+\beta_m x_m+\varepsilon \tag{8.9}$$

其中 $\varepsilon\sim N(0,\sigma^2)$，$\beta_0,\beta_1,\cdots,\beta_m,\sigma^2$ 是未知参数。

设 $(x_{i1},x_{i2},\cdots,x_{im},y_i)(i=1,2,\cdots,n)$ 是 $(x_1,x_2,\cdots,x_m)$ 的 n 个观测值，则满足

$$y_i=\beta_0+\beta_1 x_{i1}+\beta_2 x_{i2}+\cdots+\beta_m x_{im}+\varepsilon_i(i=1,2,\cdots,n) \tag{8.10}$$

其中各 ε_i 相互独立，且 $\varepsilon_i\sim N(0,\sigma^2)$。

令
$$\boldsymbol{\beta}=(\beta_0,\beta_1,\cdots,\beta_m)^{\mathrm{T}},\quad \boldsymbol{\varepsilon}=(\boldsymbol{\varepsilon}_1,\boldsymbol{\varepsilon}_2,\cdots,\boldsymbol{\varepsilon}_n)^{\mathrm{T}}$$

$$\boldsymbol{Y}=(y_1,y_2,\cdots,y_n)^{\mathrm{T}} \tag{8.11}$$

$$\boldsymbol{X}=\begin{bmatrix}1 & x_{11} & x_{12} & \cdots & x_{1m}\\ 1 & x_{21} & x_{22} & \cdots & x_{2m}\\ \vdots & \vdots & \vdots & & \vdots\\ 1 & x_{n1} & x_{n2} & \cdots & x_{nm}\end{bmatrix} \tag{8.12}$$

则方程组用矩阵表达为

$$\boldsymbol{Y}=\boldsymbol{X\beta}+\boldsymbol{\varepsilon} \tag{8.13}$$

假定矩阵 $\boldsymbol{X}$ 的秩等于 $m+1$，即列满秩，则

$$\boldsymbol{X}^{\mathrm{T}}\boldsymbol{Y}=(\boldsymbol{X}^{\mathrm{T}}\boldsymbol{X})\hat{\boldsymbol{\beta}}$$

解之得
$$\hat{\boldsymbol{\beta}}=(\boldsymbol{X}^{\mathrm{T}}\boldsymbol{X})^{-1}\boldsymbol{X}^{\mathrm{T}}\boldsymbol{Y} \tag{8.14}$$

σ^2 的无偏估计为

$$\hat{\sigma}^2=\frac{\sum\limits_{i=1}^{n}(y_i-\sum\limits_{j=1}^{m}x_{ij}\hat{\beta}_j)^2}{n-m-1} \tag{8.15}$$

当 $m=1$ 时，就变成一元回归分析，其参数 β 的求解及 σ^2 的无偏估计与一元回归分析得到的结论是一致的。

8.2.3　回归模型的假设检验

当完成回归模型中参数及回归偏差 σ^2 的估计后，还需要对模型进行评价。包括检验采用线性回归是否适合，每一个变量是否对因变量起作用，采用线性回归好坏程度的度量。现在分别进行讨论。

1. 回归方程的显著性检验

$H_0:\beta_1=\beta_2=\cdots=\beta_m=0$

H_1：至少有一个 $\beta_j\neq 0(j=1,2,\cdots,m)$

当原假设 H_0 成立时，说明回归方程不显著，采用线性回归是不适合的。

当备选假设 H_1 成立时，说明回归方程显著，采用线性回归有意义。

令 $\bar{Y}=\dfrac{1}{n}\sum\limits_{i=1}^{n}Y_i$，考虑总离差平方和

$$S_T = \sum_{i=1}^{n}(y_i - \bar{y})^2 = \sum_{i=1}^{n}[(y_i - \hat{y}_i) + \hat{y}_i - \bar{y}]^2 = \\ \sum_{i=1}^{n}(y_i - \hat{y}_i)^2 + \sum_{i=1}^{n}(\hat{y}_i - \bar{y})^2 = \\ S_e + S_R \tag{8.16}$$

其中，$S_e = \sum_{i=1}^{n}(y_i - \hat{y}_i)^2$，称为剩余残差平方和；$S_R = \sum_{i=1}^{n}(\hat{y} - \bar{y})^2$，称为回归平方和。

在 H_0 成立的条件下，可以证明

$$S_e/\sigma^2 \sim \chi^2(n-m-1), \quad S_R/\sigma^2 \sim \chi^2(m) \tag{8.17}$$

且 S_e 与 S_R 相互独立，则

$$F = \frac{S_R/m}{S_e/(n-m-1)} \sim F(m, n-m-1) \tag{8.18}$$

对给定显著水平 α，可查表得 $F_\alpha(m, n-m-1)$，计算统计量 F 的数值 f。若 $f \geqslant F_\alpha(m, n-m-1)$，则拒绝 H_0，即认为各系数不为零，线性回归方程是显著的；否则接受 H_0，即认为线性回归方程不显著。

2. 回归系数的显著性检验

检验假设

$$H_0: \beta_j = 0 \leftrightarrow H_1: \beta_j \neq 0 (j = 1, 2, \cdots, m)$$

当原假设 H_0 成立时，说明自变量 x_j 对 y 不起作用，在回归模型中可以去掉。

当备选假设 H_1 成立时，说明自变量 x_j 对 y 有作用，在回归模型中不能去掉。

可以证明，$\hat{\beta}_j \sim N(\beta_j, C_{jj}\sigma^2)$，$C_{jj}$ 是 $\boldsymbol{C} = (\boldsymbol{X}^{\mathrm{T}}\boldsymbol{X})^{-1}$ 的主对角线上的第 $j+1$ 个元素。

$$\frac{\hat{\beta}_j - \beta_j}{\sqrt{C_{jj}\sigma^2}} \sim N(0,1) \tag{8.19}$$

而 $\frac{S_e}{\sigma^2} \sim x^2(n-m-1)$，且 S_e 与 $\hat{\beta}_j$ 独立，则在 H_0 成立的条件下，有

$$T_j = \frac{\hat{\beta}_j}{\sqrt{C_{jj}S_e/(n-m-1)}} = \frac{\hat{\beta}_j}{\sqrt{C_{jj}}\ \hat{\sigma}} \sim t(n-m-1) \tag{8.20}$$

对给定的显著水平 α，查表得 $t_{\alpha/2}(n-m-1)$，计算统计量 T_j 的数值 t_j，若 $|t_j| \geqslant t_{\alpha/2}(n-m-1)$，则拒绝 H_0，即认为 β_j 显著不为零；若 $|t_j| < t_{\alpha/2}(n-m-1)$，则接受 H_0，即认为 β_j 等于零。

3. 复相关系数

对一个回归方程来说，即使回归显著，但还涉及回归好坏程度的度量。对两个随机变量之间，衡量它们的相关程度可以采用相关系数来度量，但对一个因变量和一组自变量和之间线性相关程度，则要采用下面介绍的复相关系数来度量。

复相关系数定义：

$$R^2 = \frac{S_R}{S_T} = 1 - \frac{S_e}{S_T} \tag{8.21}$$

离差平方和 S_e 越小，复相关系数越大。该指标反映了采用一组自变量 $x_1, x_2, \cdots, x_m$ 解释因变量 y 的程度。$0 < R^2 \leqslant 1$，R^2 越接近 1，表示因变量 y 与各自变量 x_i 之间线性相关程度越强。

但复相关系数也有一些缺点，当采用的自变量越多时，其 S_e 总会减少，从而导致 R^2 增大，

而有些自变量的引入可能是多余的。为更准确地反映参数个数的影响，采用调整的复相关系数(AdjustR^2)。其定义如下：

$$aR^2 = 1 - \frac{S_e/(n-m-1)}{S_R/(n-1)} \tag{8.22}$$

R^2 和 aR^2 越接近 1，表示因变量 y 与各自变量 x_i 之间线性相关程度越强。

8.3　软件实现

前文讲述了线性回归的原理与方法，下面就如何快速求解回归参数及上文介绍的各种评价指标进行介绍。这得借助现成的软件，通过成熟的软件，上面的问题可以轻松求解。解决线性回归问题的最常用软件有 Matlab、统计软件 SPSS 和 SAS。这里介绍利用 SAS 和 SPSS 的求解过程。

1. 利用 SAS 8.0 软件求解过程

(1) 启动 SAS 软件，鼠标点击 Solutions → Analysis → Analyst，启动分析员。

(2) 在弹出的表中输入数据，结果如表 8.3 所示。其中 1 ~ 32 行为 32 组试验数据(方案 0 未选，后面将作为测试数据)。8 台机组的出力用 $x_1, x_2, \cdots, x_8$ 表示，6 条线路的潮流值用 y_1，$y_2, \cdots, y_6$ 表示。(由于数据较多，可将数据拷贝到记事本中，然后由 SAS 直接读入。)

表 8.3　SAS 数据输入

	X1	X2	X3	X4	X5	X6	X7	X8	Y1	Y2	Y3	Y4	Y5	Y6
1	133.02	73	180	80	125	125	81.1	90	165.81	140.13	-145.14	118.63	135.37	160.76
2	129.63	73	180	80	125	125	81.1	90	165.51	140.25	-144.92	118.7	135.33	159.98
3	158.77	73	180	80	125	125	81.1	90	167.93	138.71	-146.91	117.72	135.41	166.81
4	145.32	73	180	80	125	125	81.1	90	166.79	139.45	-145.92	118.13	135.41	163.64
5	120	78.596	180	80	125	125	81.1	90	164.94	141.5	-143.84	118.43	136.72	157.22
6	120	75.45	180	80	125	125	81.1	90	164.8	141.13	-144.07	118.82	136.02	157.5
7	120	90.487	180	80	125	125	81.1	90	165.59	143.03	-143.16	117.24	139.66	156.59
8	120	83.848	180	80	125	125	81.1	90	165.21	142.28	-143.49	117.96	137.98	156.96
9	120	73	231.39	80	125	125	81.1	90	167.43	140.82	-152.26	129.58	132.04	153.6
10	120	73	198.48	80	125	125	81.1	90	165.71	140.82	-147.08	122.85	134.21	156.23
11	120	73	212.64	80	125	125	81.1	90	166.45	140.82	-149.33	125.75	133.28	155.09
12	120	73	190.55	80	125	125	81.1	90	165.23	140.85	-145.82	121.16	134.75	156.77
13	120	73	180	75.857	125	125	81.1	90	164.23	140.73	-144.18	119.12	135.57	157.2
14	120	73	180	65.958	125	125	81.1	90	163.04	140.34	-144.03	119.31	135.97	156.31
15	120	73	180	87.258	125	125	81.1	90	165.54	141.1	-144.32	118.84	135.06	158.26
16	120	73	180	97.824	125	125	81.1	90	166.88	141.4	-144.34	118.67	134.67	159.28
17	120	73	180	80	150.71	125	81.1	90	164.07	143.03	-140.97	118.75	133.75	158.83
18	120	73	180	80	141.58	125	81.1	90	164.27	142.29	-142.15	118.85	134.27	158.37
19	120	73	180	80	132.37	125	81.1	90	164.57	141.44	-143.3	119	134.88	158.01
20	120	73	180	80	156.93	125	81.1	90	163.89	143.61	-140.25	118.64	133.28	159.12
21	120	73	180	80	125	138.88	81.1	90	166.35	139.29	-144.2	119.1	136.33	157.59
22	120	73	180	80	125	131.21	81.1	90	165.54	140.14	-144.19	119.09	135.81	157.67
23	120	73	180	80	125	141.71	81.1	90	166.75	138.95	-144.17	119.15	136.55	157.59
24	120	73	180	80	125	149.29	81.1	90	167.69	138.07	-144.14	119.19	137.11	157.65
25	120	73	180	80	125	125	60.582	90	162.21	141.21	-144.13	116.03	135.5	154.26
26	120	73	180	80	125	125	70.962	90	163.54	141	-144.16	117.56	135.44	155.93
27	120	73	180	80	125	125	64.854	90	162.7	141.14	-144.21	116.74	135.4	154.88
28	120	73	180	80	125	125	75.529	90	164.06	140.94	-144.18	118.24	135.4	156.68
29	120	73	180	80	125	125	81.1	104.84	164.66	142.27	-147.2	120.21	135.28	157.65
30	120	73	180	80	125	125	81.1	111.22	164.7	142.94	-148.45	120.68	135.16	157.63
31	120	73	180	80	125	125	81.1	98.092	164.67	141.56	-145.88	119.68	135.29	157.61
32	120	73	180	80	125	125	81.1	120.44	164.69	143.84	-150.34	121.34	135.12	157.64

(3) 鼠标点击 Statistics → Regression → Linear...，在弹出的对话框(见图 8.2)中，将左边

文本框中的 8 个自变量选入 Explanatory 框中，将因变量 $x_1, x_2, \cdots, x_8$ 选入 Dependent 框中，将因变量 $y_1, y_2, \cdots, y_6$ 选入 Dependent 框中，然后点击 OK 即可执行回归分析。

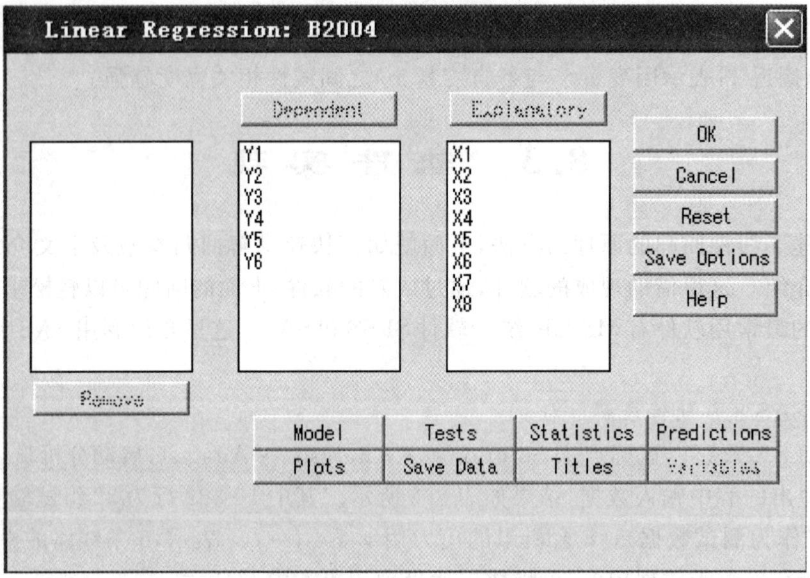

图 8.2　SAS 线性回归对话框

(4)SAS 进行回归分析的结果见表 8.4。

表 8.4　SAS 回归分析结果

The REG Procedure

Model：MODEL1

Dependent Variable：Y1

Analysis of Variance

Source	DF	Sum of Squares	Mean Square	F Value		Pr > F
Model	8	60.735 31	7.591 91	5 861.52		<.000 1
Error	23	0.029 79	0.001 30			
Corrected	Total 31	60.765 10				
	Root MSE	0.035 99	R-Square	0.999 5		
	Dependent Mean	165.170 31	Adj R-Sq	0.999 3		
	Coeff Var	0.021 79				
	Parameter Estimates					
Variable	DF	Parameter	Estimate	Standard Error t	Value	Pr > |t|
Intercept	1	110.296 51	0.445 12	247.79		<.000 1
X1	1	0.082 84	0.000 846 53	97.86		<.000 1
X2	1	0.048 28	0.001 91	25.21		<.000 1
X3	1	0.052 97	0.000 642 56	82.44		<.000 1
X4	1	0.119 93	0.001 49	80.24		<.000 1
X5	1	−0.025 44	0.000 933 15	−27.26		<.000 1
X6	1	0.122 01	0.001 26	96.45		<.000 1
X7	1	0.121 58	0.001 46	82.99		<.000 1
X8	1	−0.001 23	0.001 03	−1.19		0.245 0

从表 8.4 中可以得到，总离差平方和 $S_T = 60.765\ 10$，回归平方和 $S_R = 60.735\ 31$，残差平方和 $S_e = 0.029\ 79$；$F = 5\ 861.52$，而概率 $P\{F > 5\ 861.52\} < 0.000\ 1$，故不管取检验水平 $\alpha = 0.05$ 或 $\alpha = 0.1$ 都说明回归显著。

回归得到的均方误差 $\hat{\sigma} = 0.035\ 99$，复相关系数 $R^2 = 0.999\ 5$，调整的复相关系数 $aR^2 = 0.999\ 3$。

回归方程的系数在表 8.4 中也可以完全得到。该回归方程为

$$y_1 = 110.296\ 51 + 0.082\ 84x_1 + 0.048\ 28x_2 + 0.052\ 97x_3 + 0.119\ 93x_4 - 0.025\ 44x_5 + 0.122\ 01x_6 + 0.121\ 58x_7 - 0.001\ 23x_8$$

从表 8.4 可以看到常数项及 $x_1, x_2, \cdots, x_7$ 都通过了 T 检验，x_8 未通过 T 检验。但考虑到该实际问题，8 台机器都对各线路的潮流值有贡献，因此回归模型中考虑所有机组的出力。

SAS 8.0 可以同时完成 6 个回归模型参数及各指标的计算。上面只列出了 y_1 的回归计算，其他 5 个回归方程的计算可同时得到，这里就不一一列出。

2. 利用 SPSS 10 软件求解过程

(1) 启动 SPSS 10 软件，鼠标点击 File → New → Data，启动数据编辑器。

(2) 将表 8.1 中的后 32 组数据直接拷贝到数据编辑器的表格中，在第 1 行第 1 个格子点右键，在弹出菜单中选“粘贴”，这样数据占据前 8 列；再将表 8.2 中后 32 组数据拷贝到数据编辑器的表格中，在第 1 行第 9 个格子点右键，在弹出菜单中选“粘贴”，这样数据占据第 9 列开始的 6 列。

(3) 此时 14 列数据的变量名分别被系统自动命名为 var00001 ～ var00014，鼠标点击数据表格下端的 Variable View，将前 8 个变量名修改为 $x_1, x_2, \cdots, x_8$，后 6 个变量名修改为 $y_1, y_2, \cdots, y_6$，并将小数点显示为 3 位。再点 Data View，就可以看到表 8.5 所示的数据表。

表 8.5　SPSS 数据输入

	x1	x2	x3	x4	x5	x6	x7	x8	y1	y2	y3	y4	y5	y6
1	133.020	73.000	180.000	80.000	125.0	125.00	81.100	90.00	165.81	140.13	-145.140	118.6	135	160.760
2	129.630	73.000	180.000	80.000	125.0	125.00	81.100	90.00	165.51	140.25	-144.920	118.7	135	159.980
3	158.770	73.000	180.000	80.000	125.0	125.00	81.100	90.00	167.93	138.71	-146.910	117.7	135	166.810
4	145.320	73.000	180.000	80.000	125.0	125.00	81.100	90.00	166.79	139.45	-145.920	118.1	135	163.640
5	120.000	78.596	180.000	80.000	125.0	125.00	81.100	90.00	164.94	141.50	-143.840	118.4	137	157.220
6	120.000	75.450	180.000	80.000	125.0	125.00	81.100	90.00	164.80	141.13	-144.070	118.8	136	157.500
7	120.000	90.487	180.000	80.000	125.0	125.00	81.100	90.00	165.59	143.03	-143.160	117.2	140	156.590
8	120.000	83.848	180.000	80.000	125.0	125.00	81.100	90.00	165.21	142.28	-143.490	118.0	138	156.960
9	120.000	73.000	231.390	80.000	125.0	125.00	81.100	90.00	167.43	140.82	-152.260	129.6	132	153.600
10	120.000	73.000	198.480	80.000	125.0	125.00	81.100	90.00	165.71	140.82	-147.080	122.9	134	156.230
11	120.000	73.000	212.640	80.000	125.0	125.00	81.100	90.00	166.45	140.82	-149.330	125.8	133	155.090
12	120.000	73.000	190.550	80.000	125.0	125.00	81.100	90.00	165.23	140.85	-145.820	121.2	135	156.770
13	120.000	73.000	180.000	75.857	125.0	125.00	81.100	90.00	164.23	140.73	-144.180	119.1	136	157.200
14	120.000	73.000	180.000	65.958	125.0	125.00	81.100	90.00	163.04	140.34	-144.030	119.3	136	156.310
15	120.000	73.000	180.000	87.258	125.0	125.00	81.100	90.00	165.54	141.10	-144.320	118.8	135	158.260
16	120.000	73.000	180.000	97.824	125.0	125.00	81.100	90.00	166.88	141.40	-144.340	118.7	135	159.280
17	120.000	73.000	180.000	80.000	150.7	125.00	81.100	90.00	164.07	143.03	-140.970	118.8	134	158.830
18	120.000	73.000	180.000	80.000	141.6	125.00	81.100	90.00	164.27	142.29	-142.150	118.9	134	158.370
19	120.000	73.000	180.000	80.000	132.4	125.00	81.100	90.00	164.57	141.44	-143.300	119.0	135	158.010
20	120.000	73.000	180.000	80.000	156.9	125.00	81.100	90.00	163.89	143.61	-140.250	118.6	133	159.120
21	120.000	73.000	180.000	80.000	125.0	138.88	81.100	90.00	166.35	139.29	-144.200	119.1	136	157.590
22	120.000	73.000	180.000	80.000	125.0	131.21	81.100	90.00	165.54	140.14	-144.190	119.1	136	157.670
23	120.000	73.000	180.000	80.000	125.0	141.71	81.100	90.00	166.75	138.95	-144.170	119.2	137	157.590
24	120.000	73.000	180.000	80.000	125.0	149.29	81.100	90.00	167.69	138.07	-144.140	119.2	137	157.650
25	120.000	73.000	180.000	80.000	125.0	125.00	60.582	90.00	162.21	141.21	-144.130	116.0	136	154.260
26	120.000	73.000	180.000	80.000	125.0	125.00	70.962	90.00	163.54	141.00	-144.160	117.6	135	155.930
27	120.000	73.000	180.000	80.000	125.0	125.00	64.854	90.00	162.70	141.14	-144.210	116.7	135	154.880
28	120.000	73.000	180.000	80.000	125.0	125.00	75.529	90.00	164.06	140.94	-144.180	118.2	135	156.680
29	120.000	73.000	180.000	80.000	125.0	125.00	81.100	104.8	164.66	142.27	-147.200	120.2	135	157.650
30	120.000	73.000	180.000	80.000	125.0	125.00	81.100	111.2	164.70	142.94	-148.450	120.7	135	157.630
31	120.000	73.000	180.000	80.000	125.0	125.00	81.100	98.09	164.67	141.56	-145.880	119.7	135	157.610
32	120.000	73.000	180.000	80.000	125.0	125.00	81.100	120.4	164.69	143.84	-150.340	121.3	135	157.640

(4) 鼠标点击菜单 Analyze→Regression→Linear…,弹出如图 8.3 所示的线性回归对话框。将左边编辑框中的 $x_1, x_2, \cdots, x_8$ 选入右边的 Independent(s) 编辑框中作回归分析的自变量。将 y_1 选入右边的 Dependent 编辑框作因变量。

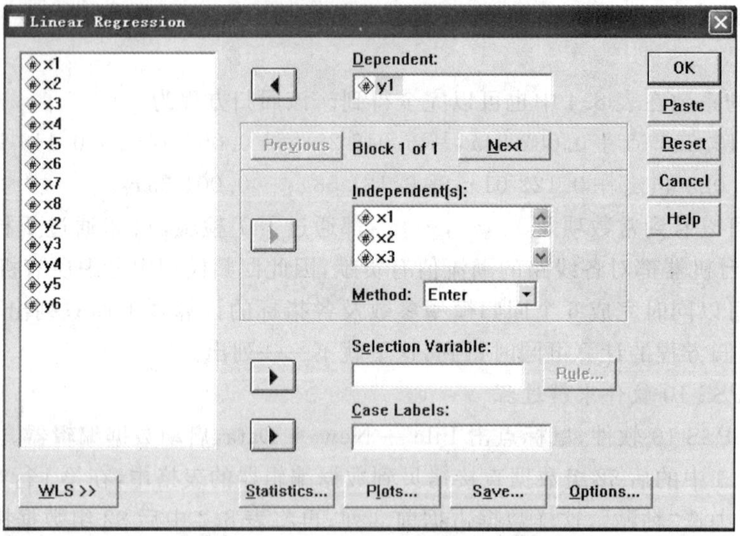

图 8.3 SPSS 线性回归对话框

(5) 在线性回归对话框中点按钮 OK,得到表 8.6 所示的回归分析结果。

表 8.6 SPSS 的回归分析结果

Model Summary

Model	R	R Square	Adjusted R Square	Std. Error of the Estimate
1	1.000[a]	1.000	.999	3.5989E-02

a. Predictors: (Constant), X8, X4, X2, X3, X1, X5, X7, X6

ANOVA[b]

Model		Sum of Squares	df	Mean Square	F	Sig.
1	Regression	60.735	8	7.592	5861.519	.000[a]
	Residual	2.979E-02	23	1.295E-03		
	Total	60.765	31			

a. Predictors: (Constant), X8, X4, X2, X3, X1, X5, X7, X6

b. Dependent Variable: Y1

Coefficients[a]

Model		Unstandardized Coefficients		Standardized Coefficients	t	Sig.
		B	Std. Error	Beta		
1	(Constant)	110.297	.445		247.791	.000
	X1	8.284E-02	.001	.495	97.860	.000
	X2	4.828E-02	.002	.127	25.213	.000
	X3	5.297E-02	.001	.417	82.438	.000
	X4	.120	.001	.372	80.238	.000
	X5	-2.54E-02	.001	-.139	-27.263	.000
	X6	.122	.001	.491	96.454	.000
	X7	.122	.001	.422	82.992	.000
	X8	-1.23E-03	.001	-.006	-1.193	.245

a. Dependent Variable: Y1

从表 8.6 的 Model Summary 来看，复相关系数 $R^2=1$，修正复相关系数 $aR^2=0.999$，均方误差根 RMSE $=0.035\ 989$。

从表 8.6 的 ANOVA（方差分析）来看，总离差平方和 $S_T=60.765$，回归平方和 $S_R=60.735$，残差平方和 $S_e=0.029\ 79$；$F=5\ 861.519$，而概率 $P\{F>5\ 861.519\}=0.000$，故不管取检验水平 $\alpha=0.05$ 或 $\alpha=0.1$，都说明回归显著。

从表 8.6 的 Coefficients 来看，回归方程的系数在图中也可以完全得到。该回归方程为

$$y_1=110.297+0.082\ 84x_1+0.048\ 28x_2+0.052\ 97x_3+0.120x_4-0.025\ 4x_5+0.122x_6+0.122x_7-0.001\ 23x_8$$

从表 8.6 可以看到常数项及 $x_1,x_2,\cdots,x_7$ 都通过了 T 检验，x_8 未通过 T 检验。但考虑到该实际问题，8 台机器都对各线路的潮流值有贡献，因此回归模型中考虑所有机组的出力。

如果要得到 $y_2,y_3,\cdots,y_6$ 的回归方程和分析结果，只要在线性回归分析对话框的 Dependent 框中选入要分析的因变量，然后点 OK 就可以了。这里就不一一列出。具体结果见表 8.6。

例 8.1　某种水泥在凝固时放出的热量 Y（单位 cal）与水泥中下列 4 种化学成分有关：

（1）x_1：$3CaO\cdot Al_2O_3$；

（2）x_2：$3CaO\cdot SiO_2$；

（3）x_3：$4CaO\cdot Al_2O_3\cdot Fe_2O_3$；

（4）x_4：$2CaO\cdot SiO_2$。

通过试验得到数据列于表 8.7 中，求 Y 对 x_1,x_2,x_3,x_4 的线性回归方程。

表 8.7　水泥放热数据表

序号	x_1/(%)	x_2/(%)	x_3/(%)	x_4/(%)	Y/cal
1	7	26	6	60	78.5
2	1	29	15	52	74.3
3	11	56	8	20	104.3
4	11	31	8	47	87.6
5	7	52	6	33	95.9
6	11	55	9	22	109.2
7	3	71	17	6	102.7
8	1	31	22	44	72.5
9	2	54	18	22	93.1
10	21	47	4	26	115.9
11	1	40	23	34	83.8
12	11	66	9	12	113.3
13	10	68	8	12	109.4

解　利用 SAS 8.0 求解过程如下：

(1) 启动 SAS 软件,鼠标点击 Solutions → Analysis → Analyst,启动分析员。

(2) 在弹出的表中输入数据,结果见表 8.8。

表 8.8 SAS 数据输入表

	x1	x2	x3	x4	Y
1	7	26	6	60	78.5
2	1	29	15	52	74.3
3	11	56	8	20	104.3
4	11	31	8	47	87.6
5	7	52	6	33	95.9
6	11	55	9	22	109.2
7	3	71	17	6	102.7
8	1	31	22	44	72.5
9	2	54	18	22	93.1
10	21	47	4	26	115.9
11	1	40	23	34	83.8
12	11	66	9	12	113.3
13	10	68	8	12	109.4

(3) 鼠标点击 Statistics → Regression → Linear...,在弹出的对话框(见图 8.4)中,将左边文本框中的 4 个自变量 x_1, x_2, x_3, x_4 选入 Explanatory 框中,将因变量 Y 选入 Dependent 框中,然后点击 OK 即可执行回归分析。

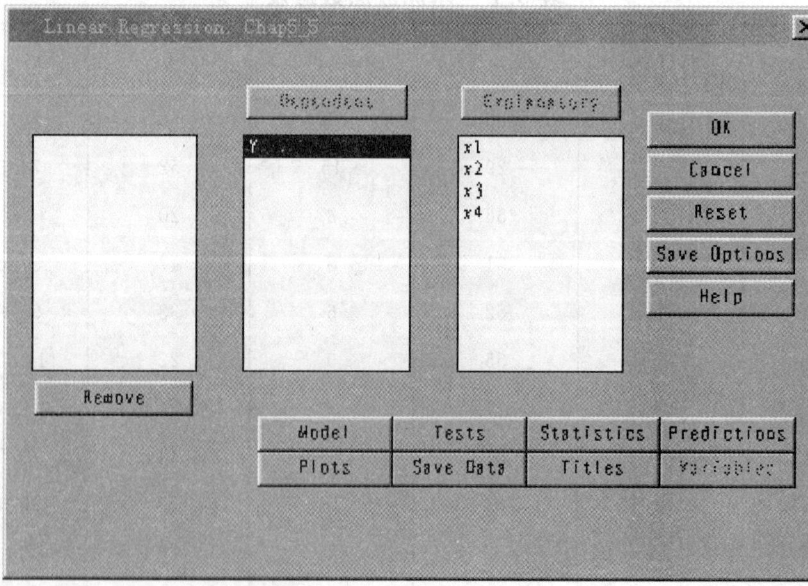

图 8.4 SAS 线性回归对话框

(4)SAS 进行回归分析,结果见表 8.9。

表 8.9　SAS 回归分析结果

The REG Procedure

Model：MODEL1

Dependent Variable：Y

Analysis of Variance

Source	DF	Sum of Squares	Mean Square	F Value	Pr > F
Model	4	2 667.899 44	666.974 86	111.48	<.000 1
Error	8	47.863 64	5.982 95		
Corrected Total	12	2 715.763 08			
Root MSE		2.446 01	R-Square	0.982 4	
Dependent Mean		95.423 08	Adj R-Sq	0.973 6	
Coeff Var		2.563 33			

Parameter Estimates

Variable	DF	Parameter Estimate	Standard Error	t Value	Pr >|t|
Intercept	1	62.405 37	70.070 96	0.89	0.399 1
x1	1	1.551 10	0.744 77	2.08	0.070 8
x2	1	0.510 17	0.723 79	0.70	0.500 9
x3	1	0.101 91	0.7547 1	0.14	0.895 9
x4	1	−0.144 06	0.709 05	−0.20	0.844 1

从表 8.9 中可以得到总离差平方和 S=2 715.763 08，回归平方和 U=2 667.899 44，残差平方和 Q=47.863 64；其均值 U/m=666.974 86，=5.982 95，Q/m=5.982 95，从而得到 F=111.48，而概率 $P\{F>111.48\}<0.000\ 1$，故不管取检验水平 $\alpha=0.05$ 或 $\alpha=0.1$，都说明回归显著。

回归得到的均方误差 $\hat{\sigma}^*=2.446\ 01$，复相关系数 $R^2=0.982\ 4$，调整的复相关系数 $R^2=0.973\ 6$。

在参数估计中，大多数不能通过显著性检验，因此回归方程有问题。通过尝试或采用逐步回归的方法，采用去掉常数项，包含所有的自变量 x_1,x_2,x_3,x_4 进行回归最好，最后得到的结果见表 8.10。

表 8.10　SAS 回归分析计算结果表

Source	DF	Sum of Squares	Mean Square	F Value	Pr > F
Model	4	121 035	30 259	5 176.47	<.000 1
Error	9	52.609 16	5.845 46		
Uncorrected Total	13	121 088			
Root MSE		2.417 74	R-Square	0.999 6	
Dependent Mean		95.423 08	Adj R-Sq	0.999 4	
Coeff Var		2.533 70			

Variable	DF	Parameter Estimate	Parameter Error	t Value	Pr > |t|
X1	1	2.193 05	0.185 27	11.84	<.000 1
X2	1	1.153 33	0.047 94	24.06	<.000 1
X3	1	0.758 51	0.159 51	4.76	0.001 0
X4	1	0.486 32	0.041 41	11.74	<.000 1

从表中可以看到，回归方程仍然是显著的，回归得到的均方误差$\hat{\sigma}^{*}=2.41774$，复相关系数$R^2=0.9996$，调整的复相关系数$R^2=0.9994$，所有的系数都通过显著性检验。最后得到的回归方程为

$$y=2.19305x_1+1.15333x_2+0.75851x_3+0.48632x_4$$

本章小结

本章讲解了回归模型。线性回归模型在实际数据处理中经常会使用，掌握了该方法，在竞赛中用处多多。对线性回归模型，主要要掌握模型的表达形式，模型的检验指标，如F检验值，复相关系数等。还要掌握利用 Matlab 或统计软件 SAS，SPSS 对模型的计算。在竞赛论文写作中，还要善于利用计算结果进行写作表达。

第9章 微分方程模型

9.1 传染病模型

随着卫生设施的改善、医疗水平的提高以及人类文明的进步，诸如霍乱、天花等曾经肆虐全球的传染性疾病已经得到有效的控制。但是一些新的、不断变异着的传染病毒却悄悄向人类袭来。20世纪80年代十分险恶的爱滋病病毒开始肆虐全球，至今带来极大的危害。长期以来，建立制止传染病蔓延的手段等，一直是各国有关专家和官员关注的课题。

不同类型传染病的传播过程有其各自不同的特点，弄清这些特点需要相当多的病理知识，这里不可能从医学的角度一一分析各种传染病的传播，而只是按照一般的传播模型机理建立几种模型。

模型1 在这个最简单的模型中，设时刻 t 的病人人数 $x(t)$ 是连续、可微函数，并且每天每个病人有效接触(足以使人致病的接触)的人数为常数 λ，考察 t 到 $t+\Delta t$ 病人人数的增加，则有

$$x(t+\Delta t)-x(t)=\lambda x(t)\Delta t$$

再设 $t=0$ 时有 x_0 个病人，即得微分方程：

$$\frac{\mathrm{d}x}{\mathrm{d}t}=\lambda x,\quad x(0)=x_0 \tag{9.1}$$

方程(9.1)的解为

$$x(t)=x_0\mathrm{e}^{\lambda t} \tag{9.2}$$

结果表明，随着 t 的增加，病人人数 $x(t)$ 无限增长，这显然是不符合实际的。

建模失败的原因在于，在病人有效接触的人群中，有健康人也有病人，而其中只有健康人才可以被传染为病人，所以在改进的模型中必须区别这两种人。

模型2(SI模型) 假设条件：

(1) 在疾病传播期内所考察地区的总人数 N 不变，即不考虑生死，也不考虑迁移。人群分为易感染者(Susceptible)和已感染者(Infective)两类(取两个词的第一个字母，称之为SI模型)，以下简称健康者和病人。时刻 t 这两类人在总人数中所占比例分别记作 $s(t)$ 和 $i(t)$。

(2) 每个病人每天有效接触的平均人数是常数 λ，λ 称为日接触率。当病人与健康者接触时，使健康者受感染变为病人。

根据假设，每个病人每天可使 $\lambda s(t)$ 个健康者变为病人，因为病人数为 $Ni(t)$，所以每天共有 $\lambda Ns(t)i(t)$ 个健康者被感染，于是 λNsi 就是病人数 Ni 的增加率，即有

$$N\frac{\mathrm{d}i}{\mathrm{d}t}=\lambda Nsi \tag{9.3}$$

又因为

$$s(t)+i(t)=1 \tag{9.4}$$

再记初始时刻($t=0$) 病人的比例为 i_0,则

$$\frac{\mathrm{d}i}{\mathrm{d}t}=\lambda i(1-i),\quad i(0)=i_0 \tag{9.5}$$

方程(9.5) 是 Logistic 模型。它的解为

$$i(t)=\frac{1}{1+\left(\frac{1}{i_0}-1\right)\mathrm{e}^{-\lambda t}} \tag{9.6}$$

$i-t$ 和 $\frac{\mathrm{d}i}{\mathrm{d}t}-i$ 的图形如图 9.1 和图 9.2 所示。

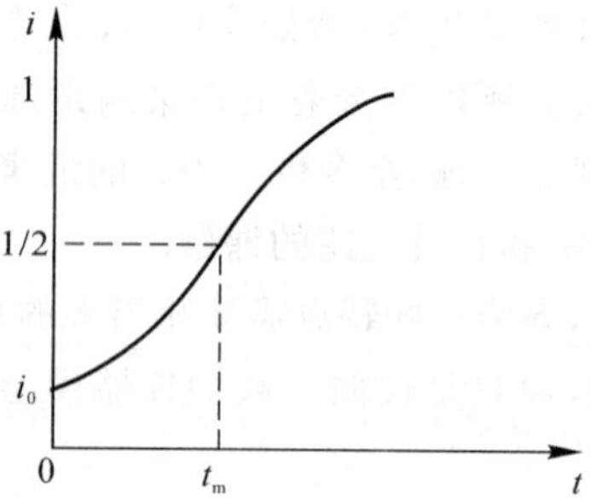

图 9.1 SI 模型的 $i-t$ 曲线

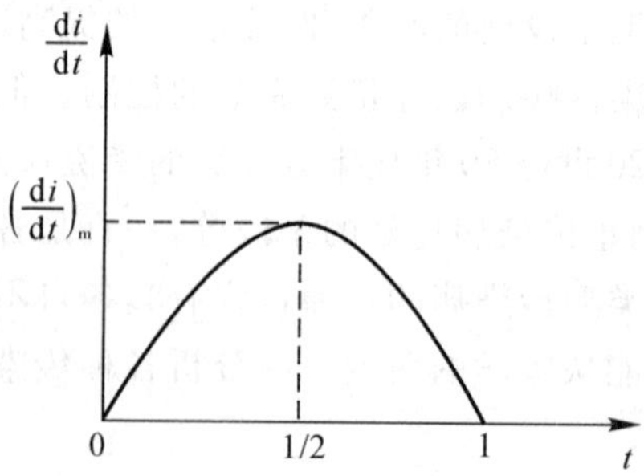

图 9.2 SI 模型的 $\frac{\mathrm{d}i}{\mathrm{d}t}-i$ 曲线

由式(9.5)、式(9.6) 及图 9.1 可知：

(1) 当 $i=1/2$ 时 $\frac{\mathrm{d}i}{\mathrm{d}t}$ 达到最大值 $\left(\frac{\mathrm{d}i}{\mathrm{d}t}\right)_{\mathrm{m}}$,这个时刻为

$$t_{\mathrm{m}}=\lambda^{-1}\ln\left(\frac{1}{i_0}-1\right) \tag{9.7}$$

这时病人增加得最快,可以认为是医院的门诊量最大的一天,预示着传染病高潮的到来,是医疗卫生部门关注的时刻。t_{m} 与 λ 成反比,因为日接触率 λ 表示该地区的卫生水平,λ 越小卫生水平越高。所以改善保健设施、提高卫生水平可以推迟传染病高潮的到来。

(2) 当 $t\to\infty$ 时 $i\to 1$,即所有人终将被传染,全变为病人,这显然不符合实际情况。其原因是模型中没有考虑到病人可以治愈,人群中的健康者只能变成病人,病人不会再变成健康者。

为了修正上述结果必须重新考虑模型的假设,下面两个模型中我们讨论病人可以治愈的情况。

模型 3(SIS 模型) 有些传染病如伤风、痢疾等愈后免疫力很低,可以假定无免疫性,于是病人被治愈后变成健康者,健康者还可以被感染再变成病人,所以这个模型称 SIS 模型。

SIS 模型的假设条件(1),(2) 与 SI 模型相同,增加的条件为：

(3) 每天被治愈的病人数占病人总数的比例为常数 μ,称为日治愈率,病人治愈后成为仍可被感染的健康者。显然 $1/\mu$ 是这种传染病的平均传染期。

不难看出,考虑到假设(3),式(9.3) 应修正为

$$N\frac{\mathrm{d}i}{\mathrm{d}t}=\lambda Nsi-\mu Ni \tag{9.8}$$

式(9.4) 不变,于是式(9.5) 应改为

$$\frac{\mathrm{d}i}{\mathrm{d}t}=\lambda i(1-i)-\mu i,\quad i(0)=i_0 \tag{9.9}$$

定义:

$$\sigma=\lambda/\mu \tag{9.10}$$

注意到 λ 和 $1/\mu$ 的含义,可知 σ 是整个传染期内每个病人有效接触的平均人数,称为接触数。

利用 σ,方程(9.9) 可以改写为

$$\frac{\mathrm{d}i}{\mathrm{d}t}=-\lambda i\left[i-\left(1-\frac{1}{\sigma}\right)\right] \tag{9.11}$$

由方程(9.11) 容易先画出 $\frac{\mathrm{d}i}{\mathrm{d}t}-i$ 的图形(见图 9.3,图 9.5),再画出 $i-t$ 的图形(见图9.4,图 9.6)。

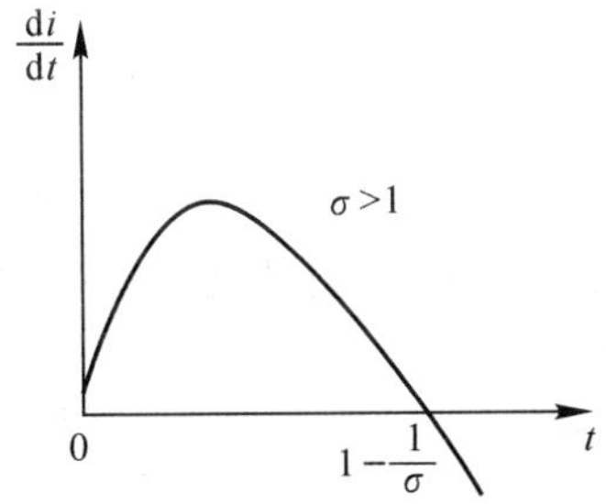

图 9.3　SIS 模型的 $\frac{\mathrm{d}i}{\mathrm{d}t}-i$ 曲线($\sigma>1$)

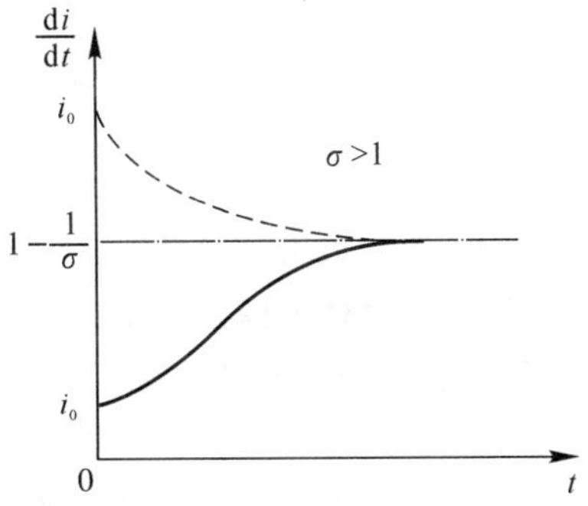

图 9.4　SIS 模型的 $i-t$ 曲线($\sigma>1$)

(虚线是 $i_0>1-\frac{1}{\sigma}$ 的情况)

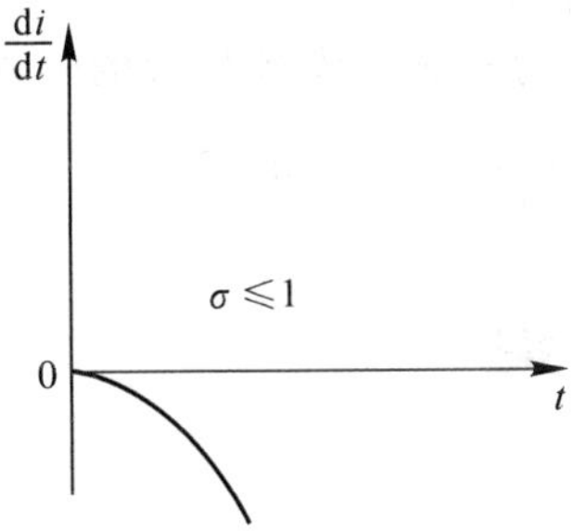

图 9.5　SIS 模型的 $\frac{\mathrm{d}i}{\mathrm{d}t}-i$ 曲线($\sigma\leqslant 1$)

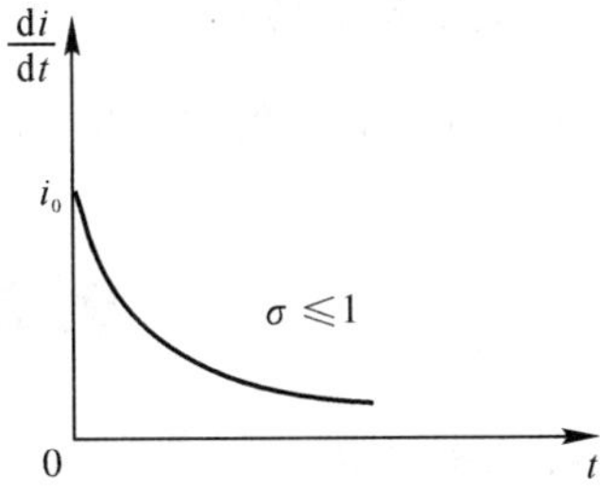

图 9.6　SIS 模型的 $i-t$ 曲线($\sigma\leqslant 1$)

不难看出,接触数 $\sigma=1$ 是一个阈值。当 $\sigma>1$ 时 $i(t)$ 的增减性取决于 i_0 的大小(见图 9.4),但其极限值 $i(\infty)=1-\frac{1}{\sigma}$ 随 σ 的增加而增加(试从 σ 的含义给以解释);当 $\sigma\leqslant 1$ 时病人比例 $i(t)$ 越来越小,最终趋于零,这是由于传染期内经有效接触从而使健康者变成的病人数不超过原来病人数的缘故。

SI 模型可视为本模型的特例,请读者考虑它相当于本模型中 μ 或 σ 取何值的情况。

模型 4(SIR 模型)　大多数传染病如天花、流感、肝炎、麻疹等治愈后均有很强的免疫力,所以病愈的人即非健康者(易感染者),也非病人(已感染者),他们已经退出传染系统。这种情况比较复杂,下面详细分析建模过程。

模型假设:

(1) 总人数 N 不变。人群分为健康者、病人和病愈免疫的移出者(Removed)三类,称SIR模型。三类人在总数 N 中占的比例分别记作 $s(t)$,$i(t)$ 和 $r(t)$。

(2) 病人的日接触率为 λ,日治愈率为 μ(与SI模型相同),传染期接触数为 $\sigma=\lambda/\mu$。

模型构成:

由假设(1)显然有

$$s(t)+i(t)+r(t)=1 \tag{9.12}$$

根据条件(2)方程(9.8)仍然成立。对于病愈免疫的移出者而言,有

$$N\frac{\mathrm{d}r}{\mathrm{d}t}=\mu Ni \tag{9.13}$$

再记初始时刻的健康者和病人的比例分别是 $s_0(s_0>0)$ 和 $i_0(i_0>0)$(不妨设移出者的初值 $r_0=0$),则由式(9.8)、式(9.12)、式(9.13),SIR模型的方程可以写为

$$\left.\begin{aligned}&\frac{\mathrm{d}i}{\mathrm{d}t}=\lambda si-\mu i,\quad i(0)=i_0\\&\frac{\mathrm{d}s}{\mathrm{d}t}=-\lambda si,\quad s(0)=s_0\end{aligned}\right\} \tag{9.14}$$

由方程(9.14)无法求出 $s(t)$ 和 $i(t)$ 的解析解,可作数值计算。

模型5(HIV/AIDS模型) 将人群分为易感人群(Susceptilbe)、感染者(Infected)、患者(AIDS)、死亡者(Death),离散动力学模型为

$$\begin{cases}S(t+1)=N(t)+(1-\lambda(t)-\mu(t))S(t)\\I(t+1)=\lambda(t)S(t)+(1-\gamma-\mu(t))I(t)\\B(t+1)=birth\_rate\times\lambda_bI(t)+(1-\gamma_b-\mu(t))B(t)\\A(t+1)=\gamma I(t)+\gamma_bB(t)+(1-\delta)A(t)\end{cases}$$

其中:$\lambda(t)$ 为第 t 年的感染率;$\mu(t)$ 为第 t 年的死亡率;γ 为从感染者到患者的转移率;$\gamma_b=1/10$;$\lambda_b=1/4$;δ 为患者的死亡率,常取 $\delta=1$;$\lambda(t)=\beta\dfrac{i(t)}{i(t)+s(t)}$,$\beta=0.525\,6$。

9.2 战争模型

1. 一般战争模型

设 $x(t)$ 和 $y(t)$ 表示交战双方甲和乙在时刻 t 时的兵力,可设为双方的士兵人数。假设:

(1) 每方战斗减员率取决于双方的兵力和战斗力,甲乙方的战斗减员率分别用 $f(x,y)$ 和 $g(x,y)$ 表示。

(2) 每方的非战斗减员率(如疾病、逃跑)只与本方兵力成正比。

(3) 甲乙方的增援率是给定的函数,分别用 $u(t)$ 和 $v(t)$ 表示。

由此得到微分方程:

$$\left.\begin{aligned}&\frac{\mathrm{d}x}{\mathrm{d}t}=-f(x,y)-\alpha x+u(t),\quad \alpha>0\\&\frac{\mathrm{d}y}{\mathrm{d}t}=-g(x,y)-\beta y+v(t),\quad \beta>0\end{aligned}\right\} \tag{9.15}$$

2. 正规战模型

考虑甲方战斗减员率与乙方兵力成正比,即 $f=ay$。a 表示乙方平均每个士兵对甲方的杀

伤率(单位时间内的杀伤数)。a 可表示为 $a=r_yp_y$，其中 r_y 为乙方的射击率，p_y 为乙每次的命中率。

同样，乙方战斗减员率与甲方兵力成正比，即 $g=bx$。b 表示甲方平均每个士兵对乙方的杀伤率(单位时间内的杀伤数)。b 可表示为 $b=r_xp_x$，其中 r_x 为甲方的射击率，p_x 为甲方每次的命中率。

不考虑非战斗减员和兵力增加，设初始时双方兵力分别为 x_0，y_0，则一般微分方程化为

$$\left.\begin{aligned}&\frac{dx}{dt}=-ay\\&\frac{dy}{dt}=-bx\\&x(0)=x_0,\quad y(0)=y_0\end{aligned}\right\}\tag{9.16}$$

方程(9.16)可化为

$$\left.\begin{aligned}&\frac{dy}{dx}=\frac{bx}{ay}\\&y(x_0)=y_0\end{aligned}\right\}\tag{9.17}$$

则 $ay^2-bx^2=k$。

由初始条件有

$$k=ay_0^2-bx_0^2$$

当 $k>0$ 时，曲线与 y 轴相交，表示乙方最终获胜，获胜时剩余兵力为 $y=\sqrt{\frac{k}{a}}$。

当 $k<0$ 时，曲线与 x 轴相交，表示甲方最终获胜，获胜时剩余兵力为 $x=\sqrt{-\frac{k}{b}}$。

当 $k=0$ 时，双方打成平局，最终同归于尽，剩余兵力都为 0。

乙方获胜条件 $\left(\frac{y_0}{x_0}\right)^2>\frac{b}{a}=\frac{r_xp_x}{r_yp_y}$，当甲方战斗力增加 4 倍，则乙方只需将兵力增加 2 倍，该模型也称为平方模型，其相轨迹线如图 9.7 所示。

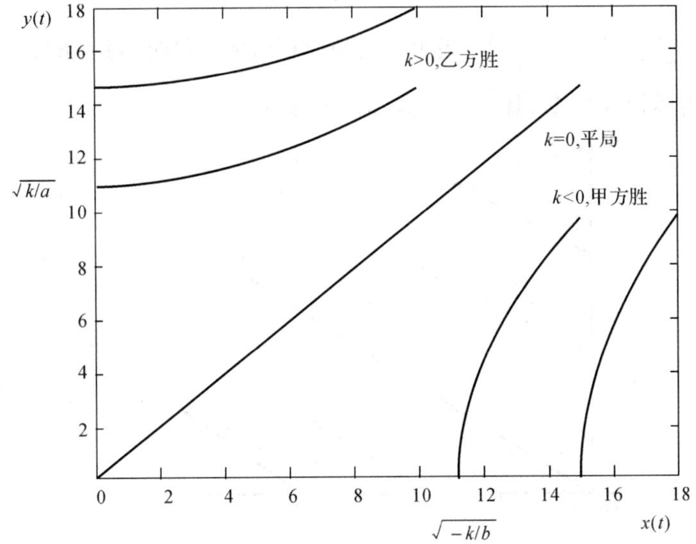

图 9.7　正规战模型的相轨迹线

3. 游击战模型

当甲、乙双方都使用游击战时，任一方兵力的减少不但与对方兵力有关，而且与己方的兵力有关。对方和己方兵力越多，己方战斗减员率越大。

设乙方杀伤率为 c，$c=r_y p_y=r_y\frac{s_{ry}}{s_x}$。其中 r_y 为乙方的射击率，p_y 为乙每次的命中率，s_x 为甲方活动面积，s_{ry} 为乙方有效射击面积。

设甲方杀伤率为 d，$d=r_x p_x=r_x\frac{s_{rx}}{s_y}$。其中 r_x 为甲方的射击率，p_x 为甲每次的命中率，s_y 为乙方活动面积，s_{rx} 为甲方有效射击面积。

其一般微分方程化为

$$\left.\begin{aligned}&\frac{\mathrm{d}x}{\mathrm{d}t}=-cxy\\&\frac{\mathrm{d}y}{\mathrm{d}t}=-dxy\\&x(0)=x_0,y(0)=y_0\end{aligned}\right\}\tag{9.18}$$

方程(9.18)可化为

$$\left.\begin{aligned}&\frac{\mathrm{d}y}{\mathrm{d}x}=\frac{d}{c}\\&y(x_0)=y_0\end{aligned}\right\}\tag{9.19}$$

则 $cy-dx=k$。

由初始条件有

$$k=cy_0-dx_0$$

当 $k>0$ 时，曲线与 y 轴相交，表示乙方最终获胜，获胜时剩余兵力为 $y=\frac{k}{c}$。

当 $k<0$ 时，曲线与 x 轴相交，表示甲方最终获胜，获胜时剩余兵力为 $x=-\frac{k}{d}$。

当 $k=0$ 时，双方打成平局，最终同归于尽，剩余兵力都为 0。

乙方获胜条件 $\frac{y_0}{x_0}>\frac{d}{c}=\frac{r_x s_{rx} s_x}{r_y s_{ry} s_y}$，当甲方活动面积增加一倍时，则乙方需将兵力增加一倍。

该模型也称为线性律模型，其相轨迹线如图 9.8 所示。

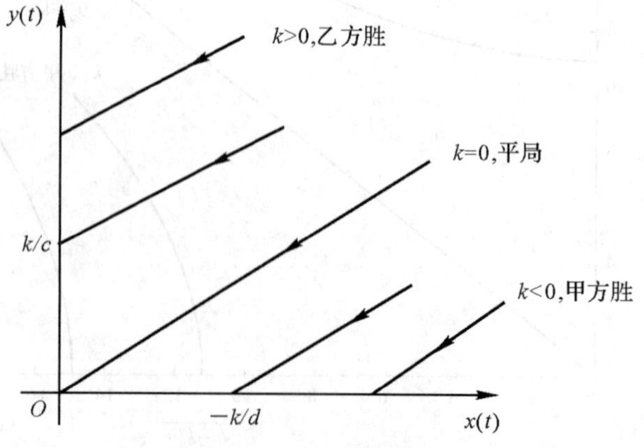

图 9.8　游击战模型的相轨迹线

4. 混合战争模型

假设甲方采用游击战争，乙方采用正规战争。方程为

$$\begin{cases}\dfrac{\mathrm{d}x}{\mathrm{d}t}=-cxy\\ \dfrac{\mathrm{d}y}{\mathrm{d}t}=-bx\\ x(0)=x_0,\quad y(0)=y_0\end{cases}$$

则解为

$$cy^2-2bx=n$$

其中 $n=cy_0^2-2bx_0$。

相轨线是抛物线(见图 9.9)。$n<0$，甲方胜；$n=0$，平局；$n>0$，乙方胜。

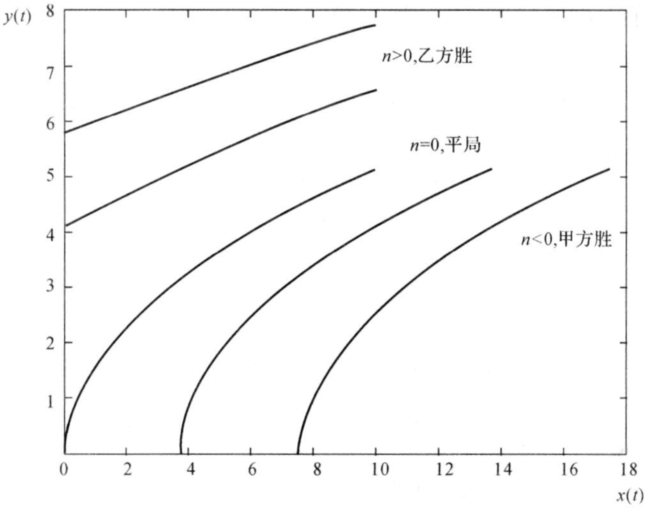

图 9.9　混合战争模型的相轨迹线

乙方获胜条件为

$$\left(\frac{y_0}{x_0}\right)^2>\frac{2b}{cx_0}$$

而 $b=r_xp_x$，$c=r_yp_y=r_y\dfrac{s_{ry}}{s_x}$，代入有

$$\left(\frac{y_0}{x_0}\right)^2>\frac{2r_xp_xs_x}{r_ys_{ry}x_0}$$

设乙方正规部队火力强，甲方则隐蔽范围大。设甲方兵力 $x_0=100$，命中率 $p_x=0.1$，火力 $r_x=\dfrac{1}{2}r_y$，活动面积 $s_x=0.1\ \mathrm{km}^2$，乙方每次射击的有效面积为 $s_{ry}=1\ \mathrm{m}^2$，则

$$\left(\frac{y_0}{x_0}\right)^2>\frac{2r_xp_xs_x}{r_ys_{ry}x_0}=\frac{2\times0.1\times0.1\times10^6}{2\times1\times100}=100$$

即 $\dfrac{y_0}{x_0}=10$，乙方必须以 10 倍于甲方的兵力才能获胜。

5. 硫磺岛战役

J. H. Engel 用第二次世界大战末期美日硫磺岛战役美军战地记录，对正规战争模型进行

验证,发现模型结果与实际数据吻合得很好。

硫磺岛位于东京以南 660 英里的海面上,是日军的重要空军基地。美军在 1945 年 2 月 19 日开始进攻,战斗持续一个多月。日军守军 21 500 人全部阵亡或被俘。美军投入兵力 73 000 人,伤亡 20 265 人。战斗到 28 天美军宣布占领该岛,实际战斗到 36 天才停止。美军的战地记录有按天统计的战斗减员和增援情况。日军没有后援,战地记录全部遗失。

用 $A(t)$ 和 $J(t)$ 表示美军和日军第 t 天的人数,加上初始条件,有

$$\begin{cases}\dfrac{\mathrm{d}A}{\mathrm{d}t}=-aJ(t)+u(t)\\[2mm] \dfrac{\mathrm{d}J}{\mathrm{d}t}=-bA(t)\\[2mm] A(0)=0,\quad J(0)=21\ 500\end{cases}$$

由美军战地记录给出增援率 $u(t)$ 为 $u(1)=54\ 000$, $u(2)=6\ 000$, $u(5)=13\ 000$,其他 $u(t)=0$。

由美军每天的伤亡记录得到每天的实际兵力 $A(t)$,$t=1,2,\cdots,36$。

对前面方程离散化得

$$A(t)=A(0)-a\sum_{i=1}^{t}J(i)+\sum_{i=1}^{t}u(i) \tag{9.20}$$

$$J(t)=J(0)-b\sum_{i=1}^{t}A(i) \tag{9.21}$$

取 $t=36$,$J(0)=21\ 500$,$J(36)=0$,$\sum\limits_{i=1}^{t}A(i)=2\ 037\ 000$,计算得

$$b=\frac{J(0)}{\sum\limits_{i=1}^{t}A(i)}=\frac{21\ 500}{2\ 037\ 000}=0.010\ 6$$

将 $b=0.010\ 6$ 代入(9.21)式可计算出 $J(t)$,$t=1,2,\cdots,36$。

代入式(9.20)有

$$a=\frac{\sum\limits_{i=1}^{36}u(i)-A(36)}{\sum\limits_{i=1}^{36}J(i)}=\frac{20\ 265}{372\ 500}=0.054\ 4$$

从而得到 $A(t)=-0.054\ 4\sum\limits_{i=1}^{t}J(i)+\sum\limits_{i=1}^{t}u(i)$,该结果与实际数值很接近。

9.3 人口总量发展模型

9.3.1 马尔萨斯人口模型

设时刻 t 时人口为 $x(t)$,单位时间内人口增长率为 r,则 Δt 时间内增长的人口为

$$x(t+\Delta t)-x(t)=x(t)r\Delta t$$

当 $\Delta t\to 0$,得到微分方程:

$$\frac{dx}{dt}=rx, x(0)=x_0$$

则 $x(t)=x_0e^{rt}$，待求参数 x_0，r。为便于求解，两边取对数有：$y=a+rt$，其中 $y=\ln x$，$a=\ln x_0$，该模型化为线性求解。

9.3.2　阻滞型人口模型

设时刻 t 时人口为 $x(t)$，环境允许的最大人口数量为 x_m，人口净增长率随人口数量的增加而线性减少，即

$$r(x)=r\left(1-\frac{x}{x_m}\right)$$

由此建立阻滞型人口微分方程为

$$\frac{dx}{dt}=r\left(1-\frac{x}{x_m}\right)x, x(0)=x_0$$

则
$$x(t)=\frac{x_m}{1+\left(\frac{x_m}{x_0}-1\right)e^{-rt}}$$

待求参数 x_0，x_m，r。此即为 Logistic 函数。

当 $x=\frac{x_m}{2}$ 时，x 增长最快，即 $\frac{dx}{dt}$ 最大。

$dx/dt-x$ 图见图 9.10，$x-t$ 图见图 9.11。

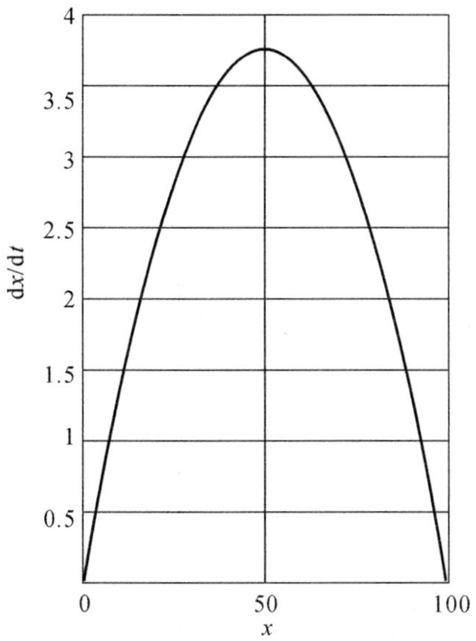

图 9.10　$dx/dt-x$ 图

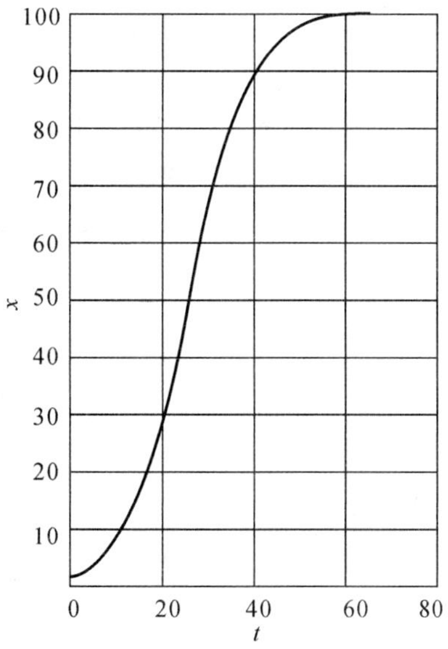

图 9.11　$x-t$ 图

9.3.3　实际数据处理

1. 美国人口数据处理

表 9.1 所示为 1790—2000 年美国人口数据。

表 9.1　美国人口数据表　　人口数量单位：百万

年份	1790	1800	1810	1820	1830	1840	1850	1860
实际人口	3.9	5.3	7.2	9.6	12.9	17.1	23.2	31.4
指数模型	4.188 4	5.510 5	7.249 8	9.538	12.549	16.509 7	1.720 9	28.576 9
阻滞模型	7.698 1	9.509 6	11.736 1	14.466 7	17.807	21.878 2	26.822 9	32.798 7
年份	1870	1880	1890	1900	1910	1920	1930	1940
实际人口	38.6	50.2	62.9	76.0	92.0	106.5	123.2	131.7
指数模型	37.597	49.464	65.077	85.618				
阻滞模型	39.979	48.547 0	58.686 1	70.567 3	84.331	100.065	117.779	137.387
年份	1950	1960	1970	1980	1990	2000		
实际人口	150.7	179.3	204.0	226.5	251.4	281.4		
指数模型								
阻滞模型	158.683	181.343 9	204.938	228.951	252.834	276.048		

(1) 用指数模型求解。由指数增长模型得到模型为

$$y=3.193\ 6e^{0.274\ 3t}\qquad (1790—1900\text{ 年数据})$$

均方误差根为 $RMSE=3.021\ 5$。

结果图见图 9.12。(效果好)

$$y=4.938\ 4e^{0.202\ 2t}\qquad (1790—2000\text{ 年数据})$$

均方误差根为 $RMSE=39.824\ 5$。

结果图见图 9.13。(效果不好)

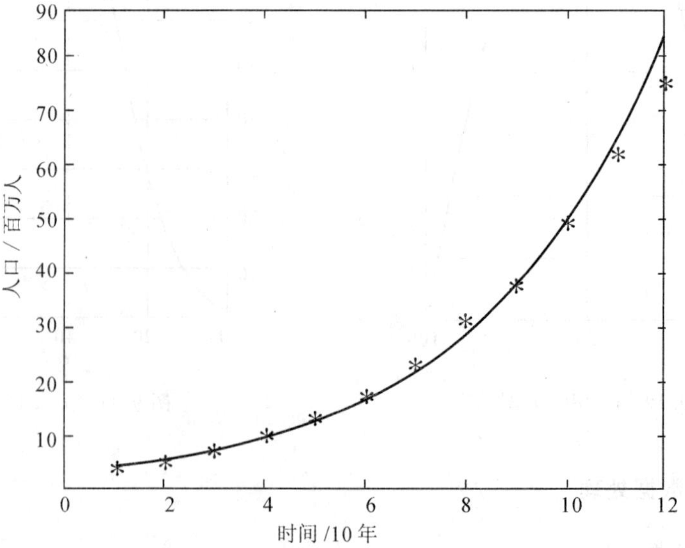

图 9.12　美国人口指数模型(1790—1900 年,1790 年为第 1 个 10 年,* 为原数据,实线为拟合值)

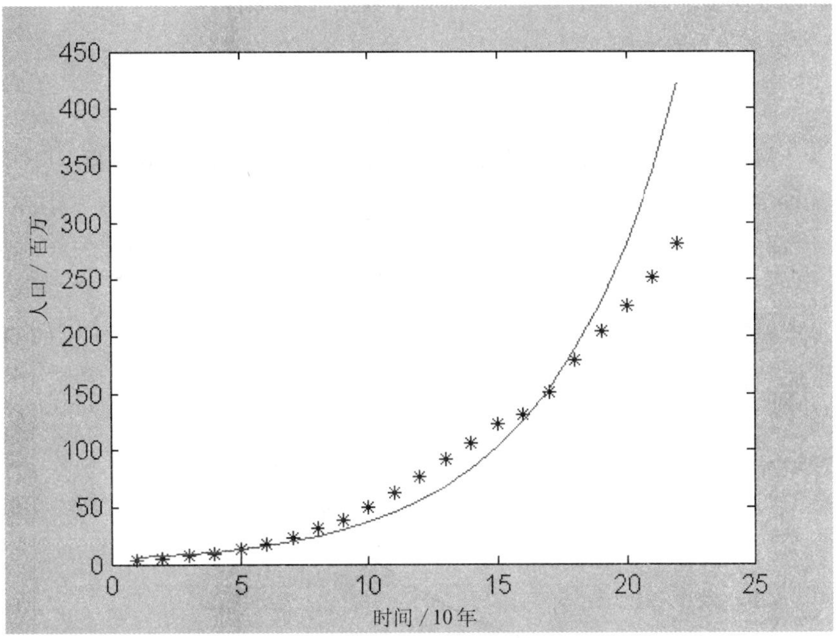

图 9.13　美国人口指数模型(1790—2000 年,1790 年为第 1 个 10 年,* 为原数据,实线为拟合值)

指数模型求解的 Matlab 程序 population_america1. m：

```
% 美国人口模型,指数增长模型
x=[3.9,5.3,7.2,9.6,12.9,17.1,23.2,31.4,38.6,50.2,62.9,76.0,...
        92.0,106.5,123.2,131.7,150.7,179.3,204.0,226.5,251.4,281.4]';
n=12;
xx=x(1:n);%1790—1900 年数据
t=[ones(n,1),(1:n)'];
y=log(xx(1:n));
[b,bint,r,rint,stats]=regress(y,t);
RR=stats(1);% 复相关系数
F=stats(2);% 统计量值
prob=stats(3); % 概率
x0=exp(b(1)); % 参数;
r=b(2); % 参数

py=x0*exp(r*t(:,2)); % 预测数据

err=xx-py;
rmse=sqrt(sum(err.^2)/n); % 均方误差根

plot(1:n,xx,'*',1:n,py); % 作对比图
```

(2) 用阻滞型模型求解。拟合 1790—2000 年数据,得到结果为

$$x_0=6.2267,\quad x_m=446.572,\quad r=0.2155$$

$$y=\frac{446.572}{1+70.7191e^{-0.2155t}}$$

均方误差根为 $RMSE=4.5614$,并预测 2010 年美国人口为 298.113 8 百万。

结果图见图 9.14。(效果好)

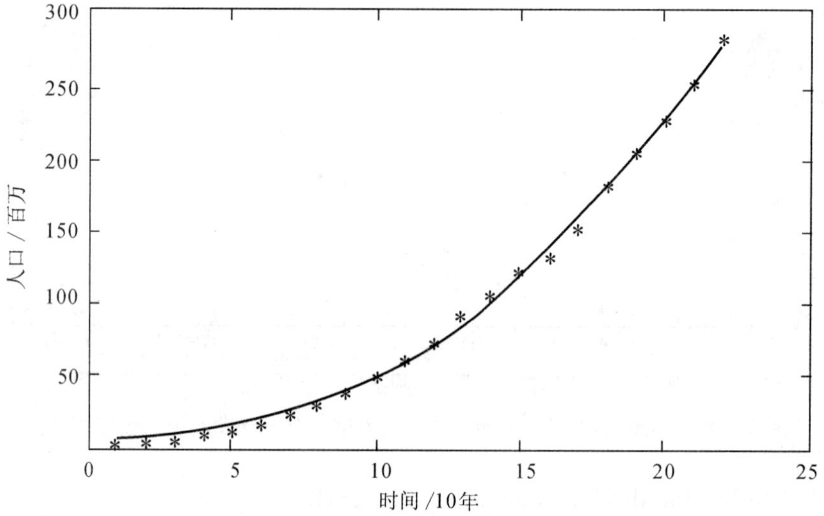

图 9.14 美国人口阻滞型模型(1790—2000 年,1800 年为第 1 个 10 年,* 为原数据,实线为拟合值)

Matlab 程序 population_america2.m:

```
% 美国人口模型,阻滞型增长模型
% 非线性回归
x=[3.9,5.3,7.2,9.6,12.9,17.1,23.2,31.4,38.6,50.2,62.9,76.0,...
        92.0,106.5,123.2,131.7,150.7,179.3,204.0,226.5,251.4,281.4]';

n=22;
y=x(1:n);%1790—2000 年数据
t=(1:n)';
beta0=[5.3,0.22,400]; %[x0,r,xm]
[beta,R,J]=nlinfit(t,y,'logisfun',beta0);
%R 为残差,beta 为待求参数
py=beta(3)./(1+(beta(3)/beta(1)-1)*exp(-beta(2)*t));% 预测各年人口

p23= beta(3)./(1+(beta(3)/beta(1)-1)*exp(-beta(2)*23));% 预测 2010 年人口

rmse=sqrt(sum(R.^2)/n); % 均方误差根
```

```
plot(1:n,y,'*',1:n,py); % 作对比图

% 拟合函数
logisfun.m
function yhat=logisfun(beta,x)
yhat=beta(3)./(1+(beta(3)./beta(1)-1).*exp(-beta(2)*x));
```

2. 世界人口数据处理

拟合1991—2004年世界人口数据(见表9.2),得到结果为

$$x_0=5.1649,\quad x_m=8.7756,\quad r=0.045$$

$$y=\frac{8.7756}{1+0.6991e^{-0.045t}}\quad (10亿)$$

均方误差根为 $RMSE=0.117$。

表9.2　世界人口数据　　单位:10亿

年份	1991	1992	1993	1994	1995	1996	1997
实际人口	5.3840	5.4200	5.0506	5.6070	5.7020	5.7710	5.8400
计算人口	5.2600	5.3543	5.4477	5.5400	5.6313	5.7214	5.8103
年份	1998	1999	2000	2001	2002	2003	2004
实际人口	5.9260	5.9820	6.0670	6.1370	6.2150	6.3140	6.3960
计算人口	5.8979	5.9842	6.0691	6.1525	6.2344	6.3148	6.3936

结果图见图9.15。

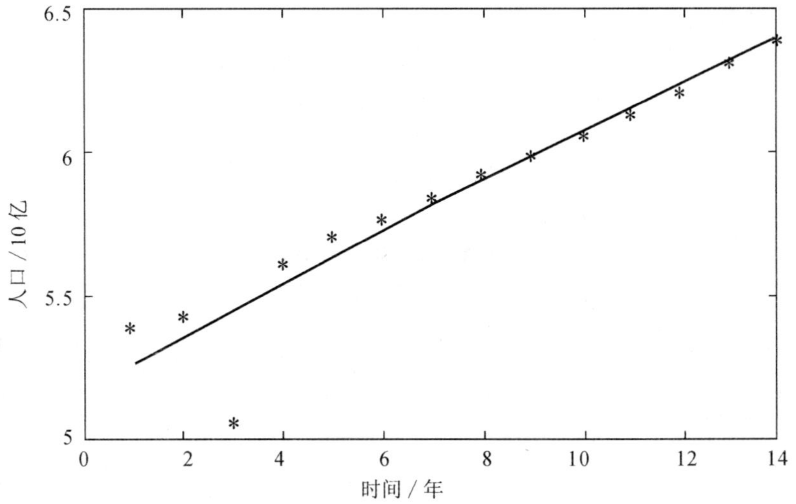

图9.15　世界人口阻滞型模型(1991—2004年,1991年为第1年,* 为原数据,实线为拟合值)

Matlab程序population_world.m:

```
% 世界人口模型,阻滞型增长模型
% 非线性回归
x=[5.384,5.420,5.0506,5.607,5.702,5.771,5.840,5.926,5.982,…
```

```
6.067,6.137,6.215,6.314,6.396]';% 世界 1991—2004 年人口数据,单位十亿

n=length(x);
y=x(1:n);%1991—2004 年数据
t=(1:n)';
beta0=[5.3,0.22,80,]; %[x0,r,xm]
[beta,R,J]=nlinfit(t,y,'logisfun',beta0);
%R 为残差,beta 为待求参数
py=beta(3)./(1+(beta(3)/beta(1)-1)*exp(-beta(2)*t));% 预测各年人口

p23= beta(3)./(1+(beta(3)/beta(1)-1)*exp(-beta(2)*23));% 预测 2010 年人口


rmse=sqrt(sum(R.^2)/n); % 均方误差根

plot(1:n,y,'*',1:n,py); % 作对比图

% 拟合函数
logisfun.m
function yhat=logisfun(beta,x)
yhat=beta(3)./(1+(beta(3)./beta(1)-1).*exp(-beta(2)*x))
```

3. 中国人口数据处理

拟合 1949—2001 年中国人口数据(见表 9.3),得到结果为

$$x_0=5.130\,6,\quad x_m=18.293\,9,\quad r=0.034\,2$$

$$y=\frac{18.293\,9}{1+2.565\,6e^{-0.034\,2t}}\quad(\text{亿人})$$

均方误差根为 $RMSE=00134\,6$。

表 9.3 中国人口数据 单位:亿人

年份	1949	1950	1951	1952	1953	1954	1955
实际人口	5.416 7	5.519 6	5.630 0	5.748 2	5.879 6	6.026 6	6.146 5
计算人口	5.258 0	5.387 2	5.518 3	5.651 2	5.785 8	5.922 1	6.060 1
年份	1956	1957	1958	1959	1960	1961	1962
实际人口	6.282 8	6.465 3	6.599 4	6.720 7	6.620 7	6.585 9	6.729 5
计算人口	6.199 6	6.340 8	6.483 4	6.627 4	6.772 8	6.919 5	7.067 5
年份	1963	1964	1965	1966	1967	1968	1969
实际人口	6.917 2	7.049 9	7.253 8	7.454 2	7.636 8	7.853 4	8.067 1
计算人口	7.216 6	7.366 8	7.517 9	7.670 0	7.823 0	7.976 7	8.131 1

续 表

年份	1970	1971	1972	1973	1974	1975	1976
实际人口	8.299 2	8.522 9	8.717 7	8.921 1	9.085 9	9.242 0	9.371 7
计算人口	8.286 0	8.441 5	8.597 4	8.753 6	8.910 0	9.066 6	9.223 2
年份	1977	1978	1979	1980	1981	1982	1983
实际人口	9.497 4	9.625 9	9.754 2	9.870 5	10.007 2	10.165 4	10.300 8
计算人口	9.379 8	9.536 2	9.692 4	9.848 3	10.003 8	10.158 8	10.313 2
年份	1984	1985	1986	1987	1988	1989	1990
实际人口	10.435 7	10.585 1	10.750 7	10.930 0	11.102 6	11.270 4	11.433 3
计算人口	10.466 9	10.619 9	10.772 0	10.923 2	11.073 4	11.222 5	11.370 5
年份	1991	1992	1993	1994	1995	1996	1997
实际人口	11.582 3	11.717 1	11.851 7	11.985 0	12.112 1	12.238 9	12.362 6
计算人口	11.517 2	11.662 7	11.806 7	11.949 4	12.090 6	12.230 2	12.368 2
年份	1998	1999	2000	2001			
实际人口	12.476 1	12.578 6	12.674 3	12.762 7			
计算人口	12.504 6	12.639 2	12.772 1	12.903 2			

结果图见图 9.16。

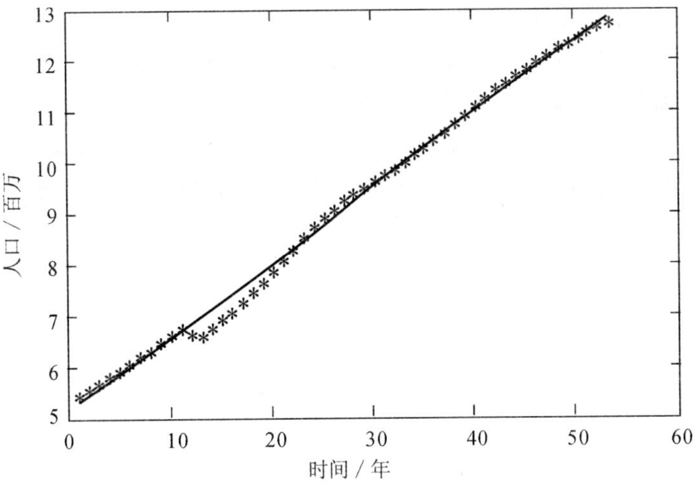

图 9.16　中国人口阻滞型模型(1949－2001 年,1949 年为第 1 年,* 为原数据,实线为拟合值)

Matlab 程序 population_china.m:

```
% 中国人口模型,阻滞型增长模型
% 非线性回归
x=[5.4167,5.5196,5.6300,5.7482,5.8796,6.0266,6.1465,6.2828,6.4653,...
```

```
6.5994,6.7207,6.6207,6.5859,6.7295,6.9172,7.0499,7.2538,7.4542,...
7.6368,7.8534,8.0671,8.2992,8.5229,8.7177,8.9211,9.0859,9.2420,...
9.3717,9.4974,9.6259,9.7542,9.8705,10.0072,10.1654,10.3008,...
10.4357,10.5851,10.7507,10.9300,11.1026,11.2704,11.4333,11.5823,...
11.7171,11.8517,11.9850,12.1121,12.2389,12.3626,12.4761,12.5786,...
12.6743,12.7627]';% 中国 1949 ~ 2001 年人口数据,单位亿

n = length(x);
y = x(1:n);%1949—2004 年数据
t = (1:n)';
beta0 = [5.3,0.12,20,]; %[x0,r,xm]
[beta,R,J] = nlinfit(t,y,'logisfun',beta0);
%R 为残差,beta 为待求参数
py = beta(3)./(1 + (beta(3)/beta(1) - 1) * exp(- beta(2) * t));% 预测各年人口
p23 =  beta(3)./(1 + (beta(3)/beta(1) - 1) * exp(- beta(2) * 59));% 预测 2010 年人口
rmse = sqrt(sum(R.^2)/n); % 均方误差根

plot(1:n,y,'*',1:n,py); % 作对比图
```

本章小结

本章介绍了微分方程的几种经典模型:传染病模型,战争模型,人口总量发展模型。通过这几个模型,学会对实际问题利用微分方程进行建模。在实际问题中,不但连续问题可以利用微分方程建模,而且离散问题也可以当作连续问题来考虑,如在考虑传染病中病人的增减,战争中士兵的消耗,社会中人口的发展,这些本是离散的变量,但随时间的变化,我们将其考虑为连续变量,反倒使问题简化,从而可利用微分方程建模的方法来计算。掌握这种思考方法,在建模中有很多好处。

第 10 章　差分方程模型

本章将通过两个实例介绍两个差分方程模型:依年龄分布的生物发展模型和减肥模型。

10.1　依年龄分布的生物发展模型

建立一定环境中动物自然生长的种群总数的模型。一定的环境资源指有限的资源,如有限的食物、空间、水等等。选择一种你可以找到与其环境有关数据的鱼或哺乳动物(如北美洲的小种马、兔子、鲑鱼、条纹鲈鱼等等),对于这种动物的总数建立数学模型并给出最优秀饲养数量。(AMCM85A)

考察国家黄石公园中灰熊的自然总数。由于黄石公园的环境资源限制很大,以致于最近以来灰熊数量减少。决定对黄石公园中灰熊的总数建立一种模型,并建议用迁移的方法来拯救这些灰熊,这部分灰熊将安置在北美某些与黄石公园气候条件相似的荒野。黄石公园有一定数量的土地,一定数量的小野果,有核果、草本植物、禾本植物以及供捕食的动物。根据过量的动物总数会导致该种动物数量减少的理论,每种动物的总数应该加以控制,多余部分灰熊应该有计划地放养,使每 150 万亩地有 100 头灰熊能健康地生长。这个参数是根据黄石公园 4.4 百万亩地中有 300 ～ 350 头灰熊而假定的。

根据 1957—1969 年黄石公园健康灰熊的统计资料,其各年龄段的存活率和生育率见表 10.1。

表 10.1　灰熊各年龄段存活率和生育率

年　龄	生育率 a_i	存活率 b_i	年　龄	生育率 a_i	存活率 b_i
[0,1]	0.000 0	0.629 6	[13,14]	0.504 0	0.875 1
[1,2]	0.000 0	0.959 2	[14,15]	0.463 6	0.791 7
[2,3]	0.000 0	0.679 0	[15,16]	0.320 0	0.736 8
[3,4]	0.000 0	0.909 1	[16,17]	0.250 0	0.857 1
[4,5]	0.185 0	0.820 0	[17,18]	0.2302	0.7500
[5,6]	0.224 0	0.975 6	[18,19]	0.1962	0.8889
[6,7]	0.258 3	0.950 0	[19,20]	0.173 0	0.750 0
[7,8]	0.283 6	0.973 7	[20,21]	0.098 8	0.666 7
[8,9]	0.355 0	0.973 0	[21,22]	0.085 0	0.750 0
[9,10]	0.512 3	0.944 4	[22,23]	0.088 0	0.666 7
[10,11]	0.779 0	0.970 6	[23,24]	0.051 0	0.500 0
[11,12]	0.779 0	0.934 4	[24,25]	0.032 7	0.500 0
[12,13]	0.743 0	0.903 2	[25,26]	0.000 0	0.000 0

设动物存活期共分 n 年，各年龄段的生育率为 a_i，存活率为 b_i。设 $X(t)=(x_1(t),x_2(t),\cdots,x_n(t))$ 表示第 t 年各年龄段上动物的数量分布向量，$x_i(t)$ 表示第 t 年时 i 岁的动物数量，则

$$\left.\begin{aligned} x_1(t+1) &= \sum_{i=1}^{n} a_i x_i(t) \\ x_2(t+1) &= b_1 x_1(t) \\ x_n(t+1) &= b_{n-1} x_{n-1}(t) \end{aligned}\right\} \tag{10.1}$$

令转移矩阵 $\boldsymbol{L}$ 为

$$\boldsymbol{L}=\begin{bmatrix} a_1 & a_2 & \cdots & a_{n-1} & a_n \\ b_1 & 0 & \cdots & 0 & 0 \\ 0 & b_2 & \cdots & 0 & 0 \\ \vdots & \vdots & & \vdots & \vdots \\ 0 & 0 & \cdots & b_{n-1} & 0 \end{bmatrix} \tag{10.2}$$

则动物发展模型为

$$X(t+1)=\boldsymbol{L}X(t)$$

这里取转移矩阵 $\boldsymbol{L}$ 为

$$\boldsymbol{L}=\begin{bmatrix} 0 & 0 & 0 & \cdots & 0.088 & 0.051 & 0.0327 & 0 \\ 0.6296 & & & & & & & \\ & 0.9592 & & & & & & \\ & & 0.679 & & & & & \\ & & & \cdots & & & & \\ & & & & 0.6667 & & & \\ & & & & & 0.5 & & \\ & & & & & & 0.5 & 0 \end{bmatrix}_{26\times 26}$$

则 $X_{i+1}=\boldsymbol{L}X_i$，$i=1,2,\cdots$。

设当灰熊各年龄段数量分布为 X_m 时，总量达到允许量 100 头。采取放养策略，设各年龄段放养比率为 h，则有

$$LX_m-hLX_m=X_m \tag{10.3}$$

即

$$LX_m=\frac{1}{1-h}X_m \tag{10.4}$$

则 $\lambda=\dfrac{1}{1-h}$ 为矩阵 $\boldsymbol{L}$ 的特征值，每个年龄段放养比率为 $h=1-\dfrac{1}{\lambda}$。

在这里，可以算出 $\boldsymbol{L}$ 的最大特征值为 $\lambda=1.022$，$h=0.0215$。

通过模拟，结果见图 10.1，可以发现当总量超过 100 时，采取各年龄段灰熊的 2.15% 放养，使得总量基本保持在 100 头左右。

Matlab 程序 population_age.m：

```
n=26;
L=zeros(n,n);
```

```
L(1,:)= [0,0,0,0,0.185,0.224,0.2583,0.2836,0.355,0.5123,0.779,0.779,0.743,...,0.504,
0.4636,0.32,0.25,0.2302,0.1962,0.173,0.0988,0.085,0.088,0.051,0.0327,0.0];
L(2,1)= 0.6296; L(3,2)= 0.9592;L(4,3)= 0.679; L(5,4)= 0.9091; L(6,5)= 0.82;
L(7,6)= 0.8756; L(8,7)= 0.95; L(9,8)= 0.9737; L(10,9)= 0.973;L(11,10)= 0.9444;
L(12,11)=0.9706; L(13,12)=0.9344; L(14,13)=0.9032; L(15,14)=0.8571;
L(16,15)=0.7917; L(17,16)=0.7368; L(18,17)=0.8571; L(19,18)=0.75;
L(20,19)=0.8889; L(21,20)=0.75; L(22,21)=0.6667; L(23,22)=0.75;
L(24,23)=0.6667; L(25,24)=0.5; L(26,25)=0.5;

p=abs(eig(L));
for i=1:n
    if p(i) > 1
        lp=p(i);
        h=1-1.0/lp;
    end
end

X=floor(6*rand(26,1));
XX=[];
s=[];
s(1)=sum(X);
for i=2:100
  XX=L*X;
  %XX=floor(XX+0.5);
  s(i)=sum(XX);
   if s(i)>100
     X=(1-h)*XX;
   else
  X=XX;
 end
 end
 plot(s);
```

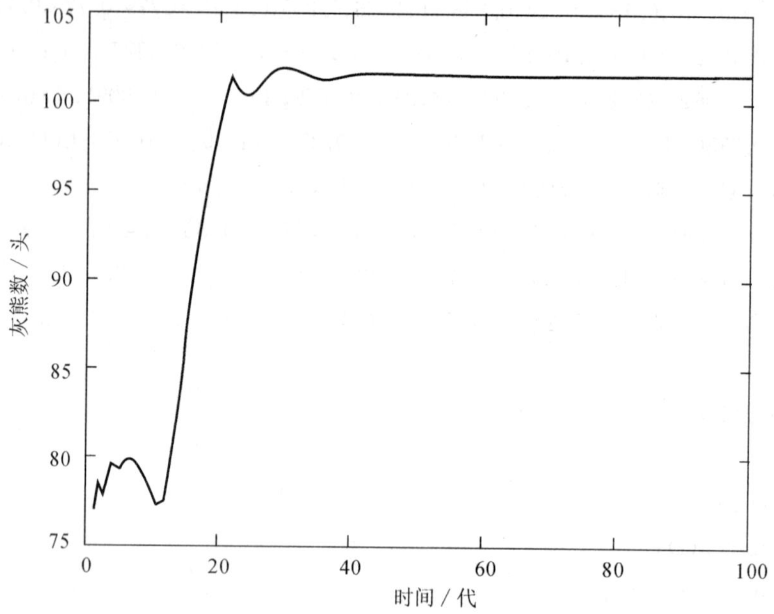

图 10.1　100 代灰熊数量分布结果图

10.2　减肥模型

对一个人是否肥胖，联合国世界卫生组织颁布所谓体重指数(简记 BMI)。BMI 定义为体重(kg) 除以身高(m) 的平方。并规定 BMI 在[18.5,25] 为正常，超过 25 为超重，超过 30 为肥胖。

某男子身高 1.75 m，体重 120 kg。其 BMI＝39，该男子为肥胖。目前该男子每周吸收的热量为 25 000 kcal①。该男子现欲进行减肥，使体重达到 80 kg，问采取什么样的方法，可以尽量早地实现减肥目标？

1. 问题分析

每个人每天既要吃饭，吸收热量，使体重增加，同时又有新陈代谢，消耗热量，也可能还有比较剧烈的运动消耗热量。我们的减肥可以通过减少控制饮食，减少人对热量的吸收；也可以通过运动，增大对热量的消耗达到目的。

2. 模型假设

根据人的生理资料，可以作以下假定：

(1) 体重增加正比于吸收的热量，平均每 8 000 kcal 可增加体重 1 kg。

(2) 正常代谢引起的体重减少正比于体重，每周每千克体重消耗热量一般在 200～320 kcal 之间，且因人而异。

(3) 运动引起的体重减少正比于体重，且与运动形式有关。

---

① 1 kcal = 4.1868×10^{3} J。

(4) 为了安全与健康，每周体重减少不宜超过 1.5 kg，每周吸收热量不小于 10 000 kcal。

3. *模型方程*

记第 k 周体重为 $w(k)$，第 k 周吸收的热量为 $c(k)$。

人每天要吸收热量，增加体重，同时又会有代谢，使体重减少。这里热量转换系数为 $\alpha=\frac{1}{8\ 000}$ kg/kcal。代谢消耗系数为 β，该值跟人有关。则在不考虑运动情况下体重变化的离散方程为

$$w(k)=w(k-1)+\alpha c(k)-\beta w(k-1),\quad k=1,2,\cdots \tag{10.5}$$

当增加运动时，可将 β 修改为 $\beta+\gamma$，γ 为跟运动有关的消耗系数。

4. *减肥方案*

根据是否采取运动减肥分为两种情况。

方案 1：控制饮食减肥。该方案分为两个阶段。第一阶段，每周减肥 1.5 kg，通过逐步减少每周吸收的热量来实现。第二阶段，当每周吸收的热量达到下限 10 000 kcal 时，保持每周吸收最少的 10 000 kcal 热量，依靠消耗大于吸收，逐步实现减肥到 80 kg。

第一阶段：首先求出该男子的消耗系数 β。

根据男子每周吸收 25 000 kcal 热量使体重不变，由式(10.5) 有

$$w=w+\alpha c-\beta w$$

则 $\beta=\frac{\alpha c}{w}=\frac{25\ 000}{8\ 000\times 120}=0.026$。

这相当于每千克体重每周消耗 25 000/120 = 208 kcal，可看出该男子每周消耗相当低，难怪会肥胖。

则由式(10.5) 有

$$w(k)=w(k-1)+\frac{1}{8\ 000}c(k)-0.026w(k-1)\quad k=1,2,\cdots \tag{10.6}$$

而每周减肥 1.5 kg，则 $w(k-1)-w(k)=1.5$，$w(k-1)=120-1.5(k-1)$，则

$$c(k)=13\ 272-312k\quad k=1,2,\cdots \tag{10.7}$$

由每周吸收热量下限为 10 000 kcal，则 $c(k)=13\ 272-312k\geqslant 10\ 000$，则 $k\leqslant 10.5$。

第一阶段减肥计划为 10.5 周，保持每周吸收热量为 $c(k)=13\ 272-312k\,(k=1,2,\cdots,11)$。到 10 周半左右，每周吸收热量到了 10 000 kcal，则不再减少。

第二阶段：到 10.5 周，体重减少 10.5×1.5 kg，体重为 $120-1.5\times 10.5=104.25$ kg。则这时候每周吸收热量保持 10 000 kcal，依靠消耗大于吸收，使体重减少。

在式(10.5) 中取 $c(k)=10\ 000$，则有

$$w(k)=(1-\beta)w(k-1)+1.25\quad k=1,2,\cdots \tag{10.8}$$

这里 $w(0)=104.25$。

方案 1 第二阶段每周减肥结果见表 10.2。

从该计算结果来看，每周减少的体重最大为第 1 周，为 1.46 kg，没有超过 1.5 kg 的限制，因此该减肥计划是安全的。

第二阶段还需要大约 22 周才能完成减肥到 80 kg 的计划。则整个减肥计划大约为 32 周，约 8 个月。

方案 2：控制饮食同时运动减肥。该方案分为两个阶段。第一阶段每周减肥 1.5 kg，通过

逐步减少每周吸收的热量来实现。第二阶段，当每周吸收的热量达到下限 10 000 kcal，保持每周吸收最少的 10 000 kcal 热量，通过运动增加每天的消耗，逐步实现减肥到 80 kg。

表 10.2　方案 1 第二阶段每周减肥结果

周次 / 周	1	2	3	4	5	6	7	8	9	10
体重 /kg	102.8	101.4	100.0	98.6	97.3	96.0	94.8	93.6	92.4	91.2
周次 / 周	11	12	13	14	15	16	17	18	19	20
体重 /kg	90.1	89.0	88.0	86.9	85.9	84.9	84.0	83.0	82.1	81.2
周次 / 周	21	22								
体重 /kg	80.4	79.5								

该方案第一阶段与方案 1 的第一阶段相同。每周减少 1.5 kg，到 10.5 周达到 104.25 kg。此时保持每周吸收热量 10 000 kcal。

方案 2 的第二阶段增加运动，使每周的消耗量增大，加快体重减少速度。

根据调查资料，不同运动每小时每千克体重的消耗量(u) 见表 10.3。

表 10.3　不同运动每小时体重的消耗量

运动	跑步	跳舞	乒乓球	自行车(中速)	游泳(50m/min)
消耗 /(kcal/kg)	7	3	4.4	2.5	7.9

当考虑运动时，需要在式(10.5) 中将 β 修改为 $\beta+\gamma$。其中 γ 为跟运动有关的消耗系数，$\gamma=\alpha ut$，t 为每周运动时间。为保证每周减肥不超过 1.5 kg，同时又加快减肥速度，我们采用前 10 周每周跳舞 3 h，$\gamma_1=\dfrac{3\times 3}{8\ 000}$，10 周后采用每周打乒乓球 7 h，$\gamma_2=\dfrac{7\times 4.4}{8\ 000}$。则该方程为

$$w(k)=w(k-1)+\alpha c(k)-(\beta+\gamma_1)w(k-1)\quad k=1,2,\cdots,10$$

$$w(k)=w(k-1)+\alpha c(k)-(\beta+\gamma_2)w(k-1)\quad k=11,12,\cdots$$

计算结果见表 10.4。

表 10.4　方案 2 第二阶段每周减肥结果

周次 / 周	1	2	3	4	5	6	7	8	9	10
体重 /kg	102.7	101.1	99.6	98.2	96.8	95.4	94.1	92.8	91.5	90.0
周次 / 周	11	12	13	14	15	16	17	18		
体重 /kg	88.6	87.2	85.8	84.5	83.2	82.0	80.8	79.7		

这里仅第 1 周和第 2 周减肥为 1.6 kg，其他周减肥都不超过 1.5 kg，因此可行。

在该方案中，第二阶段减肥为 18 周，比第 1 种方案少了 4 周。因此，采用运动减肥，可加快减肥速度。

Matlab 程序：

```
n=20;
```

```
w = zeros(1,n);
w(1) = 104.25;
r1 = 3 * 3/8000;
r2 = 7 * 4.4/8000;
b = 0.026;
for i = 2:n
    if(i <= 10)
  w(i) = (1 - b - r1) * w(i - 1) + 1.25;
    else
   w(i) = (1 - b - r2) * w(i - 1) + 1.25;
    end
end
fprintf('   周次   体重    减重 \n');
for i = 2:n
    fprintf('   %2d    %5.1f %4.2f \n',i - 1,w(i),w(i - 1) - w(i));
end
```

输出结果：

周次	体重	减重
1	102.7	1.58
2	101.1	1.53
3	99.6	1.49
4	98.2	1.45
5	96.8	1.41
6	95.4	1.38
7	94.1	1.34
8	92.8	1.30
9	91.5	1.27
10	90.0	1.48
11	88.6	1.44
12	87.2	1.39
13	85.8	1.35
14	84.5	1.31
15	83.2	1.27
16	82.0	1.23
17	80.8	1.20
18	79.7	1.16
19	78.5	1.13

本 章 小 结

本章讲解了两个差分方程模型：依年龄分布的生物发展模型，减肥模型。差分方程与微分方程式相对应的，将微分方程的时间离散化，就可以得到差分方程。在实际问题中，到底采用差分方程好还是微分方程好，需要根据具体问题来考虑，有时候两种方法都可以。在竞赛中也会出现这种情况，同一个问题，有的采用微分方程建模，有的采用差分方程建模。通常情况是，差分方程具有递推性，更方便计算。而微分方程更方便研究方程的性质。

第 11 章　存储论模型

存储论(或称库存论)是定量方法最早研究的领域之一,是研究存储系统的性质、运行规律,以及如何寻找最优存储策略的一门学科,是运筹学的重要分支。存储论的数学模型一般分为两类:一类是确定型存储模型,它不包含随机因素;另一类是随机型存储模型。本章介绍 4 种确定型的存储模型:不允许缺货的订货存储模型、允许缺货的订货存储模型、不允许缺货的生产存储模型、允许缺货的生产存储模型。

11.1　不允许缺货的订货存储模型

例 11.1　某工厂的生产流水线需要一种零件,该零件需要订货得到。已知:

(1) 该零件批量订货的每次订货费为 5 000 元。

(2) 每个零件的费用为 1 元。

(3) 每个零件每个月的存储费为 0.2 元。

若该公司平均每月需求量为 6 000 件,求该公司每年订货几次使总费用最少。

解　这里我们考虑一般模型。

设单位时间内对零件的需求量为 D 件,每次订货量为 Q 件,订货的周期为 T,单位时间的存储费为 C_p 元。为方便起见,这里我们把零件的需求看做连续均匀来处理。

考察该模型,厂家开始订货 Q 件,然后按单位时间消耗 D 件的规律减少,直到为 0,完成一个周期,然后重新订货。费用的产生包括每次的订货费,每天剩余零件的存储费,还有零件的购买费用。由于一年内总需求量为常数,即零件的购买费为常数,因此在模型中可暂不考虑购买费用。

一个周期 T 内的存储费为 $\frac{1}{2}C_pQT$,订货费为 C_D,如图 11.1 所示,则一个周期 T 内的总费用为

$$ST=\frac{1}{2}C_pQT+C_D \tag{11.1}$$

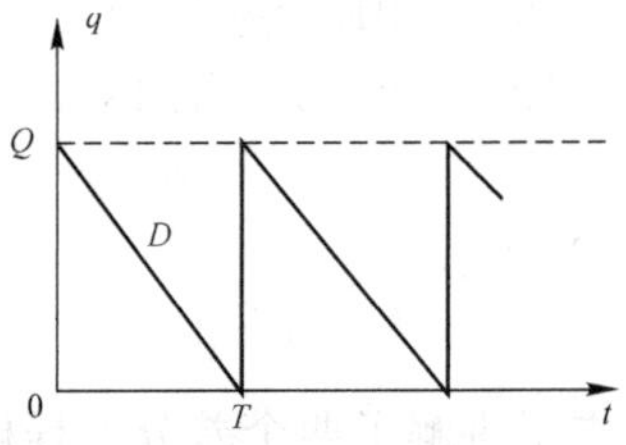

图 11.1　不允许缺货的订货存储示意图

则单位时间内的平均费用为

$$TC=ST/T=\frac{1}{2}C_pQ+C_D/T \tag{11.2}$$

由于

$$T=\frac{Q}{D} \tag{11.3}$$

$$TC=\frac{1}{2}C_pQ+\frac{C_DD}{Q} \tag{11.4}$$

我们的目的是求平均费用 TC 最小时的订货量 Q,则有

$$TC=\frac{1}{2}C_pQ+\frac{C_DD}{Q}\geqslant\sqrt{2C_pC_DD}$$

当 $Q=\sqrt{\dfrac{2C_DD}{C_p}}$ 时，平均费用最小，为 $TC=\sqrt{2C_pC_DD}$。

对例 11.1 中的数据，将单位时间考虑为 1 年，则有每年的需求量 $D=6\ 000\times12=72\ 000$ 件，每年每个零件的存储费 $C_p=0.2\times12=2.4$ 元，每次订货费 $C_D=5\ 000$ 元，则每次定货量为

$$Q=\sqrt{\frac{2C_DD}{C_p}}=\sqrt{\frac{2\times5\ 000\times72\ 000}{2.4}}=17\ 320\text{ 件}$$

订货周期为
$$T=\frac{Q}{D}=\frac{17\ 320}{72\ 000}=0.24\text{ 年}$$

每年订货为
$$n=\frac{1}{T}=\frac{D}{Q}=\frac{720\ 000}{17\ 320}=4.2\text{ 次}$$

单位时间(1 年) 的平均费用为

$$TC=\sqrt{2C_pC_DD}=\sqrt{2\times2.4\times5\ 000\times72\ 000}=41\ 569.2\text{ 元}$$

若加上购买费用 $1\times D=72\ 000$ 元，则总费用为 113 569.2 元。

若从实际出发，每年订货次数应为整数，则有模型：

$$\min TC=\frac{1}{2}C_pQ+\frac{C_DD}{Q}$$

$$s.t.\begin{cases}n=\dfrac{D}{Q}\\ n\text{ 取整}\end{cases}$$

该问题采用 LINGO 求解，程序如下：

```
model:
D=72000;
CP=2.4;
CD=5000;
n=D/Q;
min=0.5*CP*Q+CD*D/Q;
@gin(n);
end
```

在 LINGO 中的求解结果为：每年订货 $n=4$ 次，每次订货为 $Q=18\ 000$ 件，最小费用为 $TC=41\ 600$ 元。每年的订货费采用实数时的 41 569.2 元略高，说明采用实数的计算是可以作为重要参考的。

11.2　允许缺货的订货存储模型

所谓允许缺货的订货存储模型，是指所订购货物用完后，可以等待一段时间订货。该模型在不允许缺货的订货存储模型基础上，还需要增加一项缺货损失费。设单位时间内缺货损失费用为 C_S。

如图 11.2 所示，T_1 表示周期 T 中不缺货的时间段，T_2 表示周期 T 中缺货的时间段。设每次订货量为 Q，设最大缺货量为 S。当订货 Q 一到达，立即补偿完所有缺货 S。则一个周期 T 内的存储费 $ST_1=\frac{1}{2}C_p(Q-S)T_1$；一个周期 T 内的缺货损失费 $ST_2=\frac{1}{2}C_sST_2$；订货费为 C_D。一个周期 T 内的总费用为

$$ST=\frac{1}{2}C_p(Q-S)T_1+\frac{1}{2}C_SST_2+C_D \tag{11.5}$$

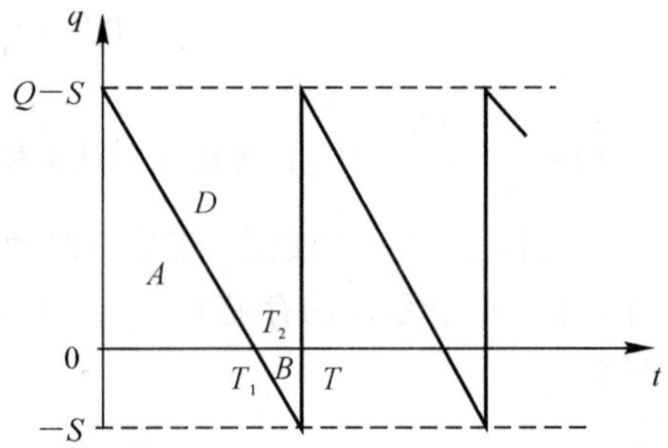

图 11.2　允许缺货的订货存储示意图

单位时间内的平均费用为

$$TC=ST/T=\frac{1}{2}C_p(Q-S)\frac{T_1}{T}+\frac{1}{2}C_SS\frac{T_2}{T}+\frac{C_D}{T} \tag{11.6}$$

而 $T_1=\frac{Q-S}{D}$，$T_2=\frac{S}{D}$，$T=\frac{Q}{D}$，代入式(11.6)，有

$$TC=\frac{1}{2}C_p\frac{(Q-S)^2}{Q}+\frac{1}{2}C_S\frac{S^2}{Q}+\frac{C_DD}{Q} \tag{11.7}$$

我们的目的是求平均费用 TC 最小时的订货量 Q 与缺货量 S，则利用导数容易求得

最佳订货量为
$$Q^*=\sqrt{\frac{2C_DD(C_p+C_S)}{C_pC_S}}$$

最佳缺货量为
$$S^*=\frac{C_p}{C_p+C_S}Q^*$$

同时求得单位时间最小费用为

$$TC=\frac{1}{2}C_p\frac{(Q^*-S^*)^2}{Q^*}+\frac{1}{2}C_S\frac{S^{*2}}{Q^*}+\frac{C_DD^*}{Q^*}$$

最佳订货周期为
$$T^*=\frac{Q^*}{D^*}$$

例 11.2　假设在例 11.1 中，允许缺货，且缺货损失费用为每月每件 0.9 元。其他条件不变，求每年的订货次数、订货量及每年最少费用。

解　每年的需求量 $D=6\,000\times12=72\,000$ 件，每年每件零件的存储费 $C_p=0.2\times12=2.4$ 元，每次订货费 $C_D=5\,000$ 元，缺货损失费(每年每件)$C_S=12\times0.9=10.8$ 元，则每次订货量为

$$Q^*=\sqrt{\frac{2C_DD(C_p+C_S)}{C_pC_S}}=\sqrt{\frac{2\times5\,000\times72\,000\times(2.4+10.8)}{2.4\times10.8}}=19\,149\ 件$$

最佳缺货量为　$S^*=\frac{C_p}{C_p+C_S}Q^*=\frac{2.4}{2.4+10.8}=3\,482$ 件

每年最小费用为　$TC=\frac{1}{2}C_p\frac{(Q^*-S^*)^2}{Q^*}+\frac{1}{2}C_S\frac{S^{*2}}{Q^*}+\frac{C_DD^*}{Q^*}=37\,600.8$ 元

最佳订货周期为
$$T^*=\frac{Q^*}{D^*}=0.27\ 年$$

每年订货为 $$n=\frac{1}{T}=\frac{D}{Q}=\frac{720\ 000}{17\ 320}=3.8 \text{ 次}$$

当允许缺货时，每年的最少费用为 37 600.8 元，比不允许缺货时的 41 569.2 元少。这也说明允许缺货比不允许缺货具有更大优越性。

对总费用，若加上购买费用 $1\times D=72\ 000$ 元，则总费用为 109 600.8 元。

若从实际出发，每年订货次数应为整数，则有模型：

$$\min TC=\frac{1}{2}C_p\frac{(Q-S)^2}{Q}+\frac{1}{2}C_S\frac{S^2}{Q}+\frac{C_D D}{Q}$$

$$s.t.\begin{cases}n=\dfrac{D}{Q}\\ \text{取整}\end{cases}$$

该问题采用 LINGO 求解，程序如下：

```
model:
D=72000;
CP=2.4;
CD=5000;
CS=10.8;
n=D/Q;
min=0.5*CP*(Q-S)^2/Q+0.5*CS*S^2/Q+CD*D/Q;
@gin(n);
@gin(Q);
@gin(S);
end
```

在 LINGO 中的求解结果为：每年订货 $n=4$ 次，每次订货为 $Q=18\ 000$ 件，最佳缺货量 $S=3\ 272$ 件，最小费用为 $TC=37\ 672.7$ 元。每年的订货费采用实数时的 37 600.8 元略高，说明采用实数的计算是可以作为重要参考的。

11.3　不允许缺货的生产存储模型

在生产存储模型中，货物不是订购而是生产。在该模型中，当存储变为零之后，立即进行生产同时使用。生产一段时间后，产品达到一定数量则停止生产，然后只使用不生产，直到使用完毕。

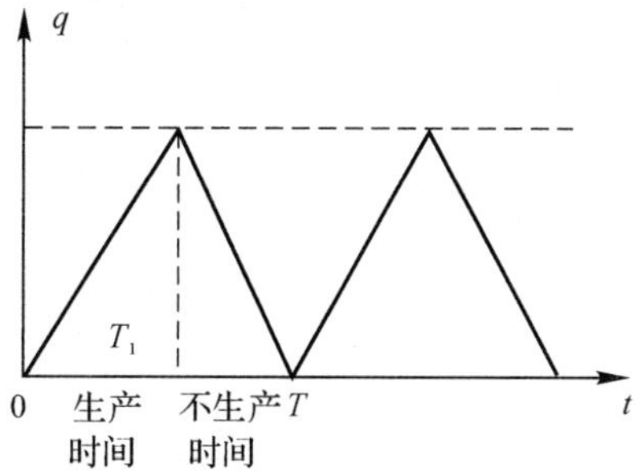

图 11.3　不允许缺货的生产存储示意图

如图 11.3 所示，设每次生产的批量为 Q，生产时间为 T_1，单位时间的生产率为 P，则有

$$Q = PT_1 \tag{11.8}$$

设单位时间使用率为 D，则最大存储量为

$$V = (P - D)T_1 = (1 - \frac{D}{P})Q \tag{11.9}$$

周期 T 满足：

$$Q = TD \tag{11.10}$$

设单位时间内的存储费率为 C_p，每次开工生产的开工费用为 C_D。

一个周期 T 内的存储费为 $\frac{1}{2}C_pVT = \frac{1}{2}C_p(1-\frac{D}{P})QT$，订货费为 C_D（见如图 11.3），则一个周期 T 内的总费用为

$$ST = \frac{1}{2}C_p(1 - \frac{D}{P})QT + C_D \tag{11.11}$$

单位时间内的平均费用为

$$TC = ST/T = \frac{1}{2}C_p(1 - \frac{D}{P})Q + \frac{C_D D}{Q} \tag{11.12}$$

我们的目的是求平均费用 TC 最小时的生产量 Q，则有

$$TC = \frac{1}{2}C_p(1 - \frac{D}{P})Q + \frac{C_D D}{Q} \geqslant \sqrt{2C_pC_D(1 - \frac{D}{P})D}$$

当 $Q = \sqrt{\dfrac{2C_D D}{C_p(1 - \frac{D}{P})}}$ 时，平均费用最小为，$TC = \sqrt{2C_pC_D(1 - \frac{D}{P})D}$。

例 11.3 有一个生产和销售图书设备的公司，经营一种图书专用书架，基于以往的销售记录和今后的市场预测，估计今后一年的需求量为 5 000 个，由于占用资金的利息以及存储库房和其他人力物力的费用，存储一个书架一年需要 200 元。这种书架是该公司自己生产的，每年的生产量为 10 000 个，组织一次生产要花费设备调试等生产准备费用 1 000 元。该公司为把成本降低到最低，应该如何组织生产？求出全年的生产次数、每次的最佳生产量，以及最少的年费用（假定书架不允许缺货）。

解 该问题是一个不允许缺货的生产存储模型。在该问题中，需要的各参数如下：每年的需求量 $D = 5\ 000$ 个，每个书架每年的存储费 $C_p = 200$ 元，每年的生产能力 $P = 10\ 000$ 个，生产准备费 $C_D = 1\ 000$ 元。

则每次的最佳生产量为

$$Q = \sqrt{\frac{2C_D D}{C_p(1 - \frac{D}{P})}} = \sqrt{\frac{2 \times 1\ 000 \times 5\ 000}{200 \times (1 - \frac{5\ 000}{10\ 000})}} = 316.23 \text{ 件}$$

订货周期为

$$T = \frac{Q}{D} = \frac{17\ 320}{72\ 000} = 0.063\ 2 \text{ 年}$$

每年订货：

$$n = \frac{1}{T} = \frac{D}{Q} = 15.8 \text{ 次}$$

每年的平均费用为

$$TC = \sqrt{2C_pC_D(1 - \frac{D}{P})D} = \sqrt{2 \times 200 \times 1\ 000 \times (1 - \frac{5\ 000}{10\ 000})} = 31\ 622.78 \text{ 元}$$

若从实际出发，每年生产次数应为整数，则有模型：

$$\min TC = \frac{1}{2}C_p(1-\frac{D}{P})Q + \frac{C_D D}{Q}$$

$$s.t.\ \begin{cases} n = \dfrac{D}{Q} \\ n \text{ 取整} \end{cases}$$

该问题采用 LINGO 求解，程序如下：

```
model：
D＝5000；
CP＝200；
CD＝1000；
P＝10000；
n＝D/Q；
min＝0.5＊CP＊(1－D/P)＊Q＋CD＊D/Q；
@gin(n)；
@gin(Q)；
end
```

利用 LINGO 求解的结果为：每年订货 $n=20$ 次，每次订货为 $Q=250$ 件，最小费用为 $TC=32\ 500$ 元。每年的订货费采用实数时的 31 622.78 元略高，说明采用实数的计算是可以作为重要参考的。

11.4　允许缺货的生产存储模型

在允许缺货的生产存储模型中，当存储变为零之后，不是立即进行生产，而是允许一段时间缺货。在该过程中，先生产一段时间(同时使用和存储)，产品达到一定数量则停止生产，然后只使用不生产，当货物变为零之后，允许缺货一定时间，然后重新进行生产。在生产过程中，生产的产品一部分用于消费，一部分用于补充缺货。

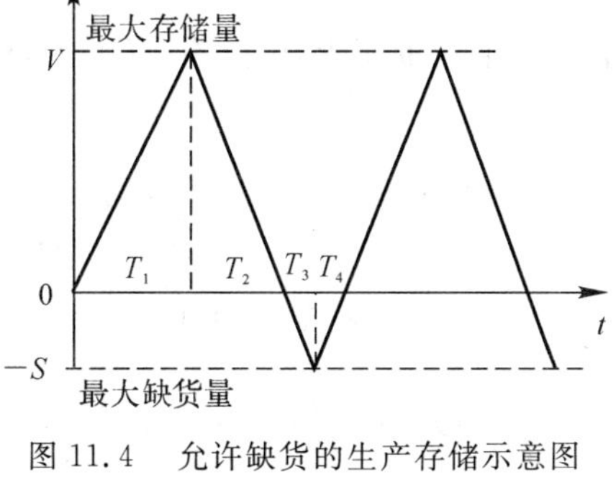

图 11.4　允许缺货的生产存储示意图

如图 11.4，T_1 表示既生产又存储的阶段，T_2 表示不生产只使用而使存储量减少的阶段，T_3 表示使用完存货后缺货增加的阶段，T_4 表示缺货到达最大后缺货逐渐减少的阶段。每个周期都包括以上四个阶段 T_1, T_2, T_3, T_4，即周期 $T=T_1+T_2+T_3+T_4$。

设单位时间的生产率为 P，单位时间的需求率为 $D(P>D)$，设最大存储量为 V，最大缺货量为 S。

在第一阶段有生产也有消耗，存储量从 0 增到 V，则有

$$(P-D)T_1=V \tag{11.13}$$

第二阶段只有消耗，使存储量从 V 变为 0，则有

$$DT_2=V \tag{11.14}$$

第三阶段是缺货增加阶段，缺货量从 0 变到 S，缺货率为消耗率 D，则有

$$DT_3=S \tag{11.15}$$

第四阶段是缺货减少阶段，由于生产大于消耗，使缺货量从 0 变到 S，则有

$$(P-D)T_4=S \tag{11.16}$$

设每个周期的生产量为 Q，由于只在第一和第四阶段进行生产，因此有

$$Q=(T_1+T_4)P \tag{11.17}$$

而由式(11.13) 和式(11.16) 有

$$T_1+T_4=\frac{V+S}{P-D} \tag{11.18}$$

由式(11.17) 和式(11.18) 有

$$V+S=Q(1-\frac{D}{P}) \tag{11.19}$$

现在计算费用：

一个周期 T 内第一和第二阶段有存储费，其费用为

$$ST_{1,2}=\frac{1}{2}C_pV(T_1+T_2)=\frac{1}{2}\frac{C_pP}{D(P-D)}V^2 \tag{11.20}$$

一个周期 T 内第三和第四阶段有缺货损失费，其费用为

$$ST_{3,4}=\frac{1}{2}C_pS(T_3+T_4)=\frac{1}{2}\frac{C_pP}{D(P-D)}S^2 \tag{11.21}$$

每次的生产准备费为 C_D。

则一个周期 T 内的总费用为

$$ST=\frac{1}{2}\frac{C_pP}{D(P-D)}V^2+\frac{1}{2}\frac{C_SP}{D(P-D)}S^2+C_D \tag{11.22}$$

而一个周期内消耗的总量与总生产量相等，因此有 $TD=Q$，即 $T=\frac{Q}{D}$，则单位时间内的平均费用为

$$TC=\frac{ST}{T}=\frac{1}{2}\frac{C_pP}{Q(P-D)}V^2+\frac{1}{2}\frac{C_SP}{Q(P-D)}S^2+C_D\frac{D}{Q} \tag{11.23}$$

而由式(11.19) 的 $V+S=Q(1-\frac{D}{P})$，有 $V=Q(1-\frac{D}{P})-S$，则

$$TC=\frac{ST}{T}=\frac{1}{2}\frac{C_pP}{Q(P-D)}\left[Q(1-\frac{D}{P})-S\right]^2+\frac{1}{2}\frac{C_SP}{Q(P-D)}S^2+C_D\frac{D}{Q} \tag{11.24}$$

对 S 和 Q 求偏导，当平均费用 TC 最小时，有最佳生产量：

$$Q^*=\sqrt{\frac{2C_DD(C_p+C_S)}{C_pC_S(1-\frac{D}{P})}}$$

最佳缺货量为
$$S^* = \frac{C_p}{C_p + C_S}(1 - \frac{D}{P})Q^*$$

最小平均费用为
$$TC = \sqrt{2C_D D(1 - \frac{D}{P})\frac{C_S C_p}{C_S + C_p}}$$

最佳订货周期为
$$T^* = \frac{Q^*}{D^*}$$

例 11.4　在例 11.3 中，假定生产与销售图书设备的公司允许缺货，且缺货损失费用为每件 400 元。其他参数不变，在允许缺货情况下，求出全年的生产次数、每次的最佳生产量，以及最少的年费用。

解　该问题是一个允许缺货的生产存储模型。各参数如下：

每年的需求量 $D = 5\ 000$ 个，每个书架每年的存储费为 $C_p = 200$ 元，每年的生产能力为 $P = 10\ 000$ 个，生产准备费为 $C_D = 1\ 000$ 元，每个书架每年的缺货损失费为 $C_S = 400$ 元。

最佳生产量为
$$Q^* = \sqrt{\frac{2C_D D(C_p + C_S)}{C_p C_S(1 - \frac{D}{P})}} = \sqrt{\frac{2 \times 1\ 000 \times 5\ 000 \times (200 + 400)}{200 \times 400 \times (1 - \frac{5\ 000}{10\ 000})}} = 387.3\ (件)$$

最佳缺货量为
$$S^* = \frac{C_p}{C_p + C_S}(1 - \frac{D}{P})Q^* = 64.5\ (件)$$

最小平均费用为
$$TC = \sqrt{2C_D D(1 - \frac{D}{P})\frac{C_S C_p}{C_S + C_p}} = 25\ 819.89\ (元)$$

最佳订货周期为
$$T^* = \frac{Q^*}{D^*} = 0.077\ (年)$$

每年订货为
$$n = \frac{1}{T} = \frac{D}{Q} = 12.9\ (次)$$

若从实际出发，每年生产次数应为整数，则有如下模型：
$$\min TC = \frac{ST}{T} = \frac{1}{2}\frac{C_p P}{Q(P - D)}\left[Q(1 - \frac{D}{P}) - S\right]^2 + \frac{1}{2}\frac{C_S P}{Q(P - D)}S^2 + C_D\frac{D}{Q}$$
$$s.t.\begin{cases} n = \dfrac{D}{Q} \\ n\ 取整 \end{cases}$$

该问题采用 LINGO 求解，程序如下：

```
model:
D=5000;
CP=200;
CD=1000;
P=10000;
CS=400;
n=D/Q;
min= 0.5*CP*P*(Q*(1-D/P)-S)^2/(Q*(P-D))+0.5*CS*P*S*S/(Q*(P-
```

```
D))+CD*D/Q;
    @gin(n);
    @gin(Q);
    @gin(S);
    end
```

利用 LINGO 求解的结果为：每年订货 $n=10$ 次，每次生产 $Q=500$ 个，最大缺货量为 $S=83$ 个，最小费用为 $TC=26\ 666.8$ 元。每年的订货费采用实数时的 25 819.89 元略高，说明采用实数的计算是可以作为重要参考的。

本章小结

本章介绍了经典的存储论模型，并分 4 种情况分别进行讨论。当碰到存储问题时候，可考虑该模型所采用的计算方法。

第 12 章　SAS 软件求解时间序列模型

12.1　引　言

2003 年全国数模竞赛的 A 题"SARS 的传播"的第 3 个问题是这样的：

收集 SARS 对经济某个方面影响的数据，建立相应的数学模型并进行预测。表 12.1 提供的数据供参考。

表 12.1　北京市接待海外旅游人数　　单位：万人

年 份	1 月	2 月	3 月	4 月	5 月	6 月	7 月	8 月	9 月	10 月	11 月	12 月
1997	9.4	11.3	16.8	19.8	20.3	18.8	20.9	24.9	24.7	24.3	19.4	18.6
1998	9.6	11.7	15.8	19.9	19.5	17.8	17.8	23.3	21.4	24.5	20.1	15.9
1999	10.1	12.9	17.7	21.0	21.0	20.4	21.9	25.8	29.3	29.8	23.6	16.5
2000	11.4	26.0	19.6	25.9	27.6	24.3	23.0	27.8	27.3	28.5	32.8	18.5
2001	11.5	26.4	20.4	26.1	28.9	28.0	25.2	30.8	28.7	28.1	22.2	20.7
2002	13.7	29.7	23.1	28.9	29.0	27.4	26.0	32.2	31.4	32.6	29.2	22.9
2003	15.4	17.1	23.5	11.6	1.78	2.61	8.8	16.2				

对该问题，既然题目中给出了北京市接待海外旅游人数，我们可直接选取 SARS 对北京市海外旅游的影响为例进行考虑。我们利用表 12.1 数据建立模型，预测没有 SRAS 时北京市海外旅游的总人数，然后与有 SARS 时北京市海外旅游的总人数进行比较，就可以得出 SARS 对北京市海外旅游人数的影响。因此问题的关键是利用表 12.1 数据建立可预测未来的模型。该数据是随时间变化的序列，通常称为时间序列。对这种数据的处理，就要采用时间序列方法建立模型。

本章主要介绍时间建模的方法及软件实现方法。

12.2　时间序列方法

时间序列的方法很多，这里主要介绍常用的 ARMA(p,q) 模型、ARIMA(p,d,q) 模型，以及含季节项的 ARIMA 模型。

1. ARMA(p,q) 模型

定义 12.1　若随机过程$\{X_t, t=0,1,2,\cdots\}$是平稳过程，且对任意的 t 有

$$X_t - \varphi_1 X_{t-1} - \cdots - \varphi_p X_{t-p} = Z_t + \theta_1 Z_{t-1} + \cdots + \theta_q Z_{t-q}$$

其中，$\{Z_t\} \sim WN(0,\sigma^2)$，则称$\{X_t\}$是均值为 μ 的 ARMA(p,q) 过程。简记为

$$\phi(B)X_t=\theta(B)Z_t,\quad t=0,1,2,3,\cdots \tag{12.1}$$

其中，$\phi(.)$ 和 $\theta(.)$ 分别为差分方程(12.1) 的 p 次自回归多项式和 q 次滑动平均多项式，有

$$\phi(z)=1-\varphi_1 z-\varphi_2 z^2-\cdots-\varphi_p z^p \tag{12.2}$$

$$\theta(z)=1+\theta_1 z+\theta_2 z^2+\cdots+\theta_q z^q \tag{12.3}$$

B 是式(12.4) 定义的延迟算子：

$$B^j X_t=X_{t-j},\quad j=0,1,2,\cdots \tag{12.4}$$

当 $\theta(z)=1$ 时，有

$$\phi(B)X_t=Z_t,\quad t=0,1,2,3,\cdots \tag{12.5}$$

称该过程为 p 阶自回归过程 AR(p)。

当 $\phi(z)=1$ 时，有

$$X_t=\theta(B)Z_t,\quad t=0,1,2,3,\cdots \tag{12.6}$$

称该过程为 q 阶滑动平均过程 MA(q)。

定义 12.2 如果存在常数序列$\{\psi_j\}$ 满足 $\sum_{j=1}^{\infty}|\psi_j|<\infty$，使得

$$X_t=\sum_{j=0}^{\infty}\psi_j Z_{t-j},\quad t=0,1,2,3,\cdots \tag{12.7}$$

则称差分方程 $\phi(B)X_t=\theta(B)Z_t$ 定义的 ARMA(p,q) 过程为因果的 ARMA(p,q) 过程。

定义 12.3 如果存在常数序列$\{\pi_j\}$ 满足 $\sum_{j=1}^{\infty}|\pi_j|<\infty$，使得

$$Z_t=\sum_{j=0}^{\infty}\pi_j X_{t-j},\quad t=0,1,2,3,\cdots \tag{12.8}$$

则称差分方程 $\phi(B)X_t=\theta(B)Z_t$ 定义的 ARMA(p,q) 过程为可逆的 ARMA(p,q) 过程。

定义 12.4 自协方差函数与自相关函数。

如果随机过程$\{X_t\}$ 对每一个 $t\in T$ 有 $\mathrm{Var}(X_t)<\infty$，则$\{X_t\}$ 的自协方差函数 $\gamma(.,.)$ 定义为

$$\gamma(r,s)=\mathrm{Cov}(X_r,X_s)=E[(X_r-EX_r)(X_t-EX_t)],\quad r,s\in T \tag{12.9}$$

如果$\{X_t\}$ 是平稳过程，则其自协方差函数是一元函数：

$$\gamma(h)\overset{\text{def}}{=\!=\!=}\gamma(h,0)=\mathrm{Cov}(X_{t+h},X_t) \tag{12.10}$$

自相关(系数) 函数(acf) 定义为

$$\rho(h)\overset{\text{def}}{=\!=\!=}\frac{\gamma(h)}{\gamma(0)}=\mathrm{Corr}(X_{t+h},X_t) \tag{12.11}$$

定义 12.5 偏相关函数。

平稳时间序列的偏相关函数(pacf) 定义为

$$\alpha(1)\overset{\text{def}}{=\!=\!=}\mathrm{Corr}(X_2,X_1)=\rho(1)$$

$$\alpha(k)=\mathrm{Corr}(X_{k+1},P_{\overline{SP}\{1,X_2,\cdots,X_k\}}X_{k+1},X_1-P_{\overline{SP}\{1,X_2,\cdots,X_k\}}X_1),\quad k\geqslant 2 \tag{12.12}$$

对 MA(q) 过程，其自相关函数是 q 步截尾的。对 AR(p) 过程，其偏相关函数是 p 步截尾的。可将这个性质用于对 ARMA(p,q) 过程的阶的确定。

2. ARIMA(p,d,q) 模型

对有的时间序列，往往不是平稳的，而具有趋势。这时如果进行差分，去掉趋势，可以将该

序列重新变为平稳序列。因此，对有的非平稳序列，可以采用先将序列进行差分，然后将其变为 ARMA(p,q) 过程。由此引入经过有限次差分后的 ARMA(p,q) 过程的定义：

定义 12.6　设 d 是非负整数，随机过程 $\{X_t, t=0,1,2,\cdots\}$ 满足 $Y_t=(1-B)^d X_t$ 是因果 ARMA(p,q) 过程，则称 $\{X_t\}$ 是 ARIMA(p,d,q) 过程。

这里 d 为差分阶数。

由该定义知 $\{X_t\}$ 满足差分方程：

$$\phi^*(B)X_t \equiv \phi(B)(1-B)^d X_t = \theta(B)Z_t, \quad t=0,1,2,3,\cdots \tag{12.13}$$

3. 季节 ARIMA 模型

定义 12.7　设 d 和 D 是非负整数，随机过程 $\{X_t, t=0,1,2,\cdots\}$ 满足 $Y_t=(1-B)^d(1-B^s)^D X_t$ 是因果 ARMA(p,q) 过程，且

$$\phi(B)\Phi(B^s)Y_t = \theta(B)\Theta(B^s)Z_t \quad \{Z_t\} \sim WN(0,\sigma^2) \tag{12.14}$$

则称 $\{X_t\}$ 是周期为 S 的季节 ARIMA$(p,d,q)\times(P,D,Q)$ 过程。其中

$$\phi(z)=1-\varphi_1 z-\varphi_2 z^2-\cdots-\varphi_p z^p, \quad \Phi(z)=1-\Phi_1 z-\Phi_2 z^2-\cdots-\Phi_P z^P$$

$$\theta(z)=1+\theta_1 z+\theta_2 z^2+\cdots+\theta_q z^q, \quad \Theta(z)=1+\Theta_1 z+\Theta_2 z^2+\cdots+\Theta_Q z^Q$$

在实际应用中，D 很少大于 1，而 P 和 Q 一般小于 3。

12.3　软件实现

时间序列的求解可采用 SAS 8.0 来完成。该软件可以方便地进行时间序列求解。现在介绍 12.1 节中提到问题的 SAS 求解过程。

1. SAS 8.0 求解过程

(1) 启动 SAS 软件，鼠标点击 Solutions → Analysis → Analyst，启动分析员。在弹出的表中输入数据，结果如图 12.1 所示。数据只有一列，为 1997 年 1 月到 2003 年 1 月共 73 个数据（数据也可从文本文件中导入）。然后将该数据在 SASUSER 下保存为成员名为 A2003。

	x
1	9.4
2	11.3
3	16.8
4	19.8
5	20.3
6	18.8
7	20.9
8	24.9
9	24.7
10	24.3
11	19.4
12	18.6
13	9.6
14	11.7
15	15.8
16	19.9
17	19.5
18	17.8
19	17.8
20	23.3
21	21.4
22	24.5
23	20.1
24	15.9

图 12.1　部分数据点

(2) 启动 SAS 软件，鼠标点击 Solutions → Analysis → Time Series Forecasting System，启动时间序列预测系统，如图 12.2 所示。

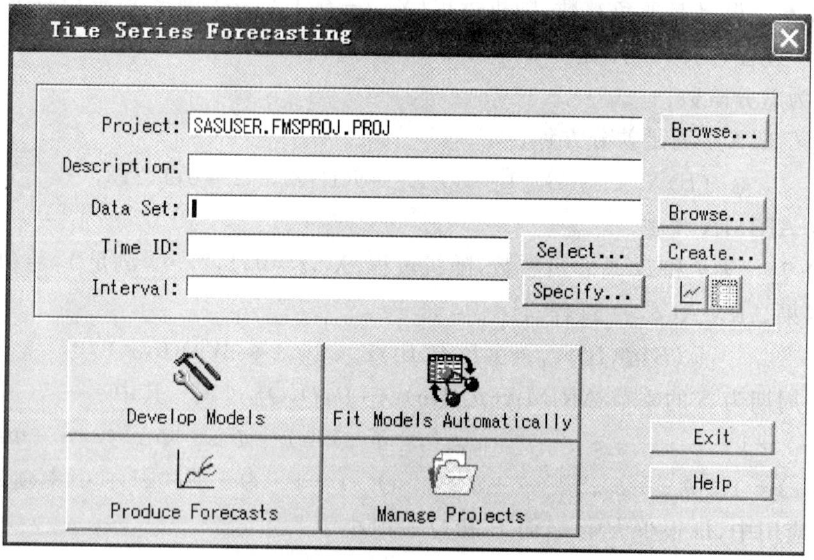

图 12.2　时间序列预测对话框

(3) 鼠标点击 Data Set 后面的 Browse 按钮，打开如图 12.3 所示的数据集选择对话框，选择 SASUSER 下的 A2003 数据集。

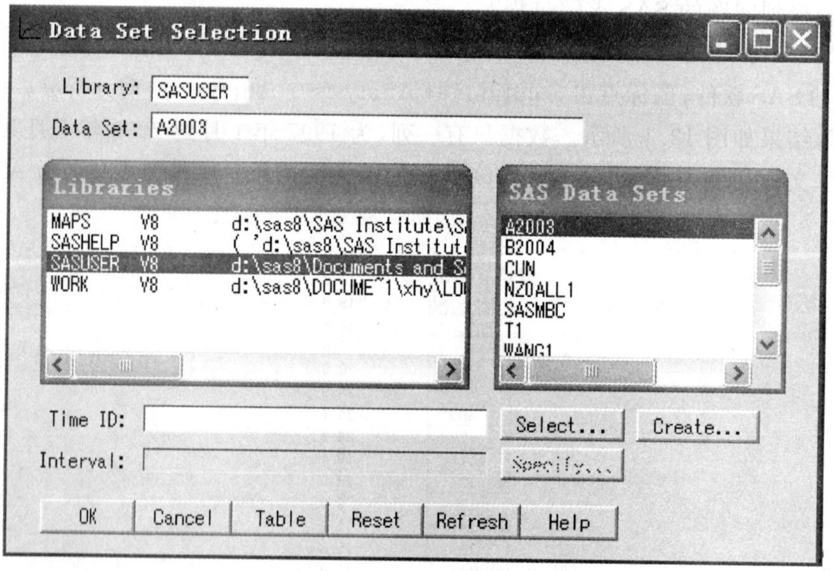

图 12.3　数据集选择对话框

(4) 由于还要引入时间变量，在上面对话框中 Time ID 后面点击 Creat 按钮，弹出如图 12.4 所示的菜单，选择第一项 Create from starting date and frequency，表示要新建立时间变量。

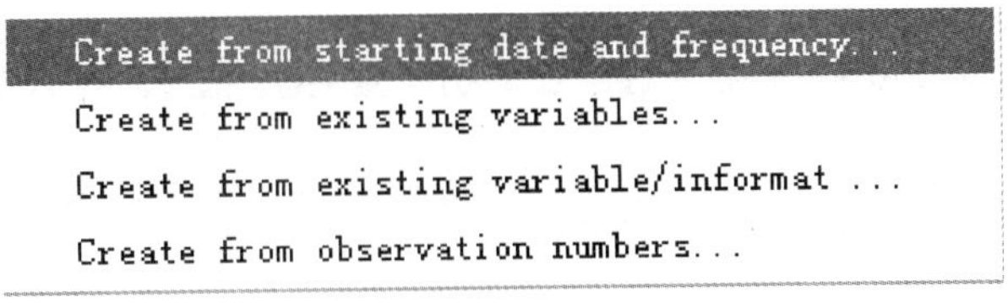

图 12.4　建立时间变量菜单

(5) 完成上面操作，弹出如图 12.5 所示的建立时间变量对话框。在 Starting Date 后输入起始时间 1997。Interval 后面自动为 MONTH，表示以月为时间间隔，不需要再改变。然后点击 OK 按钮，弹出如图 12.6 所示的新数据集配置对话框，可保持缺省名，点 OK，回到上一级对话框，也点 OK，回到图 12.7 所示的对话框，这样就完成了数据集的选择及时间变量的配置。

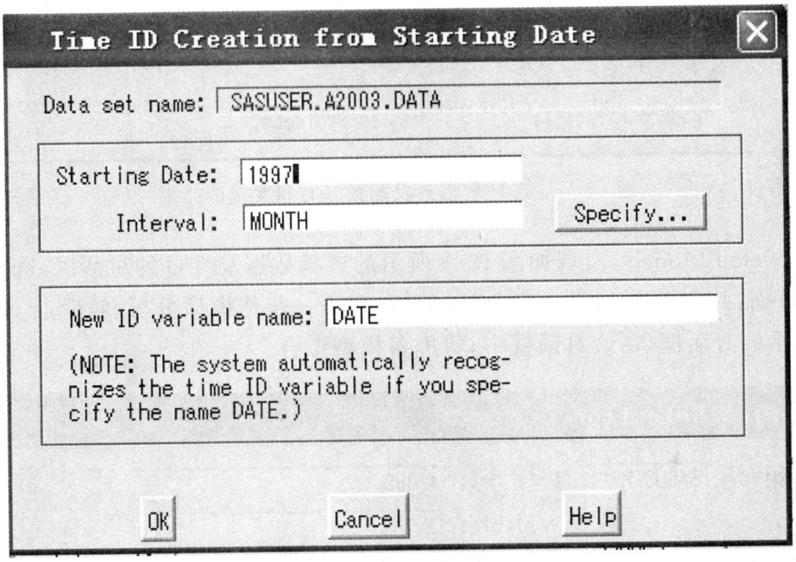

图 12.5　建立时间变量对话框

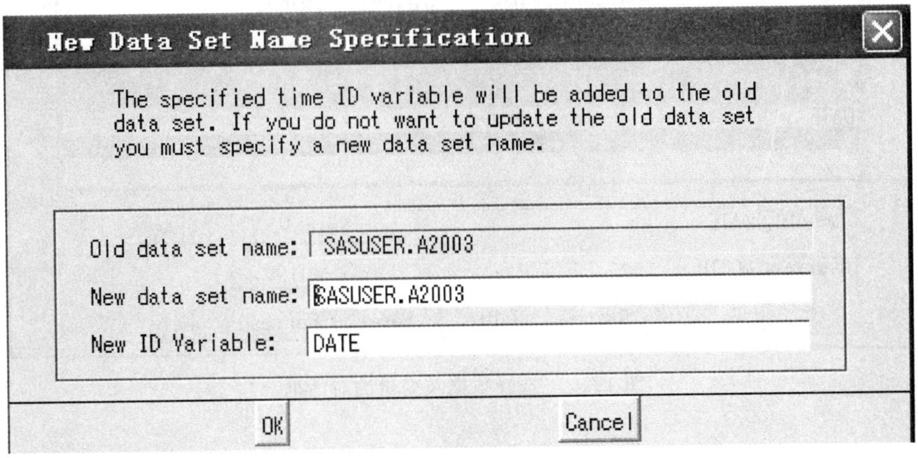

图 12.6　新数据集配置对话框

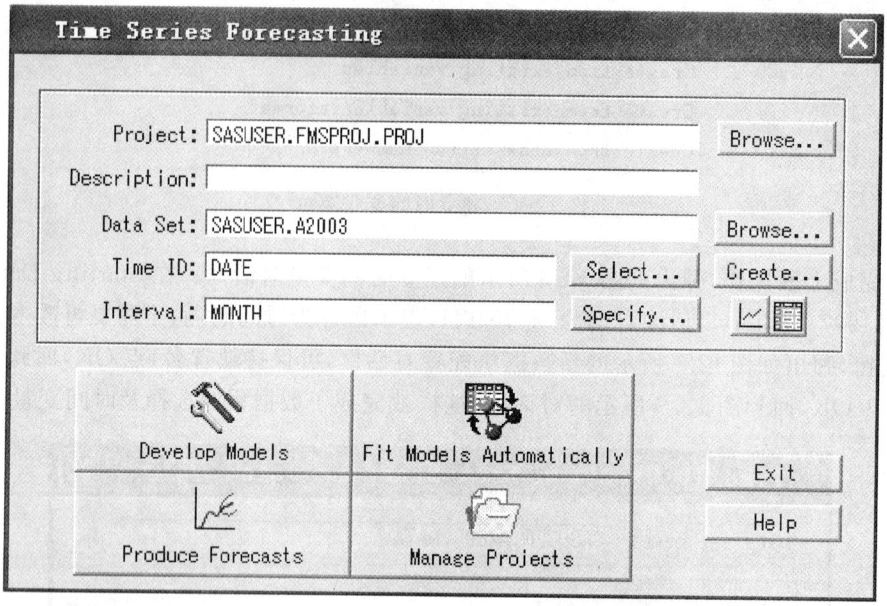

图 12.7 选好数据集及配置好时间变量的结果

(6) 点 Develop Models,出现如图 12.8 所示的选择数据及变量的对话框,选择 SASUSER 下的 A2003 数据,并点变量 x,将 x 选入 Variable 供下一步作模型分析,然后点 OK 按钮,出现如图 12.9 所示的对话框,在该对话框中,将准备模型拟合。

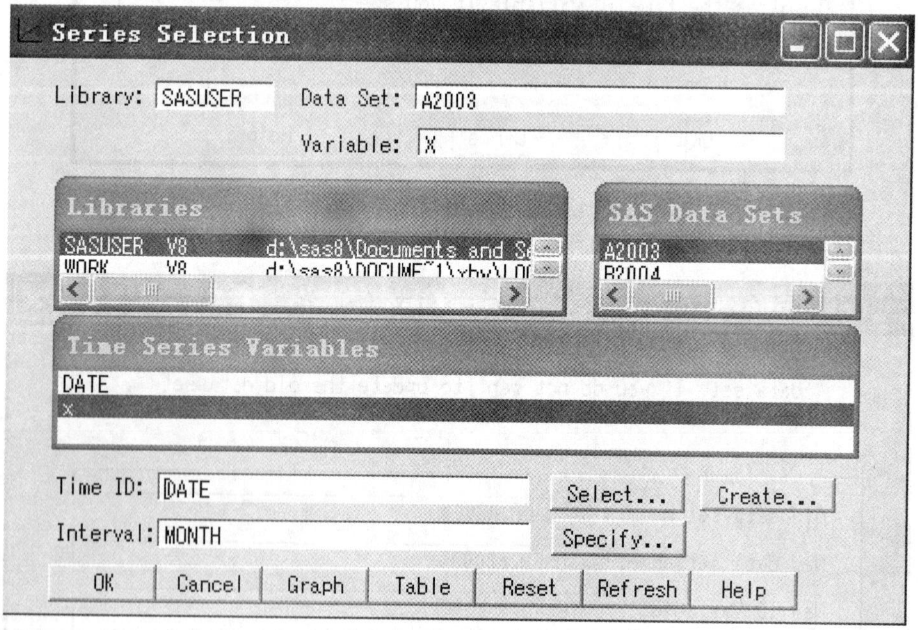

图 12.8 选择数据及变量的对话框

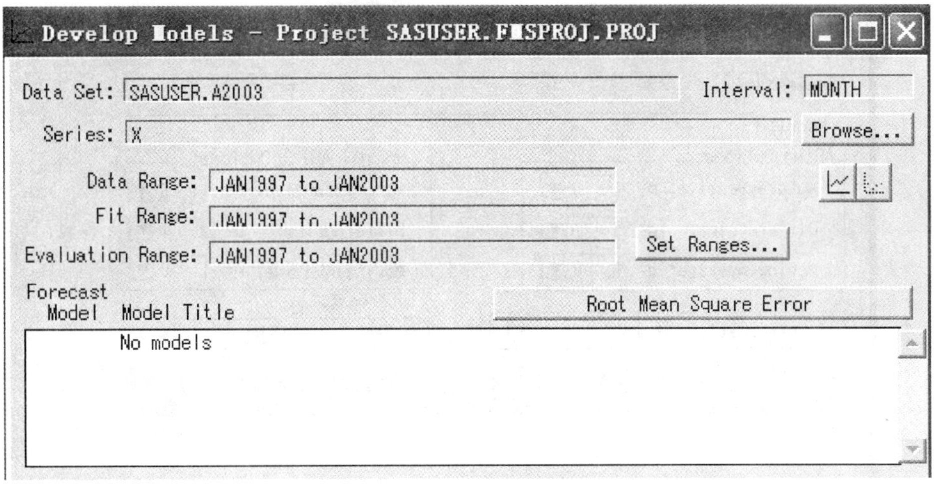

图 12.9　准备模型拟合的对话框

(7) 在图 12.9 中,可点 Set Ranges... 选择要预测的时间。由于默认为 12 个月,满足要求,因此这里可不作修改。鼠标在 No models 的空白栏中右击,弹出如图 12.10 所示的对话框,选择 Fit ARIMA Model,得到如图 12.11 所示的对话框,准备选择 ARIMA 模型的参数进行拟合。

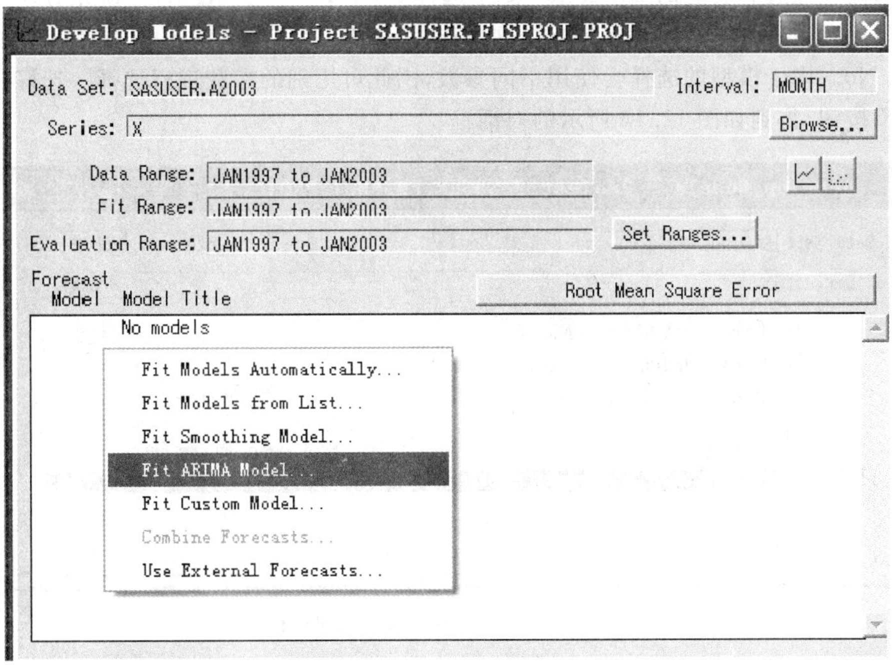

图 12.10　模型选择对话框

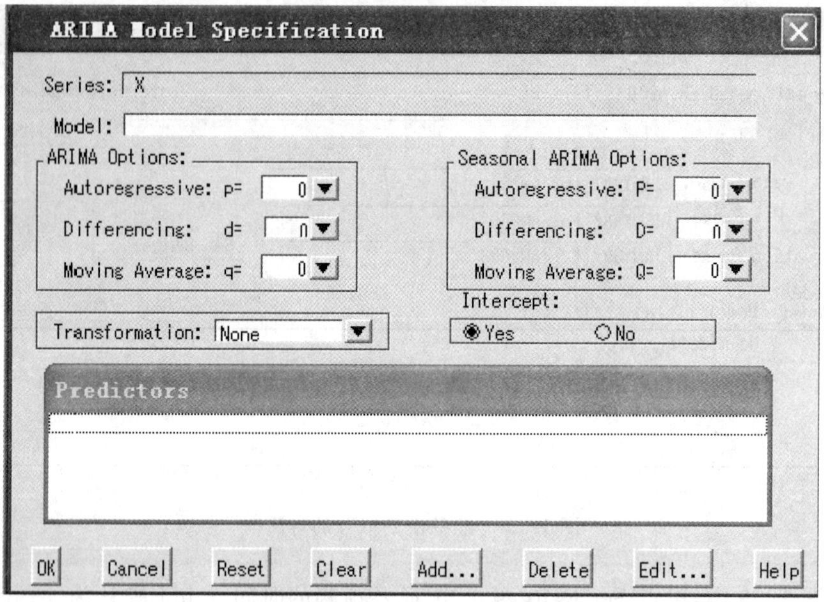

图 12.11 待选择模型对话框

(8) 在图 12.11 所示的对话框中进行参数选择，由于既要进行季节差分，又要进行数据前后差分，因此在左边和右边的 Differencing 中选择 d=1，D=1，表示进行一阶差分。对季节项和数据本身选择自回归参数和滑动参数，这里选择 q=1，Q=1。同时不使用常数项，故 Intercept 项选 No。由于模型的选择会使用不同参数，因此可用别的参数进行选择。选好模型参数后，点 OK 按钮，得到如图 12.12 所示的对话框。

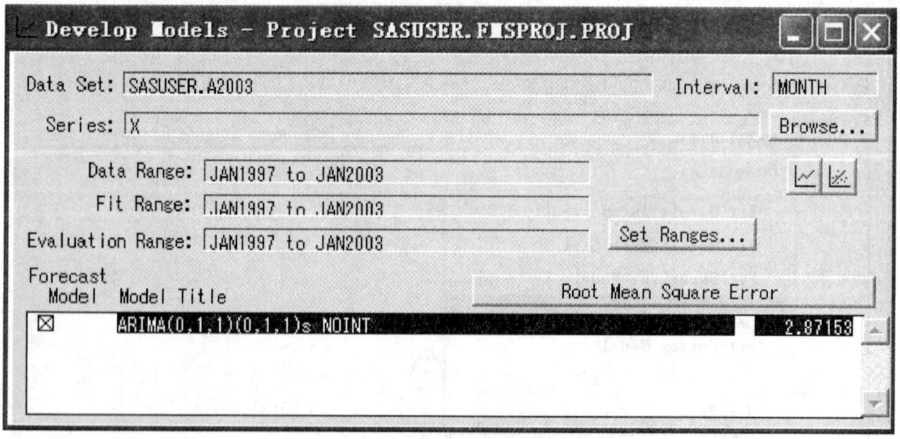

图 12.12 待显示模型参数的对话框

(9) 在图 12.12 中光标移到显示模型的空白处，单击右键弹出菜单，点第一项 View Model...，得到如图 12.13 所示的对话框。在该对话框中，点右边工具栏 $\hat{\beta}$ 可得到如图 12.14 所示的求解参数。还可以点右边不同的工具栏，查看不同的结果，如对未来 12 个月的预测等信息。

以上已经完成整个时间序列模型的拟合。由于时间序列最后模型的确定,需要经过反复尝试和比较,因此可选不同的参数比较结果。以后的参数的选择是经过尝试后的选择结果。

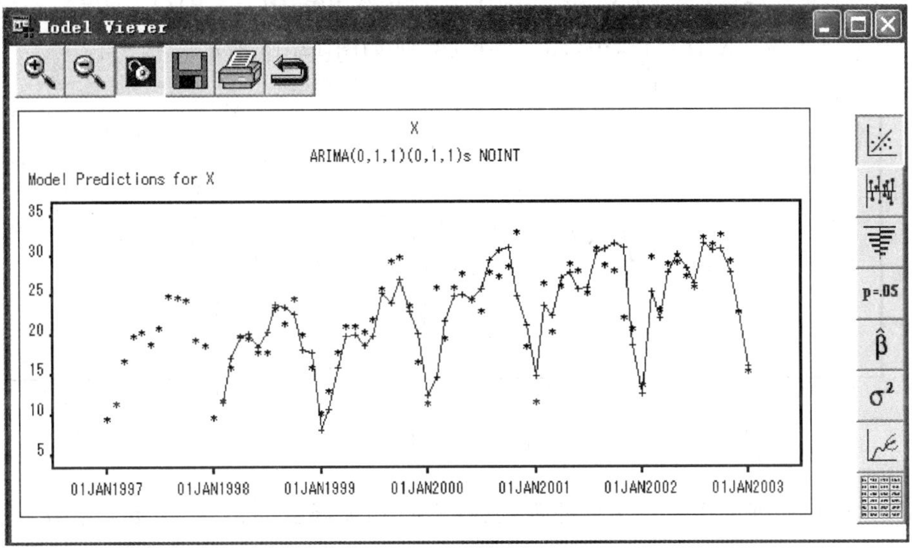

图 12.13　模型拟合结果图

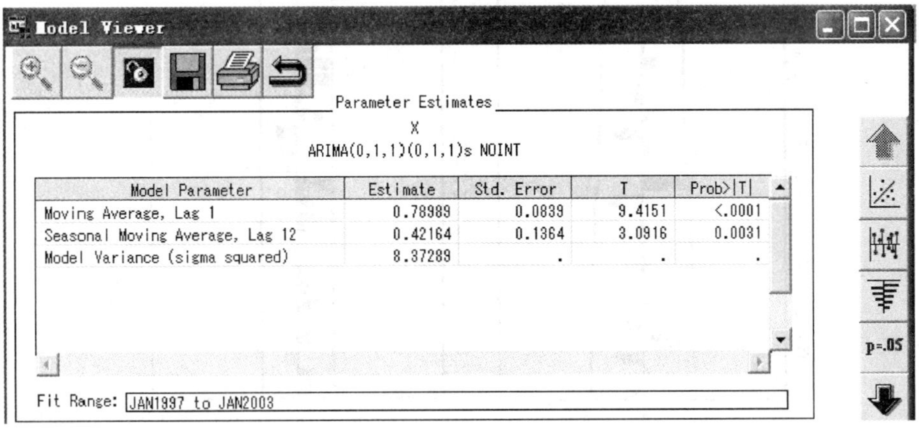

Model Parameter	Estimate	Std. Error	T	Prob>|T|
Moving Average, Lag 1	0.78989	0.0839	9.4151	<.0001
Seasonal Moving Average, Lag 12	0.42164	0.1364	3.0916	0.0031
Model Variance (sigma squared)	8.37289	.	.	.

图 12.14　模型结果参数图

12.4　问题解答参考

对赛题中第 3 个问题的写作如下所述,可供大家作数模该方面写作的参考。该文是我们组 2003A 全国数模论文的原型,获 2003 年全国数模竞赛一等奖。

对问题 3 所给出的北京市接待海外旅游人数,我们将其分为两部分,第一部分是从 1997 年 1 月到 2003 年 1 月,这期间没有受 SARS 影响;而从 2003 年 2 月到 2003 年 8 月的数据是受 SARS 影响的数据。对这两部分数据,我们分别建立两种模型来估计 SARS 对旅游人数造成的影响。

1. 时间序列的 SARIMA 模型

对前一部分数据，我们采用常见的 SARIMA 模型进行建模。我们将 1997 年 1 月到 2003 年 1 月共 73 个数据分别标号为 $X_1, X_2, \cdots, X_{73}$，对其作用算子 $(1-B)(1-B^{12})$，产生新序列 $\{Y_t\}$：$\{Y_t \mid Y_t = \nabla \nabla_{12} X_t, t=13, \cdots, 73\}$。$\{Y_t\}$ 数据如图 12.15 所示。

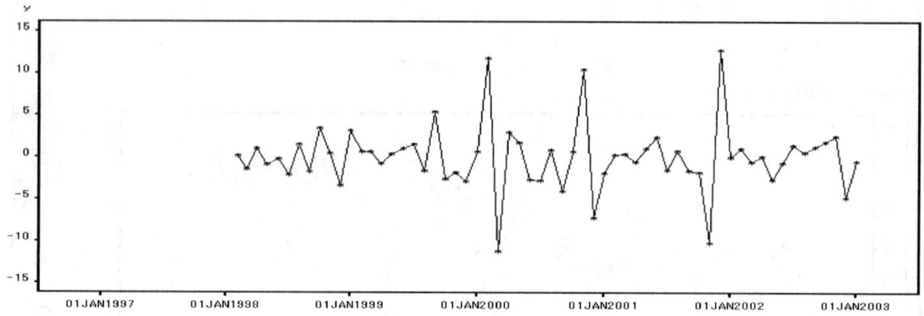

图 12.15　数据点图

易见，差分后序列可作平稳序列处理，其样本自相关函数 $\hat{\rho}(.)$ 和偏相关系数 $\hat{\varphi}(.)$ 如图 12.16 所示。

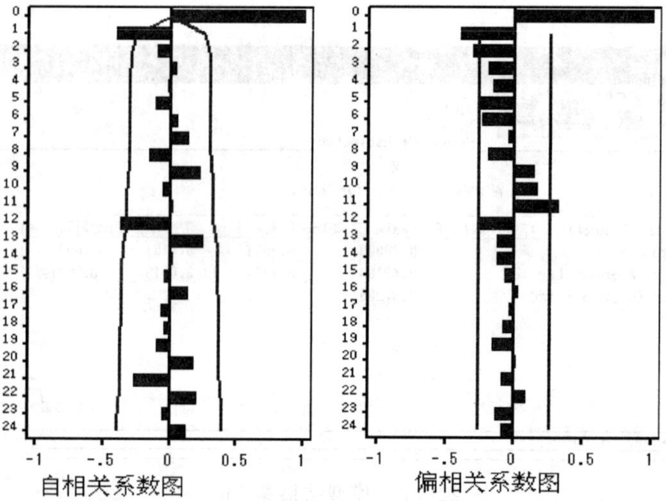

图 12.16　差分后数据 $\{\nabla \nabla_{12} X_t\}$ 的样本自相关系数和偏相关系数图

其自相关系数为

$$\hat{\rho}(12) = -0.377, \quad \hat{\rho}(24) = 0.121$$

该数据表明，可用 MA(1) 模型作为年与年之间的模型，即 $P=0, Q=1$。

再考查 $\hat{\rho}(1), \hat{\rho}(2), \cdots, \hat{\rho}(11)$，其自相关系数为

$$\hat{\rho}(1) = -0.403, \quad \hat{\rho}(2) = -0.108$$

故选择用 MA(1) 模型作为月与月之间的模型，即 $p=0, q=1$。且偏相关系数不具有截尾性，在 $\hat{\varphi}(11)$ 处仍在界线之外，也说明年与年、月与月之间采用 MA(1) 模型是适合的。因此，

选择的模型为

$$(1-B)(1-B^{12})X_t = a + (1-\theta)(1-\psi B^{12})Z_t$$

其中，$\{Z_t\} \sim WN(0,\sigma^2)$。

因常数项 a 在计算中无法通过显著性检验，故去掉该项。

采用 SAS 8.0 对该序列进行计算，得到参数的估计值及统计量见表 12.2。

表 12.2　时间序列求解参数

估计值	T 值	Prob $>\mid T\mid$
$\theta = 0.78989$	9.415 1	< 0.001
$\psi = 0.42164$	3.091 6	0.003 1

均方误差 $\sigma = 2.87153$，绝对误差为 2.058 73，复相关系数 $R^2 = 0.76$。

从计算结果来看，θ 和 ψ 都通过了显著性检验。数值拟合的误差比较小，均方误差和绝对误差都不超过 3，说明拟合效果不错。从拟合误差得到的自相关系数及偏相关系数图（见图 12.17）来看，它们都是一步截尾，不再具有相关性，说明该模型是适合的。

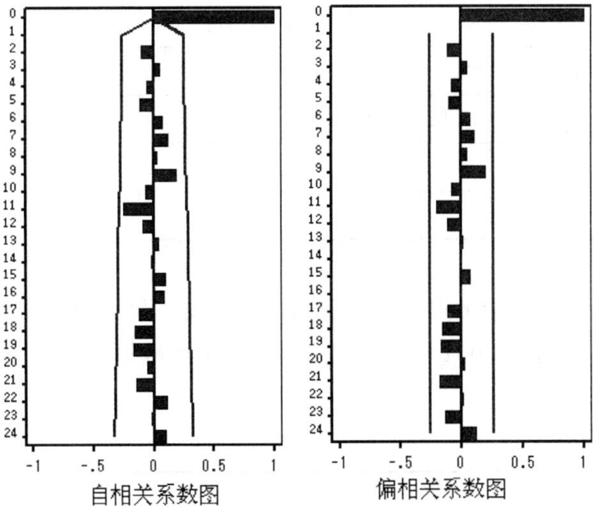

图 12.17　拟合误差数据的自相关与偏相关数据图

因此，最后得到的模型为

$$\nabla\nabla_{12}X_t = (1-0.78989B)(1-0.42164B^{12})Z_t \tag{12.15}$$

其中，$Z_t \sim WN(0,2.87153^2)$。

该模型可化简为

$$X_t = X_{t-1} + X_{t-12} - X_{t-13} + Z_t - 0.78989Z_{t-1} - 0.42164Z_{t-12} + 0.33305Z_{t-13} \tag{12.16}$$

其中，$Z_t \sim WN(0,2.87153^2)$。

用该模型对 2003 年 2 月到 2004 年 1 月的数据进行预测，结果见表 12.3。

表 12.3　原始数据与预测数据

年份	月份 / 数据分类	1月	2月	3月	4月	5月	6月	7月	8月	9月	10月	11月	12月
1997	原始	9.4	11.3	16.8	19.8	20.3	18.8	20.9	24.9	24.7	24.3	19.4	18.6
	预测												
1998	原始	9.6	11.7	15.8	19.9	19.5	17.8	17.8	23.3	21.4	24.5	20.1	15.9
	预测		11.5	17.1	19.63	20.21	18.53	20.45	23.85	23.53	22.66	18.16	17.77
1999	原始	10.1	12.9	17.7	21	21	20.4	21.9	25.8	29.3	29.8	23.6	16.5
	预测	8.101	10.66	15.81	19.95	20.1	18.67	19.79	25.21	24.04	27	23.01	20.15
2000	原始	11.4	26	19.6	25.9	27.6	24.3	23	27.8	27.3	28.5	32.8	18.5
	预测	12.42	14.68	21.84	24.83	25.02	24.55	25.69	29.46	30.64	30.99	24.93	21.18
2001	原始	11.5	26.4	20.4	26.1	28.9	28	25.2	30.8	28.7	28.1	22.2	20.7
	预测	14.79	23.61	22.46	27.14	27.89	25.76	25.98	30.42	30.85	31.54	30.99	18.57
2002	原始	13.7	29.7	23.1	28.9	29	27.4	26	32.2	31.4	32.6	29.2	22.9
	预测	12.52	25.4	22.1	27.76	30.03	28.31	26.39	31.49	30.57	30.88	27.9	22.85
2003	原始	15.4	17.1	23.5	11.6	1.78	2.61	8.8	16.2				
	预测	16.07	30.51	24.92	30.57	31.49	29.93	28.39	34.16	33.25	34	30.62	24.73
2004	原始												
	预测	17.53											

数据如图 12.18 所示，其中散点 * 为原始数据，实线上数据为拟合数据，虚线右边中间数据为预测数据(2003 年 2 月到 2004 年 1 月)，虚线右边上面数据为 95% 的置信上限，下面数据为 95% 的置信下限。

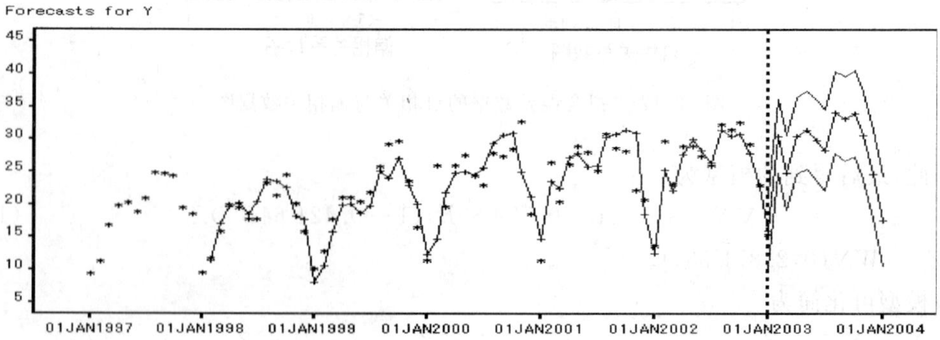

图 12.18　原始数据及预测图(* 为原始数据，实线为预测数据)

对 SARS 造成的旅游人数的影响，由于 2003 年 2 月到 2003 年 8 月受 SARS 影响，期间的旅游人数已经统计得到，只需要用预测的正常估计数值减去实际人数并求和，就可以得到该期

间由于 SARS 造成的旅游减少人数为

$$S_1 = \sum_{i=74}^{80} (\hat{X}_i - X_i) \tag{12.17}$$

其中 $\hat{X}_i$ 为预测值，X_i 为实际值，$i=74$ 代表 2003 年 2 月，…，$i=80$ 代表 2003 年 8 月。

容易计算得 $S_1 = 128.369$ 万人。

2. SARS 期间旅游人数预测的函数拟合模型

对 2003 年 2 月到 2003 年 8 月期间的数据，我们发现 2 月到 4 月期间的数据具有很大的振荡性，而 5 月跌入低谷，然后逐渐增长，向往年正常数据恢复。结合实际情况分析，2 月受广东 SARS 影响，人数减少许多，3 月卫生部宣布北京不受 SARS 影响，从而旅游人数恢复正常，而 4 月下旬卫生部宣布北京发现 SARS，使旅游人数下降许多，因此从 4 月开始，旅游人数就一直受 SARS 影响，因此只取完全受 SARS 影响的数据，即从 2003 年 5 月到 2003 年 8 月进行处理。

我们分析，从 2003 年 5 月开始，旅游人数将逐渐增长，直至恢复正常，该问题与经济增长模型相类似，因此采用 S 型函数进行拟合并预测未来月份旅游人数。对 2003 年 5 月到 8 月用 SIRAMA 模型预测数据作为无 SARS 影响的正常人数，以该期间各月实际人数比预测的正常人数定义为该月恢复率 ρ_i，即

$$\rho_i = \frac{X_i}{\hat{X}_i}, \quad i = 77, 78, \cdots, 80 \tag{12.18}$$

由此得到表 12.4 所示的数据，其中 1 代表 2003 年 5 月，…，4 代表 2003 年 8 月。

表 12.4　2003 年 5 ～ 8 月的恢复率

时间 t	1	2	3	4
恢复率 ρ	0.048 8	0.119 1	0.262 6	0.484 0

对恢复率 ρ 与时间 t 可采用如下 S 型函数拟合，有

$$\rho = \frac{1}{1 + e^{a+bt}} \tag{12.19}$$

对该函数采用倒数及对数变换，可得到关于参数 a,b 的线性模型为

$$a + bt = \ln(1/\rho - 1) \tag{12.20}$$

将表 12.4 中数据代入，可计算出参数为

$a = 3.937\ 3, \quad b = -0.968\ 3$

即该模型为

$$\rho = \frac{1}{1 + e^{3.937\ 3 - 0.968\ 3t}} \tag{12.21}$$

图形见图 12.19。

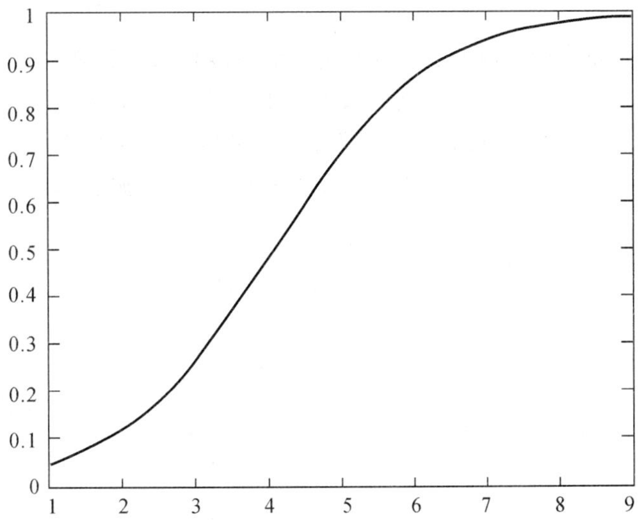

图 12.19　恢复率数据图(1 代表 2003 年 5 月，9 代表 2004 年 1 月)

由此可预测 2003 年 9 月到 2004 年 1 月的旅游人数，数据见表 12.5。

表 12.5 2003 年 9 月到 2004 年 1 月的旅游人数预测

人数/人 时间 类别	2003 年 9 月	2003 年 10 月	2003 年 11 月	2003 年 12 月	2004 年 1 月
无 SARS 预测值	33.245 2	33.995 1	30.619 7	24.732 6	17.531 5
有 SARS 预测值	23.665 1	29.465 7	28.931 0	24.196 3	17.385 2
恢复率 ρ	0.711 8	0.866 8	0.944 8	0.978 3	0.991 7

从上面可分析出到 2004 年 1 月海外旅游人数可恢复正常，因此可认为到 2004 年 1 月后 SAS 对海外旅客到华旅游已无影响，SAS 从 2003 年 9 月到 2004 年 1 月造成的旅游人数减少为 $S_2=16.480\ 8$ 万人。

从而我们可计算出 SARS 对旅游人数的影响时间段为 2003 年 2 月到 2004 年 1 月，其总共减少人数为 $S=S_1+S_2=128.369+16.480\ 8=144.849\ 8$ 万人。

3. 对 SARIMA 模型和 S 曲线模型的评价

对该问题采用的时间序列方法，在理论上已经非常成熟，可以对已有数据作很好的建模。对 SARS 影响期间建立的对恢复率估计的 S 型函数模型，具有很好的实际意义，并可以化为一个线性模型求解。其方法也是成熟的。因此采用这两个模型都有很强的理论依据。

凡是 SARS 对经济某一方面的影响，只要有无 SARS 影响的数据及有 SARS 影响的数据，都可以采用这这种处理方法，即先对无 SARS 影响的数据采用时间序列上的 SARIMA 建模，预测 SARS 影响期间的数据，从而估计出 SARS 对已经过去时期的影响；对未来的影响，可以采用文中的恢复率概念，利用现有数据对恢复率进行估计，从而估计出 SARS 对未来的影响。

本章小结

本章讲解了时间序列模型的 SARS 软件求解计算的操作过程及实现方法。时间序列模型在竞赛通常用于根据数据对未来预测，如果自己编程计算，将十分麻烦和困难，而采用现成的 SARS 统计软件，则显得十分简单。因此掌握用软件计算时间序列模型，就是一项十分实用的技术工作。而本章详细讲解了操作实现方法，掌握它，对你参加竞赛大有裨益。

第 13 章　排队论模型及 LINGO 求解

排队论又称随机服务系统，它应用于一切服务系统，包括生产管理系统、通信系统、交通系统、计算机存储系统。它通过建立一些数学模型，以对随机发生的需求服务提供系统预测。现实生活中如排队买票、病人排队就诊、轮船进港、高速路上汽车通过收费站、机器等待修理，等等。

13.1　排队论构成与指标

13.1.1　排队论的基本构成

(1) 输入过程。输入过程是描述顾客按照一定的规律到达排队系统的。内容包括 ① 顾客总体：顾客的来源是有限的还是无限的；② 到达的类型：顾客到达是单个到达还是成批到达；③ 相继顾客到达的时间间隔：通常假定是相互独立同分布，有的是等间隔到达，有的是服从负指数分布，有的是服从 k 阶 Erlang 分布。

(2) 排队规则。排队规则是指顾客按一定的规定次序接受服务。常见的规定次序有等待制、损失制、混合制、闭合制。当一个顾客到达时所有服务台都不空闲，则此顾客排队等待直到得到服务后离开，称为等待制。在等待制中，可以采用先到先服务，如排队买票；也有后到先服务，如天气预报；也有随机服务，如电话服务；也有有优先权的服务，如危重病人可优先看病。当一个顾客到来时，所有服务台都不空闲，则该顾客立即离开不等待，称为损失制。顾客排队等候的人数是有限长的，称为混合制度。当顾客对象和服务对象相同且固定时是闭合制。如几名维修工人固定维修某个工厂的机器就属于闭合制。

(3) 服务机构。服务机构主要包括服务台的数量、服务时间服从的分布。服务机构常见的有定长分布、负指数分布、几何分布等。

13.1.2　排队系统的数量指标

(1) 队长与等待队长。队长(通常记为 L_s) 是指系统中的平均顾客数(包括正在接受服务的顾客)。等待队长(通常记为 L_q) 指系统中处于等待的顾客的数量。显然，队长等于等待队长加上正在服务的顾客数。

(2) 等待时间。等待时间包括顾客的平均逗留时间(通常记为 W_s) 和平均等待时间(通常记为 W_q)。顾客的平均逗留时间是指顾客进入系统到离开系统这段时间，包括等待时间和接受服务的时间。顾客的平均等待时间是指顾客进入系统到接受服务这段时间。

(3) 忙期。从顾客到达空闲的系统，服务立即开始，直到再次变为空闲，这段时间是系统连续繁忙的时期，称之为系统的忙期。它反映了系统中服务机构工作强度，是衡量服务系统利用效率的指标，即

服务强度 = 忙期 / 服务总时间 =(1— 闲期)/ 服务总时间

闲期与忙期对应的系统的空闲时间,也就是系统连续保持空闲的时间长度。

13.1.3 排队论中的符号表示

排队论中的记号是20世纪50年代初由D.G.Kendall引入的,通常由3～5个字母组成,形式为

$$A/B/C/n$$

其中:A 表示输入过程;B 代表服务时间;C 代表服务台数量;n 表示系统空间数。例如:

(1)M/M/S/∞ 表示输入过程是Poisson流,服务时间服从负指数分布,系统有 S 个服务台平行服务,系统容量为无穷大的等待制排队系统。

(2)M/G/S/∞ 表示输入过程是Poisson流,服务时间服从一般概率分布,系统有 S 个服务台平行服务,系统容量为无穷大的等待制排队系统。

(3)D/M/S/K 表示顾客相继到达时间间隔独立、服从定长分布,服务时间服从负指数分布,系统有 S 个服务台平行服务,系统容量为 K 个的混合制系统。

(4)M/M/S/S 表示输入过程是Poisson流,服务时间服从负指数分布,系统有 S 个服务台平行服务,顾客到达后不等待的损失制系统。

(5)M/M/S/K/K 表示输入过程是Poisson流,服务时间服从负指数分布,系统有 S 个服务台平行服务,系统容量和顾客容量都为 K 个的闭合制系统。

13.2 排队论中4种重要模型

13.2.1 等待制模型M/M/S/∞

等待制模型中顾客到达规律服从参数为 λ 的Poisson分布,在 $[0,t]$ 时间内到达的顾客数 $X(t)$ 服从的分布为

$$P\{X(t)=k\}=\frac{(\lambda t)^k e^{-\lambda t}}{k!} \tag{13.1}$$

其单位时间到达的顾客平均数为 λ,$[0,t]$ 时间内到达的顾客平均数为 λt。

顾客接受服务的时间服从负指数分布,单位时间服务的顾客平均数为 μ,服务时间的分布为

$$f(t)=\begin{cases}\mu e^{-\mu t}, & t>0\\ 0,\end{cases} \tag{13.2}$$

每个顾客接受服务的平均时间为 $\frac{1}{\mu}$。

现在分别给出 $S=1$ 和 $S>1$ 的一些主要结果。

1. 只有一个服务台(S=1)的情形

可以计算出稳定状态下系统有 n 个顾客的概率为

$$p_n=(1-\rho)\rho^n,\quad n=0,1,2,3,\cdots \tag{13.3}$$

其中 $\rho=\frac{\lambda}{\mu}$ 称为系统的服务强度。

则系统没有顾客的概率为

$$p_0 = 1 - \rho = 1 - \frac{\lambda}{\mu}$$

系统中顾客的平均队长为

$$L_s = \sum_{n=0}^{\infty} n p_n = (1-\rho)\sum_{n=0}^{\infty} n\rho^n = \frac{\rho}{1-\rho} = \frac{\lambda}{\mu - \lambda} \tag{13.4}$$

系统中顾客的平均等待队长为

$$L_q = \sum_{n=1}^{\infty} (n-1) p_n = (1-\rho)\sum_{n=1}^{\infty} (n-1)\rho^n = \frac{\rho^2}{1-\rho} = \frac{\lambda^2}{\mu(\mu - \lambda)} \tag{13.5}$$

系统中顾客的平均逗留时间为

$$W_s = \frac{1}{\mu - \lambda} \tag{13.6}$$

系统中顾客的平均等待时间为

$$W_q = \frac{1}{\mu - \lambda} - \frac{1}{\mu} = \frac{\lambda}{\mu(\mu - \lambda)} \tag{13.7}$$

从式(13.4) ～ (13.6) 可以看出：

$$L_s = \lambda W_s,\quad L_q = \lambda W_q \tag{13.8}$$

或

$$W_s = \frac{L_s}{\lambda},\quad W_q = \frac{L_q}{\lambda} \tag{13.9}$$

该公式称为 Little 公式。在其他排队论模型中依然适用。

Little 公式直观意义的表述：

$L_s = \lambda W_s$ 表明排队系统的队长等于一个顾客平均逗留时间内到达的顾客数。

$L_q = \lambda W_q$ 表明排队系统的等待队长等于一个顾客平均等待时间内到达的顾客数。

2. 系统有多个服务台($S > 1$) 的情形

当系统中有 S 个服务台，系统服务能力为 $S\mu$，服务强度为 $\rho = \frac{\lambda}{S\mu}$。

系统中顾客的平均队长为

$$L_s = S\rho + \frac{(S\rho)^S \rho}{S!\,(1-\rho)^2} p_0 \tag{13.10}$$

其中 $p_0 = \left[\sum_{k=0}^{S-1} \frac{(S\rho)^k}{k!} + \frac{(S\rho)^s}{S!\,(1-\rho)}\right]^{-1}$，表示所有服务台都空闲的概率。

系统中顾客的逗留时间为

$$W_s = \frac{L_s}{\lambda} \tag{13.11}$$

系统中顾客的平均等待时间为

$$W_q = W_s - \frac{1}{\mu} \tag{13.12}$$

系统中顾客的平均等待队长为

$$L_q = \lambda W_q \tag{13.13}$$

3. LINGO 中的相关函数及相关参数计算公式

(1) 顾客等待概率的公式为

$$P_{\text{wait}} = @\text{peb}(\text{load}, S) \tag{13.14}$$

其中：S 为服务台个数；load 为系统到达的载荷，即 $\text{load} = \dfrac{\lambda}{\mu}$。

(2) 顾客的平均等待时间为

$$W_q = P_{\text{wait}} \frac{T}{S - \text{load}} \tag{13.15}$$

其中，T 为顾客接受服务的平均时间，有 $T = \dfrac{1}{\mu}$。

当 load $>$ S 时无意义，表示当系统负荷超过服务台个数时，排队系统达到不稳定状态，队伍将越排越长。

(3) 系统中顾客的平均逗留时间为

$$W_s = W_q + \frac{1}{\mu} \tag{13.16}$$

(4) 系统中顾客的平均队长为

$$L_s = \lambda W_s \tag{13.17}$$

(5) 系统中顾客的平均等待队长为

$$L_q = \lambda W_q \tag{13.18}$$

例 13.1 某机关接待室只有 1 名对外接待人员，每天工作 10 h，来访人员和接待时间都是随机的。设来访人员按照 Poisson 流到达，到达速率为 $\lambda = 8$ 人 /h，接待人员的服务速率为 $\mu = 9$ 人 /h，接待时间服从负指数分布。

(1) 计算来访人员的平均等待时间，等候的平均人数。

(2) 若到达速率增大为 $\lambda = 20$ 人 /h，每个接待人员的服务速率不变，为使来访问人员平均等待时间不超过半小时，最少应该配置几名接待人员？

解 (1) 该问题属于 M/M/1/∞ 排队模型。

$s = 1, \lambda = 8, \mu = 9$，需要计算来访人员的平均等待时间 W_q，等候的平均人数 L_q。

LINGO 程序：

```
model:
lp=8;
u=9;
T=1/u;
load=lp/u;
S=1;
Pwait=@PEB(load,S);! 等待概率;
W_q=Pwait*T/(S-load);! 平均等待时间;
L_q=lp*W_q;! 顾客的平均等待队长;
end
```

计算结果：

来访人员的平均等待时间 $W_q = 0.89, h = 53$ min，等候的平均人数 $L_q = 7.1$ 人。

(2) 该问题属于 M/M/S/∞ 排队模型。

求最小的 S,使来访人员的平均等待时间 $W_q \leqslant 0.5$。

LINGO 程序：

```
model:
min=S;
lp=20;
u=9; ! 服务率;
T=1/u;
load=lp/u;
Pwait=@PEB(load,S);! 接待人员的等待概率;
W_q=Pwait*T/(S-load);! 平均等待时间;
W_q<=0.5;
L_q=lp*W_q;! 顾客的平均等待队长;
TT=W_q*60;
@gin(S);
end
```

计算结果为:最少需要接待人员 $S=3$ 人。

来访人员等待概率为 0.55,排队等待平均时间为 4.7 min,平均队长为 1.58 人。

13.2.2　损失制模型 M/M/S/S

M/M/S/S 模型表示顾客到达人数服从 Poisson 分布,单位时间到达率为 λ,服务台服务时间服从负指数分布,单位时间服务平均人数为 μ。当 S 个服务台被占用后,顾客自动离开,不再等待。

这里给出 LINGO 中的有关函数及相关参数的计算公式。

系统损失概率为

$$P_{lost}=@pel(load,S) \tag{13.19}$$

其中 S 为服务台个数;load 为系统到达的载荷,即 $load=\dfrac{\lambda}{\mu}$。

损失概率表示损失的顾客在到达总人数中所占的比率。

单位时间内进入系统的平均顾客数为

$$\lambda_e=\lambda(1-P_{lost}) \tag{13.20}$$

系统中顾客的平均队长为

$$L_s=\frac{\lambda_e}{\mu} \tag{13.21}$$

系统中顾客的平均逗留时间(服务时间)为

$$W_s=\frac{1}{\mu}=T \tag{13.22}$$

系统服务台的效率为

$$\eta=\frac{L_s}{s} \tag{13.23}$$

在损失制排队模型中，顾客平均等待时间 $W_q=0$，平均等待队长 $L_q=0$，表示没有顾客等待。

例 13.2 某单位电话交换台有一部 300 门内线电话的总机，已知上班时间有 30% 的内线分机平均每 30 min 要一次外线电话，70% 的分机每隔 70 min 要一次外线电话。又知从外单位打来的电话的呼唤率平均 30 s 一次，设与外线的平均通话时间为 3 min，以上时间都服从负指数分布。如果要求外线电话接通率为 95% 以上，问电话交换台应设置多少外线？

解 该问题属于损失制排队模型。电话交换台的服务分为两部分，一部分是内线打外线，另一部分是外线打内线。

内线打外线的服务强度（每小时通话平均次数）为

$$\lambda_1=\left(\frac{60}{30}\times 30\%+\frac{60}{70}\times 70\%\right)\times 300=1.2\times 300=360$$

外线打内线的服务强度为

$$\lambda_2=\frac{60}{0.5}=120$$

总强度为 $$\lambda=\lambda_1+\lambda_2=360+120=480$$

电话平均服务时间为 $T=\frac{3}{60}=0.05$ h，服务率 $\mu=\frac{60}{3}=20$ 个。

对该问题的求解，其目标是求最小的电话交换台数 s，使顾客（外线电话）损失率不超过 5%，即

$$P_{\text{lost}}\leqslant 5\%$$

LINGO 程序：

```
model:
min=S;
lp=480;! 每小时平均到达电话数;
u=20; ! 服务率;
load=lp/u;
Plost=@PEL(load,S);! 损失率;
Plost<=0.05;
lpe=lp*(1-Plost);
L_s=lpe/u;! 顾客的平均队长;
eta=L_s/S; ! 系统服务台的效率;
@gin(S);
end
```

计算结果：最小的电话交换台数为 $S=30$。

电话损失率为 $P_{\text{lost}}=0.04$，实际进入系统的电话平均数为 $\lambda_e=460.7$，平均队长 $L_s=23$，系统服务台的效率 $\eta=0.768$。

13.2.3 混合制模型 M/M/S/K

混合制模型 M/M/S/K，表示顾客到达人数服从 Poisson 分布，单位时间到达率为 λ，服务台服务时间服从负指数分布，单位时间服务平均人数为 μ，系统有 S 个服务台，系统对顾客的

容量为 K。当 K 个位置被顾客占用时,新到的顾客自动离去。当系统中有空位置时,新到的顾客进入系统排队等候。

对混合制模型,LINGO 没有相关函数计算参数,需要自己编程计算。

1. 混合制模型基本公式

设稳定状态下系统有 $i(i=0,1,2,\cdots,K)$ 个顾客的概率为 $p_i(i=0,1,2,\cdots,K)$。p_0 表示系统空闲的概率。因此有

$$\sum_{i=0}^{K} p_i = 1,\quad p_i \geqslant 0,\quad i=1,2,\cdots,K \tag{13.24}$$

设 λ_i 表示系统中有 $i(i=0,1,2,\cdots,K)$ 个顾客时的输入强度,μ_i 表示系统中有 $i(i=0,1,2,\cdots,K)$ 个顾客时的服务强度。在稳定状态下,可建立平衡方程为

$$\left.\begin{aligned}
&\mu_1 p_1 = \lambda_0 p_0\\
&\lambda_0 p_0 + \mu_2 p_2 = (\lambda_1 + \mu_1) p_1\\
&\lambda_{i-1} p_{i-1} + \mu_{i+1} p_{i+1} = (\lambda_i + \mu_i) p_i \quad (i=1,2,\cdots,K-1)\\
&\lambda_{K-1} p_{K-1} = \mu_K p_K
\end{aligned}\right\} \tag{13.25}$$

对于混合制系统 M/M/S/K,有

$$\lambda_i = \lambda \quad (i=0,1,2,\cdots,K) \tag{13.26}$$

$$\mu_i = \begin{cases} i\mu & i \leqslant S \\ s\mu & i > S \end{cases} \quad (i=1,2,\cdots,K) \tag{13.27}$$

2. 混合制模型基本参数计算

当系统有 K 个人时,到达的顾客就会流失,因此有系统损失概率为

$$P_{\text{lost}} = P_K \tag{13.28}$$

单位时间内进入系统的平均顾客数为

$$\lambda_e = \lambda(1 - P_{\text{lost}}) = \lambda(1 - P_K) \tag{13.29}$$

系统中顾客的平均队长为

$$L_s = \sum_{i=0}^{K} i p_i \tag{13.30}$$

系统中顾客的平均等待队长为

$$L_q = \sum_{i=s}^{K} (i-s) p_i = L_s - \frac{\lambda_e}{\mu} \tag{13.31}$$

系统中顾客的平均逗留时间为

$$W_s = \frac{L_s}{\lambda_e} \tag{13.32}$$

系统中顾客的平均等待时间为

$$W_q = W_s - \frac{1}{\mu} = W_s - T \tag{13.33}$$

例 13.3　某理发店有 4 名理发师,因场地所限,店里最多容纳 12 名顾客,假设来理发的顾客按 Poisson 分布到达,平均到达率为 18 人 /h,理发时间服从负指数分布,平均每人12 min。求该系统的各项指标。

解　该模型是 M/M/4/12 混合制模型。$S=4,K=12,\lambda=18,\mu=60/12=5$。各项指标的计算采用本章 13.2.3 所述的公式。

该程序的编制可采用 LINGO 实现。程序为：

```
！混合制排队论模型；
model：
sets：
state/1..12/：P；
endsets
lp＝18；！顾客到达率；
u＝5；！服务率；
S＝4；！服务员人数；
K＝12；！系统容量；
P0＋@sum(state(i)：P(i))＝1；！概率和；
u*P(1)＝lp*P0；！平衡点 0；
lp*P0＋2*u*P(2)＝(lp＋u)*P(1)；！平衡点 1；
@for(state(i)|i#GT#1#and#i#LT#S：lp*P(i－1)＋(i＋1)*u*P(i＋1)＝(lp＋i*u)*P(i))；！平衡点 i[2,S－1]；
@for(state(i)|i#GE#S#and#i#LT#K：lp*P(i－1)＋S*u*P(i＋1)＝(lp＋S*u)*P(i))；！平衡点 i[S,K－1]；

lp*P(K－1)＝S*u*P(K)；！平衡点 K；

Plost＝P(K)；！损失率；
lpe＝lp*(1－P(K))；！实际到达率；

L_s＝@sum(state(i)：i*P(i))；！平均队长；
L_q＝L_s－lpe/u；！平均等待队长；

W_s＝L_s/lpe；！平均逗留时间；
W_q＝L_q/lpe；！平均等待时间；

end
```

计算结果为：理发师空闲率为 $P_0=0.16$，顾客损失率为 0.049，每 1 h 实际进入理发店人数为 $\lambda_e=17.12$ 人，平均队长 $L_s=5.72$ 人，平均等待队长 $L_q=2.3$ 人，平均逗留时间 $W_s=0.334$ h，平均等待时间 $W_q=0.134$ h。

13.2.4 闭合制模型 M/M/S/K/K

M/M/S/K/K 模型表示系统有 S 个服务台，顾客到达人数服从 Poisson 分布，单位时间到达率为 λ，服务台服务时间服从负指数分布，单位时间服务平均人数为 μ。系统容量和潜在的顾客数都为 K。

基本参数计算：

平均队长(LINGO 计算公式)为

$$L_s = @\mathrm{pfs}(\mathrm{load}, s, K) \tag{13.34}$$

其中,S 为服务台个数;load 为系统到达的载荷,这里 $\mathrm{load} = K\dfrac{\mu}{\lambda}$。

单位时间平均进入系统的顾客数为

$$\lambda_e = \lambda(K - L_s) \tag{13.35}$$

顾客处于正常情况的概率为

$$P = \frac{K - L_s}{K} \tag{13.36}$$

系统中顾客的平均等待队长 L_q,平均逗留时间 W_s,平均等待时间 W_q 分别为

$$L_q = L_s - \frac{\lambda_e}{\mu},\quad W_s = \frac{L_s}{\lambda_e},\quad W_q = \frac{L_q}{\lambda_e} \tag{13.37}$$

每个服务台的工作强度为

$$P_{\mathrm{work}} = \frac{\lambda_e}{S\mu} \tag{13.38}$$

例 13.4 某工厂现有 30 台自动车床,由 4 名工人负责维修管理。当机床需要加料、发生故障或刀具磨损时就自动停车等待。设平均每台机床两次停车时间间隔为 1 h,停车等待的平均时间为 5 min,并服从负指数分布。求该排队系统的各项指标。

解 该排队系统是闭合制排队模型 M/M/4/30/30。参数 $S=4, K=30, \lambda=1, T=\dfrac{5}{60}=\dfrac{1}{12}, \mu=12$。根据上面公式可计算出各项指标。

LINGO 程序:

```
model:
lp=1;! 每小时故障到达数;
u=12; ! 服务率;
K=30; ! 机器数;
S=4; ! 维修工人数;
load=K*lp/u;
L_s=@pfs(load,S,K);! 等待队长;
lpe=lp*(K-L_s); ! 进入维修的平均机器数;
Prob=(K-L_s)/K; ! 机器工作概率;
L_q=L_s-lpe/u; ! 平均等待队长;
W_q=L_q/lpe; ! 平均等待时间;
W_s=L_s/lpe; ! 平均逗留时间;
Pwork=lpe/(S*u); ! 维修工人的工作强度;
end
```

计算结果:实际进入系统的机器平均为 $\lambda_e=27.5$ 台,平均队长 $L_s=2.5$ 台,平均等待队长 $L_q=0.24$ 台,平均逗留时间 $W_s=0.09$ h,平均等待时间 $W_q=0.087$ h,机器工作概率 Prob=0.92,维修工人的工作强度 $P_{\mathrm{work}}=0.57$。

例 13.5 一个大型露天矿山，正在考虑修建矿石卸位的个数。估计运矿石的车将按 Poisson 分布到达，平均每小时 25 辆，卸矿石的时间服从负指数分布，平均 3 min 卸一辆。每辆运送矿石的卡车价格为 10 万元，修建一个卸位的投资为 15 万元。问修建几个卸位最好？

解 该排队系统为 M/M/S/∞ 系统。系统参数中 $\lambda=25$，$\mu=\frac{60}{3}=20$。费用包括修建矿石卸位的费用和卡车的费用。目标函数为

$$\min z=15S+10L_s$$

其中，S 为矿石卸位个数；L_s 为等待的队长。等待的车辆相当于没有发挥作用，因此将其考虑为成本。

实现的 LINGO 程序：

```
model:
min = 15 * S + 10 * L_s;
lp = 25; ! 每小时到达车辆数;
u = 20; ! 服务率;
T = 1.0/u;
load = lp/u;
Pwait = @PEB(load,S); ! 接待人员的服务速率;
W_q = Pwait * T/(S - load); ! 平均等待时间;
L_q = lp * W_q; ! 顾客的平均等待队长;
L_s = L_q + lp/u; ! 平均队长;
@gin(S);
end
```

计算结果：矿石卸位个数最佳为 $S=2$ 位，最少费用为 $z=50.5$ 万元，等待的队长为 $L_s=2.05$ 辆。

本 章 小 结

本章讲解了排队论模型及利用 LINGO 软件的计算，主要从实用角度出发，并不涉及过多理论技巧。读者只要能够利用排队论的模型进行实际问题的计算就可以了。在竞赛中碰到有关排队论的问题，后者某个问题可以转化为排队论的问题，就可以使用本章讲解的模型进行排队论相关指标计算或优化计算。

第 14 章　图论与网络流问题的 LINGO 求解技巧

本章介绍使用 LINGO 求解图论与网络问题中的一些典型问题。例如最短路径问题、最大流问题、关键路径问题、最优树问题以及 TSP 问题。主要介绍使用 LINGO 求解的方法，重在应用和解决问题。

14.1　最短路径问题的 LINGO 求解

设图中共有 n 个节点，其赋权图的邻接矩阵为 $\boldsymbol{w}_{n\times n}$，其中 $w_{ij}=p$ 表示节点 i 到 j 的权值为 p，当为无向图时，$w_{ji}=w_{ij}$；当为有向图时，w_{ij} 和 w_{ji} 分别由图得到，通常不一样。当 $w_{ij}=0$ 时，表示节点 i 与节点 j 不连通。令 $w_{ii}=0$，假设图的所有权值 $w_{ij}\geqslant 0$。

本节介绍求节点 a 到节点 b 的最短路径问题，其线性规划模型如下：

1. 模型一

决策变量。设 $x_{ij}=\begin{cases}1, & \text{节点 } i \text{ 与节点 } j \text{ 连通}\\ 0, & \text{节点 } i \text{ 与节点 } j \text{ 不连通}\end{cases}$，目标函数为寻找一条节点 a 到节点 b 的通路，使其上权值和最小，故目标函数为

$$\min Z=\sum_{i=1}^{n}\sum_{j=1}^{n}w_{ij}x_{ij}$$

(1) 对节点 a 恰有一条路径出去，却不能有路径回来，则有

$$\sum_{\substack{j=1\\ j\neq a}}^{n}x_{aj}=1 \quad 且 \quad \sum_{\substack{k=1\\ k\neq a}}^{n}x_{ka}=0$$

(2) 对节点 b 恰有一条路径到达，却不能有路径出去，则有

$$\sum_{\substack{k=1\\ k\neq b}}^{n}x_{kb}=1 \quad 且 \quad \sum_{\substack{j=1\\ j\neq b}}^{n}x_{bj}=0$$

(3) 对除起始点 a 和目标点 b 之外，其他点进入和出去的路径是一样多(可都为 0)，则

$$\sum_{k=1}^{n}x_{ki}=\sum_{j=1}^{n}x_{ij},\quad i\neq a,b$$

(4) 对不通的路径不取，约束为

$$x_{ij}\leqslant w_{ij},\quad i,j=1,2,\cdots,n$$

总的线性规划模型为

$$\min Z=\sum_{i=1}^{n}\sum_{j=1}^{n}w_{ij}x_{ij}$$

$$
s.t.\begin{cases}\sum_{k=1}^{n}x_{ki}=\sum_{j=1}^{n}x_{ij} & i\neq a,b\\ \sum_{\substack{j=1\\ j\neq a}}^{n}x_{aj}=1\\ \sum_{\substack{k=1\\ k\neq a}}^{n}x_{ka}=0\\ \sum_{\substack{k=1\\ k\neq b}}^{n}x_{kb}=1\\ \sum_{\substack{j=1\\ j\neq b}}^{n}x_{bj}=0\\ x_{ij}\leqslant w_{ij} & i,j=1,2,\cdots,n\\ x_{ij}=0\text{ 或 }1\end{cases}
$$

例 14.1 现有 11 个点 $v_1,v_2,\cdots,v_{11}$ 的无向图如图 14.1 所示，求点 1 到点 11 的最短路径。

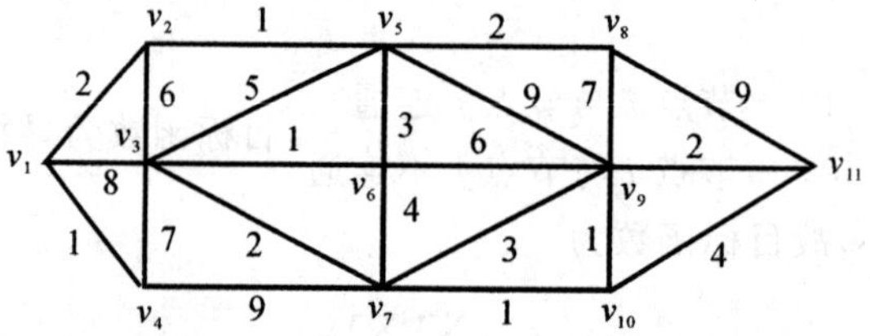

图 14.1 无向图最短路径示意图

其 LINGO 实现程序：

```
！最短路程序；
model:
sets:
point/1..11/;
road(point,point):W,X;
endsets
data:
W=0,2,8,1,0,0,0,0,0,0,0,
  2,0,6,0,1,0,0,0,0,0,0,
  8,6,0,7,5,1,2,0,0,0,0,
  1,0,7,0,0,0,9,0,0,0,0,
  0,1,5,0,0,3,0,2,9,0,0,
  0,0,1,0,3,0,4,0,6,0,0,
  0,0,2,9,0,4,0,0,3,1,0,
  0,0,0,0,2,0,0,0,7,0,9,
```

```
    0,0,0,0,9,6,3,7,0,1,2,
    0,0,0,0,0,0,1,0,1,0,4,
    0,0,0,0,0,0,0,9,2,4,0;
enddata
min=@sum(road(i,j):w(i,j) * x(i,j));! 最短路;
@for(point(i) | i#ne#1#and#i#ne#11:@sum(point(k):x(k,i)) = @sum(point(j):
x(i,j)));
@sum(point(j) | j#ne#1:x(1,j))=1;! 起始点要出去;
@sum(point(k) | k#ne#1:x(k,1))=0;! 不能回到起始点;
@sum(point(k) | k#ne#11:x(k,11))=1;! 要到达目标点;
@sum(point(j) | j#ne#11:x(11,j))=0;! 目标点不能出去;

@for(road(i,j):x(i,j) <= W(i,j));! 不能到达的路不考虑;
@for(road(i,j):@bin(x(i,j)));

end
```

结果为:

minZ=13

x(1,2)=1 x(2,5)=1 x(5,6)=1 x(6,3)=1

x(3,7)=1 x(7,10)=1 x(10,9)=1 x(9,11)=1

故路径为 1 → 2 → 5 → 6 → 3 → 7 → 10 → 9 → 11。

2. 模型二

不必考虑起始点不回去,结束点不出去,统一考虑所有中间点不出现圈,添加约束为

$$u_i - u_j + n x_{ij} \leqslant n-1$$

$$\min Z = \sum_{i=1}^{n} \sum_{j=1}^{n} w_{ij} x_{ij}$$

总模型为

$$s.t.\begin{cases}\sum_{k=1}^{n} x_{ki} = \sum_{j=1}^{n} x_{ij}, & i \neq a,b \\ \sum_{\substack{j=1 \\ j\neq b}}^{n} x_{aj} = 1 \\ \sum_{\substack{k=1 \\ k\neq a}}^{n} x_{kb} = 1 \\ u_i - u_j + n x_{ij} \leqslant n-1, & i,j=1,2,\cdots,n \\ x_{ij} \leqslant w_{ij}, & i,j=1,2,\cdots,n \\ x_{ij} = 0 \text{ 或 } 1 \end{cases}$$

其 LINGO 实现程序:

```
! 最短路程序;
model:
sets:
point/1..11/:u;
road(point,point):W,X;
endsets
data:
W=0,2,8,1,0,0,0,0,0,0,0,
  2,0,6,0,1,0,0,0,0,0,0,
  8,6,0,7,5,1,2,0,0,0,0,
  1,0,7,0,0,0,9,0,0,0,0,
  0,1,5,0,0,3,0,2,9,0,0,
  0,0,1,0,3,0,4,0,6,0,0,
  0,0,2,9,0,4,0,0,3,1,0,
  0,0,0,0,2,0,0,0,7,0,9,
  0,0,0,0,9,6,3,7,0,1,2,
  0,0,0,0,0,0,1,0,1,0,4,
  0,0,0,0,0,0,0,9,2,4,0;
enddata
min=@sum(road(i,j):w(i,j)*x(i,j)); ! 最短路;
n=@size(point);
@for(point(i) | i#ne#1#and#i#ne#11:@sum(point(k):x(k,i)) = @sum(point(j):
x(i,j)));
@sum(point(j)|j#ne#1:x(1,j))=1; ! 起始点要出去;
@sum(point(k)|k#ne#11:x(k,11))=1; ! 要到达目标点;
@for(road(i,j):u(i)-u(j)+n*x(i,j)<=n-1); ! 不出现圈;
@for(road(i,j):x(i,j)<=W(i,j)); ! 不能到达的路不考虑;
@for(road(i,j):@bin(x(i,j)));
end
```

14.2 最大流问题的LINGO求解

设有向图共有 n 个节点,其赋权图的容量矩阵为 $\boldsymbol{C}_{n\times n}$,其中 c_{ij} 表示节点 i 到 j 允许的最大容量。现求根节点1到节点 n 的最大流量。

其线性规划模型为:

决策变量:设 f_{ij} 表示节点 i 到节点 j 的实际流量。

目标函数为

$$\max Z=\text{flow}$$

(1) 从节点1流出的就是流量,则有

$$\text{flow}=\sum_{j=2}^{n} f_{1j}$$

(2) 对终点流入的也是流量，则有

$$\text{flow}=\sum_{i=1}^{n-1} f_{in}$$

(3) 中间所有点满足流入与流出相等，约束为

$$\sum_{k=1}^{n} f_{ki}=\sum_{j=1}^{n} f_{ij},\quad i=2,3,\cdots,n-1$$

(4) 每个节点上的流量不超过容量

$$f_{ij}\leqslant c_{ij},\quad i,j=1,2,\cdots,n$$

总的线性规划模型为

$$\max Z=\text{flow}$$

$$s.t.\begin{cases}\text{flow}=\sum_{j=2}^{n} f_{1j}\\ \text{flow}=\sum_{i=1}^{n-1} f_{in}\\ \sum_{k=1}^{n} f_{ki}=\sum_{j=1}^{n} f_{ij},\quad i=2,3,\cdots,n-1\\ f_{ij}\leqslant c_{ij},\quad i,j=1,2,\cdots,n\end{cases}$$

例 14.2　有 6 个点 $v_1,v_2,\cdots,v_6$ 的有向图初始网络如图 14.2 所示，求起始点 1 到终点 6 的最大流量。

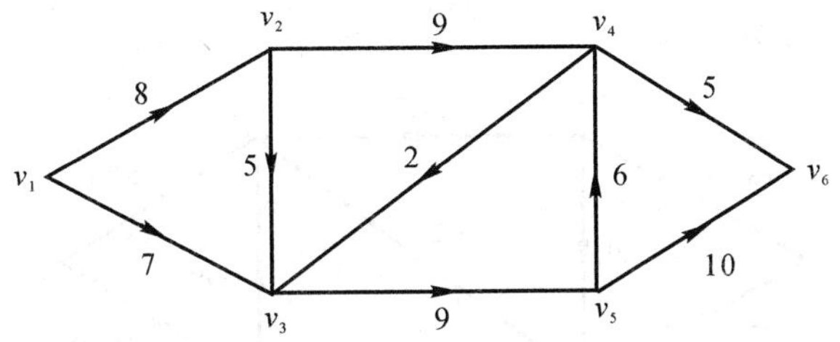

图 14.2　有向图初始网络

解　其 LINGO 实现程序：

```
! 最大流问题;
model:
sets:
point/1..6/;
link(point,point):C,f;


endsets
data:
C=0,8,7,0,0,0,
```

```
    0,0,5,9,0,0,
    0,0,0,0,9,0,
    0,0,2,0,0,5,
    0,0,0,6,0,10,
    0,0,0,0,0,0;
enddata
max =flow;
n =@size(point);
flow =@sum(point(j):f(1,j)); ! 流量为从起始点流出的量;
gui =@sum(point(i):f(i,n)); ! 流入终点的量;
gui =flow;
! 中间各点流入与流出的量相等;
@for(point(i) | i#ne#1#and#i#ne#n:@sum(point(j):f(i,j)) =@sum(point(k):
f(k,i)));
@for(link(i,j):f(i,j) <=c(i,j));
end
```

结果为:

$\max Z=14$

$F(1,2)=7$　　$F(1,3)=7$　　$F(2,4)=7$　　$F(3,5)=9$

$F(4,3)=2$　　$F(4,6)=5$　　$F(5,6)=9$

计算结果如图 14.3 所示。

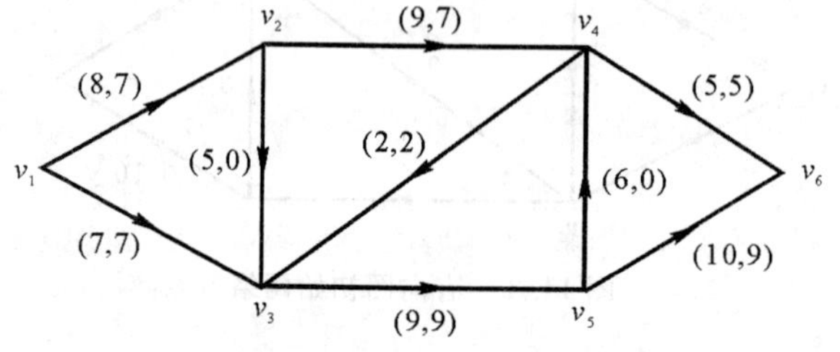

图 14.3　计算结果图

14.3　关键路线(CPM)问题的 LINGO 求解

计划评审方法(PERT)和关键路线法(CPM)是网络分析的重要部分,在中国又称为统筹方法(Schedule Methof)。这里采用最短路径的思想,利用 LINGO 求解关键路线,以获得最少完成时间。

设有 n 项作业等待完成,作业号分别为 $1,2,\cdots,n$,每项作业需要完成的时间为 $t_i(i=1,2,\cdots,n)$,第 i 项作业的紧前作业有 $k_1,k_2,\cdots,k_i$。设虚拟的开始作业为 $n+1$,结束作业为 $n+2$,$n+1$ 号作业完成时间为 0。无紧前作业的作业号的紧前作业为 $n+1$,结束作业 $n+2$ 的紧前作业为其后无作业的作业号。这个问题的 $n+2$ 项作业构成一个连接图，该图共有 $n+2$ 个节点，其赋权图的邻接矩阵为 $\boldsymbol{w}_{(n+2)\times(n+2)}$，其中 $w_{ij}=t_i$ 表示作业 i 完成的时间为 t_i。当 $w_{ij}=0$ 时，表示作业 i 与作业 j 无依赖关系。求完成作业的最少时间，就是求从起始点 $n+1$ 到结束点 $n+2$ 的最长路径，其线性规划模型如下。

1. 模型一

决策变量。设 $x_{ij}=\begin{cases}1, & \text{作业 } i \text{ 与作业 } j \text{ 紧连}\\0, & \text{作业 } i \text{ 与作业 } j \text{ 不紧连}\end{cases}$，目标函数为寻找一条从起始点 $n+1$ 到结束点 $n+2$ 的最长路径，使其上权值和最大，故目标函数为

$$\max Z=\sum_{i=1}^{n+2}\sum_{j=1}^{n+2} w_{ij}x_{ij}$$

(1) 对起始点 $n+1$ 恰有一条路径出去，则有

$$\sum_{\substack{j=1\\ j\neq n+1}}^{n+2} x_{n+1,j}=1$$

(2) 对终点 $n+2$ 恰有一条路径到达，则有

$$\sum_{\substack{k=1\\ k\neq n+2}}^{n+2} x_{k,n+2}=1$$

(3) 对除起始点 $n+1$ 和终点 $n+2$ 之外，其他点进入和出去的路径是一样多(可都为 0)，则有

$$\sum_{k=1}^{n+2} x_{ki}=\sum_{j=1}^{n+2} x_{ij},\quad i\neq n+1,n+2$$

(4) 所有中间点不出现圈，添加约束为

$$u_i-u_j+nx_{ij}\leqslant n-1$$

总模型为

$$\min Z=\sum_{i=1}^{n+2}\sum_{j=1}^{n+2} \boldsymbol{w}_{ij}x_{ij}$$

$$s.t.\ \begin{cases}\displaystyle\sum_{k=1}^{n+2} x_{ki}=\sum_{j=1}^{n+2} x_{ij},\quad i\neq n+1,n+2\\ \displaystyle\sum_{\substack{j=1\\ j\neq n+1}}^{n+2} x_{n+1,j}=1\\ \displaystyle\sum_{\substack{k=1\\ k\neq n+2}}^{n+2} x_{k,n+2}=1\\ u_i-u_j+nx_{ij}\leqslant n-1,\quad i,j=1,2,\cdots,n,n+1,n+2\\ x_{ij}=0 \text{ 或 } 1\end{cases}\tag{14.1}$$

例 14.3 [①] 现有 14 件工件等待在一台机床上加工，某些工件的加工顺序必须安排在另外一些工件完工以后才能开始，第 j 号工件的加工时间 t_j 及先期必须完工的工件号 i 由表14.1给出。

给出一个加工顺序，确定每个工件的完工时间(包括等待与加工两个阶段)。试设计一个

① 该题为 1991 年上海市大学生数学建模竞赛 B 题第一问。

满足条件的加工顺序,使各个工件的完工时间之和最小。

表 14.1　工件加工时间与顺序表

工件号	1	2	3	4	5	6	7	8	9	10	11	12	13	14
t_j	20	28	25	16	42	12	32	10	24	20	40	24	36	16
前期工件号	3,4	5,7,8	5,9	-	10,11	3,8,9	4	3,5,7	4	-	4,7	6,7,14	5,12	1,2,6

解　这里只求出所有工件最少完成时间。设开始作业标号为 15,结束作业标号为 16。模型建立与式(14.1)相同。

LINGO 程序:

```
! 关键路线法;
model:
sets:
job/1..16/:u; ! 初始点定义为 15,终点定义为 16;
line(job,job)/3,1 4,1 5,2 7,2 8,2 5,3 9,3 15,4 10,5 11,5 3,6 8,6 9,6 4,7
3,8 5,8 7,8 4,9 15,10 4,11 7,11 6,12 7,12 14,12 5,13 12,13 1,14 2,14 6,14 13,16/:
x,t;
endsets
data:
t=25,16,42,32,10,42,24,0,20,40,25,10,24,16,25,42,32,16,0,16,32,12,32,16,42,
24,20,28,12,36;
enddata
max=@sum(line(i,j):x(i,j)*t(i,j)); ! 求最长路线;

@sum(line(i,j)|i#eq#15:x(i,j))=1; ! 初始点一定出去;
@sum(line(i,j)|j#eq#16:x(i,j))=1; ! 终点一定到达;
! 开始点和终点除外;
@for(job(i)|i#ne#15#and#i#ne#16:@sum(line(i,j):x(i,j))=@sum(line(k,i):
x(k,i)));
n=@size(job);
! 保证不出现圈;
@for(line(i,j):u(i)-u(j)+n*x(i,j)<=n-1);
@for(line(i,j):@bin(x(i,j)));
end
```

计算结果:

x(15,4)=1　x(4,7)=1　x(7,11)=1　x(11,5)=1　x(5,3)=1　x(3,8)=1

x(8,2)=1　x(2,14)=1　x(14,12)=1　x(12,13)=1　x(13,16)=1

故最长路线为 4→7→11→5→3→8→2→14→12→13。

最少完成时间为 $t=16+32+40+42+25+10+28+16+24+36=269$。

由此得到加工的PERT如图14.4所示。从图14.4可以看出加工顺序为：4，10，9，7，11，5，3，8，1，6，2，14，12，13(按完成时间先后排序)。

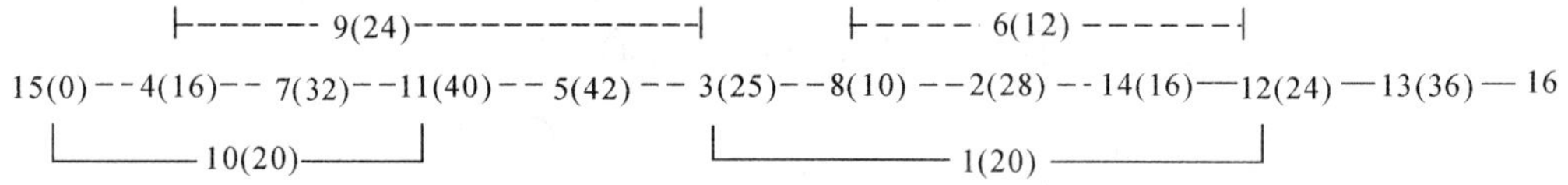

图 14.4　时间安排结果图

14.4　最优树问题的 LINGO 求解

设无向图共有 n 个节点，其赋权图的邻接矩阵为 $\boldsymbol{d}_{n\times n}$，其中 d_{ij} 表示节点 i 到 j 的距离。$\boldsymbol{d}$ 为对称矩阵，令 $d_{ii}=0$。现求根节点 1 到各节点生成的最优树，要求各线路上的权值和最小。其线性规划模型如下：

决策变量。设 $x_{ij}=\begin{cases}1, & \text{节点 } i \text{ 与节点 } j \text{ 连通}\\ 0, & \text{节点 } i \text{ 与节点 } j \text{ 不连通}\end{cases}$，目标函数为寻找一条从起始点 1 到各节点生成的最优树，要求各线路上的权值和最小，故目标函数为

$$\min Z=\sum_{i=1}^{n}\sum_{j=1}^{n}d_{ij}x_{ij}$$

(1) 对起始点 1 至少有一条路径出去，则有

$$\sum_{j=2}^{n}x_{ij}\geqslant 1$$

(2) 对其余各节点，恰有一条路径进入，则有

$$\sum_{\substack{k=1\\k\neq i}}^{n}x_{ki}=1$$

(3) 所有节点不出现圈，约束为

$$u_i-u_j+nx_{ij}\leqslant n-1,\quad i,j=1,2,\cdots,n$$

总的线性规划模型为

$$\min Z=\sum_{i=1}^{n}\sum_{j=1}^{n}d_{ij}x_{ij}$$

$$s.t.\begin{cases}\sum_{j=2}^{n}x_{1j}\geqslant 1\\ \sum_{\substack{k=1\\k\neq i}}^{n}x_{ki}=1, & i=2,3,\cdots,n\\ u_i-u_j+nx_{ij}\leqslant n-1, & i,j=1,2,\cdots,n\\ x_{ij}=0 \text{ 或 } 1\end{cases}$$

例 14.4　某市有10个城镇如图14.5所示，它们之间的距离见表14.2，城镇1处有一条河流。现需要从各城镇之间铺设管道，使城镇1处的水可以输送到各城镇，求铺设管道最少的设计方式。

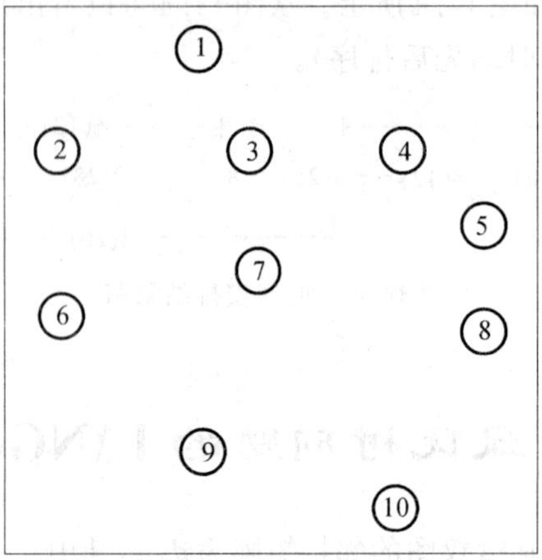

图 14.5　10 个城镇地理位置示意图

表 14.2　10 个城镇之间的距离　　单位：km

城 镇	1	2	3	4	5	6	7	8	9	10
1	0	8	5	9	12	14	12	16	17	22
2	8	0	9	15	16	8	11	18	14	22
3	5	9	0	7	9	11	7	12	12	17
4	9	15	7	0	3	17	10	7	15	15
5	12	16	9	3	0	8	10	6	15	15
6	14	8	11	17	8	0	9	14	8	16
7	12	11	7	10	10	9	0	8	6	11
8	16	18	12	7	6	14	8	0	11	11
9	17	14	12	25	15	8	6	11	0	10
10	22	22	17	15	15	16	11	11	10	0

解　该问题实际上是求从点 1 出发的最优树问题。

最优树的 LINGO 程序：

```
model:
sets:
point/1..10/:u;
link(point,point):d,x;
endsets
data:
d=0,8,5,9,12,14,12,16,17,22,
  8,0,9,15,16,8,11,18,14,22,
  5,9,0,7,9,11,7,12,12,17,
  9,15,7,0,3,17,10,7,15,15,
  12,16,9,3,0,8,10,6,15,15,
```

```
    14,8,11,17,8,0,9,14,8,16,
    12,11,7,10,10,9,0,8,6,11,
    16,18,12,7,6,14,8,0,11,11,
    17,14,12,25,15,8,6,11,0,10,
    22,22,17,15,15,16,11,11,10,0;
enddata
min=@sum(link(i,j) | i#ne#j:d(i,j) * x(i,j));
n=@size(point);
@sum(point(j) | j#gt#1:x(1,j)) >=1; ! 从起始点出来至少 1 条路;
@for(point(i) | i#ne#1:@sum(point(j) | j#ne#i:x(j,i)) =1);
! 除起始点外,每点只有一路进入;
@for(link(i,j):@bin(x(i,j)));
@for(link(i,j) | i#ne#j:u(i)-u(j)+n * x(i,j) <=n-1); ! 不构成圈;
end
```

计算结果:

minZ=60

x(1,2)=1 x(1,3)=1 x(3,4)=1 x(4,5)=1

x(9,6)=1 x(3,7)=1 x(7,9)=1 x(5,8)=1 x(9,10)=1

故最优树(最佳铺设管道的方式)如图 14.6 所示。

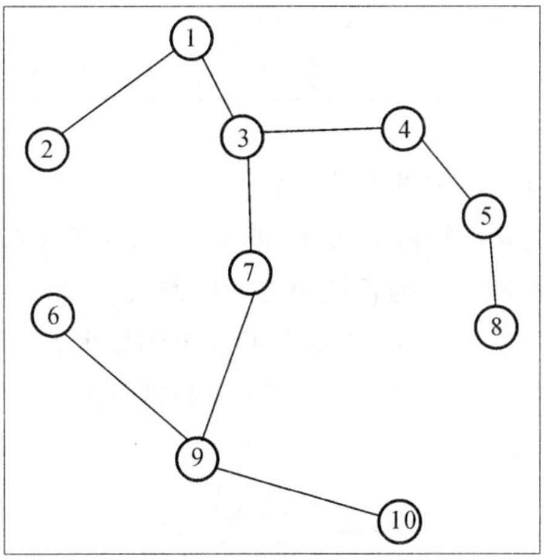

图 14.6　最优管道铺设方式

14.5　TSP 问题及 LINGO 求解技巧

巡回旅行商问题(Traveling Salesman Problem,TSP),也称为货郎担问题。最早可以追溯到1759年Euler提出的骑士旅行问题。1948年,由美国兰德公司推动,TSP成为现代组合优化领域的一个典型难题。它已经被证明属于 NP 难题。

用图论描述 TSP，给出一个图 $G=(V,E)$，每边 $e\in E$ 上有非负权值 $w(e)$，寻找 G 的 Hamilton 圈 C，使得 C 的总权 $W(C)=\sum w(e)$ 最小，$e\in E(C)$。

数十年来，出现了很多近似优化算法，如近邻法、贪心算法、最近插入法、最远插入法、模拟退火算法以及遗传算法。这里我们介绍利用 LINGO 软件进行求解的方法。

例 14.5 设有一个售货员从 10 个城市中的某一个城市出发，去其他 9 个城市推销产品。10 个城市相互距离表 14.3。要求每个城市到达一次且仅一次后，回到原出发城市。问他应如何选择旅行路线，使总路程最短？

表 14.3 10 个城市的距离表 单位：km

城市	1	2	3	4	5	6	7	8	9	10
1	0	7	4	5	8	6	12	13	11	18
2	7	0	3	10	9	14	5	14	17	17
3	4	3	0	5	9	10	21	8	27	12
4	5	10	5	0	14	9	10	9	23	16
5	8	9	9	14	0	7	8	7	20	19
6	6	14	10	9	7	0	13	5	25	13
7	12	5	21	10	8	13	0	23	21	18
8	13	14	8	9	7	5	23	0	18	12
9	11	17	27	23	20	25	21	18	0	16
10	18	17	12	16	19	13	18	12	16	0

分析与解答 现采用线性规划的方法求解。

方法一：设城市之间距离 $\boldsymbol{d}$ 用矩阵来表示，$\boldsymbol{d}$ 为下三角矩阵，d_{ij} 表示城市 i 与城市 j 之间的距离。设 0－1 矩阵 $\boldsymbol{x}$ 用来表示经过的各城市之间的路线。设

$$x_{ij}=\begin{cases}0, & \text{若城市 } i \text{ 不到城市 } j\\ 1, & \text{若城市 } i \text{ 到城市 } j\end{cases}$$

则该 TSP 问题转化为线性模型：

$$\min Z=\sum_{i=2}^{n}\sum_{j=1}^{i-1}x_{ij}d_{ij}$$

$$s.t.\begin{cases}\sum\limits_{j>1}x_{j1}=2\\ \sum\limits_{k<i}x_{ik}+\sum\limits_{j>1}x_{ji}=2, \quad i=2,3,\cdots,n\\ x_{ij}=0 \text{ 或 } 1\end{cases}$$

LINGO 程序：

```
! TSP quesion;
MODEL:
```

```
SETS:
city/1..10/;
link(city,city) | &1#GT#&2:d,x;
ENDSETS
DATA:
d=7
   4  3
   5  10  5
   8  9  9  14
   6  14  10  9  7
   12  5  21  10  8  13
   13  14  8  9  7  5  23
   11  17  27  23  20  25  21  18
   18  17  12  16  19  13  18  12  16;

ENDDATA
MIN=@SUM(link:d*x);
@SUM(city(j) | j#GT#1:x(j,1))=2; ! 与第1个城市相连的有两个城市;
! 与第i个城市相连有两个城市;
@FOR(city(i) | i#GT #1:@SUM(city(j) | j#GT#i:x(j,i))+
                 @SUM(city(k) | k#LT#i:x(i,k))=2);
@FOR(link:@BIN(x));
```

计算结果如下：$x(3,2)=1$，$x(4,1)=1$，$x(4,3)=1$，$x(6,5)=1$，$x(7,2)=1$，$x(7,5)=1$，$x(8,6)=1$，$x(9,1)=1$，$x(10,8)=1$，$x(10,9)=1$，其他全为0。

其最短路线为1→4→3→2→7→5→6→8→10→9→1，最短距离为77 km。

优缺点分析：该方法将TSP问题求解化为线性规划，采用LINGO软件求解。优点是求解速度极快；缺点是可能会形成一些子圈，无法真正得到最优解。

方法二：设城市之间距离用矩阵 $\boldsymbol{d}$ 来表示，d_{ij} 表示城市 i 与城市 j 之间的距离。设0-1矩阵 $\boldsymbol{x}$ 用来表示经过的各城市之间的路线。设

$$x_{ij}=\begin{cases}0, & \text{若城市 } i \text{ 不到城市 } j \\ 1, & \text{若城市 } i \text{ 到城市 } j\text{，且 } i \text{ 在 } j \text{ 前}\end{cases}$$

考虑每个城市后只有一个城市，则

$$\sum_{\substack{j=1\\ j\neq i}}^{n} x_{ij}=1,\quad i=1,\cdots,n$$

考虑每个城市前只有一个城市，则

$$\sum_{\substack{i=1\\ i\neq j}}^{n} x_{ij}=1,\quad j=1,\cdots,n$$

但仅有以上约束条件不能避免在一次遍历中产生多于一个互不连通回路。为此引入额外变量

$u_i(i=1,\cdots,n)$，附加以下充分约束条件，即

$$u_i - u_j + nx_{ij} \leqslant n-1,\quad 1 < i \neq j \leqslant n$$

该约束的解释为：①i 与 j 不会构成回路，若构成回路有 $x_{ij}=1, x_{ji}=1$，则 $u_i-u_j\leqslant -1$，$u_j-u_i\leqslant -1$，从而有 $0\leqslant -2$，导致矛盾；②i,j 与 k 不会构成回路，若构成回路，有 $x_{ij}=1$，$x_{jk}=1, x_{ki}=1$，则 $u_i-u_j\leqslant -1$，$u_j-u_k\leqslant -1$，$u_k-u_i\leqslant -1$，从而有 $0\leqslant -3$，导致矛盾。其他情况依此类推。

于是可以得到的模型：

$$s.t.\begin{cases}\min z=\sum\limits_{i,j=1}^{n} d_{ij}x_{ij} \\ \sum\limits_{\substack{i=1\\ i\neq j}}^{n} x_{ij}=1,\quad j=1,\cdots,n \\ \sum\limits_{\substack{j=1\\ j\neq i}}^{n} x_{ij}=1,\quad i=1,\cdots,n \\ u_i-u_j+nx_{ij}\leqslant n-1,\quad 1<i\neq j\leqslant n \\ x_{ij}=0 \text{ 或 } 1,\quad i,j=1,\cdots,n \\ u_i \text{ 为实数},\quad i=1,\cdots,n\end{cases}$$

LINGO 程序：

```
! TSP quesion;
MODEL:
SETS:
city/1..10/:u;
link(city,city):d,x;
ENDSETS
DATA:
d=0  7  4  5  8  6  12 13 11 18
  7  0  3  10 9  14 5  14 17 17
  4  3  0  5  9  10 21 8  27 12
  5  10 5  0  14 9  10 9  23 16
  8  9  9  14 0  7  8  7  20 19
  6  14 10 9  7  0  13 5  25 13
  12 5  21 10 8  13 0  23 21 18
  13 14 8  9  7  5  23 0  18 12
  11 17 27 23 20 25 21 18 0  16
  18 17 12 16 19 13 18 12 16 0;
ENDDATA
MIN=@SUM(link:d*x);
@for(city(j):@sum(city(i)|j#ne#i:x(i,j))=1); ! 城市j前有一个城市相连;
@for(city(i):@sum(city(j)|j#ne#i:x(i,j))=1); ! 城市i后有一个城市相连;
```

```
@for(link(i,j) | i#NE#j#and#i#gt#1:u(i) - u(j) + 10 * x(i,j) <=9);
@FOR(link:@BIN(x));
end
```

该方法得到的解与方法一相同。

方法二的解法，优点是可以很好地解决圈问题，但对规模较大问题计算很耗时。

例 14.6 [①] 全民健身计划是 1995 年在国务院领导下，由国家体委会同有关部门、各群众组织和社会团体共同推行的一项依托社会、全民参与的体育健身计划，是与实现社会主义现代化目标相配套的社会系统工程和跨世纪的发展战略规划。现在，以全民健身为主要内容的群众性体育活动蓬勃开展，举国上下形成了全民健身的热潮，人民群众健康水平不断提高，同时也扩大了竞技体育的社会影响，提高了竞技体育水平。现在各级、各类、各种运动比赛比比皆是，这不仅提高了全民的身体素质，而且使一批运动员脱颖而出，成为运动健将，为国家争得了荣誉。

在各种运动比赛中，为了使比赛公平、公正、合理地举行，一个基本要求是在比赛项目排序过程中，尽可能使每个运动员不连续参加两项比赛，以便运动员恢复体力，发挥正常水平。

表 14.4 为某个小型运动会的比赛报名表。有 14 个比赛项目，40 名运动员参加比赛。表中第 1 行表示 14 个比赛项目，第 1 列表示 40 名运动员，表中“#”号位置表示运动员参加的比赛项目。建立此问题的数学模型，并且合理安排比赛项目顺序，使连续参加两项比赛的运动员人次尽可能的少。

表 14.4　某小型运动会的比赛报名表

运动员＼项目	1	2	3	4	5	6	7	8	9	10	11	12	13	14
1		#	#						#				#	
2								#			#	#		
3		#		#						#				
4			#					#				#		
5											#		#	#
6					#	#								
7												#	#	
8										#				#
9		#		#						#	#			
10	#	#		#			#							
11		#		#									#	#
12								#		#				
13					#					#				#
14			#	#				#						

① 2005 年电工杯 B 题比赛项目排序问题。

续表

运动员＼项目	1	2	3	4	5	6	7	8	9	10	11	12	13	14
15			#					#				#		
16									#		#	#		
17						#								#
18							#					#		
19			#							#				
20	#			#										
21									#					#
22		#			#									
23							#					#		
24							#	#					#	#
25	#	#								#				
26					#						#			
27						#					#			
28		#						#						
29	#										#	#		
30				#	#									
31						#		#				#		
32							#			#				
33				#		#								
34	#		#										#	#
35					#	#						#		
36				#			#							
37	#								#	#				
38						#		#		#				#
39					#			#	#				#	
40						#	#		#				#	

分析与解答　若项目 i 和项目 j 相邻，可以计算出同时参加这两个项目的人数，作为 i 和 j 的距离 d_{ij}，则问题转化为求项目 1 到项目 14 的一个排列，使相邻距离和最小。由于 TSP 是一个圈，可以将这 14 个点按 TSP 问题求解。考虑起点和终点，则总共有 $C_{14}^{2}=180$ 种情况，分别对这 180 种情况

进行求解就可以了。实际中，只要找到最短回路，剪断回路中的最长边即可，不必考虑每一种情形。

距离矩阵 $\boldsymbol{d}$ 的求法：

该报名表用矩阵 $\boldsymbol{A}_{40\times14}$ 表示。

$$a_{ij}=\begin{cases}1, & \text{第 } i \text{ 个人参加项目 } j\\ 0, & \text{第 } i \text{ 个人不参加项目 } j\end{cases}$$

则
$$d_{ij}=\sum_{k=1}^{40}a_{ki}a_{kj},\quad i\neq j,i,j=1,2,\cdots,14$$
$$d_{ii}=0,\quad i=1,2,\cdots,14$$

得到距离矩阵 $\boldsymbol{d}$：

0	2	1	2	0	0	1	0	1	2	1	1	1	1
2	0	1	4	1	0	1	1	1	3	1	0	2	1
1	1	0	1	0	0	0	3	1	1	0	2	2	1
2	4	1	0	1	1	2	1	0	2	1	0	1	1
0	1	0	1	0	2	0	1	1	1	0	1	1	2
0	0	0	1	2	0	1	2	1	1	1	2	1	2
1	1	0	2	0	1	0	1	1	1	0	2	2	1
0	1	3	1	1	2	1	0	1	2	1	4	2	2
1	1	1	0	1	1	1	1	0	1	1	1	3	1
2	3	1	2	1	1	1	2	1	0	1	0	0	3
1	1	0	1	0	1	0	1	1	1	0	3	1	1
1	0	2	0	1	2	2	4	1	0	3	0	1	0
1	2	2	1	1	1	2	2	3	0	1	1	0	4
1	1	1	1	2	2	1	2	1	3	1	0	4	0

然后按照前面介绍的两种方法求解。

这里列出采用两种方法的 LINGO 程序及求解结果。

采用例 14.5 中的方法一程序：

```
! 第一个问题的求解的程序：
! TSP quesion;
MODEL:
SETS:
item/1..14/;
link(item,item) | &1 #GT# &2:d,x;
ENDSETS
DATA:
d=2
  1 1
```

```
    2  4  1
    0  1  0  1
    0  0  0  1  2
    1  1  0  2  0  1
    0  1  3  1  1  2  1
    1  1  1  0  1  1  1  1
    2  3  1  2  1  1  1  2  1
    1  1  0  1  0  1  0  1  1  1
    1  0  2  0  1  2  2  4  1  0  3
    1  2  2  1  1  1  2  2  3  0  1  1
    1  1  1  1  2  2  1  2  1  3  1  0  4;
ENDDATA
  MIN=@SUM(link:d*x);
  @SUM(item(j)|j#GT#1:x(j,1))=2; ! 与第1个项目相连的有两个项目;
  ! 与第i个项目相连有两个项目;
  @FOR(item(i)|i#GT#1:@SUM(item(j)|j#GT#i:x(j,i))+
  @SUM(item(k)|k#LT#i:x(i,k))=2);
  @FOR(link:@BIN(x));
  end
```

计算结果：

目标 Z=3

x(5,1)=1 x(6,2)=1 x(6,3)=1 x(7,5)=1 x(8,1)=1 x(8,2)=1

x(9,4)=1 x(11,3)=1 x(11,7)=1 x(12,10)=1 x(13,4)=1 x(13,10)=1

x(14,9)=1 x(14,12)=1

该结果表明有两个圈(见图 14.7),不符合要求。

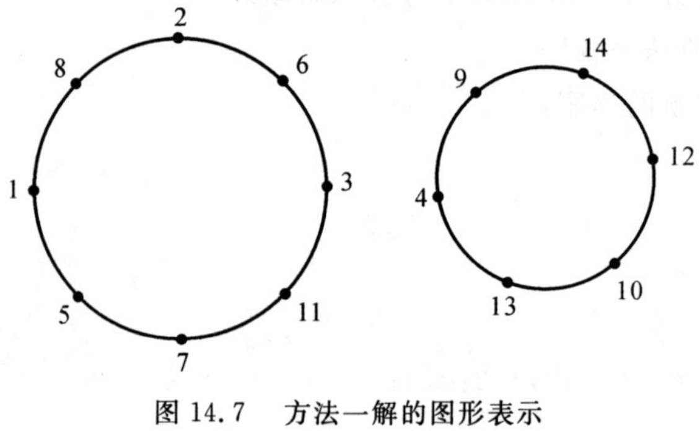

图 14.7　方法一解的图形表示

采用例 14.5 中的方法二程序：

```
! 第一个问题的求解程序:
! 比赛项目排序问题;
```

```
model:
sets:
  item / 1.. 14/: u;
  link( item, item):dist,x;
endsets
n = @size( item);
data: ! 距离矩阵;
dist =
0 2 1 2 0 0 1 0 1 2 1 1 1 1
2 0 1 4 1 0 1 1 1 3 1 0 2 1
1 1 0 1 0 0 0 3 1 1 0 2 2 1
2 4 1 0 1 1 2 1 0 2 1 0 1 1
0 1 0 1 0 2 0 1 1 1 0 1 1 2
0 0 0 1 2 0 1 2 1 1 1 2 1 2
1 1 0 2 0 1 0 1 1 1 0 2 2 1
0 1 3 1 1 2 1 0 1 2 1 4 2 2
1 1 1 0 1 1 1 1 0 1 1 1 3 1
2 3 1 2 1 1 1 2 1 0 1 0 0 3
1 1 0 1 0 1 0 1 1 1 0 3 1 1
1 0 2 0 1 2 2 4 1 0 3 0 1 0
1 2 2 1 1 1 2 2 3 0 1 1 0 4
1 1 1 1 2 2 1 2 1 3 1 0 4 0;
enddata
! 目标函数;
min = @sum( link: dist * x);
@FOR(item(j):@sum( item(i) | i #ne# j: x( i, j)) = 1);
@FOR(item(i):@sum( item(j) | j #ne# i: x(i, j)) = 1);
! 保证不出现子圈;
@for(link(i,j) | I #GT# 1 #AND# I #NE# J#AND#j#GT#1:u(I) - u(J) + 
n * x(I,J) <= n - 1);
! 定义 X 为 0\1 变量;
@for( link: @bin( x));
end
```

计算结果(见图 14.8)：

x(1,5) =1, x(2,14) =1, x(3,6) =1, x(4,9) =1, x(5,7) =1, x(6,2) =1

x(7,11) =1, x(8,1) =1, x(9,8) =1, x(10,13) =1, x(11,3) =1, x(12,10) =1

x(13,4) =1, x(14,12) =1

用链表示为

$$2 \xrightarrow{0} 6 \xrightarrow{0} 3 \xrightarrow{0} 11 \xrightarrow{0} 7 \xrightarrow{0} 5 \xrightarrow{0} 1 \xrightarrow{0} 8 \xrightarrow{1} 9 \xrightarrow{0} 4 \xrightarrow{1} 13 \xrightarrow{0} 10 \xrightarrow{0} 12 \xrightarrow{0} 14 \xrightarrow{1} 2$$

此回路中有 3 条边的值为 1(回路中边的最大值),可以在(8,9),(2,14),(4,13) 中任意选择一条边剪开,可得最小目标值为 2,即有两名运动员连续参加比赛。

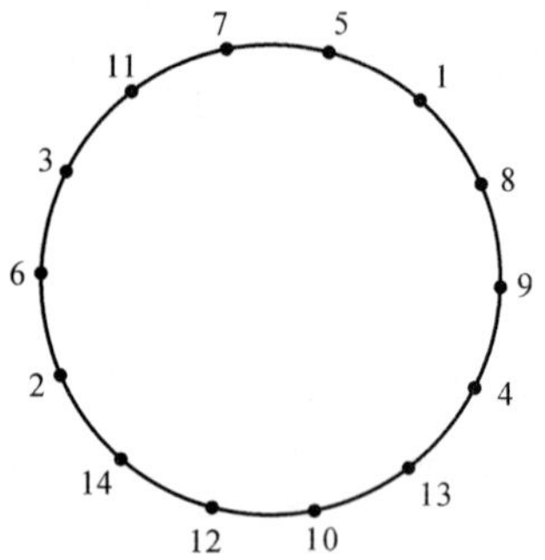

图 14.8　方法二解的图形表示

本章小结

本章对图论中的许多优化问题,如最短路问题,最大流问题,关键路线问题,最优树问题,TSP 问题等,建立了线性规划模型,并利用 LINGO 方便地进行求解。掌握这些技巧,在利用图论知识解决竞赛中碰到的优化问题时将十分有帮助。好好掌握这些技巧,在数模竞赛中将如虎添翼。

第15章 概率模型

本章通过几个实例介绍概率模型的建立与求解。

15.1 电梯问题

设有r个人在一楼进入电梯，楼上共有n层。设每个乘客在任何一层楼出电梯的可能性相同，求直到电梯中的人下完为止，电梯需停次数的数学期望，并对$r=14$，$n=28$进行计算机模拟验证。

分析与解答 把电梯作为考虑对象，电梯每层要么停要么不停，只有这两种情况。而停与不停是随机的，因此可把电梯每层停与不停用一个随机变量表示，从而可定义一个随机变量序列ξ_i为

$$\xi_i=\begin{cases}0, & \text{楼上第 } i \text{ 层电梯不停}\\ 1, & \text{楼上第 } i \text{ 层电梯要停}\end{cases}$$

$\xi_i=0$时当且仅当第i层电梯没有一个人出电梯，每个人在第i层不出电梯的概率为$1-\frac{1}{n}$，而每个人出与不出电梯又是独立的，因此所有r个人都不出电梯的概率为

$$P(\xi_i=0)=(1-\frac{1}{n})^r$$

则
$$P(\xi_i=1)=1-(1-\frac{1}{n})^r$$

ξ_i的数学期望为
$$E\xi_i=1-(1-\frac{1}{n})^r$$

记$\xi=\xi_1+\xi_2+\cdots+\xi_n$，则$\xi$为电梯停的次数。

ξ的数学期望为

$$E\xi=E\xi_1+E\xi_2+\cdots+E\xi_n=n\left[1-(1-\frac{1}{n})^r\right]$$

当$r=14$，$n=28$，可计算得

$$E\xi=28\left[1-(1-\frac{1}{28})^{14}\right]=11.17$$

计算机模拟算法思想：

楼上n层的序号记为$1,2,\cdots,n$，定义整型数组$x(n)$，并将其n个元素的初始值置0。计算机随机产生$1\sim n$的r个随机整数，若该数为i，则令$x(i)=1$，表示第i层有人要下电梯，从而电梯在该层要停；当有多人在第i层下时，仍用$x(i)=1$表示。统计数组$x(n)$中为1的元素个数，即为该次模拟实验电梯要停的次数。总共模拟实验N次，求平均值，就是电梯所停次数的模拟值。

Matlab 模拟程序 dianti.m：

```
N=5000;  % 模拟次数
n=28;  % 电梯层数
r=14;  % 电梯开始进的人数

s=0;
x=zeros(n,1);
for k=1:N   % 模拟 N 次
     s1=0;
     for i=1:n
        x(i)=0;
    end
    for j=1:r   % 对每个人是否下电梯进行模拟
       i=1+floor(rand(1,1)*n);
       x(i)=1;  % 第 i 层有人下
    end
    s1=sum(x); % 该次模拟中总共要下的人数
    s=s+s1;  % 统计各次模拟中下的人数
end
  eq=s/N; % 模拟平均值
  ei=n*(1-(1-1/n)^r);
 fprintf('模拟电梯要停次数的理论值%6.2f,模拟值为%6.2f\n',ei,eq);
```

某两次运行结果如下：11.15，11.18。与理论数值 11.17 很接近。

15.2 山羊与轿车选择的游戏

假设你在进行一个游戏节目。现给 3 扇门供你选择：一扇门后面是一辆轿车，另两扇门后面分别都是一只山羊。你的目的当然是想得到比较值钱的轿车，但你却并不能看到门后面的真实情况。主持人先让你作第一次选择。在你选择了一扇门后，知道其余两扇门后面是什么的主持人，打开了另一扇门给你看，而且，当然，那里有一头山羊。现在主持人告诉你，你还有一次选择的机会。那么，请你考虑一下，你是坚持第一次的选择不变，还是改变第一次的选择，才有可能得到轿车？

《广场杂志》刊登出这个题目后，竟引起全美大学生的举国辩论，许多大学的教授们也参与了进来，真可谓盛况空前。据《纽约时报》报道，这个问题也在中央情报局的办公室内和波斯湾飞机驾驶员的营房里引起了争论，它还被麻省理工学院的数学家们和新墨西哥州洛斯阿拉莫斯实验室的计算机程序员们分析过。现在，请你来回答一下这个问题。

分析与解答　当采用不改变主意时，要想得到车，只有第一次选到车才可能。而第一次选到车的概率为 1/3，因此不改变主意时选到车的概率为 1/3。

当采用改变主意时，要想得到车，只有第一次选到山羊才可能。而第一次选到山羊的概率为 2/3，因此改变主意时选到车的概率为 2/3。

结论　采用改变主意更好。

用事件表达为：设 A_1 表示第一次选到轿车，A_2 表示第一次选到山羊，B 表示最终选到轿车。则由题意有

$$P(A_1)=\frac{1}{3},\quad P(A_2)=\frac{2}{3}$$

你的策略有两种，一种是不改变以前的选择，另一种是改变以前的选择。

(1) 当不改变选择时，第一次选择到轿车时最终也一定选到轿车，故 $P(B\mid A_1)=1$，则

$$P_1(B)=P(A_1)P(B\mid A_1)=\frac{1}{3}$$

(2) 当改变选择时，当第一次选择山羊时，改变主意必然选到轿车，则 $P(B\mid A_2)=1$，则

$$P_2(B)=P(A_2)P(B\mid A_2)=\frac{2}{3}$$

显然，$P_2(B)=\frac{2}{3}>\frac{1}{3}=P_1(B)$。

计算机模拟的 Matlab 程序：

```
n＝1000000；％ 选取次数
car_change＝0；％ 记录改变选择得到车的次数
car_unchange＝0；％ 记录不改变选择得到车的次数
open＝rand(n,1) * 3；％ 均匀分布的随机数，在 0 ～ 1 表示选中车
for i＝1：n
if open(i) <＝1 ％ 如果选中车
car_unchange = car_unchange ＋ 1； ％ 不改变选择则得车
car_change ＝car_change ＋ 0；％ 改变选择则不得车
else ％ 没选中车
car_unchange = car_unchange ＋ 0； ％ 不改变选择则不得车
car_change ＝car_change ＋ 1；％ 改变选择则得车
end
end
fprintf(' 如果改变选择得车概率：％6.4f\n',car_change/n)；
fprintf(' 如果不改变选择得车概率：％6.4f',car_unchange/n)
```

计算结果为：如果改变选择得到轿车的概率为 0.666 8，如果不改变选择得到轿车的概率为 0.333 2。

问题扩展　假设有 n 扇门供你选择：一扇门后面是一辆轿车，另 $n-1$ 扇门后面分别都是一只山羊。你的目的当然是要想得到比较值钱的轿车，但你却并不能看到门后面的真实情况。主持人先让你作第一次选择。在你选择了一扇门后，知道其余 $n-1$ 扇门后面是什么的主持人，打开了另一扇门给你看，而且，当然，那里有一只山羊。现在主持人告诉你，你还有一次选择的机会。那么，请你考虑一下，你是坚持第一次的选择不变，还是改变第一次的选择，才有可能得到轿车？

分析与解答　设 A_1 表示第一次选到轿车，A_2 表示第一次选到山羊，B 表示最终选到轿

车。则由题意有

$$P(A_1)=\frac{1}{n},\quad P(A_2)=\frac{n-1}{n}$$

你的策略有两种,一种是不改变以前的选择,另一种是改变以前的选择。当不改变选择时,$P(B\mid A_1)=1$,则 $P_1(B)=P(A_1)P(B\mid A_1)=\frac{1}{n}$。当改变选择时,$P(B\mid A_2)=\frac{1}{n-2}$,则 $P_2(B)=P(A_2)P(B\mid A_2)=\frac{n-1}{n}\frac{1}{n-2}$。显然 $P_2(B)=\frac{1}{n}\frac{n-1}{n-2}>\frac{1}{n}=P_1(B)$。故改变选择好。

15.3 矿工选门问题

一名矿工陷入一个有 3 扇门的矿井中,第一扇门通到一个隧道,走 2 小时可以到达安全区;第二扇门通到另一个隧道,走 3 小时回到矿井中;第三扇门通到又一个隧道,走 5 小时回到矿井中。假定矿工总是等可能地选择三扇门的任何一扇门,求

(1) 经过 n 次选择后到达安全区的概率;

(2) 到达安全区的平均时间。

解 (1) 令 $X_n=0$ 表示第 n 次选择门行走后回到矿井,$X_n=1$ 表示第 n 次选择门行走后到达安全区。

则

$$P\{X_0=0\}=1,P\{X_0=1\}=0$$

$$P\{X_1=0\}=\frac{2}{3},P\{X_1=1\}=\frac{1}{3}$$

$$P\{X_2=0\}=\left(\frac{2}{3}\right)^2,P\{X_2=1\}=\frac{2}{3^2}$$

$$P\{X_3=0\}=\left(\frac{2}{3}\right)^3,P\{X_3=1\}=\frac{2^2}{3^3}$$

……

$$P\{X_n=0\}=\left(\frac{2}{3}\right)^n,P\{X_n=1\}=\frac{2^{n-1}}{3^n}$$

即第 n 次选择门后到达安全区的概率为$\frac{2^{n-1}}{3^n}$,仍然在矿井中的概率为$\left(\frac{2}{3}\right)^n$。

则经过 n 次选择门后处于安全区的概率为 $p_n=1-\left(\frac{2}{3}\right)^n,n=1,2,\cdots$

(2) 设矿工到达全区选择了第 2 扇门 k 次,选择了第 3 扇门 l 次,则该情况下矿工到达安全区的时间为

$$X=2+3k+5l\ (\mathrm{h})$$

该情况种数为:C_{k+l}^{k}

该情况发生的概率为

$$P\{X=2+3k+5l\}=\left(\frac{1}{3}\right)^{1+k+l}\quad k,l=0,1,2,\cdots$$

因此矿工走出矿井到达安全区的平均时间为

$$EX=\sum_{k,l=0}^{\infty}C_{k+l}^{k}(2+3k+5l).\left(\frac{1}{3}\right)^{1+k+l} \tag{15.1}$$

该式的数值计算见后面程序，期望的理论计算过程：

$$EX=\sum_{k,l=0}^{\infty}C_{k+l}^{k}(2+3k+5l)\left(\frac{1}{3}\right)^{1+k+l}$$

令 $k+l=n$，则有

$$EX=\frac{1}{3}\sum_{n=0}^{\infty}\sum_{l=0}^{n}C_n^k(2+3n+2l)\left(\frac{1}{3}\right)^n=\frac{1}{3}\sum_{n=0}^{\infty}\left(\frac{1}{3}\right)^n\left[(2+3n)2^n+2\sum_{l=0}^{n}lC_n^l\right]=$$

$$\frac{1}{3}\sum_{n=0}^{\infty}\left(\frac{1}{3}\right)^n[(2+3n)2^n+n2^n]=\frac{1}{3}\sum_{n=0}^{\infty}\left[2\left(\frac{2}{3}\right)^n+4n\left(\frac{2}{3}\right)^n\right]=$$

$$\frac{1}{3}(2\times\frac{1}{1-2/3}+4\times\frac{2/3}{(1-2/3)^2}=\frac{6+4\times 6}{3}=10$$

其中 $\sum_{n=0}^{\infty}nx^n=\frac{x}{(1-x)^2}$，该式利用逐项积分容易得到，或采用另外一种方法计算。

设平均到达时间为 EX，则第一次选择后可以分为3种情形：

1）以 $p=\frac{1}{3}$ 的概率选择1号门，到达安全区的时间为2h；

2）以 $p=\frac{1}{3}$ 的概率选择2号门，经过3h后又回到矿井，因此选择2号门后到达时间为 $3+EX$；

3）以 $p=\frac{1}{3}$ 的概率选择3号门，经过5h后又回到矿井，因此选择3号门后到达时间为 $5+EX$。

因此数学期望满足：

$$EX=\frac{1}{3}\times 2+\frac{1}{3}\times(3+EX)+\frac{1}{3}\times(5+EX)$$

则 $EX=2+3+5=10$

这种解法更简捷。

式(15.1)的数值计算的C语言计算程序：

```
#include< stdio.h >
#include< stdlib.h >
#include< math.h >
#include< time.h >
doubleCalZu(inta,intb);
voidmain()
{
  doubles,p,c;
  intb,n,k,l;
    s=0;
  for(k=0;k<=200;k++)
    for(l=0;l<=200;l++)
```

```
        {
        b = 2 + 3 * k + 5 * l;
        n = k + l + 1;
        p = pow(1.0/3.0,n);
        c = CalZu(k + l,k);
        s += c * b * p;
        }
    printf(" 理论平均时间为 %5.1f 小时 \n",s);
}

// 计算组合数 C(a,b)
doubleCalZu(inta,intb)
{
    inti,k;
    doublet;
    k = a - b;
    if(k < b)b = k;
    t = 1.0;
    for(i = 0;i < b;i ++)
    t = t * (a - i)/(b - i);
    returnt;
}
```

程序输出为:平均时间为 10.0 小时。

计算机模拟的 C 语言程序:

```
#include < stdio.h >
#include < stdlib.h >
#include < math.h >
#include < time.h >

#defineN      10000   // 定义模拟次数

voidmain()
{

    intindex,door;
    intflag,Time;
    doublesum,aver;
```

```
    srand(time(0));

      sum=0;
    for(index=0;index<N;index++)
    {

    flag=1;
    Time=0;
  while(flag==1)
  {// 模拟 1 次
  door=1+rand()%3;  // 随机选择 1 个门
  if(door==1)Time+=2;  // 选择 1 号门
  elseif(door==2)Time+=3;// 选择 2 号门
  elseif(door==3)Time+=5;// 选择 3 号门
  if(door==1)flag=0;
  }//endwhile
  sum+=Time;
  }//endforindex
  aver=1.0*sum/N;
  printf("平均时间为 %5.2f 小时.\n",aver);
}
```

3 次模拟结果为:10.04,10.14,9.91。与理论值 10 小时很接近。

15.4 报童策略问题

设某报每日的潜在卖报数 X 服从参数为 $\lambda=120$ 的 Poisson 分布。如果每卖出一份报可得报酬 1.5 元,卖不掉而退回则每份赔偿 0.6 元。若某日该报童买进 n 份报。试求其期望所得。对 $n=100$ 和 $n=140$ 分别作计算机模拟。并计算该报童买进报纸份数 n 为何值时最佳?

分析与解答 当市场需求 $X<n$,将只能卖出 X 份报;当市场需求 $X\geqslant n$,则将卖出全部 n 份报。而 X 服从参数为 λ 的 Poisson 分布。

我们得到获利函数为

$$Z=f(x,n)=\begin{cases}1.5x-0.6(n-x), & x<n\\ 1.5n, & x\geqslant n\end{cases} \tag{15.2}$$

则期望所得为

$$EZ=\sum_{k=0}^{n-1}\frac{\lambda^k}{k!}e^{-\lambda}[1.5k-(n-k)0.6]+\left(\sum_{k=n}^{\infty}\frac{\lambda^k}{k!}e^{-\lambda}\right)1.5n=$$

$$2.1\sum_{k=0}^{n-1}k.\frac{\lambda^k}{k!}e^{-\lambda}-2.1n\sum_{k=0}^{n-1}\frac{\lambda^k}{k!}e^{-\lambda}+1.5n$$

要使报童收入最大，需要选择最佳的 n，使目标函数达到最大，即

$$\max Q=2.1\sum_{k=0}^{n-1}k\frac{\lambda^k}{k!}e^{-\lambda}-2.1n\sum_{k=0}^{n-1}\frac{\lambda^k}{k!}e^{-\lambda}+1.5n \tag{15.3}$$

通过 Matlab 程序可计算出，买报数为 100 份时，期望收益为 149.74 元；当买报数为 140 份时，期望收益为 167.65 元。

对买进不同报纸份数的计算结果见表 15.1。从计算结果看，当买进 126 份报纸时，平均收入最大，达到 172.12 元。

表 15.1　买进不同报纸份数的计算结果

买进报纸数 n/ 份	平均收入 / 元
111	163.93
112	164.96
113	165.94
114	166.85
115	167.70
116	168.47
117	169.17
118	169.80
119	170.35
120	170.83
121	171.23
122	171.55
123	171.80
124	171.98
125	172.08
126	172.12
127	172.09
128	172.01
129	171.86
130	171.66
131	171.42
132	171.13
133	170.80
134	170.43
135	170.03

续表

买进报纸数 n/ 份	平均收入 / 元
136	169.60
137	169.14
138	168.66
139	168.16
140	167.65

为使用 Matlab 计算或模拟方便，这里先介绍 Matlab 中有关 Poisson 分布的 3 个函数：

(1) poisspdf(k,lamda)，计算 Poisson 分布当参数 λ = lamda，X = k 时的概率。

(2) poisscdf(k,lamda)，计算 Poisson 分布当参数 λ = lamda，分布函数在 X = k 处的值。

(3) poissrnd(lamda,m,n)，产生 m 行 n 列个服从参数为 lamda 的 Poisson 分布随机变量。

现在介绍 3 个 Matlab 计算或模拟程序。

(1) 理论计算的 Matlab 程序 baotong1.m：

```
n=100; % 买报数
lam=120; %Poisson 分布参数 lamda
s=0;
for k=0:n-1
  s=s+k*poisspdf(k,lam);
end
Z=2.1*s-2.1*n*poisscdf(n-1,lam)+1.5*n;
 fprintf('买报数 %2d 份,期望收益为 %6.2f 元\n',n,Z);
```

可得理论结果为：

买报数 140 份，期望收益为 167.65 元；

买报数 100 份，期望收益为 149.74 元。

(2) 模拟程序的 Matlab 程序 baotong2.m：

```
 n=140; % 买报数
lam=120; %Poisson 分布参数 lamda
times=10000;% 模拟次数
x= poissrnd(lam,1,times); % 产生 times 个服从 Poisson 分布的随机变量,代表市场需求
total=0; % 计算总共收入
for i=1:times
    if x(i) >=n % 全部卖出情形
        total=total+1.5*n;% 卖出一分报赚 1.5 元
    else   % 卖出 x(i) 份报情形
        total=total+x(i)*1.5-(n-x(i))*0.6;
    end
```

```
end
Z=total/times; % 平均一次的收入
fprintf('买报数 %2d 份,期望收益为 %6.2f 元\n',n,Z);
```

两次模拟结果:

第一次模拟结果:

100 份报期望所得为 149.72 元;

140 份报期望所得为 167.88 元。

第二次模拟结果:

100 份报期望所得为 149.77 元;

140 份报期望所得为 167.94 元。

前面计算出理论值为100份报期望所得为149.74元,140份报期望所得为167.65元,可见模拟值与理论值十分接近。

(3) 计算最佳 n 的 Matlab 程序 baotong3.m:

```
lam=120; %Poisson 分布参数 lamda
K=30;
A=zeros(K,2);
for kp=1:K
  n=lam-10+kp;
s=0;
 for k=0:n-1
     s=s+k*poisspdf(k,lam);
  end
Z=2.1*s-2.1*n*poisscdf(n-1,lam)+1.5*n;% 平均收入
A(kp,1)=n;
A(kp,2)=Z;
end
% 输出结果
 for kp=1:K
fprintf('%2d    %6.2f\n',A(kp,1),A(kp,2));
  end
```

15.5 航空公司的预订票策略

在激烈的市场竞争中,航空公司为争取更多的客源而开展的一个优质服务是预订票业务。开展预订票业务时,对于一次航班,若公司限制预订票的数量恰好等于飞机的容量,那么总会有一些订了机票的乘客不按时前来登机,致使飞机因不满员飞行而利润降低,甚至亏本。而如果不限制预订票数量,那么当持票按时前来登机的乘客超过飞机容量时,又会引起那些不能飞走的乘客的抱怨。公司不管以什么样的方式补救,都会导致声誉受损和一定的经济损失。如客源减少、挤掉以后班机的乘客、公司无偿供应食宿、付给一定的赔偿金等。所以航空

公司需要综合考虑经济利益和社会声誉，确定预订票数量的最佳限额。

公司的经济利益可以用机票收入扣除飞行费用和赔偿金后的利润来衡量，社会声誉可以用持票按时前来登机、但因满员不能飞走的乘客（称为挤掉者）限制在一定数量为标准。由于预订票乘客是否前来是随机的，因此经济效益和社会声誉这两个指标的衡量都是平均意义下来衡量。这是双目标优化问题，决策变量是预订票的限额。

问题　现有某种类型的飞机，飞机容量 $n=300$ 人。飞行某一航线，机票价格 $r=1\ 000$ 元。乘客可以预先订票，登机时再付费。每位乘客预订票后是否来登机是随机的，每个乘客登机的概率 $p=0.95$，且相互是独立的。如果有人到达机场因飞机满员被挤掉不能登机，每位被挤掉者赔偿 $b=200$ 元。同时为不使被挤掉者过多导致抱怨程度增大，造成不良社会声誉，航空公司要求被挤掉者超过 10 人的概率不超过 1%。问预订票限额 m 为多少时最佳？

模型建立　当订票限额为 $m(m>n)$ 时，假定 m 张票被全部预订。每个预订票的人是否登机是随机的，服从二项分布 $B(m,k,p)$。按时前来登机的人数设为随机变量 X，$p=0.95$，则

$$P_k=P\{X=k\}=C_m^k\cdot 0.95^k\cdot 0.05^{m-k} \tag{15.4}$$

当到达人数 $k\leqslant 300$ 时，航空公司收入为

$$Q(k)=1\ 000k$$

当到达人数 k 满足 $301\leqslant k\leqslant m$ 时，航空公司收入为

$$Q(k)=1\ 000\times 300-200\times(k-300)=360\ 000-200k$$

由于到达人数是随机的，且服从二项分布，由此可以计算出当预订票为 m 时的平均收入为

$$S=E(Q(k))=\sum_{k=0}^{300}1\ 000k\cdot P_k+\sum_{k=301}^{m}(360\ 000-200k)\cdot P_k \tag{15.5}$$

该式可化简为

$$S=E(Q(k))=1\ 200\sum_{k=0}^{300}k\cdot P_k+360\ 000(1-\sum_{k=0}^{300}\cdot P_k)-190m \tag{15.6}$$

另外要求被挤掉者超过 10 人的概率不超过 1%，即到达人数 X 满足

$$P\{311\leqslant X\leqslant m\}\leqslant 0.01$$

满足该约束有

$$\sum_{k=311}^{m}C_m^k\cdot 0.95^k\cdot 0.05^{m-k}\leqslant 0.01 \tag{15.7}$$

该问题转化为在被挤掉者超过 10 人的概率不超过 1% 条件下，求收入最大为目标函数的优化问题，该模型为

$$\max S=1\ 200\sum_{k=0}^{300}k\cdot P_k+360\ 000(1-\sum_{k=0}^{300}P_k)-190m$$

$$s.t.\ \sum_{k=311}^{m}C_m^k\cdot 0.95^k\cdot 0.05^{m-k}\leqslant 0.01$$

其中 $P_k=P\{X=k\}=C_m^k\cdot 0.95^k\cdot 0.05^{m-k}$，利用 Matlab 计算不同的预订票限额 m，结果见表 15.2。

从该计算结果来看，预订票限额 $m=318$ 最佳。此时平均收入为 298 689.68 元，被挤掉者超过 10 人的概率为 0.9%。

表 15.2 不同的预订票限额 m 的计算结果

预订票限额 m	收入 S/ 元	被挤掉者超过 10 人的概率
300	285 000.00	0.000
301	285 950.00	0.000
302	286 900.00	0.000
303	287 849.97	0.000
304	288 799.80	0.000
305	289 749.13	0.000
306	290 696.90	0.000
307	291 640.75	0.000
308	292 576.00	0.000
309	293 494.75	0.000
310	294 385.27	0.000
311	295 232.18	0.000
312	296 017.64	0.000
313	296 723.47	0.000
314	297 333.73	0.000
315	297 837.18	0.000
316	298 228.82	0.001
317	298 510.39	0.004
318	298 689.68	0.009
319	298 778.90	0.020
320	298 792.74	0.040
321	298 746.46	0.071
322	298 654.39	0.116
323	298 528.90	0.177
324	298 380.02	0.252
325	298 215.41	0.339
326	298 040.59	0.434
327	297 859.40	0.530
328	297 674.37	0.623
329	297 487.08	0.708
330	297 298.53	0.781

计算的 Matlab 程序：

```
p=0.95;
n=300;
K=31;
A=zeros(K,3);% 存储结果
forkp=1:K
m=300+kp-1;% 预订票人数;
s1=0;
fork=0:n
    s1=s1+k*binopdf(k,m,p);% 二项分布密度函数
end
s1=1200*s1;
s2=360000*(1-binocdf(n,m,p))-190*m;
S=s1+s2;% 总收入
C=1-binocdf(n+10,m,p);% 计算被挤掉 10 人的概率
% 计算结果赋给数组便于输出
A(kp,1)=m;
A(kp,2)=S;
A(kp,3)=C;
end
% 输出结果
forkp=1:K
    fprintf('%2d   %6.2f   %5.3f\n',A(kp,1),A(kp,2),A(kp,3));
end
```

其中：

binopdf(x,n,p) 为二项分布密度函数。n,p 为二项分布参数。该函数计算在 x 处概率。

binocdf(x,n,p) 为二项分布分布函数。该函数计算不超过 x 的概率。

本 章 小 结

本章讲解了几个概率模型。这在碰到随机问题的优化时，可考虑使用。在实际运用中，特别要注意使用随机变量，并给出其合理的概率分布。在计算时，注意利用 Matlab 统计工具箱中有关的函数来进行计算和优化。

第16章　决策分析

本章主要介绍两种决策问题：随机决策问题和 Bayes 决策问题。主要通过几个实例说明决策分析的方法。

16.1　随机决策问题

例 16.1　DVD 在线租赁(2005B 题)。

随着信息时代的到来，网络成为人们生活中越来越不可或缺的元素之一。许多网站利用其强大的资源和知名度，面向其会员群提供日益专业化和便捷化的服务。例如，音像制品的在线租赁就是一种可行的服务。这项服务充分发挥了网络的诸多优势，包括传播范围广泛、直达核心消费群、强烈的互动性、感官性强、成本相对低廉等，为顾客提供更为周到的服务。

考虑如下的在线 DVD 租赁问题。顾客缴纳一定数量的月费成为会员，订购 DVD 租赁服务。会员对哪些 DVD 有兴趣，只要在线提交订单，网站就会通过快递的方式尽可能满足要求。会员提交的订单包括多张 DVD，这些 DVD 是基于其偏爱程度排序的。网站会根据手头现有的 DVD 数量和会员的订单进行分发。每个会员每个月租赁次数不得超过 2 次，每次获得 3 张 DVD。会员看完 3 张 DVD 之后，只须将 DVD 放进网站提供的信封里寄回(邮费由网站承担)，就可以继续下次租赁。请考虑以下问题：

(1) 网站正准备购买一些新的 DVD，通过问卷调查 1 000 个会员，得到了愿意观看这些 DVD 的人数(表 16.1 给出了其中 5 种 DVD 的数据)。此外，历史数据显示，60% 的会员每月租赁 DVD 两次，而另外的 40% 只租一次。假设网站现有 10 万个会员，对表 16.1 中的每种 DVD 来说，应该至少准备多少张，才能保证希望看到该 DVD 的会员中至少 50% 在一个月内能够看到该 DVD？如果要求保证在 3 个月内至少 95% 的会员能够看到该 DVD 呢？

(2) 表 16.2 列出了网站手上 100 种 DVD 的现有张数和当前需要处理的 1 000 位会员的在线订单(具体数据请从 http://mcm.edu.cn/mcm05/problems2005c.asp 下载)，如何对这些 DVD 进行分配，才能使会员获得最大的满意度？请具体列出前 30 位会员(即 C0001 ～ C0030)分别获得哪些 DVD。

(3) 继续考虑表 16.2，并假设表中 DVD 的现有数量全部为 0。如果你是网站经营管理人员，你如何决定每种 DVD 的购买量，以及如何对这些 DVD 进行分配，才能使一个月内 95% 的会员得到他想看的 DVD，并且满意度最大？

(4) 如果你是网站经营管理人员，你觉得在 DVD 的需求预测、购买和分配中还有哪些重要问题值得研究？请明确提出你的问题，并尝试建立相应的数学模型。

表 16.1　对 1 000 个会员调查的部分结果

DVD 名称	DVD1	DVD2	DVD3	DVD4	DVD5
愿意观看的人数 / 人	200	100	50	25	10

表 16.2　现有 DVD 张数和当前须处理的会员的在线订单(表格格式示例)

<table>
<tr><td colspan="2">DVD 编号</td><td>D001</td><td>D002</td><td>D003</td><td>D004</td><td>…</td></tr>
<tr><td colspan="2">DVD 现有数量</td><td>10</td><td>40</td><td>15</td><td>20</td><td>…</td></tr>
<tr><td rowspan="5">会员在线订单</td><td>C0001</td><td>6</td><td>0</td><td>0</td><td>0</td><td>…</td></tr>
<tr><td>C0002</td><td>0</td><td>0</td><td>0</td><td>0</td><td>…</td></tr>
<tr><td>C0003</td><td>0</td><td>0</td><td>0</td><td>3</td><td>…</td></tr>
<tr><td>C0004</td><td>0</td><td>0</td><td>0</td><td>0</td><td>…</td></tr>
<tr><td>…</td><td>…</td><td>…</td><td>…</td><td>…</td><td>…</td></tr>
</table>

注:D001 ～ D100 表示 100 种 DVD，C0001 ～ C1000 表示 1 000 个会员，会员的在线订单用数字 1,2,…表示,数字越小表示会员的偏爱程度越高,数字 0 表示对应的 DVD 当前不在会员的在线订单中。

在这道竞赛题中,问题 1 属于随机决策问题。这里我们给出该问题的分析解答。

由网站统计数据,可以得到租赁 5 种 DVD 的人员的概率分布(用频率近似),见表16.3。

表 16.3　会员租赁 5 种碟的人员的概率分布

DVD 名称	DVD1	DVD2	DVD3	DVD4	DVD5
会员租赁概率	0.2	0.1	0.05	0.025	0.01

考察任一种 DVD,设会员租赁该种 DVD 的概率为 p,总人数为 $n=100\,000$ 人。每个会员或者租赁该种 DVD,或者不租,相互是独立的。设观看该种 DVD 的会员人数为随机变量 X,则 X 服从二项分布,即 $X \sim B(n,p)$。由于在一个月内只要有一半人得到满足就可以,因此满足的人数 $Y=0.5X$。

考察 K 个人租碟一个月需要的碟数量。

假设租碟方式为:每月邮寄两次,只租一次的在月初邮寄,每月租两次的可在月初邮寄,也可在中旬邮寄。只租一次的会员返回碟或者在前半月,或者在后半月,并设在前半月返回的概率和后半月返回的概率都为 0.5。在半月返回的碟还可以再次分发邮寄。而租两次的会员则在前半月返回后再租第二次。根据 60% 的会员每月租两次,40% 的会员租一次,则计算出月初分发给租一次的会员的碟数量为 $0.4K$,其可以再次租的数量为 $0.2K$。设月初租分发给租两次的会员的碟为

$$x+x+0.6K=K \tag{16.1}$$

则

$$x=0.2K$$

总共需要的碟为

$$0.4K+0.2K=0.6K$$

即所需碟数量为需要人数的 60% 就可以了。

因此若一个月内让 50% 的人看到该种 DVD,所需碟数量为

$$Z=\frac{3}{5}Y=\frac{3}{5}\times 0.5X=0.3X \tag{16.2}$$

由于观看该碟的人数是随机的，因而需要给出保证概率。设当保证概率为 r 时最少需要看碟的人数为 m，则有

$$P\{X\leqslant m\}=r \tag{16.3}$$

由于观看该碟的人数 $X\sim B(n,p)$，且 $n=100\ 000$ 很大，P 较小。$EX=np$，$D(X)=np(1-p)$，因而 X 的计算近似采用正态分布计算，且 $X\sim AN(np,np(1-p))$，即

$$\frac{X-np}{\sqrt{np(1-p)}}\sim AN(0,1)$$

因此式(16.3)采用下式计算：

$$\frac{m-np}{\sqrt{np(1-p)}}=\Phi^{-1}(r)$$

其中 $\Phi(x)$ 为标准正态分布的分布函数。则

$$m=np+\sqrt{np(1-p)}\,\Phi^{-1}(r) \tag{16.4}$$

从而在保证概率为 r 时需要的该种碟片数量为

$$z=0.3m=0.3\left[np+\sqrt{np(1-p)}\,\Phi^{-1}\right] \tag{16.5}$$

例如，对 DVD1，$p=0.2$，分别取保证概率 $r=50\%,80\%,95\%,99\%$，计算所需要的碟，有

$$r=50\%,\Phi^{-1}(0.5)=0,z=0.3np=6\ 000$$

$$r=80\%,\Phi^{-1}(0.8)=0.841\ 6,z=0.3\left[np+\sqrt{np(1-p)}\times 0.841\ 6\right]=6\ 032$$

$$r=90\%,\Phi^{-1}(0.9)=1.645,z=0.3\left[np+\sqrt{np(1-p)}\times 1.645\right]=6\ 063$$

$$r=99\%,\Phi^{-1}(0.99)=2.326,z=0.3\left[np+\sqrt{np(1-p)}\times 2.326\right]=6\ 089$$

对 DVD2，DVD3，DVD4，DVD5 可以同样计算出在不同保证概率下所需要 DVD 碟片数量。结果见表 16.4。

表 16.4　网站不同保证概率下一个月内看到 DVD 所需碟数

种类 数量/张 保证概率	DVD1	DVD2	DVD3	DVD4	DVD5
50%	6 000	3 000	1 500	750	300
80%	6 032	3 024	1 518	763	308
90%	6 063	3 047	1 534	775	316
99%	6 089	3 067	1 548	785	322

当要保证在 3 个月内至少 95% 的会员能够看到某种 DVD，由于 3 个月内 DVD 的流通量相当于 1 个月内的 DVD 流通了 3 个周期，因而只须提供 1 个月内流通量的 1/3 就可以。这里对会员的满足程度为 95%，则满足人数为 $Y=0.95X$。

1 个月满足会员所需碟数量为

$$Z_1=\frac{3}{5}Y=\frac{3}{5}\times 0.95X=0.57X \tag{16.6}$$

3 个月满足会员所需碟数量为

$$Z_2 = \frac{1}{3} Z_1 = 0.19X \tag{16.7}$$

从而在保证概率为 r 时需要的该种碟数量为

$$z = 0.19m = 0.19\left(np + \sqrt{np(1-p)}\,\Phi^{-1}(r)\right) \tag{16.8}$$

同前面一样，对 DVD1，DVD2，DVD3，DVD4，DVD5 可以计算出在不同保证概率下所需要数量。结果见表 16.5。

表 16.5　网站不同保证概率下 3 个月内看到该种 DVD 所需碟数

保证率 \ 数量/张 \ 种类	DVD1	DVD2	DVD3	DVD4	DVD5
50%	3 800	1 900	950	475	190
80%	3 821	1 916	961	483	195
90%	3 840	1 930	972	491	200
99%	3 856	1 941	981	497	204

16.2　Bayes 决策问题

例 16.2　油井钻探问题。

某公司拥有一块可能有油的土地，该公司可以自己钻井，也可以出租给其他公司开采。如果出租土地，租约有两种形式：一是无条件出租，租金 45 万元。另一种是租金根据产量而定，产量在 20 万桶或以上，每桶提成 5 元；产量不足 20 万桶时不收租金。设钻井费用为 75 万元，有油时需要另外再增加开采设备费用 25 万元。油价为每桶 15 元。为将问题简化，将油井分为四种状况：产油 50 万桶，记为 A_1；产油 25 万桶，记为 A_2；产油 5 万桶，记为 A_3；无油，记为 A_4。

根据历史资料，各种情况发生的概率分布见表 16.6。

表 16.6　油田四种情况的概率分布

油产量	A_1	A_2	A_3	A_4
概率 P	0.1	0.15	0.25	0.5

假定决策人风险中立，那么决策人选择什么行为？

分析与求解　决策人可以选择的方式有 3 种：自己钻井，记为 T_1；无条件出租，记为 T_2；有条件出租，记为 T_3。3 种选择在不同情况下的收益见表 16.7。

表 16.7 3 种决策的收益表

收益/万元 情况 行为决策	A_1	A_2	A_3	A_4	平均收益 r/万元
自己钻井 T_1	650	275	−25	−75	62.5
无条件出租 T_2	45	45	45	45	45
有条件出租 T_3	250	125	0	0	43.75

其中每种决策的平均收益按油田每种情况的概率进行加权平均。

采用不同行为的平均收益计算为

$$r(T_1)=650\times 0.1+275\times 0.15-25\times 0.25-75\times 0.5=62.5\text{ 万元}$$

$$r(T_2)=45\text{ 万元}$$

$$r(T_3)=250\times 0.1+125\times 0.15=43.75\text{ 万元}$$

根据决策人风险中立，我们选取平均收益最大的决策行为。因此决策人将选择自己钻井，平均收益为 62.5 万元。

例 16.3 （续油井钻探问题）公司为了更好地掌握情况，可通过地质勘探部门帮助调研，这需要付出费用 15 万元。地质勘探部门通过试验可获得该地区的地质构造类型。地质类型分为四种，记为 B_1,B_2,B_3,B_4。根据历史资料，不同油田情况下地质类型的概率分布 $P(B_j\mid A_i)$ 见表 16.8。问在探测到不同地质类型下决策人将采取什么行为？采用付费请地质勘探部门帮助调研的方式是否值得？

表 16.8 不同油田情况下地质类型的概率分布

概率分布 地质类型 油产量	B_1	B_2	B_3	B_4
A_1	7/12	1/3	1/12	0
A_2	9/16	3/16	1/8	1/8
A_3	11/24	1/6	1/4	1/8
A_4	3/16	11/48	13/48	5/16

分析与求解 （1）计算在知道油田不同情况的概率分布情况下，4 种地质类型的概率分布，这需要利用全概率公式，即

$$P(B_j)=\sum_{i=1}^{4}P(A_i)P(B_j\mid A_i)$$

计算可得

$$P(B_1)=0.1\times 7/12+0.15\times 9/16+0.25\times 11/24+0.5\times 3/16=0.351$$

$$P(B_2)=0.1\times 1/3+0.15\times 3/16+0.25\times 1/6+0.5\times 11/48=0.217\,7$$

$$P(B_3)=0.1\times 1/12+0.15\times 1/8+0.25\times 1/4+0.5\times 13/48=0.225$$

$$P(B_4)=0.1\times 0+0.15\times 1/8+0.25\times 1/8+0.5\times 5/16=0.206\,2$$

（2）计算在探测到某种地质类型后油田不同情况的概率分布，这需要利用 Bayes 公式，即

$$P(A_i \mid B_j)=\frac{P(A_i)P(B_j \mid A_i)}{P(B_j)}$$

从而

$$P(A_1 \mid B_1)=\frac{0.1\times 7/12}{0.351}=0.166\,2$$

$$P(A_2 \mid B_1)=\frac{0.15\times 9/16}{0.351}=0.240\,4$$

$$P(A_3 \mid B_1)=\frac{0.25\times 11/24}{0.351}=0.326\,4$$

$$P(A_4 \mid B_1)=\frac{0.5\times 3/16}{0.351}=0.267\,1$$

照此可以计算出不同地质类型下油田情况的概率分布见表16.9。

表16.9 不同地质类型下油田情况的概率分布 $P(A_i \mid B_j)$

$P(A_i \mid B_j)$ 地质类型 / 油产量	A_1	A_2	A_3	A_4
B_1	0.166 2	0.240 4	0.326 4	0.267 1
B_2	0.153 1	0.129 2	0.191 4	0.526 3
B_3	0.037 0	0.083 3	0.277 8	0.601 9
B_4	0	0.090 9	0.151 5	0.757 6

则可计算出在给定地质类型 B_1 时，采用3种决策的收益分别为

$r(T_1 \mid B_1)=650\times 0.166\,2+275\times 0.240\,4-25\times 0.326\,4-75\times 0.267\,1-15=$ 130.92 万元

$r(T_2 \mid B_1)=45-15=30$ 万元

$r(T_3 \mid B_1)=250\times 0.166\,2+125\times 0.240\,4-15=56.59$ 万元

当探测到地质类型为 B_1 时，采用自己钻探的方式最好，可获利130.92万元。同理可计算出

$r(T_1 \mid B_2)=75.79$ 万元，$r(T_2 \mid B_2)=30$ 万元，$r(T_3 \mid B_2)=39.43$ 万元

当探测到地质类型为 B_2 时，采用自己钻探的方式最好，可获利75.79万元。

$r(T_1 \mid B_3)=-20.1$ 万元，$r(T_2 \mid B_3)=30$ 万元，$r(T_3 \mid B_3)=4.68$ 万元

当探测到地质类型为 B_3 时，采用无条件出租方式最好，可获利30万元。

$r(T_1 \mid B_4)=-50.6$ 万元，$r(T_2 \mid B_4)=30$ 万元，$r(T_3 \mid B_4)=-3.64$ 万元

当探测到地质类型为 B_4 时，采用无条件出租方式最好，可获利30万元。

因此采用付费请地质勘探部门帮助调研后，每种地质类型情况下获利及该情况发生概率见表16.10。

表16.10 不同地质类型的概率及该类型下的最大获利

地质类型 / 项目	B_1	B_2	B_3	B_4
概率 P	0.351	0.217 7	0.225	0.206 2
获利 r/万元	130.92	75.79	30	30

该公司采用付费请地质勘探部门帮助调研后，平均获利为

$$r=\sum_{i=1}^{4}r(B_i)P(B_i)=0.351\times130.92+0.2177\times75.79+0.225\times30+0.2062\times30=75.4\text{ 万元}$$

而不请地质勘探部门帮助调研，平均获利为 62.5 万元，因此值得付费请地质勘探部门帮助调研。

计算的 Matlab 程序：

```
PA=[0.1,0.15,0.25,0.5]'; %4 种状况的无条件概率

 E=[650,275,-25,-75;
    45,45,45,45;
    250,125,0,0];  %3 种决策的收益

 r=E*PA;

fprintf('自己开采平均获利 %5.2f 万元,无条件出租平均获利 %5.2f 万元,有条件出租平均获利 %5.2f 万元.\n',r(1),r(2),r(3));

 % 利用 Bayes 公式计算后验概率 P(

  % B1   B2   B3   B4   P(B|A)
 PBA=[7/12,1/3,1/12,0;         %A1
     9/16,3/16,1/8,1/8;          %A2
     11/24,1/6,1/4,1/8;          %A3
     3/16,11/48,13/48,5/16];   %A4

 PB=PA'*PBA;   %[PB1,PB2,PB3,PB4] P(B)
 PAB=zeros(4,4);  % 表示 P(A|B)
 for j=1:4
     for i=1:4
      PAB(i,j)=PA(i)*PBA(i,j)/PB(j);
     end
 end
 R=E*PAB-15;  % 各列为 3 种策略下的获利
 [R2,K]=max(R);
 Bf=R2*PB';
 fprintf('勘测后平均获利 %5.2f\n',Bf);
```

例 16.4 项目决策问题。某工程项目按合同应在 3 个月内完工，其施工费用与工程完工

期有关。假定天气是影响工程能否完工的决定因素，如果天气好，工程能按时完工，施工单位可获得 5 万元；如果天气不好，不能按时完工，施工单位将被罚款 1 万元；若不施工就要损失窝工费 2 千元；根据过去的经验，在计划施工期内天气好的可能性为 30%。为了更好地掌握天气情况，可请气象中心作进一步天气预报，并提供同一时期的预报资料，这需要支付资料费 0.08 万元。从提供的资料可知，气象中心对好天气预报的准确性为 80%，对坏天气预报的准确性为 90%，问该项目将如何进行决策？

分析与求解　可选择的方案有 3 种：

(1) 直接施工；

(2) 停工；

(3) 根据进一步气象预报决定施工还是停工。

现在分别分析采用这 3 种方案的平均收益。

(1) 直接施工。获利的概率分布见表 16.11。

表 16.11　获利的概率分布表

获利 Y/ 万元	5	-1
概率 P	0.3	0.7

获利期望　　$EY = 5 \times 0.3 - 1 \times 0.7 = 0.8$ 万元

(2) 停工。获利 $Y = -0.2$ 万元。

(3) 选择作进一步气象预报，若预报为好天气则施工，若预报为不好天气则停工。下面分析其平均收益。

设 A_1 表示实际天气好，A_2 表示实际天气不好，B_1 表示预测天气好，B_2 表示预测天气不好，则由题目有

$$P(A_1) = 0.3, \quad P(A_2) = 0.7$$

$$P(B_1 \mid A_1) = 0.8, \quad P(B_2 \mid A_1) = 0.2$$

$$P(B_1 \mid A_2) = 0.1, \quad P(B_2 \mid A_2) = 0.9$$

由全概率乘法公式计算预测天气好和天气不好的概率。

预测天气好的概率为

$$P(B_1) = P(A_1)P(B_1 \mid A_1) + P(A_2)P(B_1 \mid A_2) = 0.3 \times 0.8 + 0.7 \times 0.1 = 0.31$$

预测天气不好的概率为

$$P(B_2) = P(A_1)P(B_2 \mid A_1) + P(A_2)P(B_2 \mid A_2) = 0.3 \times 0.2 + 0.7 \times 0.9 = 0.69$$

由 Bayes 公式，计算当预测天气好时，实际天气好与天气不好的概率。

当预测天气好时，实际天气好的概率为

$$P(A_1 \mid B_1) = \frac{P(A_1)P(B_1 \mid A_1)}{P(B_1)} = \frac{24}{31}$$

当预测天气好时，实际天气不好的概率为

$$P(A_2 \mid B_1) = \frac{P(A_2)P(B \mid A_2)}{P(B_1)} = \frac{7}{31}$$

同样由 Bayes 公式，计算当预测天气不好时，实际天气好与天气不好的概率。

当预测天气不好时，实际天气好的概率为

$$P(A_1 \mid B_2)=\frac{P(A_1)P(B_2 \mid A_1)}{P(B_2)}=\frac{6}{69}$$

当预测天气不好时，实际天气不好的概率为

$$P(A_2 \mid B_2)=\frac{P(A_2)P(B_2 \mid A_2)}{P(B_2)}=\frac{63}{69}$$

采用方案分析：

当预测天气好时(B_1 发生)，若采取施工，获利为

$$K_{11}=5\times P(A_1 \mid B_1)-1\times P(A_2 \mid B_1)=5\times\frac{24}{31}-1\times\frac{7}{31}=\frac{113}{31}\text{ 万元}$$

若采取停工，获利为 $K_{12}=-0.2$ 万元。因此，当预测天气好时(B_1 发生)，采取施工，获利为$\frac{113}{31}$ 万元。

当预测天气不好时(B_2 发生)，若采取施工，获利为

$$K_{21}=5\times P(A_1 \mid B_2)-1\times P(A_2 \mid B_2)=5\times\frac{6}{69}-1\times\frac{63}{69}=-0.48\text{ 万元}$$

若采取停工，获利为 $K_{22}=-0.2$ 万元。因此，当预测天气不好时(B_2 发生)，采取停工，获利为 -0.2 万元。

该方案平均获利为

$$K=K_{11}\times P(B_1)-K_{22}\times P(B_2)=0.31\times\frac{113}{31}-0.69\times 0.2=0.992\text{ 万元}$$

同时需要减掉资料费 0.08 万元，则最终获利为

$$Y=0.992-0.08=0.912\text{ 万元}$$

根据以上面 3 种方案的计算，采用请气象中心作进一步天气预报的方案最好，当预报天气好时就施工，当预报天气不好时就停工。此为最好策略，平均获利为 0.912 万元。

本 章 小 结

本章主要讲解了随机决策和 Bayes 决策。这在需要进行决策时可考虑使用。掌握决策的相关数学模型，在解决竞赛中对应问题，将对你有所帮助。

第 17 章　插值与拟合模型

Matlab 的一维插值函数为 interp1()，调用格式为

yy＝interp1(x,y,xx,方法)

其中 x＝[x1,x2,…,xn]′，y＝[y1,y2,…,yn]′，两个向量分别为给定的一组自变量和函数值，用来表示已知样本点数据。xx 为待求插值点处横坐标，yy 返回的对应纵坐标。

插值方法可以选用默认的 linear(线性插值)，nearest(最近邻等值)，cubic(三次 Hermite 插值)，spline(三次样条插值)。一般可采用样条插值。

本章给出两个美国数模竞赛题，以说明求解和使用的方法。

17.1　水道测量数据问题[①]

表 17.1 给出了在以 yd(码)为单位的直角坐标为 X,Y 的水面一点处以 ft(英尺)计的水深 Z。水深数据是在低潮时测得的。船的吃水深度为 5 ft。在矩形区域(75,200)×(－50,150)内哪些地方船要避免进入。

表 17.1　水道测量数据在低潮时测得的水深

X/yd	Y/yd	Z/ft	X/yd	Y/yd	Z/ft
129.0	7.5	4	157.5	－6.5	9
140.0	141.5	8	107.5	－81.0	9
108.5	28.0	6	77.0	3.0	8
88.0	147.0	8	81.0	56.5	8
185.5	22.5	6	162.0	84.0	4
195.0	137.5	8	117.5	－38.5	9
105.5	85.5	8	162.0	－66.5	9

分析与求解　所给 14 个点的水道离散点平面图如图 17.1 所示，其中有两点不落在所给区域(75,200)×(－50,150)。

本问题采用地球科学上的反距离权重法(IDW)。首先将所给区域(75,200)×(－50,150)按较细的网格进行剖分。然后利用所给 14 个点的水深值 Z，按照 IDW 方法求出所有剖分点的水深值 Z，并找出水深低于 5 ft 的点。然后作出水底曲面图、等值线图，标出水深低于 5 ft 的区域。

① 水道测量数据问题来源于美国数模竞赛 1986 年 A 题。其中 1 yd＝0.914 4m；1 ft＝0.304 8 m。

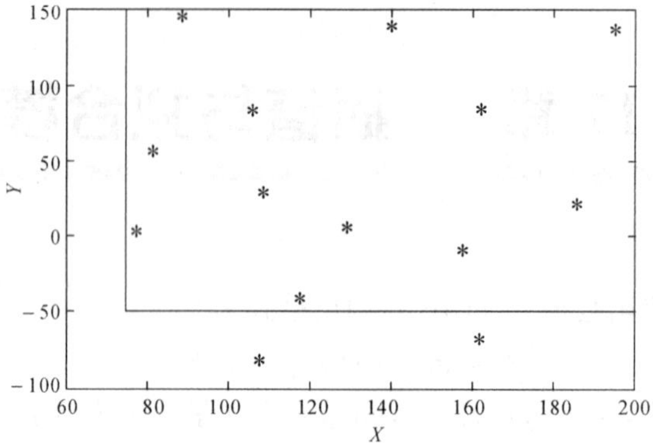

图 17.1　水道离散点平面图

IDW 算法：

设有 n 个点(x_i,y_i,z_i)，计算平面上任意点(x,y) 的 z 值，即

$$z=\sum_{i=1}^{n} w_i z_i$$

其中权重为

$$w_i=\frac{1/d_i^p}{\sum_{i=1}^{n} 1/d_i^p},\quad d_i=\sqrt{(x-x_i)^2+(y-y_i)^2}$$

即(x,y) 处的 z 值由各已知点加权得到，其权重与(x,y) 到各点距离的 p 次方成反比。

p 决定距离(x,y) 近的(x_i,y_i) 作用的相对大小。当 p 越大，则当(x_i,y_i) 距离(x,y) 越近，其相对作用越大，越远相对作用越小。本题取 $p=3$。

按照 IDW 方法，x 方向剖分 50 个区间，区间间隔 $dx=2.5$；y 方向剖分 80 个区间，区间间隔 $dy=2.5$。得到的水底河床图及等值线图如图 17.2 所示。

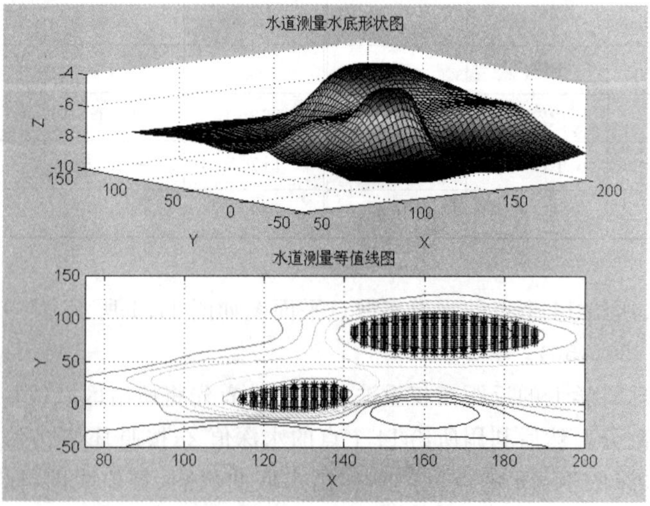

图 17.2　水道测量水底形状图和等值线图

（其中蓝色竖线为水深不足 5 ft 的点）

Matlab 程序：

```
%AMCM86A
data=[129.0,7.5,4;
        140.0,141.5,8;
        108.5,28.0,6;
        88.0,147.0,8;
        185.5,22.5,6;
        195.0,137.5,8;
        105.5,85.5,8;
        157.5,-6.5,9;
        107.5,-81.0,9;
        77.0,3.0,8;
        81.0,56.5,8;
        162.0,84.0,4;
        117.5,-38.5,9;
        162.0,-66.5,9];% 水道测量数据
plot(data(:,1),data(:,2),'*')
xx=[75,-50;
     200,-50;
     200,150;
     75,150;
     75,-50];
hold on;
plot(xx(:,1),xx(:,2),'r')
xlabel('X');
ylabel('Y');
title('水道离散点平面图');
 pause
d=zeros(14,1);
w=zeros(14,1);

m=50;  %x 剖分区间数
n=80;  %y 剖分区间
dx=(200-75)/m;%x 剖分间隔
dy=(150+50)/n; %y 剖分间隔
point=(m+1)*(n+1);% 总点数
T=zeros(point,3);% 存储各点数据
X=zcros(n+1,m+1);
Y=zeros(n+1,m+1);
```

```
Z=zeros(n+1,m+1);

p=3;
  k=0;
  tp=0;
 for ix=1:m+1
      for iy=1:n+1
            x=75+(ix-1)*dx; %x 坐标
            y=-50+(iy-1)*dy; %y 坐标
        for i=1:14
              %(x,y) 格点到各已知各点距离
            d(i)=sqrt((x-data(i,1))^2+(y-data(i,2))^2);
            w(i)=1.0/d(i)^p;% 各点权重
        end;
        s=sum(w);
         w=w/s;% 权值归一化
         z=sum(data(:,3).*w);
          % 求得网格点
         X(iy,ix)= x; Y(iy,ix)= y; Z(iy,ix)= -z;%Z 坐标取负值便于作海底曲面图
         k=k+1;
          % 存储各点(x,y,z) 坐标
         T(k,1)=x; T(k,2)=y; T(k,3)=z;
          if z<=5
          tp=tp+1;
          D(tp,1)=x; D(tp,2)=y;% 获得水深低于 5 英尺的点
       end
     end;
 end;

subplot(2,1,1);
   surf(X,Y,Z) % 作曲面图
   xlabel('X');
   ylabel('Y');
   zlabel('Z');
   title('水道测量水底形状图');
subplot(2,1,2);
   contour(X,Y,Z); % 作等值线图
   hold on
   plot(D(:,1),D(:,2),'*')% 作出水深低于 5 英尺的点
```

```
xlabel('X');
ylabel('Y');
title('水道测量等值线图');
grid on
hold off
```

17.2　估计水塔水流量问题[①]

美国某州的各用水管理机构要求各社区提供以每小时多少加仑(UKgal)计的用水率以及每天总的用水量，但许多社区并没有测量水流入或流出当地水塔的水量的设备，他们只能代之以每小时测量水塔中的水位，精度在 0.5% 以内，更为重要的是，无论什么时候，只要水塔中的水位下降到某一最低水位 L 时，水泵就启动向水塔重新充水至某一最高水位 H，但也无法得到水泵的供水量的测量数据。因此，在水泵工作时，人们容易建立水塔中的水位与水泵工作时的用水量之间的关系。水泵每天向水塔充水一次或两次，每次约两小时。

试估计在任何时刻，甚至包括水泵正在工作期间内，水从水塔流出的流量，并估计一天的总用水量，表 17.2 中给出了某个真实小镇某一天的真实数据。

表 17.2 给出了从第一次测量开始的以秒为单位的时刻，以及该时刻的高度单位为 1%ft 的水塔中水位的测量值，例如，3 316 s 后，水塔中的水位达到 31.10 ft。水塔是一个垂直圆形柱体，高为 40 ft，直径 57 ft，通常当水塔的水位降至 27.00 ft 时水泵开始向水塔充水，而当水塔的水位升至 35.50 ft 时水泵停止工作。

表 17.2　某小镇某天的水塔水位

时间 /s	0	3 316	6 635	10 619	13 937	17 921	21 240	25 223	28 543
水位 /0.01ft	3 175	3 110	3 054	2 994	2 947	2 892	2 850	2 797	2 752
时间 /s	32 284	35 935	39 332	39 435	43 318	46 636	49 953	53 936	57 254
水位 /0.01ft	2 697	水泵工作	水泵工作	3 550	3 445	3 350	3 260	3 167	3 087
时间 /s	60 574	64 554	68 535	71 854	75 021	79 154	82 649	85 968	89 953
水位 /0.01ft	3 012	2 927	2 842	2 767	2 697	水泵工作	水泵工作	3 475	3 397
时间 /s	93 270								
水位 /0.01ft	3 340								

分析与解答

1. 水塔充水时间的确定

(1) 第一次充水时间的确定。当时间 $t=32\ 284$ s 时，水位 26.97 ft，约低于最低水位 27 ft，因此可作为第一次开始充水时刻。

当 $t=39\ 435$ s 时，水塔水位 35.5 ft，恰为最高水位，因此可作为第一次充水的结束时刻。

---

① 该问题来源于美国数模竞赛 1991 年 A 题。其中，1UKgal = 4.546 09 L。

充水时间为 dt＝(39 435 － 32 284)/3 600＝1. 986 4 h，也接近充水时间 2 h。

(2) 第二次充水时间的确定。当时间 t＝75 021 s 时，水位 26. 97 ft，约低于最低水位 27 ft，因此可作为第二次开始充水时刻。

当 t＝82 649 s时，水泵在工作，但充水时间达到 dt＝(82 649－75 021)/3 600＝2. 118 9 h；但下一时刻 t＝85 968 h，水塔水位 34. 75 ft，低于最高水位 35. 50 ft。因此，可将 t＝826 49 s 作为第二次充水的结束时刻，且该时刻水位为最大充水高度 35. 50 ft。

2. 计算各时刻塔内水的体积(见表 17. 3)

体积计算公式为

$$v = \pi d^2 h/4$$

表 17. 3　不同时刻水体积表

时间 /h	水体积 /UKgal	时间 /h	水体积 /UKgal	时间 /h	水体积 /UKgal
0 (1)	606125	10. 9542 (2)	677715	20. 8392	514872
0. 9211	593716	12. 0328	657670	22. 9581 (3)	677715
1. 8431	583026	12. 9544	639534	23. 8800	663397
2. 9497	571571	13. 8758	622352	24. 9869	648506
3. 8714	562599	14. 9822	604598	25. 9083	637625
4. 9781	552099	15. 9039	589325		
5. 9000	544081	16. 8261	575008		
7. 0064	533963	17. 9317	558781		
7. 9286	525372	19. 0375	542554		
8. 9678	514872	19. 9594	528236		

注：(1) 表示第一段开始；(2) 表示第二段开始；(3) 表示第三段开始。

3. 计算各时刻点的水流量

水流量公式为

$$f(t) = \left| \frac{\mathrm{d}v(t)}{\mathrm{d}t} \right|$$

以上 25 个时刻处的水流量采用差分的方法得到，共分 3 段分别处理。

(1) 对每段前两点采用向前差分公式

$$f(t_i) = \left| \frac{-3v_i + 4v_{i+1} - v_{i+2}}{2(t_{i+1} - t_i)} \right|$$

(2) 对每段最后两点采用向后差分公式

$$f(t_i) = \left| \frac{3v_i - 4v_{i-1} + v_{i-2}}{2(t_i - t_{i-1})} \right|$$

(3) 对每段中间点采用中心差分公式

$$f(t_i) = \left| \frac{-v_{i+2} + 8v_{i+1} - 8v_{i-1} + v_{i-2}}{12(t_{i+1} - t_i)} \right|$$

得到各点水流量见表 17. 4。

表 17.4　不同时刻水流量表

时间 /h	水流量 /(UKgal · h^{-1})	时间 /h	水流量 /(UKgal · h^{-1})	时间 /h	水流量 /(UKgal · h^{-1})
0 (1)	14 404	10.954 2 (2)	19 469	20.839 2	14 648
0.921 1	11 182	12.032 8	20 195	22.958 1 (3)	15 220
1.843 1	10 063	12.954 4	18 941	23.880 0	15 263
2.949 7	11 012	13.875 8	15 903	24.986 9	13 711
3.871 4	8 798	14.982 2	18 055	25.908 3	9 634
4.978 1	9 991	15.903 9	15 646		
5.900 0	8 124	16.826 1	13 742		
7.006 4	10 161	17.931 7	14 962		
7.928 6	8 487	19.037 5	16 652		
8.967 8	11 023	19.959 4	14 495		

注:(1) 表示第一段开始;(2) 表示第二段开始;(3) 表示第三段开始。

4. 用三次样条拟合流量数据

对表 17.4 中 25 个时刻点的流量数据采用 3 次样条插值得到一条光滑曲线,作为任意时刻的流量曲线,如图 17.3 所示。

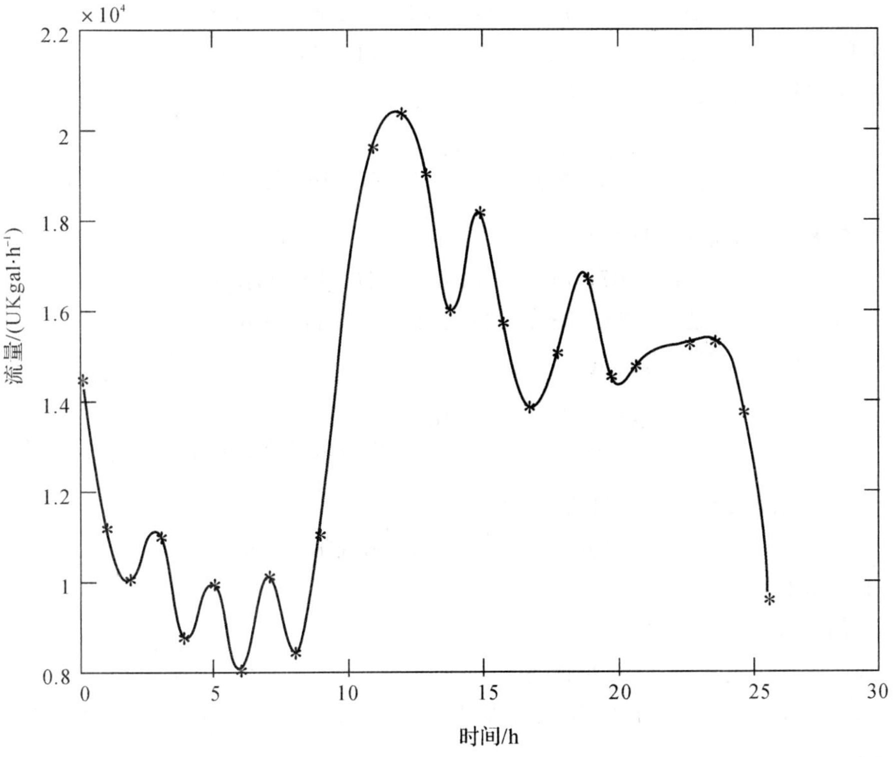

图 17.3　水塔流量图

5. 一天总用水量计算

一天流水总量计算：

方法 1：直接积分法。

$$S_1=\int_0^{24} f(t)\,\mathrm{d}t=332\ 986\ \text{UKgal}$$

方法 2：分段计算法。

第一次充水前用水量：$v_1=606\ 125-541\ 872=91\ 253$ UKgal

第一次充水后第二次充水前用水量：$v_2=677\ 715-514\ 872=162\ 843$ UKgal

[22.958 1,23.88] 期间用水量：$v_3=677\ 715-663\ 397=14\ 318$ UKgal

第一次充水期间用水量：$v_4=\int_{8.967\ 8}^{10.954\ 2} f(t)\,\mathrm{d}t=30\ 326$ UKgal

第二次充水期间用水量：$v_5=\int_{20.839\ 2}^{22.958\ 1} f(t)\,\mathrm{d}t=31\ 605$ UKgal

[23.88,24] 期间用水量：$v_6=\int_{23.88}^{24} f(t)\,\mathrm{d}t=1\ 524$ UKgal

总共用水量：$S_2=\sum_{i=1}^{6} v_i=331\ 869$ UKgal

两种方法结果相差 $$\text{err}=\left|\frac{S_1-S_2}{S_1}\right|=0.34\%$$

6. 水泵水流量计算

第一次充水期间水塔体积增加量为

$$\Delta v_1=677\ 715-514\ 872=162\ 843\ \text{UKgal}$$

充水时间 $$\Delta t_1=10.954\ 2-8.967\ 8=1.986\ 4\ \text{h}$$

第一次充水期间水泵平均流量为

$$p_1=\frac{\Delta v_1+\int_{8.967\ 8}^{10.954\ 2} f(t)\,\mathrm{d}t}{\Delta t_1}=97\ 246\ \text{UKgal/h}$$

第二次充水期间水塔体积增加量为

$$\Delta v_2=677\ 715-514\ 872=162\ 843\ \text{UKgal}$$

充水时间 $$\Delta t_2=22.958\ 1-20.839\ 2=2.118\ 9\ \text{h}$$

第二次充水期间水泵平均流量为

$$p_2=\frac{\Delta v_2+\int_{20.839\ 2}^{22.958\ 1} f(t)\,\mathrm{d}t}{\Delta t_2}=91\ 769\ \text{UKgal/h}$$

则整个充水期间水泵平均流量为

$$p=(p_1+p_2)/2=94\ 507\ \text{UKgal/h}$$

Matlab 计算程序：

```
%AMCM91A
c=0.3048; %1 英尺等于 0.3048 米
p=1.0/3.785; %1 升=1/3.785411 加仑
d=57*c;
h=31.75*c;
```

```
v=pi*d*d*h/4*1000*p;
data=[0,3175;
    3316,3110;
    6635,3054;
    10619,2994;
    13937,2947;
    17921,2892;
    21240,2850;
    25223,2797;
    28543,2752;
    32284,2697;
    39435,3550;
    43318,3445;
    46636,3350;
    49953,3260;
    53936,3167;
    57254,3087;
    60574,3012;
    64554,2927;
    68535,2842;
    71854,2767;
    75021,2697;
    82649,3550;
    85968,3475;
    89953,3397;
    93270,3340];% 原始数据
t=data(:,1)/3600;% 计算时间(单位:小时)
v=pi*d*d*data(:,2)/100*c/4*1000*p;% 计算体积

% 计算差分
n=length(v);
f=zeros(n,1); % 存储差分值
% 计算第一段
n1=10;
for i=1:n1
  if i<=2   % 前两点采用向前差分
        f(i)=abs(-3*v(i)+4*v(i+1)-v(i+2))/(2*(t(i+1)-t(i)));
elseif i<=n1-2
      % 采用三点中心差分公式
```

```
        f(i) =abs(- v(i + 2) + 8 * v(i + 1) - 8 * v(i - 1) + v(i - 2))/(12 * (t(i + 1)
- t(i)));
    elseif i >= n1 - 1
            f(i) =abs(3 * v(i) - 4 * v(i-1) + v(i-2))/(2 * (t(i) - t(i-1)));
        end
    end

    % 计算第二段
    n2 = 21;
    for i = n1 + 1:n2
     if i <= n1 + 2   % 前两点采用向前差分
        f(i) =abs(- 3 * v(i) + 4 * v(i+1) - v(i+2))/(2 * (t(i+1) - t(i)));
    elseif i <= n2 - 2
        f(i) =abs(- v(i + 2) + 8 * v(i + 1) - 8 * v(i - 1) + v(i - 2))/(12 * (t(i + 1)
- t(i)));
    elseif i >= n2 - 1
            f(i) =abs(3 * v(i) - 4 * v(i-1) + v(i-2))/(2 * (t(i) - t(i-1)));
        end
    end

    % 计算第三段
    n3 = 25;
    for i = n2 + 1:n3
     if i <= n2 + 2   % 前两点采用向前差分
        f(i) =abs(- 3 * v(i) + 4 * v(i+1) - v(i+2))/(2 * (t(i+1) - t(i)));
    elseif i <= n3 - 2
        f(i) =abs(- v(i + 2) + 8 * v(i + 1) - 8 * v(i - 1) + v(i - 2))/(12 * (t(i + 1)
- t(i)));
    elseif i >= n3 - 1
            f(i) =abs(3 * v(i) - 4 * v(i-1) + v(i-2))/(2 * (t(i) - t(i-1)));
        end
    end

    plot(t,f,'r *'); % 画原始点图

    tmin = min(t); tmax = max(t);
    tt = tmin:0.1:tmax; % 获得离散的时间点,用于作样条曲线
    ff = spline(t,f,tt); % 计算三次样条插值
    hold on
```

```
plot(tt,ff,'b'); % 画样条曲线
xlabel('时间(小时)');
ylabel('流量(加仑 / 小时)');
title('水塔流量图');
hold off
dt = 0.05;
t2 = 0.5:dt:24.5; % 获得离散的时间点,用于积分
nn = length(t2);
f2 = spline(t,f,t2);
% 计算 24 小时用水量,采用复化梯形公式
s = (f2(1) + f2(nn) + 2 * sum(f2(2:nn - 1))) * dt/2   ;
fprintf('(全部积分法)1 天总水流量 s = %8.2f\n',s);

 % 第一次水塔增加的水
 v10 = v(11) - v(10);
 dt1 = t(11) - t(10);
 % 第一次充水其间流出的水
 tp = t(10):dt:t(11);
 nn = length(tp);
 yp = spline(t,f,tp); % 计算三次样条插值
 v11 = (yp(1) + yp(nn) + 2 * sum(yp(2:nn - 1))) * dt/2   ;
 v1 = v10 + v11;% 第一次充水总量
 p1 = v1/dt1; % 第一次充水的平均水流量

 % 第二次水塔增加的水
 v20 = v(22) - v(21);
 dt2 = t(22) - t(21);
 % 第二次充水其间流出的水
 tp1 = t(21):dt:t(22);
 nn = length(tp1);
 yp1 = spline(t,f,tp1); % 计算三次样条插值
 v21 = (yp1(1) + yp1(nn) + 2 * sum(yp1(2:nn - 1))) * dt/2   ;
 v2 = v20 + v21;% 第二次充水总量
 p2 = v2/dt2; % 第二次充水的平均水流量

 p = (p1 + p2)/2;   % 两次充水平均水流量
 fprintf('两次充水平均水流量 p = %8.2f\n',p);

 % 第一次充水前总流量
```

```
vv1 = v(1) - v(10);
% 两次充水间总流量
vv2 = v(11) - v(21);
% t = 83649 到 85968 其间流量
vv3 = v(22) - v(23);
% 第一次充水期间流量
ta = t(10):dt:t(11); % 获得离散的时间点,用于积分
nn = length(ta);
fa = spline(t,f,ta);
s1 = (fa(1) + fa(nn) + 2 * sum(fa(2:nn - 1))) * dt/2   ;

% 第二次充水期间流量
tb = t(21):dt:t(22); % 获得离散的时间点,用于积分
nn = length(tb);
fb = spline(t,f,tb);
s2 = (fb(1) + fb(nn) + 2 * sum(fb(2:nn - 1))) * dt/2   ;

%t = 85968 到 86400 流量

tc = t(23):dt:24; % 获得离散的时间点,用于积分
nn = length(tc);
fc = spline(t,f,tc);
s3 = (fc(1) + fc(nn) + 2 * sum(fc(2:nn - 1))) * dt/2   ;
ss = vv1 + vv2 + vv3 + s1 + s2 + s3;
fprintf('(部分积分法)1 天总水流量 ss = %8.2f\n',ss);

err = abs((s - ss)/s);
fprintf(' 两种计算法总量相对误差 %6.2f%%\n',err * 100);
```

本 章 小 结

本章讲解了插值和拟合问题,主要通过竞赛实例,结合 Matlab 中相关的插值函数进行计算。在竞赛中常常会碰到需要插值计算,或需要进行函数拟合时,可考虑使用本章方法及有关技巧。

第 18 章　目标规划模型

目标规划模型是由线性规划模型发展演变而来的。线性规划考虑的是只有一个目标函数问题，而实际问题中往往需要考虑多个目标，这些目标不但有主次之分，有的还相互矛盾。采用线性规划求解显得比较困难，这时就要采用目标规划。

本章讨论线性目标规划问题。

例 18.1　汽车广告费问题。某汽车销售公司委托一个广告公司在电视上为其做广告。汽车销售公司提出 3 个目标：第一个目标，至少有 40 万高收入的男性公民（记为 HIM）看到这个广告；第二个目标，至少有 60 万一般收入的男性公民（记为 LIP）看到这个广告；第三个目标，至少有 35 万高收入的女性公民（记为 HIW）看到这个广告。

广告公司可以从电视台购买两种类型的广告展播：足球赛中插播广告和电视系列剧中插播广告。广告公司最多花费 60 万元的电视广告费。每一类广告展播每分钟的花费及潜在的观众人数见表 18.1。广告公司必须决定为汽车销售公司购买两种类型的电视广告展播各多少分钟？

表 18.1　广告展播花费表

消费目标	HIM	LIP	HIW	费用 /（万元 · min^{-1}）
足球赛中插播 /（万人 · min^{-1}）	7	10	5	10
系列剧中插播 /（万人 · min^{-1}）	3	5	4	6

分析与解答　设足球赛中插播 x_1（min），系列剧中插播 x_2（min）。设第一目标不满足部分为 d_1^-，超出部分为 d_1^+；第二目标不满足部分为 d_2^-，超出部分为 d_2^+；第三目标不满足部分为 d_3^-，超出部分为 d_3^+。则我们的目标是首先满足第一目标不满足部分为 d_1^- 最小，其次是第二目标不满足部分为 d_2^- 最小，最后是第三目标不满足部分为 d_3^- 最小。表示为

$$\min z = P_1 d_1^- + P_2 d_2^- + P_3 d_3^-$$

约束为：

（1）尽量满足 40 万高收入的男性公民（HIM）看到这个广告，则有

$$7x_1 + 3x_2 + d_1^- - d_1^+ = 40$$

（2）尽量满足 60 万一般收入的男性公民（LIP）看到这个广告，则有

$$10x_1 + 5x_2 + d_2^- - d_2^+ = 60$$

（3）尽量满足 35 万高收入的女性公民（HIW）看到这个广告，则有

$$5x_1 + 4x_2 + d_3^- - d_3^+ = 35$$

（4）广告费用不超过 60 万元，则有

$$10x_1 + 6x_2 \leqslant 60$$

要注意在模型中，每对 d_i^+ 和 d_i^- 都非负，且最多只有一个为正。这由它本身代表的意义决

定。当实际值超过目标值时，$d_i^- = 0, d_i^+ > 0$；当实际值未达到目标值时，$d_i^- > 0, d_i^+ = 0$；当实际值与目标值相等时，$d_i^- = 0, d_i^+ = 0$。

该问题总的模型为

$$\min z = P_1 d_1^- + P_2 d_2^- + P_3 d_3^-$$

$$s.t.\begin{cases} 7x_1 + 3x_3 + d_1^- - d_1^+ = 40 \\ 10x_1 + 5x_2 + d_2^- - d_2^+ = 60 \\ 5x_1 + 4x_2 + d_3^- - d_3^+ = 35 \\ 10x_1 + 6x_2 \leqslant 60 \\ x_1, x_2 \text{ 为整数} \end{cases}$$

求解时可先让 d_1^- 最小，再让 d_2^- 最小，最后让 d_3^- 最小。

LINGO 程序：

```
model:
min = d3_minus;
7 * X1 + 3 * x2 + d1_minus - d1_plus = 40;
10 * x1 + 5 * x2 + d2_minus - d2_plus = 60;
5 * x1 + 4 * x2 + d3_minus - d3_plus = 35;
10 * x1 + 6 * x2 <= 60;
d1_minus = 0;
d2_minus = 0;
@gin(x1);
@gin(x2);
end
```

解为 $x_1 = 6, x_2 = 0, d_2^- = 0, d_2^- = 0, d_3^- = 5$，所花广告费用为 60 万元。足球赛中插播6 min，系列剧中不插播。可以让 40 万高收入的男性公民(HIM) 看到这个广告，60 万一般收入的男性公民(LIP) 看到这个广告，35 万高收入的女性公民(HIW) 看到这个广告。

例 18.2 某政府机构计划生产两类经济商品：消费资料和生产资料。生产必要的投入有原料和劳动力两种。假设投入原料可以产出消费资料和生产资料，并且 1 个单位的原料可以生产 1 个单位的消费资料或 1 个单位的生产资料；而投入劳动力只能产出生产资料，并且 2 个单位的劳动力可以生产 1 个单位的生产资料。另外假设投入的原料和劳动力成本都是 1 个货币单位。政府的目标有以下 5 个：

第一目标：至少生产 50 个单位的消费资料；

第二目标：正好生产 90 个单位的生产资料；

第三目标：至少利用 80 个单位原料和 60 个单位劳动力；

第四目标：限制系统的投入预算为 120 个货币单位；

第五目标：投入尽可能小。

分析与解答 设投入原料为 x_1 个单位，投入劳动力为 x_2 个单位。第一目标是至少生产 50 个单位的消费资料，不足部分为 d_1^-，超出部分为 d_1^+，目标函数为

$$\min Z_1 = d_1^-$$

对应的约束为

$$x_1 + d_1^- - d_1^+ = 50$$

第二目标是正好生产 90 个单位的生产资料，不足部分为 d_2^-，超出部分为 d_2^+，目标函数为

$$\min Z_2 = d_2^-$$

对应的约束为
$$x_1 + x_2/2 + d_2^- - d_2^+ = 90$$

第三目标是至少利用 80 个单位原料和 60 个单位劳动力，设原料不足部分为 d_{31}^-，超出部分为 d_{31}^+；设劳动力不足部分为 d_{32}^-，超出部分为 d_{32}^+。该目标函数为

$$\min Z_{31} = d_{31}^-, \quad \min Z_{32} = d_{32}^-$$

对应的约束为
$$x_1 + d_{31}^- - d_{31}^+ = 80, \quad x_2 + d_{32}^- - d_{32}^+ = 60$$

第四目标是限制系统的投入预算为 120 个货币单位，不足部分为 d_4^-，超出部分为 d_4^+，该目标函数为

$$\min Z_4 = d_4^-$$

对应的约束为
$$x_1 + x_2 + d_4^- - d_4^+ = 120$$

第五目标是投入尽可能小，则目标函数为

$$\min Z_5 = x_1 + x_2$$

我们需要尽量依次满足各目标，其总的目标函数及约束为

$$\min Z = P_1 d_1^- + P_2 d_2^- + P_3(d_{31}^- + d_{32}^-) + P_4 d_5 + P_5(x_1 + x_2)$$

$$s.t.\begin{cases} x_1 + d_1^- - d_1^+ = 50 \\ x_1 + x_2/2 + d_2^- - d_2^+ = 90 \\ x_1 + d_{31}^- - d_{31}^+ = 80 \\ x_2 + d_{32}^- - d_{32}^+ = 60 \\ x_1 + x_2 + d_4^- - d_4^+ = 120 \\ x_1, x_2 \text{ 为整数} \end{cases}$$

求解时依次对各目标满足求最优解。

LINGO 程序：

```
model:
min = x1 + x2;! 第五目标;
x1 + d1_minus - d1_plus = 50;! 目标 1;
x1 + x2/2 + d2_minus - d2_plus = 90;! 目标 2;
x1 + d3_1_minus - d3_1_plus = 80; ! 目标 3;
x2 + d3_2_minus - d3_2_plus = 60; ! 目标 3;
x1 + x2 + d4_minus - d4_plus = 120;! 目标 4;
d1_minus = 0; ! 第一目标满足;
d2_minus + d2_plus = 0;! 第二目标满足;
d3_1_minus + d3_2_minus = 20; ! 第三目标尽量满足;
d4_minus = 0; ! 第四目标满足;
@gin(x1); @gin(x2);
end
```

得到的最优解为 $x_1 = 60$，$x_2 = 60$。

从结果来看，第一目标满足，第二目标满足，第三目标中原料不足有 20 个单位，第四目标

满足，第五目标满足。

例 18.3 设要把一种产品从 2 个产地运到 3 个客户处，发量、收量及产地到客户的运输费单价见表 18.2。

表 18.2 运输单价表

单价/元 \ 客户 / 产地	客户 1	客户 2	客户 3	发量 / 件
产地 1	10	4	12	3 000
产地 2	8	10	13	4 000
收量 / 件	2 000	1 500	5 000	

这是一个需求不平衡问题，产品缺少 1 500 个单位，因此决定运输方案按以下目标满足要求：

第一目标，客户 1 为重要部门，需求量必须全部满足；

第二目标，满足其他两个客户至少 75% 的需求量；

第三个目标，使运费尽量少；

第四目标，从产地 2 到客户 1 至少要有 1 000 个单位。

列出相应的目标规划模型。

分析与解答 设 x_{ij} 是从产地运输到客户 j 的数量。由于需求量超过发货量，因此发量全部用完。得到约束

$$x_{11}+x_{12}+x_{13}=3\ 000$$

$$x_{21}+x_{22}+x_{23}=4\ 000$$

从目标一来看，客户 1 的需求量全部满足，则有

$$x_{11}+x_{21}=2\ 000$$

从目标二来看，客户 2 和客户 3 的需求量至少满足 75%，则有

$$\min Z_1=d_1^-+d_2^-$$

$$x_{12}+x_{22}+d_1^--d_1^+=1\ 500\times 75\%$$

$$x_{13}+x_{23}+d_2^--d_2^+=5\ 000\times 75\%$$

从第三目标来看，运输费用最小，则有

$$\min Z_2=10x_{11}+4x_{12}+12x_{13}+8x_{21}+10x_{22}+3x_{23}$$

从第四目标来看，则有

$$\min Z_3=d_3^-$$

$$x_{21}+d_3^--d_3^+=1\ 000$$

因此，最后得到的模型为

$$\min Z=P_1Z_1+P_2Z_2+P_3Z_3$$

$$s.t.\begin{cases}x_{11}+x_{12}+x_{13}=3\ 000\\x_{21}+x_{22}+x_{23}=4\ 000\\x_{11}+x_{21}=2\ 000\\x_{12}+x_{22}+d_1^- -d_1^+=1\ 500\times 75\%\\x_{13}+x_{23}+d_2^- -d_2^+=5\ 000\times 75\%\\x_{21}+d_3^- -d_3^+=1\ 000\\Z_1=d_1^- +d_2^-\\Z_2=10x_{11}+4x_{12}+12x_{13}+8x_{21}+10x_{22}+3x_{23}\\Z_3=d_3^-\end{cases}$$

LINGO 程序：

```
model：
min＝d3_minus；
x11＋x12＋x13＝3000；! 第一目标完全满足，产地 1 的产量全用完；
x21＋x22＋x23＝4000；! 产地 2 的产量全用完；
x11＋x21＝2000；! 第一目标必须满足；
x12＋x22＋d1_minus－d1_plus＝1500＊0.75；! 第二目标约束 1；
x13＋x23＋d2_minus－d2_plus＝5000＊0.75；! 第二目标约束 2；
x21＋d3_minus－d3_plus＝1000；! 第四目标；
d1_minus＋d2_minus＝0；! 第二目标完全满足；
10＊x11＋4＊x12＋12＊x13＋8＊x21＋10＊x22＋3＊x23＝35750；
! 目标 3 运输费用最小为 35750；
end
```

得到的解见表 18.3。

表 18.3　求解结果表

运输量 / 件　客户 \ 产地	客户 1	客户 2	客户 3	发量 / 件
产地 1	1 750	1 250	0	3 000
产地 2	250	0	3 750	4 000
收量 / 件	2 000	1 500	5 000	

从结果来看，第一目标完全满足，第二目标也满足，客户 1 的需求全部满足，客户 2 和客户 3 的需求量满足了 75%，最小费用为 35 750 元，第四目标没有完全满足，尚缺 750 个单位。

例 18.4　已知 3 个工厂生产的产品供应给 4 个客户，各个工厂生产量、用户需求量及从各工厂到用户的单位产品的运输费用见表 18.4。由于总生产量小于总需求量，上级部门经研究后，制订了调配方案的 8 项指标，并规定了重要性的次序。

表 18.4 运输单价表

运输费/元 用户 工厂	1	2	3	4	生产量
工厂 1	5	2	6	7	300
工厂 2	3	5	4	6	200
工厂 3	4	5	20	3	400
需求量	200	100	450	250	

第一个指标：用户 4 为重要部门，需求量必须全部满足；

第二个指标：供应用户 1 的产品中，工厂 3 的产品不少于 100 个单位；

第三个指标：每个用户的满足率不低于 80%；

第四个指标：尽量满足各用户的需求；

第五个指标：新方案的总费用不超过原运输问题的调度方案的 10%；

第六个指标：因道路限制，工厂 2 到用户 4 的路线应尽量避免运输任务；

第七个指标：用户 1 和用户 3 满足率尽量保持平衡；

第八个指标：力求减少总费用。

分析与解答 方法一：原运输问题模型。设 x_{ij} 表示工厂 i 供应给用户 j 的数量。3 个工厂的生产量为

$$p(1)=300,\quad p(2)=200,\quad p(3)=400,\quad d(1)=300,d(2)$$

4 个用户的需求量为

$$d(1)=200,\quad d(2)=100,\quad d(3)=450,\quad d(4)=250$$

从工厂 i 运输给用户 j 的单价为 r_{ij}，则原运输问题的调度方案由下面模型得到：

$$\min Z=\sum_{i=1}^{3}\sum_{j=1}^{4} r_{ij}x_{ij}$$

$$s.t.\begin{cases}\displaystyle\sum_{j=1}^{4} x_{ij}=p_i, & i=1,2,3,4\\ \displaystyle\sum_{i=1}^{3} x_{ij}\leqslant d_j, & j=1,2,3,4\\ x_{ij}\ \text{为整数}\end{cases}$$

LINGO 程序：

```
! 生产运输模型；
model:
sets:
factor/1..3/:product;
user/1..4/:demand;
link(factor,user):price,x;
endsets
data:
```

```
demand = 200,100,450,250;
product = 300,200,400;
price = 5,2,6,7,
        3,5,4,6,
        4,5,2,3;
enddata
min = @sum(link(i,j):price(i,j) * x(i,j));  ! 总运输费用最低;
@for(factor(i):@sum(user(j):x(i,j)) = product(i));! 工厂生产量全部运走;
@for(user(j):@sum(factor(i):x(i,j)) <= demand(j));! 用户需求受限制;
@for(link(i,j):@gin(x(i,j)));
end
```

通过计算得到的解见表 18.5,总费用为 2 950 元。

表 18.5　求解结果表

工厂 \ 生产量 \ 用户	1	2	3	4	总生产量
工厂 1	50	100	0	150	300
工厂 2	150	0	50	0	200
工厂 3	0	0	400	0	400
满足量	200	100	450	150	900
需求量	200	100	450	250	

方法二:目标规划模型。设 x_{ij} 表示工厂 i 供应给用户 j 的数量。

(1) 要求所有的生产量全部运走,各用户的供应量之和不超过需求量,有以下约束:

$$\begin{cases} \sum_{j=1}^{4} x_{ij} = p_i, & i = 1,2,3,4 \\ \sum_{i=1}^{3} x_{ij} \leqslant d_j, & j = 1,2,3,4 \\ x_{ij} \text{ 为整数} \end{cases}$$

(2) 目标一:用户 4 全部满足,有

$$z_1 = x_{1,4} + x_{2,4} + x_{3,4} = 250$$

(3) 目标二:供应用户 1 的产品中,工厂 3 的产品不少于 100 个单位,则有

$$\min Z_2 = d_1^-$$

$$x_{3,1} + d_1^- - d_1^+ = 100$$

(4) 目标三:每个用户的满足率不低于 80%,有

$$\min Z_3 = d_2^- + d_3^- + d_4^- + d_5^-$$

$$\begin{cases} x_{1,1}+x_{2,1}+x_{3,1}+d_2^- - d_2^+ = 200\times 0.8 \\ x_{1,2}+x_{2,2}+x_{3,2}+d_3^- - d_3^+ = 100\times 0.8 \\ x_{1,3}+x_{2,3}+x_{3,1}+d_4^- - d_4^+ = 450\times 0.8 \\ x_{1,4}+x_{2,4}+x_{3,4}+d_5^- - d_5^+ = 100\times 0.8 \end{cases}$$

(5) 目标四:尽量满足各用户的需求,有

$$\min Z_3 = d_6^- + d_7^- + d_8^- + d_9^-$$

$$\begin{cases} x_{1,1}+x_{2,1}+x_{3,1}+d_6^- - d_6^+ = 200 \\ x_{1,2}+x_{2,2}+x_{3,2}+d_7^- - d_7^+ = 100 \\ x_{1,3}+x_{2,3}+x_{3,1}+d_8^- - d_8^+ = 450 \\ x_{1,4}+x_{2,4}+x_{3,4}+d_9^- - d_9^+ = 200 \end{cases}$$

(6) 目标五:新方案的总费用不超过原运输问题的调度方案的 10%,有

$$\min Z_5 = d_{10}^+$$

$$\sum_{i=1}^{3}\sum_{j=1}^{4} r_{ij}x_{ij} + d_{10}^- - d_{10}^+ = 2\ 950\times 1.1$$

(7) 目标六:因道路限制,工厂 2 到用户 4 的路线应尽量避免运输任务,有

$$\min Z_6 = d_{11}^+$$

$$x_{2,4} + d_{11}^- - d_{11}^+ = 0$$

(8) 目标七:用户 1 和用户 3 满足率尽量保持平衡,有

$$\min Z_7 = d_{12}^- + d_{12}^+$$

$$\frac{x_{1,1}+x_{2,1}+x_{3,1}}{200} - \frac{x_{1,3}+x_{2,3}+x_{3,3}}{450} + d_{12}^- - d_{12}^+ = 0$$

(9) 目标八:总费用最少,有

$$\min Z_8 = \sum_{i=1}^{3}\sum_{j=1}^{4} r_{ij}x_{ij}$$

因此,该目标规划为

$$\min Z = P_2Z_2 + P_3Z_3 + P_4Z_4 + P_5Z_5 + P_6Z_6 + P_7Z_7 + P_8Z_8$$

条件略。

LINGO 程序:

```
! 生产运输模型;
model:
sets:
factor/1..3/:product;
user/1..4/:demand;
link(factor,user):price,x;
endsets
data:
demand=200,100,450,250;
product=300,200,400;
price=5,2,6,7,
      3,5,4,6,
```

```
    4,5,2,3;
    enddata
min=z8;! 优化目标;
@for(factor(i):@sum(user(j):x(i,j))=product(i));! 工厂生产量全部运走;
@for(user(j):@sum(factor(i):x(i,j))<=demand(j));! 运输量不超过用户需求量;

! 目标一,用户 4 全满足;
z1=x(1,4)+x(2,4)+x(3,4);
z1=250;

! 目标二约束,工厂 3 运到用户 1 的产品不少于 100 个单位;
z2=d1_minus;
z2=0;
x(3,1)+d1_minus-d1_plus=100;

! 目标三,各用户满足率不低于 80%;
z3=d2_minus+d3_minus+d4_minus+d5_minus;
z3=0;
x(1, 1)+x(2,1)+x(3,1)+d2_minus-d2_plus=200*0.8;
x(1, 2)+x(2,2)+x(3,2)+d3_minus-d3_plus=100*0.8;
x(1, 3)+x(2,3)+x(3,3)+d4_minus-d4_plus=450*0.8;
x(1, 4)+x(2,4)+x(3,4)+d5_minus-d5_plus=250*0.8;

! 目标四,尽量满足各用户;
z4=d6_minus+d7_minus+d8_minus+d9_minus;
z4=100;
x(1, 1)+x(2,1)+x(3,1)+d6_minus-d6_plus=200;
x(1, 2)+x(2,2)+x(3,2)+d7_minus-d7_plus=100;
x(1, 3)+x(2,3)+x(3,3)+d8_minus-d8_plus=450;
x(1, 4)+x(2,4)+x(3,4)+d9_minus-d9_plus=250;

! 目标五,新方案运费不超过原方案运费 10%;
z5=d10_plus;
z5=115;
@sum(link(i,j):price(i,j)*x(i,j))+d10_minus-d10_plus=2950*1.1;

! 目标六,工厂 2 到用户 4 运量尽量少;
z6=d11_plus;
z6=0;
x(2,4)+d11_minus-d11_plus=0;
```

```
! 目标七,用户 1 和用户 3 的满足率尽量平衡
z7 = d12_minus + d12_plus;
z7 = 0.15;
(x(1,1) + x(2,1) + x(3,1))/200 - (x(1,3) + x(2,3) + x(3,3))/450 + d12_minus -
d12_plus = 0;

! 目标八,总运费用尽量少;
z8 = @sum(link(i,j):price(i,j) * x(i,j));

@for(link(i,j):@gin(x(i,j)));
end
```

经过 8 次求解,得到的解见表 18.6。

表 18.6　求解结果表

工厂 \ 用户 \ 生产量	1	2	3	4	生产量
工厂 1	0	100	0	200	300
工厂 2	90	0	110	0	200
工厂 3	100	0	250	50	400
满足量	190	100	360	250	900
需求量	200	100	450	250	

从结果来看,目标一完成,用户 4 完全满足;

目标二满足,工厂 3 供应给用户 1 的产品为 100;

目标三满足,用户 1 满足率为 95%,用户 2 满足率为 100%,用户 3 满足率为 80%,用户 4 满足率为 100%,4 个用户满足率都不低于 80%。

目标四中,用户未满足的为 100,而生产量恰好比需求量少 100,说明已尽量满足各用户。

目标五中,新方案运输费为 3 360 元,老方案运费为 2 950 元,超过 410 元,超过率为 13.89%,约高于 10%;

目标六满足,工厂 2 没有供应给用户 4;

目标七满足,用户 1 和用户 3 满足率相差 15%,大致平衡。

由目标八计算出总费用为 3 360 元。

本章小结

本章讲解了目标规划模型。通常在多目标,而且目标有主次甚至相互有一定矛盾时考虑使用该模型。在实际问题中,需要根据问题的需要,考虑使用普通的线性或非线性模型进行优化,还是使用目标规划模型。从经验来看,该模型在竞赛中使用较少。

第19章 神经网络模型

19.1 多层前向神经网络原理介绍

多层前向神经网络(MLP)是神经网络中的一种,它由一些最基本的神经元即节点组成,图19.1所示就是这样一个网络。这种网络的结构如下:网络由分为不同层次的节点集合组成,每一层的节点输出到下一层节点,这些输出值由于连接不同而被放大、衰减或抑制。除了输入层外,每一节点的输入为前一层所有节点输出值的和。每一节点的激励输出值由节点输入、激励函数及偏置量决定。

如图19.1所示,输入模式的各分量作为第 i 层各节点的输入,这一节点的输出,或者完全等于它们的输入值,或由该层进行归一化处理,使该层的输出值都在 $+1$ 和 -1 之间。

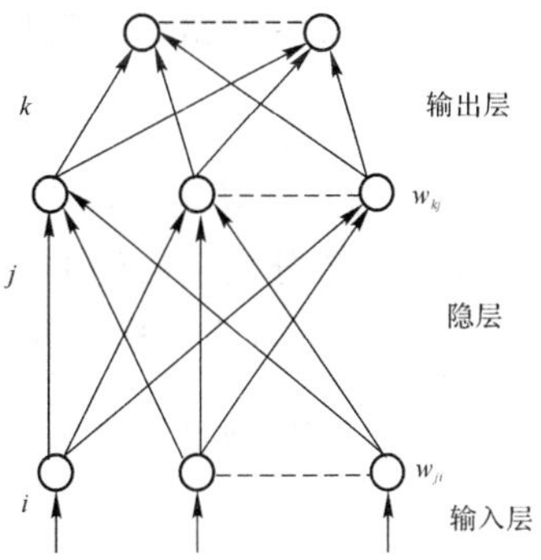

图19.1 多层前向神经网络

在第 j 层,节点的输入值为

$$\text{net}_j = \sum w_{ji} o_i + \theta_j \tag{19.1}$$

式中,θ_j 为阈值,正阈值的作用将激励函数沿 x 轴向左平移,而节点的输出值为

$$o_j = f(\text{net}_j) \tag{19.2}$$

式中,f 为节点的激励函数,通常选择如下Sigmoid函数,即

$$f(x) = \frac{1}{1+\exp(-x)} \tag{19.3}$$

在第 k 层的网络节点输入为

$$\text{net}_k = \sum w_{kj} o_j + \theta_k \tag{19.4}$$

而输出为

$$o_k = f(\text{net}_k) \tag{19.5}$$

在网络学习阶段,网络输入为模式样本 $x_p = \{x_{pi}\}$,网络要修正自己的权值及各节点的阈值,使网络输出不断接近期望值 t_{pk},每做一次调整后,换一对输入与期望输出,再做一次调整,直到满足所有样本的输入与输出间的对应。一般说来,系统输出值 $\{o_{pk}\}$ 与期望输出值 $\{t_{pk}\}$ 是不相等的。对每一个输入的模式样本,平方误差 E_p 为

$$E_p = \frac{1}{2}\sum_k (t_{pk} - o_{pk})^2 \tag{19.6}$$

而对于全部学习样本,系统的总误差为

$$E = \frac{1}{2p}\sum_p \sum_k (t_{pk} - o_{pk})^2 \tag{19.7}$$

在学习过程中,系统将调整连接权和阈值,使 E_p 尽可能快地下降。

19.2 Matlab 相关函数介绍与实例

19.2.1 网络初始化函数

$$\mathrm{net}=\mathrm{newff}([\mathrm{x_m},\mathrm{x_M}],[\mathrm{h_1},\mathrm{h_2},\cdots,\mathrm{h_k}],\{\mathrm{f_1},\mathrm{f_2},\cdots,\mathrm{f_k}\})$$

其中,$\mathrm{x_m}$ 和 $\mathrm{x_M}$ 均为列向量,分别存储各个样本输入数据的最小值和最大值;第 2 个输入变量是一个行向量,输入各层节点数;第 3 个输入变量是字符串,代表该层的传输函数。常用 tansig 和 logsig 函数。其中

$$\mathrm{tansig}(x)=\frac{1-\mathrm{e}^{-2x}}{1+\mathrm{e}^{-2x}},\quad \mathrm{logsig}(x)=\frac{1}{1+\mathrm{e}^{-x}}$$

除了用上面的方法给网络赋值外,还可以用下面格式设定参数,即

Net. trainParam. epochs = 1 000　设定迭代次数

Net. trainFcn ='traingm'　设定带动量的梯度下降算法

19.2.2 网络训练函数

$$[\mathrm{net},\mathrm{tr},\mathrm{Y1},\mathrm{E1}]=\mathrm{train}(\mathrm{net},\mathrm{X},\mathrm{Y})$$

其中:X 为 $n\times M$ 矩阵,n 为输入变量的个数,M 为样本数,;Y 为 $m\times M$ 矩阵,m 为输出变量的个数。X,Y 分别存储样本的输入、输出数据。net 为返回后的神经网络对象,tr 为训练跟踪数据,tr. perf 为各步目标函数值。Y1 为网络的最后输出,E1 为训练误差向量。

19.2.3 网络泛化函数

$$\mathrm{Y2}=\mathrm{sim}(\mathrm{net},\mathrm{X1})$$

其中 X1 为输入数据矩阵,各列为样本数据。Y2 为对应输出值。

例 19.1　蠓的分类(MCM89A)。有两种蠓 Af 和 Apf。根据它们的触角长(mm)和翼长(mm)进行区分。现有 9 只 Af 和 6 只 Apf。样本数据见表 19.1 及表 19.2。

表 19.1　9 只 Af 的触角长和翼长　单位:mm

触角长	1.24	1.36	1.38	1.38	1.38	1.40	1.48	1.54	1.56
翼长	1.72	1.74	1.64	1.82	1.90	1.70	1.82	1.82	2.08

表 19.2　6 只 Apf 的触角长和翼长　单位:mm

触角长	1.14	1.18	1.20	1.26	1.28	1.30			
翼长	1.78	1.96	1.86	2.0	2.0	1.96			

另有 3 只待判的蠓,触角长和翼长数据为:(1.24,1.80),(1.28,1.84),(1.40,2.04)。试对它们进行判断。

这里我们可用 3 层神经网络进行判别。

输入为 15 个二维向量，输出也为 15 个二维向量。其中 Af 对应的目标向量为(1,0)，Apf 对应的目标向量为(0,1)。

Matlab 程序：

```
x = [1.24,1.36,1.38,1.38,1.38,1.40,1.48,1.54,1.56,1.14,1.18,1.20,1.26,1.28,
1.30;
      1.72, 1.74, 1.64, 1.82, 1.90, 1.70, 1.82, 1.82, 2.08, 1.78, 1.96, 1.86, 2.0,
2.0, 1.96];

y=[1,1,1,1,1,1,1,1,1,0,0,0,0,0,0;
   0,0,0,0,0,0,0,0,0,1,1,1,1,1,1];

A = min max(x);% 求最小与最大值
net.trainParam.epochs = 2500;   % 设定迭代步数
net = newff(A,[5,2],{'logsig','logsig'}); % 初始化网络
net = train(net,x,y);   % 进行网络训练
x1 = [1.24,1.28,1.40;
     1.80,1.84,2.04];% 待分样本
y1 = sim(net,x1);   % 数据泛化

plot(x(1,1:9),x(2,1:9),'*',x(1,10:15),x(2,10:15),'o',x1(1,:),x1(2,:),'p')
% 画原始数据图(见图 19.2)
```

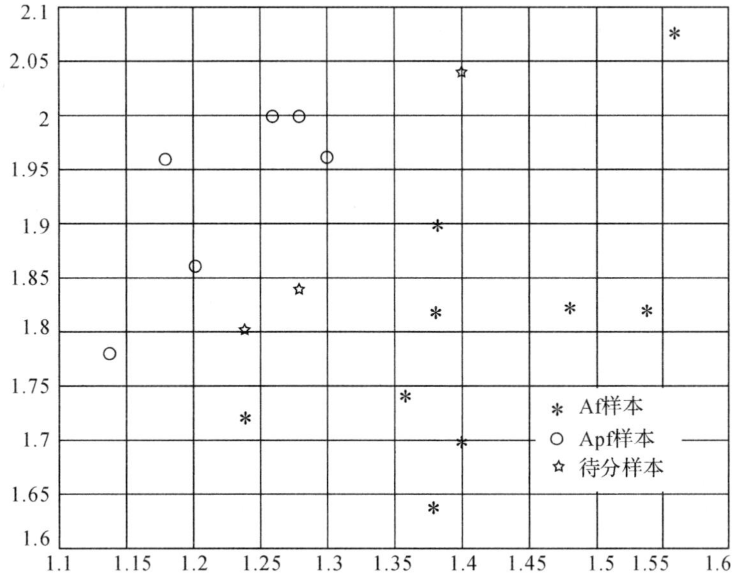

图 19.2　Af,Apf 及待分样本数据图

3个样本输出值为：

$y_1 =$ 0.123 5　0.899 5　0.003 7

　　0.878 5　0.095 1　0.998 6

以上两个分量中，若第 i 个分量越靠近1，就判断其为第 i 类（$i=1,2$）。从该结果看，第二个样本判为 Af；而第一和第三个样本判为 Apf。但由于每次训练初始参数的随机性，另外待判三个样本在两类的临界区，导致不同的训练结果会有差异，这也正常。

本章小结

本章讲解了多层神经网络的原理及 Matlab 中如何利用相关函数进行计算，掌握这些你就可以利用神经网络进行计算了。神经网络模型在数模竞赛中经常使用。在竞赛或实际问题中，通常需要预测或分类，都可以考虑利用神经网络模型作为一种重要的方法进行计算。

第 20 章　随机模拟方法

20.1　基于时间步长的仿真实验

基于时间步长的计算机仿真，就是按照时间流逝的顺序，一步一步地对系统进行仿真，在整个仿真过程中，通常将时间步长固定不变。

在进行系统仿真过程中，可以把整个仿真过程分为许多相等的时间间隔，时间步长的长度可根据实际问题分别取为秒、分、小时等。程序中按此步长前进的时钟就是仿真的时钟。

例 20.1　库存问题仿真实验。在物资供应过程中，由于到货与销售不可能做到同步同量，因此总要保持一定的库存量。如果库存过多，就会造成积压浪费和保管费的增大；如果库存过少，会造成缺货。如何选择库存和缺货策略，是一个值得研究的问题。库存问题有多种类型，通常比较复杂，这里通过计算机仿真求解一种较为简单的情况。

某自行车商店的仓库管理人员采取一种简单订货策略，当库存量降低到 P 辆自行车就向厂家订货，每次订货 Q 辆，如果某一天的需求量超过了库存量，商店就有缺货损失和信誉损失；但如果库存量过多，将会导致资金积压和保管费增加。若现在有 6 种策略见表 20.1，试选择一种总费用最少的策略。

表 20.1　订货策略

方案编号	库存量 P/ 辆	订货量 Q/ 辆
1	125	150
2	125	250
3	150	250
4	175	250
5	175	300
6	200	300

已知条件：

(1) 从发出货到收到货需要隔 3 天。如周一订货则周四才能到货。

(2) 每辆自行车每天保管费为 0.75 元，每辆自行车每天缺货损失为 1.80 元，每次订货费为 75 元。

(3) 每天自行车的市场需求量服从参数为 50 辆的 Poisson 分布。

(4) 原始库存为 120 辆，并假设第一天没有到货也没有发出订货。

分析与解答 该问题采用理论求解比较麻烦,我们采用计算机仿真,计算每天的库存量、销售量,计算一段时间如 $n=200$ 天的总费用及平均费用。然后选取总费用最少的策略。

计算机仿真分析:设第 i 天早上(还没有营业前)商店拥有量为 x_i 辆,白天销售后到晚上(停止营业后)拥有量为 y_i 辆(可为负,负表示该天缺货量),市场需求量为 d_i 辆,每天到货量为 a_i 辆(没有到货则为 0)。第 i 天缺货量为 u_i 辆,库存量为 s_i 辆。保管费用 c_i 元,缺货损失费 r_i 元,订货费 v_i 元。则有以下关系:

(1) 初始值第一天早上商店拥有量 $x_1=120$,到货量 $a_1=0$;

(2) 随机产生每天服从 Poisson 分布的市场需求量 $d_i, i=1,2,\cdots,n$;

(3) 白天销售后到晚上(停止营业后)拥有量为 y_i,满足

$$y_i=x_i-d_i+a_i,\quad i=1,2,\cdots,n$$

(4) 缺货量计算式为

$$u_i=\begin{cases}0, & y_i\geqslant 0\\ -y_i, & y_i<0\end{cases}$$

(5) 库存量计算式为

$$s_i=\begin{cases}0 & y_i\leqslant 0\\ y_i & y_i>0\end{cases}$$

(6) 到货量及订货费计算:初始置所有 $a_i=0, v_i=0,\quad i=1,2,\cdots,n$,当库存量 $s_i\leqslant P$ 时,$a_{i+3}=Q, v_i=75$。

(7) 第 $i+1$ 天早上商店拥有量为 x_{i+1},满足

$$x_{i+1}=s_i,\quad i=1,2,\cdots,n-1$$

(8) 第 i 天保管费计算式为

$$c_i=0.75\times s_i$$

(9) 第 i 天缺货损失费计算式为

$$r_i=180\times u_i$$

(10) 总费用计算为

$$\text{Cost}=\sum_{i=1}^{n}c_i+r_i+v_i$$

(11) 平均每天费用

$$\text{Aver}=\text{Cost}/n$$

Matlab 程序:

```
n=200; % 总天数
x=zeros(1,n+3); % 早上拥有量
y=zeros(1,n+3); % 晚上拥有量
a=zeros(1,n+3); % 到货量
d=zeros(1,n+3); % 市场需求量
u=zeros(1,n+3); % 缺货量
s=zeros(1,n+3); % 库存量
c=zeros(1,n+3); % 保管费
r=zeros(1,n+3); % 缺货损失费
```

```
v = zeros(1,n + 3); % 订货费

P = 120; % 订货点
Q = 150; % 订货量

x(1) = 120; % 初始早上拥有量
a(1) = 0; % 初始到货量
d = poissrnd(50,1,n); % 产生每天的市场需求

for i = 1:n
  y(i) = x(i) - d(i) + a(i); % 第 i 天晚上拥有量

  if(y(i) < 0)
       u(i) = -y(i);
  end      % 当天缺货量

  if(y(i) > 0)
       s(i) = y(i);
  end     % 当天库存量

  if(s(i) < P)
       a(i + 3) = Q; % 后 3 天将有订货到达
       v(i) = 75 ; % 当天订货费
  end

  x(i + 1) = s(i); % 第二天早上拥有量为前一晚库存量

  c(i) = 0.75 * s(i);   % 当天库存费
  r(i) = 1.8 * u(i) ;% 当天缺货损失费

end

Cost = sum(c(1:n)) + sum(r(1:n)) + sum(v(1:n)); % 总费用
Aver = Cost/n; % 平均费用

fprintf('当 P = %2d,Q = %2d,n = %3d 天,总费用 %6.2f,平均费用 %6.2f\n',P,Q,n,
Cost,Aver);
```

仿真实验结果:

当 P＝125,Q＝150,n＝200 天,总费用 35 630.10,平均费用 178.15

当 P＝125，Q＝250，n＝200 天，总费用 48 503.70，平均费用 242.52

当 P＝150，Q＝250，n＝200 天，总费用 51 364.35，平均费用 256.82

当 P＝175，Q＝250，n＝200 天，总费用 54 486.15，平均费用 272.43

当 P＝175，Q＝300，n＝200 天，总费用 64 600.80，平均费用 323.00

当 P＝200，Q＝300，n＝200 天，总费用 69 714.00，平均费用 348.57

从仿真结果来看，采用方案 1 花费最少，即当库存降低到 $P=125$ 辆自行车就向厂家订货，每次订货 $Q=150$ 辆，平均费用为每天 178.15 元。

20.2 基于事件步长的仿真实验

基于事件步长的计算机仿真，就是以事件发生的时间为增量，按照时间的进展，一步一步地对系统进行仿真，直到预定的时间结束。

事件步长法和时间步长法的主要区别：

(1) 事件步长法和时间步长法都是以时间为增量来考察状态的变化，但在时间步长法中，仿真时钟以等步长前进，而在事件步长法中，仿真时间的步长取决于事件之间的间隔。

(2) 时间步长法在一个步长内，认为系统所处的状态相同，因而所选步长的大小将影响仿真的精度；而在事件步长法中，每个事件的发生时间都有确切的时刻，不需要人为地选取步长，步长的大小对仿真精度影响小。

(3) 时间步长法每前进一个步长就要对整个系统进行一次全面考察，即使状态没有发生变化也要进行扫描；而事件步长法只是在某一时间点上对系统进行必要的处理和计算。

事件步长法的基本思路是将系统的仿真过程看做一个事件点序列，根据事件出现的顺序，用一个称之为事件表的表格来调度事件执行的顺序。对那些当前需要处理的事件，列入事件表中，从中读出最近需要处理的事件来进行处理，处理完毕后自动退出事件表。在处理当前事件的过程中，通常又要产生一个后继事件。因此，必须预测出后继事件的出现时间，并将它列入事件表中。这样，事件表好像一本记账簿，每当完成一件事后就把它从记账簿勾销，而把新的要完成的工作再登记到记账簿相应的地方。以此使得系统的仿真过程有条不紊地进行下去。这种方法要求对系统的各种事件进行详细的描述，因此，当事件之间没有太多相互作用和事件数目不太多时，采用事件表法比较有效。

例 20.2 设备可靠性方案仿真实验。

设一个设备上有 3 个相同的元件，每个元件正常工作寿命服从离散的随机变量，其概率分布见表 20.2。

表 20.2 元件工作寿命分布

寿命 /h	1 100	1 200	1 300	1 400	1 500	1 600	1 700	1 800
概率	0.05	0.1	0.1	0.25	0.25	0.1	0.1	0.05

在任何时候任何一个元件损坏都会导致设备停止工作，从有元件损坏设备停止工作，到检修人员到达开始更换新元件为止的这段时间，称为延迟时间。延迟时间也是离散随机变量，其概率分布表见 20.3。

表 20.3　延迟时间分布

延迟时间 /min	5	10	15
概率	0.5	0.4	0.1

设备停工时每 min 损失 6 元，检修工每 10min3 元，元件每个成本 20 元，更换一个元件需要 20 min，同时更换两个元件需要 30 min，同时更换 3 个元件则需要 40 min。

现在有两种方案：方案 1 是损坏一个更换一个；方案 2 是损坏一个则同时更换所有元件。试通过计算机仿真对这两种方案进行评价。

分析与解答　在这一问题中，元件寿命在 1 100 ～ 1 800 h 之间，延迟时间在 5 ～ 15 min 之间，若用时间步长法，步长选取比较困难。步长小则浪费大，步长大则不精确，所以采用事件步长法。在事件发生时再考虑系统状态的变化。这样更为合理且省时。

1. 随机数的产生

首先需要产生元件寿命的随机数，该随机数服从离散分布，可以先产生一个 0 ～ 1 之间的均匀随机数，其落在不同区间则寿命取不同值，具体见表 20.4。程序实现函数见 LifeValue.m，每调用一次该函数，则返回一个服从该分布的元件寿命的随机数。

表 20.4　元件寿命随机数

元件寿命 /h	均匀随机数区间
1 100	[0,0.05)
1 200	[0.05,0.15)
1 300	[0.15,0.25)
1 400	[0.25,0.5)
1 500	[0.5,0.75)
1 600	[0.75,0.85)
1 700	[0.85,0.95)
1 800	[0.95,1]

对延迟时间也采用同样方法处理，具体见表 20.5。程序实现函数见 DelayTime.m，每调用一次该函数，则返回一个服从该分布的延迟时间的随机数。

表 20.5　延迟时间随机数

延迟时间 /min	均匀随机数区间
5	[0,0.5)
10	[0.5,0.9)
15	[0.9,1]

2. 方案的计算机仿真

方案 1：损坏一个元件更换一个，其仿真步骤：

(1) 初始产生 3 个元件寿命 Trouble_Time(3) 及维修延迟时间 Delay_Time(3)。

(2) 计算当前 3 个元件寿命终止的最小时间 min_time。并统计出满足寿命最先终止条件的元件个数 number，同时用状态变量 State 记录每个元件是否在当前需要更换。其中

$$\text{State}(i) = \begin{cases} 1, & \text{第 i 个元件当前需要更换} \\ 0, & \text{第 i 个元件当前不需要更换} \end{cases}$$

并计算出当前需要更换的元件中延迟的最小时间 min_delay。

(3) 计算当前元件损坏造成的停工时间 Dt，其中

$$\text{Dt} = \begin{cases} \text{min\_delay} + 20, & \text{number} = 1 \\ \text{min\_delay} + 30, & \text{number} = 2 \\ \text{min\_delay} + 40, & \text{number} = 3 \end{cases}$$

并计算出停工造成的损失：$\text{Cost1} = 6 \times \text{Dt}$。

(4) 计算当前元件损坏造成维修费及元件更换的成本费为

$$\text{Cost2} = \begin{cases} 6 + 20, & \text{number} = 1 \\ 9 + 2 \times 20, & \text{number} = 2 \\ 12 + 3 \times 20, & \text{number} = 3 \end{cases}$$

计算该次元件损坏造成的总损失 $\text{Cost} = \text{Cost1} + \text{Cost2}$。

(5) 对当前损坏需要更换的元件（$\text{State}(i) = 1$），产生下次发生故障的时刻：

$$\text{Trouble\_Time}(i) = \text{Trouble\_Time}(i) + \text{Dt} + \text{LifeValue}(i)$$

其中 LifeValue(i) 为第 i 个元件更换后的寿命，由计算机随机产生，并随机产生延迟时间 Delay_Time(i)。

(6) 计算 3 个元件下次首先发生故障的时刻，记为 Current_Time。当 Current_Time > Total_Time 时（终止时间，文中设为 50 000 h），则结束程序，输出总费用 Cost；否则循环执行(2)。

该方案的实现程序见 Matlab 实现程序(3)kao1. m。

方案 2：损坏一个元件则全部更换，其仿真步骤：

(1) 初始产生 3 个元件寿命 Trouble_Time(3) 及维修延迟时间 Delay_Time(3)。

(2) 计算当前 3 个元件寿命终止的最小时间 min_time。并统计出满足寿命最先终止条件的元件个数 number，同时用状态变量 State 记录每个元件是否当前需要更换。其中

$$\text{State}(i) = \begin{cases} 1, & \text{第 i 个元件当前需要更换} \\ 0, & \text{第 i 个元件当前不需要更换} \end{cases}$$

并计算出当前需要更换的元件中延迟的最小时间 min_delay。

(3) 计算当前元件损坏造成的停工时间 Dt，其中

$$\text{Dt} = \text{min\_delay} + 40$$

并计算出停工造成的损失 $\text{Cost1} = 6 \times \text{Dt}$。

(4) 计算当前元件损坏造成维修费及元件更换的成本费为

$$\text{Cost2} = 12 + 3 \times 20$$

计算该次元件损坏造成的总损失 $\text{Cost} = \text{Cost1} + \text{Cost2}$。

(5) 对当前损坏需要更换的元件(State(i)＝1)，产生下次发生故障的时刻：

Trouble_Time(i)＝Trouble_Time(i)＋Dt＋LifeValue(i)

其中 LifeValue(i) 为第 i 个元件更换后的寿命，由计算机随机产生，并随机产生延迟时间 Delay_Time(i)。

(6) 计算 3 个元件下次首先发生故障的时刻，记为 Current_Time。当 Current_Time＞Total_Time 时(终止时间，文中设为 50 000 h)，则结束程序，输出总费用 Cost；否则循环执行(2)。

该方案的实现程序见 Matlab 实现程序(4)kao2. m。

Matlab 实现程序：

(1) 产生元件寿命的随机值函数 LifeValue. m：

```
function Dl = LifeValue
% 产生一个服从寿命分布的随机值

  Life = 1100:100:1800; % 寿命取值
  % 寿命概率分布
  Prob = [0.05,0.1,0.1,0.25,0.25,0.1,0.1,0.05];
%   Prob = [0.05,0.13,0.25,0.13,0.09,0.12,0.02,0.06,0.05,0.05];
  n = length(Prob);
  Qu = zeros(1,n + 1);
  Qu(1) = 0;
  for i = 1:n
     Qu(i + 1) = Qu(i) + Prob(i); % 产生概率区间
  end
   Qu(n + 1) = 1.01; % 将最后一个数值超过 1,便于后面的随机数 r 取到 1

  % 产生一个寿命随机值
  r = rand(1); % 产生一个[0,1] 随机变量
  for i = 1:n
   if(r >= Qu(i) && r < Qu(i + 1)) Dl = Life(i); % 获得使用寿命
   end
  end
return
```

(2) 产生维修延迟时间的函数 DelayTime. m：

```
  function Dt = DelayTime
% 产生一个服从延迟时间的值

   Dtime = [5,10,15]; % 延迟时间
   Dp = [0.5,0.4,0.1]; % 延迟时间概率分布
   m = length(Dp);
```

```
    Du = zeros(1,m + 1);
    Du(1) = 0;
    for i = 1:m
      Du(i + 1) = Du(i) + Dp(i); % 产生概率区间
   end
    Du(m + 1) = 1.01; % 将最后一个数值超过 1,便于后面的随机数 r 取到 1
   % 产生一个延迟时间随机值
   r = rand(1); % 产生一个[0,1] 随机变量
   for i = 1:m
    if(r >= Du(i)&&r < Du(i + 1)) Dt = Dtime(i); % 获得延迟时间
    end
   end
return
```

(3) 采用方案 1 的 kao1.m 程序:

```
% 方案:元件坏一个换一个
Trouble_Time = zeros(3,1); % 存储当前时间的故障时间
Delay_Time = zeros(3,1); % 存储每个 A,B,C3 个元件故障维修到达的延迟时间

for i = 1:3
Trouble_Time(i) = LifeValue;     % 初始时刻 A,B,C 元件的故障时间点
Delay_Time(i) = DelayTime;       % 初始时刻各故障延迟时间点
end

State = zeros(1,3); % 记录当前各故障是否需要维修的状态(1 —— 维修,0 —— 不维修)
Current_Time = 0;   % 处理完最后一个元件的时间

Cost = 0; % 计算总花费

 Total_Time = 50000;  % 设定总共时间
while(Current_Time < Total_Time)

% 寻找当前需要处理的故障,并给出是 1 个、2 个还是 3 个及哪几个
      min_time = Trouble_Time(1);
      for i = 1:3
         if(Trouble_Time(i) <= min_time) min_time = Trouble_Time(i);
  % 寻找最小时间
         end
      end
```

```
for i=1:3
  if(Trouble_Time(i)==min_time) State(i)=1;
  else  State(i)=0; % 描述3个故障当前是否需要处理
  end
  number=sum(State); % 当前要处理的故障数
end

min_delay=100;
for i=1:3
  if(State(i)==1&&Delay_Time(i)<min_delay) min_delay=Delay_Time(i);
  end   % 获得最小延迟时间
end

 % 计算换元件延误时间
if(number==1) %  只换1个元件
  Dt=20+min_delay; % 停工时间
end
 if(number==2) % 换2个元件
  Dt=30+min_delay; % 停工时间
 end
  if(number==3) % 换3个元件
  Dt=40+min_delay; % 停工时间
  end



    Cost=Cost+Dt*6; % 加上该次停工造成的损失

   if(number==1) %  只换1个元件
    Cost=Cost+6+20; % 加该次维修工时费和零件成本费
   end
    if(number==2)
      Cost=Cost+9+2*20; % 加该次维修工时费和零件成本费
    end

    if(number==3)
        Cost=Cost+12+3*20;% 加该次维修工时费和零件成本费
    end

    Print=0;
```

```
        if Print==1
         Trouble_Time
         Delay_Time
         State
        number
        Dt
        Cost
        end

    for i=1:3
     if(State(i)==1)
        Trouble_Time(i)=Trouble_Time(i)+Dt+LifeValue;
% 计算下次发生故障时间
        Delay_Time(i)=DelayTime;
     end
    end

     Current_Time=Trouble_Time(1);
     for i=1:3
          if(Trouble_Time(i)<Current_Time) Current_Time=Trouble_Time(i);
          end    % 获得下次需要维修的最小时间点
     end
end
fprintf('方案1::坏一个换一个:时间长度为%4d小时,总费用%5d元\n',Total_Time,Cost);
```

(4) 采用方案 2 的程序 kao2. m:

```
  % 方案:元件坏一个则全换

Trouble_Time=zeros(3,1); % 存储当前时间的故障时间
Delay_Time=zeros(3,1); % 存储每个A,B,C 3个元件故障维修到达的延迟时间

for i=1:3
Trouble_Time(i)=LifeValue;     % 初始时刻A,B,C元件的故障时间点
Delay_Time(i)=DelayTime;       % 初始时刻各故障延迟时间点
end

State=zeros(1,3); % 记录当前各故障是否需要维修的状态(1——维修,0——不维修)
Current_Time=0;   % 处理完最后一个元件的时间

Cost=0; % 计算总花费
```

```
 Total_Time = 50000;   % 设定总共时间
while(Current_Time < Total_Time)

  % 寻找当前需要处理的故障最小时刻
    min_time = Trouble_Time(1);
    for i = 1:3
       if(Trouble_Time(i) <= min_time) min_time = Trouble_Time(i);
% 寻找最小时间
       end
    end

   for i = 1:3
    if(Trouble_Time(i) == min_time)
          State(i) = 1; % 获得最先损坏的元件
    else   State(i) = 0;
    end
   end

   min_delay = 100;
   for i = 1:3
    if(State(i) == 1&&Delay_Time(i) < min_delay) min_delay = Delay_Time(i);
    end    % 获得最小延迟时间
   end

    Dt = 40 + min_delay; % 计算停工时间,3 个全换

     Cost = Cost + Dt * 6; % 加上该次停工造成的损失

     Cost = Cost + 12 + 3 * 20;% 加该次维修工时费和零件成本费

       Print = 0;
       if Print == 1
        Trouble_Time
        Delay_Time
        State
       number
       Dt
       Cost
```

```
        end

    for i = 1:3
        Trouble_Time(i) = min_time + Dt + LifeValue; % 计算下次发生故障时间
        Delay_Time(i) = DelayTime;
    end

     Current_Time = Trouble_Time(1);
     for i = 1:3
         if(Trouble_Time(i) < Current_Time) Current_Time = Trouble_Time(i);
         end    % 获得下次需要维修的最小时间点
     end
end

fprintf('方案 2: 坏一个全换: 时间长度为 %4d 小时, 总费用 %5d 元 \n',
Total_Time,Cost);
```

仿真结果：

方案 1：坏一个换一个：时间长度为 50 000 h，总费用 19 431 元；

方案 2：坏一个全换：时间长度为 50 000 h，总费用 12 912 元。

从仿真结果来看，方案 2 所花费用更少，说明方案 2 效果更好。

例 20.3 排队论仿真实验。考虑一个收款台的排队系统。某商店只有一个收款台，顾客到达收款台的时间间隔服从平均时间为 10 s 的负指数分布。负指数分布为

$$f(x)=\begin{cases}\dfrac{1}{\lambda}e^{-\frac{x}{\lambda}}, & x>0\\ 0, & x\leqslant 0\end{cases}$$

每个顾客的服务时间服从均值为 6.5 s、标准差为 1.2 s 的正态分布。利用计算机仿真计算顾客在收款台的平均逗留时间，系统的服务强度(服务占所有时间之比)。

分析与解答 该问题可以从开始时刻计，当有人到达产生一个事件，当有人离开产生一个事件。当有人到达时，记录其开始接受服务时刻和离开服务台的时刻，从而可以计算出每个人在系统逗留的时间；记录每个人在系统接受服务的时间，从而统计出每个人在收款台的平均逗留时间和系统的服务强度。

这里可以依次考虑每一个人，考察其到达时刻、开始接受服务时刻和离开时刻，使仿真变得更方便。

设第 i 个人到达时间为 a_i，开始接受服务的时间为 b_i，离开时间为 c_i。设总共考虑 n 个人。

程序首先产生服从均值为 10 s 的负指数分布序列 $\{dt(n)\}$，每个人接受服务时间服从正态分布 $N(6.5,1.2^2)$ 的序列 $\{st(n)\}$。为便于后面计算，则每个人的到达时刻可以采用下式计算：

$$a_1=0,\quad a_i=a_{i-1}+dt_{i-1},\quad i=2,3,\cdots,n$$

第一个人开始接受服务时刻 $b_1=0$；

第一个人服务时间 $c_1=st_1$；

第 i 个人开始接受服务的时刻为

$$b_i=\begin{cases}a_i, & a_i>c_{i-1}\\ c_{i-1}, & a_i\leqslant c_{i-1}\end{cases},\quad i=2,3,\cdots,n$$

上式的意义是当后一个人到达时刻比前一个人离开时刻晚，则其开始接受服务时间就是其到达时间；当后一个人到达时刻比前一个人离开时刻早，则其开始接受服务时间就是前一个人的离开时刻。

第 i 个人离开时刻为

$$c_i=b_i+st_i,\quad i=2,3,\cdots,n$$

根据上面的递推关系式就可以计算出每个人到达时刻、开始接受服务时刻和离开时刻。

每个人在系统逗留时间为 $wt_i=c_i-a_i, i=1,2,\cdots,n$，到第 n 个人离开的时刻为 $T=c_n$，则系统工作的强度及工作时间在总时间比值为

$$p=\sum_{i=1}^{n}st_i/T$$

Matlab 仿真实现程序：

```
n=10000; % 模拟顾客数
dt=exprnd(10,1,n); % 到达时间间隔
st=normrnd(6.5,1.2,1,n); % 服务台服务时间
%st=exprnd(2.5,1,n); % 服务台服务时间
a=zeros(1,n); % 每个人到达时间
b=zeros(1,n); % 每个人开始接受服务时间
c=zeros(1,n);% 每个人离开时间

a(1)=0;
for i=2:n
  a(i)=a(i-1)+dt(i-1);% 第 i 个人到达时间
end

b(1)=0;% 第 1 个人开始服务时间为到达时间
c(1)=b(1)+st(1); % 第 1 个人离开时间为服务时间

for i=2:n

 if(a(i)<=c(i-1)) b(i)=c(i-1);%
如果第 i 个人到达时间比前一个人离开时间早，则其开始服务时间为前一人离开时间
   else b(i)=a(i); %
如果第 i 个人到达时间比前一个人离开时间晚，则其开始服务时间为到达时间
 end
```

```
  c(i)=b(i)+st(i);  % 第i个人离开时间为其开始服务时间+接受服务时间

end

cost=zeros(1,n); % 记录每个人在系统逗留时间
for i=1:n
   cost(i)=c(i)-a(i); % 第i个人在系统逗留时间
end

T=c(n);% 总时间
p=sum(st)/T;  % 服务率
avert=sum(cost)/n; % 每个人系统平均逗留时间
fprintf('顾客平均逗留时间 %6.2f 秒\n',avert);
fprintf('系统工作强度 %6.3f\n',p);
```

某次仿真结果为：
顾客平均逗留时间 13.32 s；
系统工作强度 0.659。

本章小结

本章讲解了基于时间步长和事件步长两种类型的仿真实验。在实际问题处理和竞赛中，有时候碰到的问题难以建立模型进行理论求解，这时候就需要考虑计算机模拟或仿真实验。本章提供的两种方法，可为你提供借鉴。至于倒底使用时间步长还是使用事件步长，应根据实际问题灵活运用。

附录1　会议筹备

（2009 年全国数学建模竞赛 D 题）

D 题　会议筹备

某市的一家会议服务公司负责承办某专业领域的一届全国性会议，会议筹备组要为与会代表预订宾馆客房，租借会议室，并租用客车接送代表。由于预计会议规模庞大，而适于接待这次会议的几家宾馆的客房和会议室数量均有限，所以只能让与会代表分散到若干家宾馆住宿。为了便于管理，除了尽量满足代表在价位等方面的需求之外，所选择的宾馆数量应该尽可能少，并且距离上比较靠近。

筹备组经过实地考察，筛选出 10 家宾馆作为备选，它们的名称用代号 ① 至 ⑩ 表示，相对位置见附图 1.1，有关客房及会议室的规格、间数、价格等数据见附录表 1.1。

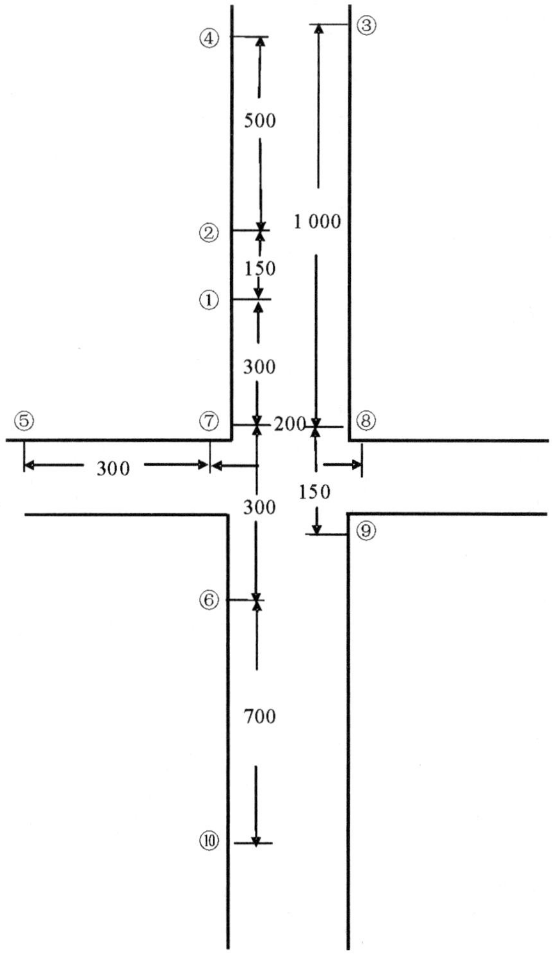

附图 1.1　10 家宾馆位置

（附图中 500 等数字是两宾馆间距，单位为 m）

附录表 1.1　10 家备选宾馆的有关数据

宾馆代号	客房			会议室		
	规格	间数	价格(天)	规模	间数	价格(半天)
①	普通双标间	50	180 元	200 人	1	1 500 元
	商务双标间	30	220 元	150 人	2	1 200 元
	普通单人间	30	180 元	60 人	2	600 元
	商务单人间	20	220 元			
②	普通双标间	50	140 元	130 人	2	1 000 元
	商务双标间	35	160 元	180 人	1	1 500 元
	豪华双标间 A	30	180 元	45 人	3	300 元
	豪华双标间 B	35	200 元	30 人	3	300 元
③	普通双标间	50	150 元	200 人	1	1 200 元
	商务双标间	24	180 元	100 人	2	800 元
	普通单人间	27	150 元	150 人	1	1 000 元
				60 人	3	320 元
④	普通双标间	50	140 元	150 人	2	900 元
	商务双标间	45	200 元	50 人	3	300 元
⑤	普通双标间 A	35	140 元	150 人	2	1 000 元
	普通双标间 B	35	160 元	180 人	1	1 500 元
	豪华双标间	40	200 元	50 人	3	500 元
⑥	普通单人间	40	160 元	160 人	1	1 000 元
	普通双标间	40	170 元	180 人	1	1 200 元
	商务单人间	30	180 元			
	精品双人间	30	220 元			
⑦	普通双标间	50	150 元	140 人	2	800 元
	商务单人间	40	160 元	60 人	3	300 元
	商务套房(1 床)	30	300 元	200 人	1	1 000 元
⑧	普通双标间 A	40	180 元	160 人	1	1 000 元
	普通双标间 B	40	160 元	130 人	2	800 元
	高级单人间	45	180 元			
⑨	普通双人间	30	260 元	160 人	1	1 300 元
	普通单人间	30	260 元	120 人	2	800 元
	豪华双人间	30	280 元	200 人	1	1 200 元
	豪华单人间	30	280 元			
⑩	经济标准房(2 床)	55	260 元	180 人	1	1 500 元
	标准房(2 床)	45	280 元	140 人	2	1 000 元

根据这届会议代表回执整理出来的有关住房的信息见附录表 1.2。从以往几届会议情况看，有一些发来回执的代表不来开会，同时也有一些与会的代表事先不提交回执，相关数据见附录表 1.3。附录表 1.2，1.3 都可以作为预订宾馆客房的参考。

附录表 1.2　本届会议的代表回执中有关住房要求的信息　　单位：人

	合住 1	合住 2	合住 3	独住 1	独住 2	独住 3
男	154	104	32	107	68	41
女	78	48	17	59	28	19

说明：表头第一行中的数字 1，2，3 分别指每天每间 120 ～ 160 元、161 ～ 200 元、201 ～ 300 元 3 种不同价格的房间。合住是指要求两人合住一间。独住是指可安排单人间，或一人单独住一个双人间。

附录表 1.3　以往几届会议代表回执和与会情况

	第一届	第二届	第三届	第四届
发来回执的代表数量	315	356	408	711
发来回执但未与会的代表数量	89	115	121	213
未发回执而与会的代表数量	57	69	75	104

需要说明的是，虽然客房房费由与会代表自付，但是如果预订客房的数量大于实际用房数量，筹备组需要支付一天的空房费，而若出现预订客房数量不足，则将造成非常被动的局面，引起代表的不满。

会议期间有一天的上下午各安排 6 个分组会议，筹备组需要在代表下榻的某几个宾馆租借会议室。由于事先无法知道哪些代表准备参加哪个分组会，筹备组还要向汽车租赁公司租用客车接送代表。现有 45 座、36 座和 33 座 3 种类型的客车，租金分别是半天 800 元、700 元和 600 元。

请你们通过数学建模方法，从经济、方便、代表满意等方面，为会议筹备组制订一个预订宾馆客房、租借会议室、租用客车的合理方案。

一、参会人数及各类房间数的预测

1）求相对回执的到达率

设第 i 届会议发来回执的代表数量为 a_i，发来回执但未与会的代表数量为 b_i，未发回执而与会的代表数量为 c_i。则每届实际到达的代表数为 $v_i = a_i - b_i + c_i$

第 i 届会议实际到会人数占发来回执的代表的比例为

$$e_i = \frac{v_i}{a_i} = \frac{a_i - b_i + c_i}{a_i} \tag{1}$$

计算可得

$$e_1 = 0.898\ 4 \qquad e_2 = 0.870\ 8 \qquad e_3 = 0.887\ 3 \qquad e_4 = 0.846\ 7$$

2）参会人数及各类房间数预测

对到达代表数的估计为

$$N = A \cdot \max e_i \tag{2}$$

A 为该年发来回执的代表数量。估计值 N 为最大可到达代表数。

对 2009 年 6 种类型发来回执的男性和女性的估计采用式(2) 估计得到结果,见附录表 1.4。

附录表 1.4 最大人数预测结果 单位:人

	合住 1	合住 2	合住 3	独住 1	独住 2	独住 3
男	138	93	29	96	61	37
女	70	43	15	53	25	17

由于实际到达代表是随机的,因此将上面估计的最大数作为可到达的上限,实际到达人数近似看作二项分布 $N(N,k,p)$。p 为实际到达率。

每届的到达率采用下式估计,有

$$p_i = \frac{v_i}{N_i}$$

其中每届到达人数的估计 $N_i = a_i \cdot \max e_i (i=1,2,3,4)$,$v_i$ 为实际到达人数。

各届情况计算,见附录表 1.5。

附录表 1.5 计算得到各届情况 单位:人

	第一届	第二届	第三届	第四届
发来回执的代表数量 a_i	315	356	408	711
发来回执但未与会的代表数量 b_i	89	115	121	213
未发回执而与会的代表数量 c_i	57	69	75	104
实际到会人数 v_i	283	310	362	602
估计的到会人数 N_i	283	320	367	639
实际到达率 p_i	1	0.968 8	0.986 4	0.942 1

实际到达率采用下式估计,有

$$p = \sum_{i=1}^{4} p_i / 4$$

可计算得到 $p = 0.974\ 3$

对 2009 届各种住宿要求的代表采用二项分布,以上侧置信度为 90% 进行估计。求最小的 r,满足:

$$\min_{r} \sum_{k=1}^{r} C_N^k p^k (1-p)^{N-k} \leqslant 0.9$$

得到结果见附录表 1.6 和附录表 1.7。

附录表 1.6 上侧置信度为 90% 的参会人数预测表 单位:人

	合住 1	合住 2	合住 3	独住 1	独住 2	独住 3	总人数
男	137	92	29	95	61	37	451
女	70	43	15	53	25	17	223
总数	207	135	44	148	86	50	674

附录表 1.7　上侧置信度为 90% 的房间数的预测表　　单位:间

	合住 1	合住 2	合住 3	独住 1	独住 2	独住 3
男	69	46	15	95	61	37
女	35	22	8	53	25	17

二、各宾馆及各类房间数的确定

目标原则：

(1) 宾馆数尽量少。

(2) 宾馆尽量接近。

设宾馆序号为 $i=1,2,\cdots,10$;房间规格最多为 4 种类型,用 $j=1,2,3,4$ 表示;住房类型为 6 种,用 $k=1,2,3,4,5,6$ 表示,分别表示合住 1,合住 2,合住 3,独住 1,独住 2,独住 3。

设决策变量为 x_{ijk},表示第 i 家宾馆安排第 j 类规格的房间给男性的第 k 类房间数量;

决策变量为 y_{ijk},表示第 i 家宾馆安排第 j 类规格的房间给女性的第 k 类房间数量。

设决策变量 $s_i=0$ 或 1。$s_i=0$ 表示不选第 i 家宾馆;$s_i=1$ 表示选第 i 家宾馆。

预先求出第 i 家宾馆和第 j 家宾馆的距离为 d_{ij}。$i,j=1,2,\cdots,10$

目标 1:选择的总宾馆数最小:

$$\min Z_1=\sum_{i=1}^{10} s_i$$

目标 2:总选择的各家宾馆间的总距离最小:

$$\min Z_2=\sum_{i=1}^{10}\sum_{j=1}^{10} d_{ij}\cdot s_i\cdot s_j/2$$

除以 2 表示两家宾馆之间的距离只算一次。

设 c_{ij} 表示第 i 家宾馆可提供第 j 类规格房间数量,没有的为 0。该信息从表 1 中提取。

采用 $r_{ijk}=0$ 或 1;$r_{ijk}=1$ 表示第 i 家宾馆存在第 j 类规格第 k 类房间。$r_{ijk}=0$ 表示第 i 家宾馆不存在第 j 类规格第 k 类房间。如 $r_{1,1,1}=0$,$r_{1,1,2}=1$,$r_{1,1,3}=0$,$r_{1,1,4}=0$,$r_{1,1,5}=1$,$r_{1,1,6}=0$,表示第 1 家宾馆只存在第 1 类规格第 2 类房间(合住 2)和第 5 类房间(独住 2),不能提供其它要求的房间。该信息需要预先从表 1 中提取。

则有

$$\sum_{k=1}^{6}(x_{ijk}+y_{ijk})\leqslant c_{ij}\qquad i=1,2,\cdots,10;j=1,2,3,4$$

$$x_{ijk}\leqslant 1\,000 r_{ijk}\qquad i=1,2,\cdots,10;j=1,2,3,4,k=1,2,\cdots,6$$

$$y_{ijk}\leqslant 1\,000 r_{ijk}\qquad i=1,2,\cdots,10;j=1,2,3,4,k=1,2,\cdots,6$$

其中 $r_{ijk}=0$ 表示无该类房间。$r_{ijk}=1$ 通过乘一个大数 1 000 则表示无限制。

其中 $C=\begin{bmatrix}50&30&30&20\\50&35&30&35\\50&24&27&0\\50&45&0&0\\35&35&40&0\\40&40&30&30\\50&40&30&0\\40&40&45&0\\30&30&30&30\\55&45&0&0\end{bmatrix}$

距离矩阵 D=

[0	150	900	650	600	600	300	500	650	1 300
150	0	750	500	750	750	450	650	800	1 450
900	750	0	250	1 500	1 500	1 200	1 000	1 150	2 200
650	500	250	0	1 250	1 250	950	1 150	1 350	1 950
600	750	1 500	1 250	0	300	500	500	650	1 300
600	750	1 500	1 250	300	0	300	500	350	700
300	450	1 200	950	500	300	0	200	350	1 000
500	650	1 000	1 150	500	500	200	0	150	1 200
650	800	1 150	1 350	650	350	350	150	0	1 050
1 300	1 450	2 200	1 950	1 300	700	1 000	1 200	1 050	0]

约束矩阵参考附录 1 中程序 d2009. m

$$\boldsymbol{R}=\begin{bmatrix}0&1&0&0&1&0\\0&0&1&0&0&1\\\cdots&\cdots&\cdots&\cdots&\cdots&\cdots\\0&0&0&0&0&0\end{bmatrix}$$

每行代表(i,j) 对应的 k 的 6 个值,共 10 * 4 =40 行。与 Lingo 数据文件格式要求一致。

为了表示某家宾馆是否被选择,设 $z_i=\sum_{j=1}^{4}\sum_{k=1}^{6}(x_{ijk}+y_{ijk})$,表示第 i 家宾馆提供的房间数量。

则 $z_i\leqslant 1\,000s_i\quad i=1,2,\cdots,10$。

这样当 $z_i>0$ 时,必有 $s_i=1$,表示第 i 家宾馆被被选择。1 000 表示取一个大整数。

设 6 种类型住宿要求的男性房间数为 $f_i(i=1,2,\cdots,6)$,女性房间数为 $g_i(i=1,2,\cdots,6)$

其中 $\boldsymbol{f}=[69\quad 46\quad 15\quad 95\quad 61\quad 37]$;$\boldsymbol{g}=[35\quad 22\quad 8\quad 53\quad 25\quad 17]$。

则男性对房间数要求满足

$$\sum_{i=1}^{10}\sum_{j=1}^{4}x_{ijk}=f_k\quad k=1,2,\cdots,6$$

则女性对房间数要求满足

$$\sum_{i=1}^{10}\sum_{j=1}^{4}y_{ijk}=g_k\quad k=1,2,\cdots,6$$

这样建立的整数规划模型为

$$\min Z_1 = \sum_{i=1}^{10} s_i$$

$$\min Z_2 = \sum_{i=1}^{10}\sum_{j=1}^{10} d_{ij} \cdot s_i \cdot s_j / 2$$

$$s.t.\begin{cases} \sum_{k=1}^{6}(x_{ijk}+y_{ijk}) \leqslant c_{ij} & i=1,2,\cdots,10; j=1,2,3,4 \\ x_{ijk} \leqslant 1000 r_{ijk} & i=1,2,\cdots,10; j=1,2,3,4, k=1,2,\cdots,6 \\ y_{ijk} \leqslant 1000 r_{ijk} & i=1,2,\cdots,10; j=1,2,3,4, k=1,2,\cdots,6 \\ z_i = \sum_{j=1}^{4}\sum_{k=1}^{6}(x_{ijk}+y_{ijk}) & i=1,2,\cdots,10 \\ z_i \leqslant 1000 s_i & i=1,2,\cdots,10 \\ \sum_{i=1}^{10}\sum_{j=1}^{4} x_{ijk} = f_k & k=1,2,\cdots,6 \\ \sum_{i=1}^{10}\sum_{j=1}^{4} y_{ijk} = g_k & k=1,2,\cdots,6 \\ s_i = 0 \text{ 或 } 1 \\ x_{ijk}, y_{ijk} \text{ 取整} \end{cases}$$

其中整数矩阵 $\boldsymbol{c}_{ij}$ 由附录表 1.1 提取；0－1 矩阵 $\boldsymbol{r}_{ijk}$ 由附录表 1.1 和附录表 1.2 提取；距离矩阵 $\boldsymbol{d}_{ij}$ 由附录图得到。这些信息都需要预先提取。

Lingo 程序 d2009_1.lg4：

```
MODEL:
SETS:
bing/1..10/:s,z;
type/1..4/;
kind/1..6/:f,g;
linkb(bing,bing):d;
linkt(bing,type):c;
links(type,kind);
linkk(bing,type,kind):x,y,r;
ENDSETS
DATA:

d=@file('d:\lingo12\dat\dis.txt');  ! 距离矩阵;
c=@file('d:\lingo12\dat\c.txt');! 宾馆数量约束;
r=@file('d:\lingo12\dat\r.txt');  ! 约束矩阵;
f=69,46,15,95,61,37;
g=35,22,8,53,25,17;
```

```
! 只输出为 x(i,j)=1 的值;
@text()=@writefor(linkk(i,j,k) | x(i,j,k) #GT# 0:'x(','i',',',j,',',k,')=',x(i,j,k),'');
@text()=@writefor(linkk(i,j,k) | y(i,j,k) #GT# 0:'y(','i',',',j,',',k,')=',y(i,j,k),'');

ENDDATA

min=z1;

z1=@sum(bing(i):s(i));! 宾馆数最少;
z2=@sum(linkb(i,j):d(i,j)*s(i)*s(j))/2;! 总距离;
! z1=5;

@for(kind(k):@sum(linkt(i,j):x(i,j,k))=f(k));! 满足女性对房间数要求;
@for(kind(k):@sum(linkt(i,j):y(i,j,k))=g(k));! 满足男性对房间数要求;

@for(linkt(i,j):@sum(kind(k):x(i,j,k)+y(i,j,k))<=c(i,j));! 宾馆不同规格房间
的数量限制;

@for(linkk(i,j,k):x(i,j,k)<=1000*r(i,j,k));! 男性某类房间有无得限制;
@for(linkk(i,j,k):y(i,j,k)<=1000*r(i,j,k));! 女性某类房间有无得限制;

@for(bing(i):z(i)=@sum(links(j,k):x(i,j,k)+y(i,j,k)));! 第i家宾馆提供的房间
数量;
@for(bing(i):z(i)<=1000*s(i));! 选中宾馆则取 1;
@FOR(linkk:@GIN(x));
@FOR(linkk:@GIN(y));
@for(bing:@bin(s));
end
```

程序所需数据文件 c.txt,r.txt,dis.txt 由附录 1 中程序 d2009.m 生成。

利用 LINGO 求解时,先使目标函数 Z_1 达到最小,其值为 5,表示所选宾馆为 5 家。

然后将 $Z_1=5$ 变为约束,求解第二目标 Z_2 最小。得到总距离最小为 6 095 *m*。具体方案见附录表 1.8。

所选宾馆为 1,2,4,5,7。

从结果来看,各宾馆最多可住人数为:150,137,114,133,144,总共为 678 人,比实际估计的 674 多 4 人。可考虑 1,2,4,5 宾馆某双人间住 1 人,从而得到 5 个宾馆所住人数为:

m=149,136,113,132,144

其 Lingo 结果为

x(1,1,2)= 11,x(1,2,3)= 15,x(1,2,6)= 7,x(1,3,5)= 30,x(1,4,6)= 17,x(2,1,1)= 20,x(2,1,4)= 12,x(2,2,1)= 13,x(2,2,4)= 19,x(2,4,5)= 13,x(4,1,1)= 15,x(4,1,4)= 20,x(4,

2,2) = 23, x(5,1,1) = 8, x(5,1,4) = 18, x(5,2,1) = 6, x(5,2,4) = 18, x(5,3,2) = 12, x(7,1,1) = 7, x(7,1,4) = 8, x(7,2,5) = 18, x(7,3,6) = 13

y(1,1,2) = 14, y(1,2,3) = 8, y(2,1,1) = 5, y(2,1,4) = 11, y(2,2,1) = 1, y(2,2,4) = 2, y(2,3,5) = 2, y(4,1,1) = 2, y(4,1,4) = 12, y(4,2,5) = 2, y(5,1,1) = 1, y(5,1,4) = 8, y(5,2,1) = 8, y(5,2,4) = 3, y(5,3,2) = 8, y(7,1,1) = 18, y(7,1,4) = 17, y(7,2,5) = 21, y(7,3,6) = 17

目标值 $Z_2 = 6\ 095$

附录表 1.8　5 家宾馆的房间安排(括号内为房间数)

宾馆代号	客房				
	规　格	男	女	间　数	价格(天)
①	普通双标间	合住 2(11)	合住 2(14)	50	180 元
	商务双标间	合住 3(15) 独住 3(7)	合住 3(8)	30	220 元
	普通单人间	独住 2(30)		30	180 元
	商务单人间	独住 3(17)		20	220 元
②	普通双标间	合住 1(20) 独住 1(12)	合住 1(5) 独住 1(11)	50	140 元
	商务双标间	合住 1(13) 独住 1(19)	合住 1(1) 独住 1(2)	35	160 元
	豪华双标间 A		独住 2(2)	30	180 元
	豪华双标间 B	独住 2(13)		35	200 元
④	普通双标间	合住 1(15) 独住 1(20)	合住 1(2) 独住 1(12)	50	140 元
	商务双标间	合住 2(23)	独住 2(2)	45	200 元
⑤	普通双标间 A	合住 1(8) 独住 1(18)	合住 1(1) 独住 1(8)	35	140 元
	普通双标间 B	合住 1(6) 独住 1(18)	合住 1(8) 独住 1(3)	35	160 元
	豪华双标间	合住 2(12)	合住 2(8)	40	200 元
⑦	普通双标间	合住 1(7) 独住 1(8)	合住 1(18) 独住 1(17)	50	150 元
	商务单人间	独住 2(18)	独住 2(21)	40	160 元
	商务套房(1 床)	独住 3(13)	独住 3(17)	30	300 元

三、会议室和车辆的确定

目标：租用会议室和租车的总费用最小。

总人数 674 人，平均分配到 6 个会议室，平均为 113 人，因此对没达到 113 人的会议室排除。

这样符合求的宾馆及会议室见附录表 1.9。

附录表 1.9　会议室符合要求的宾馆

宾馆代号	会议室			
	会议序号	规　模	间　数	价格(半天)
①	1	200 人	1	1 500 元
	2	150 人	2	1 200 元
②	3	130 人	2	1 000 元
	4	180 人	1	1 500 元
④	5	150 人	2	900 元
⑤	6	150 人	2	1 000 元
	7	180 人	1	1 500 元
⑦	8	140 人	2	800 元
	9	200 人	1	1 000 元

所有符合要求的会议室按照序号 1,2,…,9 编号。

设 p_i 为第 i 个会议室的价格，x_i 为第 i 个会议室选择的数量。

则租用会议室费用为

$$z_1 = \sum_{i=1}^{9} p_i \cdot x_i$$

其中 $\boldsymbol{p} = [1\ 500 \quad 1\ 200 \quad 1\ 000 \quad 1\ 500 \quad 900 \quad 1\ 000 \quad 1\ 500 \quad 800 \quad 1\ 000]$。

设第 i 个会议室的数量为 a_i，则

$$x_i \leqslant a_i, i = 1, 2, \cdots, 9$$

其中 $\boldsymbol{a} = [1 \quad 2 \quad 2 \quad 1 \quad 2 \quad 2 \quad 1 \quad 2 \quad 1]$。

总共需要 6 间会议室，有

$$\sum_{i=1}^{9} x_i = 6$$

设 45 座、36 座、33 座 3 种车型的车辆数分别选 $y_i(i=1,2,3)$，

其半天价格分别为 $r_1 = 800, r_2 = 700, r_3 = 600$。因此则租用车辆的费用为

$$z_2 = 800y_1 + 700y_2 + 600y_3$$

目标函数为总费用最小，即

$$\min Z = Z_1 + Z_2 = \sum_{i=1}^{9} p_i . x_i + (800y_1 + 700y_2 + 600y_3)$$

设第 i 个宾馆选择的会议室为 w_i 间，住在该宾馆的代表数为 m_i，$(i=1,2,3,4,5)$。

其中 $w_1 = x_1 + x_2, w_2 = x_3 + x_4, w_3 = x_5, w_4 = x_6 + x_7, w_5 = x_8 + x_9$

$\boldsymbol{m}$ 由前面计算得到 $\mathrm{m} = [149 \quad 136 \quad 113 \quad 132 \quad 144]$

设每个人选择每个会议的概率相等，都为 1/6。则第 i 个宾馆要留下参会的人数为：$m_i \cdot w_i/6$，要乘车到别的宾馆参会的人数为 $m_i.(1 - w_i/6)$。

因此总的乘车人数为 $\sum_{i=1}^{5} m_i \cdot (1 - w_i/6)$

3 种车满足的人数约束为

$$45y_1 + 36y_2 + 33y_3 \leqslant \sum_{i=1}^{5} m_i \cdot (1 - w_i/6)$$

因此总的模型为

$$\min Z = \sum_{i=1}^{9} p_i \cdot x_i + (800y_1 + 700y_2 + 600y_3)$$

$$s.t.\begin{cases} \sum_{i=1}^{9} x_i = 6 \\ x_i \leqslant a_i \qquad i = 1,2,\cdots,k \\ 45y_1 + 36y_2 + 33y_3 \leqslant \sum_{i=1}^{5} m_i \cdot (1 - w_i/6) \\ w_1 = x_1 + x_2 \\ w_2 = x_3 + x_4 \\ w_3 = x_5 \\ w_4 = x_6 + x_7 \\ w_5 = x_8 + x_9 \end{cases}$$

LINGO 程序为 d2009_2.lg4：

```
MODEL:
SETS:
point/1..9/:p,a,x;
bing/1..5/:w,m;
ENDSETS
DATA:
p=1 500,1 200,1 000,1 500,900,1 000,1 500,800,1 000;! 9 个会议室的价格;
a=1,2,2,1,2,2,1,2,1;! 9 个会议室的间数;
m=149,136,113,132,144;! 5 个宾馆住的人数;

ENDDATA
min=z1+z2;
z1=@sum(point(i):p(i)*x(i));! 租会议室费用;
z2=800*y1+700*y2+600*y3;  ! 租车费用;
@sum(point(i):x(i))=6;! 总共需要 6 间会议室;
w(1)=x(1)+x(2);
w(2)=x(3)+x(4);
w(3)=x(5);
w(4)=x(6)+x(7);
w(5)=x(8)+x(9);
45*y1+36*y2+33*y3>=@sum(bing(i):m(i)*(1-w(i)/6));
! 3 种车满足的人数约束;
```

```
ss = @sum(bing(i):m(i) * (1 - w(i)/6));
@for(point(i):x(i) <= a(i));! 会议室满足的约束;
@FOR(point:@gIN(x));
@gin(y1);
@gin(y2);
@gin(y3);
end
```

得到解为

x(3) = 2　x(5) = 1　x(8) = 2　x(9) = 1

Z1 = 5 500.000

z2 = 9 600.000

z = z1 + z2 = 15 100 元

Y1 = 12, Y2 = 0, Y3 = 0

即租用 45 座的车 12 辆,可载客 45 × 12 = 540 人。

而实际需要乘车的代表数为:$\sum_{i=1}^{5} m_i \cdot (1 - w_i/6) = 538$ 人。540 > 538,满足要求。

得到会议室安排方案见附录表 1.10,租车方案见附录表 1.11。

附录表 1.10　会议室安排方案

宾馆号	会议序号	价格(半天)/元	规模/人	间数/间	费用/元
①	1	1 500	200	0	
	2	1 200	150	0	
②	3	1 000	130	2	2 000
	4	1 500	180	0	
④	5	900	150	1	900
⑤	6	1 000	150	0	
	7	1 500	180	0	
⑦	8	800	140	2	1 600
	9	1 000	200	1	1 000

附录表 1.11　租车方案

车辆类型	租金(半天)/元	选取车辆数/辆	费用/元
45 座	800	12	9 600
36 座	700	0	0
33 座	600	0	0

会议室总费用 5 500 元,租车费用为 9 600 元,总共 15 100 元。

附录 1:Matlab 程序 d2009.m。用于各类人数预测和输出 d2009_1.lg4 程序锁需要的数据文件 c.txt,r.txt,dis.txt。

```
%问题一:各类人数预测
a=[315,356,408,711];%发来回执的代表数量
```

```
b=[89,115,121,213];  %发来回执但未与会的代表数量
c=[57,69,75,104];  %未发回执而与会的代表数量
r=a-b+c;%各界会议实际到达的人数
e=(a-b+c)./a;%计算相对回执数的量
emax=max(e);%最大相对量

men=[154  104  32  107  68  41];%2009 年发来回执的男性数量
women=[78  48  17  59  28  19];%2009 年发来回执的女性数量
Total=sum(men)+sum(women);%2009 年发来回执的总量
N=floor(Total*emax);%%2009 年代表总量的估计
fprintf('2009 年发来回执的总量=%5d,代表总量的估计=%5d\n',Total,N)
%下面对各类男性和女性住房要求的人的数量的预测
v_men=round(men*emax);
v_women=round(women*emax);
v_all=v_men+v_women;
n=length(men);
NG=round(a*emax);%预测各界会议到达的人数
p_aver=mean(r./NG);%实际平均到达率
men_aver=round(v_men*p_aver);
women_aver=round(v_women*p_aver);
pr=0.9;%单侧置信度
  %预测单侧置信区间
  men_a=zeros(1,4);
  women_a=zeros(1,4);
fori=1:n
    fork=men_aver(i):v_men
        pd=binocdf(k,v_men(i),p_aver);
        if(pd>=pr)men_a(i)=k;break;end
    end
          fork=women_aver(i):v_men
        pd=binocdf(k,v_women(i),p_aver);
        if(pd>=pr)women_a(i)=k;break;end
    end
end
  room=[2,2,2,1,1,1];
  men_room=ceil(men_a./room);
women_room=ceil(women_a./room);
fprintf('男性最大数:\n');
v_men
fprintf('置信度为%5.2f 的男性人数预测:\n',pr);
men_a
```

```
fprintf('所需要房间数:\n');
men_room
  fprintf('女性最大数:\n');
  v_women
  fprintf('置信度为%5.2f 的女性人数预测:\n',pr);
women_a
  fprintf('所需要房间数:\n');
women_room
%问题 2;宾馆优化安排的所需要的数据矩阵输出
C=[50,30,30,20;
    50,35,30,35;
    50,24,27,0;
    50,45,0,0;
    35,35,40,0;
    40,40,30,30;
    50,40,30,0;
    40,40,45,0;
    30,30,30,30;
    55,45,0,0];%宾馆信息矩阵
    R=zeros(10,4,6);
  R(1,1,2)=1;R(1,1,5)=1;     R(1,2,3)=1;R(1,2,6)=1;  R(1,3,5)=1;
R(1,4,6)=1;
  R(2,1,1)=1;  R(2,1,4)=1;     R(2,2,1)=1;  R(2,2,4)=1;  R(2,3,5)=1;
R(2,4,5)=1;
  R(3,1,1)=1;  R(3,1,4)=1;R(3,2,2)=1;  R(3,2,5)=1;     R(3,3,5)=1;
  R(4,1,1)=1;R(4,1,4)=1;  R(4,2,2)=1;R(4,2,5)=1;
  R(5,1,1)=1;  R(5,1,4)=1;  R(5,2,1)=1;  R(5,2,4)=1;  R(5,3,2)=1;
R(5,3,5)=1;
  R(6,1,1)=1;  R(6,1,4)=1;  R(6,2,2)=1;  R(6,2,5)=1;R(6,3,5)=1;
R(6,4,3)=1;  R(6,4,6)=1;
  R(7,1,1)=1;  R(7,1,4)=1;  R(7,2,5)=1;  R(7,3,6)=1;
  R(8,1,2)=1;  R(8,1,5)=1;  R(8,2,1)=1;  R(8,2,4)=1;  R(8,3,5)=1;
  R(9,1,3)=1;  R(9,1,6)=1;  R(9,2,6)=1;R(9,3,3)=1;  R(9,3,6)=1;
R(9,4,6)=1;
  R(10,1,3)=1;  R(10,1,6)=1;  R(10,2,3)=1;  R(10,2,6)=1;
  %距离矩阵
  D=zeros(10,10);
  D(1,2)=150;D(1,3)=900;D(1,4)=650;D(1,5)=600;  D(1,6)=600;D(1,7)=
300;D(1,8)=500;D(1,9)=650;D(1,10)=1300;
  D(2,3)=750;D(2,4)=500;D(2,5)=750;D(2,6)=750;D(2,7)=450;  D(2,8)=
650;  D(2,9)=800;D(2,10)=1450;
```

```
    D(3,4)=250;  D(3,5)=1500;  D(3,6)=1500;D(3,7)=1200;  D(3,8)=1000;
D(3,9)=1150;  D(3,10)=2200;
    D(4,5)=1250;  D(4,6)=1250;  D(4,7)=950;  D(4,8)=1150;  D(4,9)=1350;
 D(4,10)=1950;
    D(5,6)=300;  D(5,7)=500;  D(5,8)=500;  D(5,9)=650;  D(5,10)=1300;
    D(6,7)=300;  D(6,8)=500;  D(6,9)=350;  D(6,10)=700;
    D(7,8)=200;  D(7,9)=350;  D(7,10)=1000;  D(8,9)=150;  D(8,10)=1200;
D(9,10)=1050;

    fori=2:10
        forj=1:i-1
            D(i,j)=D(j,i);
        end
    end

      fid=fopen('d:\lingo12\dat\c.txt','w');%输出宾馆信息矩阵C
    fori=1:10
      forj=1:4
      fprintf(fid,'%4d  ',C(i,j));
      end
      fprintf(fid,'\n');
    end
    fclose(fid);
    fid=fopen('d:\lingo12\dat\dis.txt','w');%输出距离矩阵D
    fori=1:10
      forj=1:10
      fprintf(fid,'%4d  ',D(i,j));
      end
      fprintf(fid,'\n');
    end
    fclose(fid);
      fid=fopen('d:\lingo12\dat\R.txt','w');%输出约束矩阵R
    fori=1:10
      forj=1:4
        fork=1:6
        fprintf(fid,'%4d  ',R(i,j,k));
        end
      fprintf(fid,'\n');
      end
    end
    fclose(fid);
```

附录 2　交巡警服务平台的设置与调度

(2011 年全国数学建模竞赛 B 题)

“有困难找警察”，是家喻户晓的一句流行语。警察肩负着刑事执法、治安管理、交通管理、服务群众四大职能。为了更有效地贯彻实施这些职能，需要在市区的一些交通要道和重要部位设置交巡警服务平台。每个交巡警服务平台的职能和警力配备基本相同。由于警务资源是有限的，如何根据城市的实际情况与需求合理地设置交巡警服务平台、分配各平台的管辖范围、调度警务资源是警务部门面临的一个实际课题。

试就某市设置交巡警服务平台的相关情况，建立数学模型分析研究下面的问题：

(1)附件 1(见原题，由于原题较长，故这里不提供请查相关资料)给出了该市中心城区 A 的交通网络和现有的 20 个交巡警服务平台的设置情况示意图，相关的数据信息见附件 2(见原题，由于原题较长，故这里不提供请查相关资料)。请为各交巡警服务平台分配管辖范围，使其在所管辖的范围内出现突发事件时，尽量能在 3 min 内有交巡警(警车的时速为 60km/h)到达事发地。

对于重大突发事件，需要调度全区 20 个交巡警服务平台的警力资源，对进出该区的 13 条交通要道实现快速全封锁。实际中一个平台的警力最多封锁一个路口，请给出该区交巡警服务平台警力合理的调度方案。

根据现有交巡警服务平台的工作量不均衡和有些地方出警时间过长的实际情况，拟在该区内再增加 2 至 5 个平台，请确定需要增加平台的具体个数和位置。

(2)针对全市(主城六区 A,B,C,D,E,F)的具体情况，按照设置交巡警服务平台的原则和任务，分析研究该市现有交巡警服务平台设置方案(参见附件)的合理性。如果有明显不合理，请给出解决方案。

如果该市地点 P(第 32 个节点)处发生了重大刑事案件，在案发 3 min 后接到报警，犯罪嫌疑人已驾车逃跑。为了快速搜捕嫌疑犯，请给出调度全市交巡警服务平台警力资源的最佳围堵方案。

求解

问题 1

对该问题的解决，先建立数学模型，将需要达到的目标，包括到达事发地的时间尽量短，各服务平台的工作量尽量均衡，用目标函数表达出来，同时将需要满足的约束也表达出来，构成合适的数学模型。然后讨论求解算法，最后给出具体的计算结果。

的路口管辖分配方案分为两步。

第一步：对 $T_j > 3$ 的路口，分配给到达第 j 个路口时间最少的平台。

第二步：对 $T_j \leqslant 3$ 的所有路口，根据尽量使各平台分配的任务量尽量均衡的原则进行优化。

计算得到 3 min 不能到达的路口及所属平台信息见附录表 2.1。

因此，我们将这 6 个路口分配给最近的平台，剩下的 86 个路口建立模型，根据任务量尽量均衡的原则进行优化。

附录表 2.1　3 min 不能到达的路口及所属平台信息

序号	路口	任务量	所属平台	最短时间 /min
1	28	1.3	15	4.75
2	29	1.4	15	5.70
3	38	1.2	16	3.41
4	39	1.4	2	3.68
5	61	0.6	7	4.19
6	92	0.8	20	3.60

Matlab 程序 b2011_1.m，利用 Floyd 算法计算 92 个路口的最短路矩阵，输出附录表 2.1 数据。输出 20 个平台和剩余 86 个待分配路口的最短路矩阵文件 dt1.txt，86 个路口的任务量文件 ft1.txt。以及 20 个平台和 13 个交通要道的距离矩阵文件 dis1.txt，该数据文件用于第二问计算。

建立模型

20 个平台，路口有 86 个。

d_{ij} 表示第 i 个平台与第 j 个路口之间的最短路，由 Floyd 算法求得。

$$i=1,2,\cdots,20;j=1,2,\cdots,86$$

v 为警车行驶速度。这里取 $v=60$ km/ 小时 $=1$ km/min。

建立决策变量 $x_{ij}=\begin{cases}1, & \text{第 } j \text{ 个路口分配给第 } i \text{ 个平台}\\ 0, & \text{第 } j \text{ 个路口不分配给第 } i \text{ 个平台}\end{cases}$

每个路口只分配给一个平台，有约束：

$$\sum_{i=1}^{20} x_{ij}=1 \qquad j=1,2,\cdots,86$$

每个平台至少管理一个路口，有约束：

$$\sum_{j=1}^{86} x_{ij}\geqslant 1 \qquad i=1,2,\cdots,20$$

每个平台管理自己的路口，则有

$$x_{ii}=1,\quad i=1,2,\cdots,20$$

第 j 个路口到指派的平台的时间为 t_j，满足：

$$t_j=\sum_{i=1}^{20} x_{ij}.d_{ij}/v \qquad j=1,2,\cdots,86$$

其时间应满足不超过 3 min，则有

$$t_j\leqslant 3 \qquad j=1,2,\cdots,86$$

计算第 i 个平台分配的路口数的任务量为。设已知第 j 个路口的任务量(平均每天的发生报警案件数量)为 $f_j,j=1,2,\cdots,86$，则第 i 个平台已经分配到的任务量，即

$$s_i=w_i+\sum_{j=1}^{86} f_j.x_{ij}, \quad i=1,2,\cdots,20$$

w_i 为各平台已分路口数的任务量。由附录表 2.1 知为 $w_2=1.4,w_7=0.6,w_{15}=1.4+$

1.3 = 2.7，$w_{16}=1.2$，$w_{20}=0.8$。其余为 0。

各平台分配的任务量平均值为

$$\bar{s}=\frac{\sum_{i=1}^{20}s_i}{20}$$

我们的目标是各平台分配的任务量的标准差尽量小，即

$$\min Z=\sqrt{\frac{\sum_{i=1}^{20}(s_i-\bar{s})^2}{20-1}}$$

因此得到的综合模型为

$$\min Z=\sqrt{\frac{\sum_{i=1}^{20}(s_i-\bar{s})^2}{20-1}}$$

$$s.t.\begin{cases}\sum_{i=1}^{20}x_{ij}=1 & j=1,2,\cdots,86\\ \sum_{j=1}^{86}x_{ij}\geqslant 1 & i=1,2,\cdots,20\\ x_{ii}=1 & i=1,2,\cdots,20\\ t_j=\sum_{i=1}^{20}x_{ij}\cdot d_{ij}/v & j=1,2,\cdots,86\\ t_j\leqslant 3 & j=1,2,\cdots,86\\ s_i=w_i+\sum_{j=1}^{86}f_j\cdot x_{ij} & i=1,2,\cdots,20\\ \bar{s}=\frac{\sum_{i=1}^{20}s_i}{20}\\ x_{ij}=0\text{ 或 }1 & i=1,2,\cdots,20;j=1,2,\cdots,86\end{cases}$$

LINGO 程序为 b2011_1.lg4。

采用 LINGO12 优化很快得到 Z=1.76，表示每个平台的任务量平均有 1.76 件的波动。各平台的分配方案见附录表 2.2。

附录表 2.2 各平台管辖的路口分配及任务量

平 台	管辖的路口	总任务量	最长时间 /min
1	1,64,71,72,77,78,79,80	7.60	2.60
2	2,40,69,74	7.40	2.53
3	3,44,54,55,70,76	7.20	2.97
4	4,57,60,62,63,65,66	7.30	2.84
5	5,49,53,56,59	6.10	2.08
6	6,50,51,52,58	6.10	2.38

续 表

平 台	管辖的路口	总任务量	最长时间 /min
7	7,30,48	6.50	1.29
8	8,32,33,47	6.90	2.08
9	9,35,36,37,45	6.10	1.43
10	10,	1.60	0
11	11,26,27	4.60	1.64
12	12,25	4.00	1.79
13	13,21,22,23,24	8.50	2.71
14	14	2.50	0
15	15,31	6.40	2.97
16	16,34,46	6.70	2.38
17	17,41,42,43	7.00	1.79
18	18,85,87,89,90,91	7.40	2.63
19	19,67,68,73,75,82,83	7.20	2.79
20	20,81,84,86,88	7.40	2.68

问题 2

给出了该市中心城区 A 的交通网络和现有的 20 个交巡警服务平台的设置情况示意图，相关的数据信息见原题。对于重大突发事件，需要调度全区 20 个交巡警服务平台的警力资源，对进出该区的 13 条交通要道实现快速全封锁。实际中一个平台的警力最多封锁一个路口，现在要给出该区交巡警服务平台警力合理的调度方案。

对该问题的解决，先建立最优的调度模型，使各服务平台到达交通要道的时间尽量的短。然后讨论求解算法，最后给出具体的计算结果。

建立模型

对于重大突发事件，需要调度城市的交巡警服务平台的警力资源，对进出该区的多条交通要道实现快速全封锁。采用下述模型。

设该市有 20 个平台，要封锁的交通要道有 13 个。

d_{ij} 表示第 i 个平台与第 j 个交通要道之间的最短路，由 Floyd 算法求得。

v 为警车行驶速度。这里取 $v=60\ \text{km/min}=1\ \text{km/min}$

设 0－1 决策变量 $x_{ij}=\begin{cases}1, & \text{第 j 个路口分配给第 } i \text{ 个平台围堵}\\ 0, & \text{第 j 个路口不分配给第 } i \text{ 个平台围堵}\end{cases}$

对每个交通要道，需要且只需要分配一个平台的警力，则有

$$\sum_{i=1}^{20} x_{ij}=1,\quad j=1,2,\cdots,13$$

每个交巡警服务平台的警力最多到一个交通要道去围堵，因此有：

$$\sum_{j=1}^{13} x_{ij} \leqslant 1, \quad i=1,2,\cdots,20$$

设 T_j 表示到第 j 个路口的时间。则有：

$$T_j = \sum_{i=1}^{20} d_{ij} x_{ij} / v, \quad j=1,2,\cdots,13$$

我们选取的第一目标是到交通要道的最长时间最小化，这样可使最长时间尽量小。则第一目标函数为

$$\min Z_1 = \max_{1\leqslant j\leqslant 13} T_j$$

当最长时间最小情况下，我们同时对小于最时间的分配方式进行优化，使到达各交通要道的时间平均时间最小。则第二目标函数为

$$\min Z_2 = \frac{\sum_{j=1}^{13} T_j}{13}$$

综合上述，建立的综合模型为

$$\min Z_1 = \max_{1\leqslant j\leqslant 13} T_j$$

$$\min Z_2 = \frac{\sum_{j=1}^{13} T_j}{13}$$

$$s.t.\begin{cases} \sum_{i=1}^{20} x_{ij} = 1 & j=1,2,\cdots,13 \\ \sum_{j=1}^{13} x_{ij} \leqslant 1 & i=1,2,\cdots,20 \\ T_j = \sum_{i=1}^{20} d_{ij} x_{ij} / v \\ x_{ij} = 0 \text{ 或 } 1 \end{cases}$$

LINGO 程序为 b2011_2. lg4。

可先优化第一目标，得到最短时间为 8.02 min。然后将 $Z_1 \leqslant 8.02$ 作为约束优化第二目标，得到最小的平均时间为 3.55 min。围堵的具体方案见附录表 2.3。

附录表 2.3　LINGO 求解的最优分配方案

序号	交通要道号	分配的平台号	到达时间 /min
1	12	12	0
2	14	16	6.74
3	16	9	1.53
4	21	14	3.26
5	22	10	7.71
6	23	13	0.5
7	24	11	3.81

续表

序号	交通要道号	分配的平台号	到达时间 /min
8	28	15	4.75
9	29	7	8.02
10	30	8	3.06
11	38	2	3.98
12	48	5	2.48
13	62	4	0.35

该模型由于是非线性的，利用 LINGO 求解较为费时，通常也不能保证最优解。为此。我们也可以另外设计算法，便于快速求解，同时便于在后面的围堵问题中快速求解。

算法设计

我们的求解算法采用 3 步完成。第一步，先利用贪婪法尽量使各平台到达交通要道的时间尽量短。第二步，对到各交通要道的时间再进行调整，进一步优化，直到最长时间不能再减少为止。第三步，在保证最长时间不增大的情况下，对到各交通要道的平均时间进行调整，直到不再减小为止。

算法步骤：

(1) 先将 13 个交通要道依次分配给最近的路口。

(2) 将时间最长的要道与其余的要道分配的平台对换，若最长时间可以减少，则对换。实际中可在对换后，另一要道在剩余平台中选择最近的平台。

(3) 重复 2，直到最长时间不再减少为止。

对平均时间的减少采用同样的方法。直到总时间或平均时间不再减小结束。输出各路口对应平台及时间，平均时间。

采用步骤(1)中贪婪法求得最长时间为 13.67 min，平均时间为 3.95 min。采用步骤二中减少最长时间的算法，经过 5 次调整，最长时间达到最小。最长时间为 8.02 min，平均时间为 3.78 min。计算的结果见附录表 2.4。遗憾的是没有达到最小的 3.55 min。但该方法的优点是计算速度快。不到 1 s 就可以计算出结果，比 LINGO 计算的 2 分多钟快多了。

附录表 2.4　贪婪算法计算出的围堵方案

序号	交通要道号	分配的平台号	到达时间 /min
1	12	10	7.59
2	14	16	6.74
3	16	9	1.53
4	21	14	3.26
5	22	11	3.27
6	23	13	0.5
7	24	12	3.59

续表

序号	交通要道号	分配的平台号	到达时间 /min
8	28	15	4.75
9	29	7	8.02
10	30	8	3.06
11	38	2	3.98
12	48	5	2.48
13	62	4	0.35

对全市所有路口的围堵，可建立同样模型，分别采用 LINGO 和我们提出的贪婪算法计算。

全市路口的围堵计算：

全市有交巡警平台 80 个，全市出入口位置有 17 个。要封锁的交通要道 $m=17$ 个，其集合为 $J=\{151,153,177,202,203,264,317,325,328,332,362,387,418,483,541,572,578\}$。可供分配的平台 $n=80$ 个，其集合为 $P=\{1,2,3,4,5,6,7,8,9,10,11,12,13,14,15,16,17,18,19,20,93,94,95,96,97,98,99,100,166,167,168,169,170,171,172,173,174,175,176,177,178,179,180,181,182,320,321,322,323,324,325,326,327,328,372,373,374,375,376,377,378,379,380,381,382,383,384,385,386,475,476,477,478,479,480,481,482,483,484,485\}$。

采用步骤(1)中贪婪法求得最长时间为 12.68 min，平均时间为 5.07 min。该结果通过调整并不能减少最长时间，可以验证，该分配方案中，除 202 号交通要道外，其余各交通要道都分配的到达时间最短的平台。而到达 202 号交通要道的时间最少的平台为 177，次之为 175，177 号平台分配 177 号交通要道最佳，从而分配 175 号平台 202 号交通要道最佳。总的计算结果是最长时间最小为 12.68 min，平均时间最小为 5.07 min。可验证该结果即为最优结果。详细结果见附录表 2.5。

附录表 2.5　全市利用贪婪算法计算出的围堵方案

序号	交通要道号	分配的平台号	到达时间 /min
1	151	96	3.19
2	153	99	4.47
3	177	177	0
4	202	175	11.62
5	203	178	4.45
6	264	166	6.62
7	317	181	5.48
8	325	325	0

续 表

序号	交通要道号	分配的平台号	到达时间 /min
9	328	328	0
10	332	386	7.62
11	362	323	8.11
12	387	100	12.68
13	418	379	7.419
14	483	483	0
15	541	484	7.04
16	572	485	1.66
17	578	479	5.76

对比：利用 LINGO12 求解，耗时 41 min，得到局部最优解为 35.6 min。

因此，当规模变大时，采用简单的贪婪算法有时候更方便快速。

问题 3

给出了该市中心城区 A 的交通网络和现有的 20 个交巡警服务平台的设置情况示意图，相关的数据信息见附件 2（见原题）。根据现有交巡警服务平台的工作量不均衡和有些地方出警时间过长的实际情况，拟在该区内再增加 2 至 5 个平台，请确定需要增加平台的具体个数和位置。

对该问题，我们先建立最优的调度模型，使各服务平台到达交通要道的时间尽量短，各平台的任务量尽量均衡。然后讨论求解算法，并最后给出具体的计算结果。

建立模型

根据现有交巡警服务平台的工作量不均衡和有些地方出警时间过长的实际情况，需要在一个区内新增加一些平台。我们需要确定新增加平台的具体个数和位置。

设该市要巡视的路口有 92 个，其序号为 $j=1,2,\cdots,92$。交巡警服务平台现在已有 20 个，其序号为 $i=1,2,\cdots,20$。

d_{ij} 表示第 i 个平台与第 j 个路口之间的最短路，由 Floyd 算法求得。

v 为警车行驶速度，这里取 $v=60\ \text{km/h}=1\ \text{km/min}$。

设增加平台数为 k 个，则总共有平台 $20+k$ 个。且所有平台都在 92 个路口中选取。每个路口的日平均案件量为 $f_i, i=1,2,\cdots,92$。

下面建立新增平台的多目标规划模型。

设 0－1 变量 Y_j 表示哪些路口选作平台，设

$$Y_j=\begin{cases}1, & 第\ j\ 个路口选作平台\\0, & 第\ j\ 个路口不选作平台\end{cases}\quad j=1,2,\cdots,92$$

建立 0－1 决策变量 x_{ij} 表示平台处理路口的情况。设

$$x_{ij}=\begin{cases}1, & 第\ i\ 平台处理第\ j\ 个路口\\0, & 第\ i\ 平台不处理第\ j\ 个路口\end{cases}\quad i,j=1,2,\cdots,92$$

第 j 路口需要而且只需要一个平台处理。则有

$$\sum_{i=1}^{92} x_{ij} = 1 \quad j = 1, 2, \cdots, 92$$

平台数总共为 $n + k$ 个，则有

$$\sum_{j=1}^{92} y_j = 20 + k$$

其中已经有 20 个平台，且为前 20 个，因此 $y_j = 1, j = 1, 2, \cdots, 20$。

只有当第 i 个路口选作平台才能去处理第 j 路口，因此有

$$x_{ij} \leqslant y_i \quad i, j = 1, 2, \cdots, 92$$

考虑各平台警力到各路口的时间尽量小。计算到达各路口的时间。到达路口 j 时间为

$$T_j = \sum_{i=1}^{92} x_{ij} \cdot d_{ij} / v, \quad j = 1, 2, \cdots, 92$$

我们的目标是让最长时间最小，因此有

$$\min Z_1 = \max_{1 \leqslant j \leqslant 92} T_j$$

对任务量，我们考虑将该点的发案数作为其度量值，则第 i 个平台处理的任务量为

$$w_i = \sum_{j=1}^{92} x_{ij} \cdot f_j, \quad i = 1, 2, \cdots, 92$$

当 $y_i = 0$ 时，所有 $x_{ij} = 0, j = 1, 2, \cdots, 92$。则 $w_i = 0$。即该点没有选作平台，其任务量为 0。

平均任务量为

$$\bar{w} = \frac{\sum_{i=1}^{92} w_i}{20 + k}$$

现在计算各平台任务量的离差平方和。在离差平方和中，其计算式为 $S = \sum_{i=1}^{92} (w_i - \bar{w})^2$。但这里是对任务量 $w_i > 0$ 的 $20 + k$ 个平台计算其离差平方和，因此其计算式为

$$S = \sum_{i=1}^{92} w_i^2 - (20 + k) \cdot \bar{w}^2$$

样本标准差为 $\sigma = \sqrt{S/(20 + k - 1)}$

我们的目标是尽量使各平台的任务量均衡，因此有

$$\min Z_2 = \min \sqrt{S/(n + k - 1)}$$

综合上述得到的总模型为

$$\min Z_1 = \max_{1 \leqslant j \leqslant 92} T_j$$

$$\min Z_2 = \min \sqrt{S/(n + k - 1)}$$

$$
s.t.\begin{cases}
\sum_{i=1}^{92} x_{ij}=1 \quad j=1,2,\cdots,92 \\
\sum_{i=1}^{92} y_i=20+k \\
w_i=\sum_{j=1}^{92} x_{ij}\cdot f_j \quad i=1,2,\cdots,92 \\
\bar{w}=\dfrac{\sum_{i=1}^{92} w_i}{20+k} \\
S=\sum_{i=1}^{92} w_i^2-(20+k)\cdot \bar{w}^2 \\
T_j=\sum_{i=1}^{92} x_{ij}.d_{ij}/v \quad j=1,2,\cdots,92 \\
x_{ij}\leqslant y_i \quad i,j=1,2,\cdots,92 \\
y_i=1, \quad i=1,2,\cdots,20 \\
x_{ij}=0 \text{ 或 } 1 \quad i,j=1,2,\cdots,92 \\
y_i=0 \text{ 或 } 1 \quad i=21,\cdots,92
\end{cases}
$$

该结果利用 LINGO 计算十分困难，考虑设计简单算法实现。

算法设计

贪婪法。每次从超过 3 min 的路口中选取使最长时间最小的路口作为平台。下次再如此进行。直到每个路口到平台的时间都不超过 3 min 为止。

计算程序为附件 4 中的 b2011_3. m。

对 A 区，路口数 92，平台数 20，超过 3 分钟的路口 6 个。计算结果为

Kp＝1　　Plat＝28　maxT＝4. 190 2

Kp＝2　　Plat＝61　maxT＝3. 682 2

Kp＝3　　Plat＝38　maxT＝3. 601 3

Kp＝4　　Plat＝92　maxT＝2. 708 3

增加 4 个平台最佳。

问题 4　考虑全市 6 个区新增平台情形：

对 B 区，路口数 73，平台数 8，超过 3 min 的路口 6。

超过 3 min 的路口，平台，时间

122　94　3. 29

123　94　3. 37

124　96　3. 21

151　96　3. 19

152　99　3. 37

153　99　4. 47

增加平台数，最长时间

Kp＝1Plat＝151maxT＝3. 3653

Kp = 2Plat = 122maxT = 2.9863

对 B 区,增加两个平台,最长出警时间为 2.9863 min。

其他区也可采用该程序计算,之是要让最大出警时间时候不超过 3 min,需要增加平台数较多。

全区同时考虑

全区,路口数 582,平台数 80,超过 3 min 的路口 138

增加平台数,最长时间

Kp = 1　Plat = 389　maxT = 9.160 9

Kp = 2　Plat = 329　maxT = 8.467 1

Kp = 3　Plat = 387　maxT = 8.118 8

Kp = 4　Plat = 417　maxT = 8.106 9

Kp = 5　Plat = 362　maxT = 7.808 5

Kp = 6　Plat = 248　maxT = 7.041 8

Kp = 7　Plat = 540　maxT = 6.860 5

Kp = 8　Plat = 199　maxT = 6.622 3

Kp = 9　Plat = 259　maxT = 6.606 8

Kp = 10　Plat = 505　maxT = 6.583 2

Kp = 11　Plat = 569　maxT = 6.568 6

Kp = 12　Plat = 28　maxT = 6.425 9

Kp = 13　Plat = 369　maxT = 6.415 2

Kp = 14　Plat = 261　maxT = 6.163 6

Kp = 15　Plat = 574　maxT = 6.111 2

Kp = 16　Plat = 200　maxT = 5.825 9

Kp = 17　Plat = 29　maxT = 5.757 5

Kp = 18　Plat = 578　maxT = 5.695 3

Kp = 19　Plat = 239　maxT = 5.475 2

Kp = 20　Plat = 300　maxT = 5.150 6

Kp = 21　Plat = 418　maxT = 5.052 9

Kp = 22　Plat = 370　maxT = 4.955 5

增加平台时间及应对最大出警时间图形见附录图 2.1。

从该结果来看,要让最大出警时间少于 3 min,需要增加很多平台。因此可考虑何时即可。

问题 5. 围堵方案的确定:

给定时间 t 可以包围罪犯的最小包围圈的确定。

给定时间 t,给定罪犯逃跑的速度 v,计算出罪犯能逃跑的范围。这里我们采用点来表示其逃跑范围。计算其全市总路口 $N=581$ 个中罪犯在 t min内能到达的点集合,设为 $A(t)$。计算公式为

$$A(t)=\{i \mid \frac{D(i,32)}{v} \leqslant t, i=12,\cdots,581\}$$

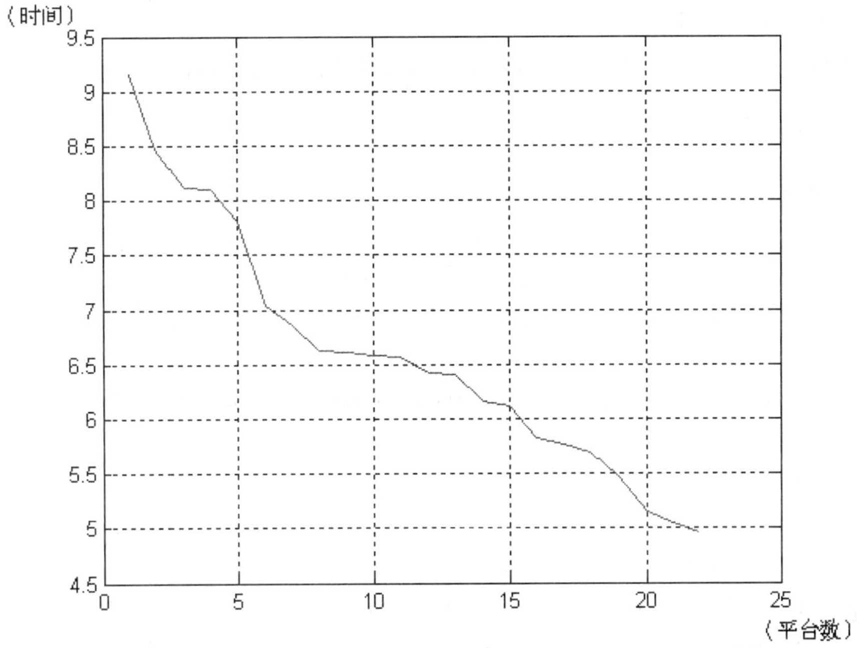

附录图 2.1　增加平台时间及对应最大出警时间图形

其中 32 点为案发现场,罪犯的逃跑开始点。$D(i,32)$ 为各点到 32 点的最短距离。

同时计算与 $A(t)$ 相邻的点集合,设为 $B(t)$,则

$$B(t)=\{j \mid P(i,j)=1, i \in A(t)\}$$

其中 $P(i,j)=1$ 表示 i 与 j 直接相连;$P(i,j)=0$ 表示 i 与 j 不直接相连。该数据由附件 2 中全市交通路口的路线表单对应数据得到。

则可以包围罪犯逃跑区域 $A(t)$ 的最小闭包(用路口节点表示) 为 $C(t)$,则

$$C(t)=B(t)-A(t)$$

这里的减为集合之间的减法。即从点集合 $B(t)$ 中去掉 $A(t)$ 中已有的点。

$C(t)$ 就是给定时间可以包围罪犯的最小包围圈。

警察在给定时间 t 能否到达包围圈的确定

设 $C(t)$ 中节点个数为 L,可分配的平台为 $K=80$ 个。我们的目标是采用问题 2 中的模型对平台的警力进行分配,求出到达各节点的最长时间 $T(t)$。$T(t)$ 为模型中(a) 的最优值。

$$\min Z=\max_j T_j$$

$$s.t.\begin{cases}\sum_{j=1}^{L} x_{ij} \leqslant 1 & i=1,2,\cdots,80 \\ \sum_{i=1}^{80} x_{ij}=1 & j=1,2,\cdots,L \\ T_j=\sum_{i=1}^{80} d_{ij} x_{ij} / v \\ x_{ij}=0 \text{ 或 } 1\end{cases} \tag{a}$$

若 $T(t) \leqslant t-3$ min，则警察可以完成包围圈 $C(t)$ 的包围。否则不能完成包围。$t-3$ 是因为罪犯先逃跑了 3 分钟。

我们的目标就是求出在最短时间完成对罪犯的包围。因此目标函数为

$$\min Z = t$$

约束为 $T(t) \leqslant t-3$。

因此总的模型为

$$\min Z = t$$
$$s.t. \quad T(t) \leqslant t-3$$

实际计算时，可以采用从 $t=3$ 开始，每隔 30 s 进行计算，直到满足约束条件 $T(t) \leqslant t-3$。

实际计算中平台数可以减少。若某平台的警力在 $t-3$ min 内都不能到达包围圈 C_t 中任意点，则该平台删除。

即可选平台集合为

$$Plat = \{i \mid Time(i,j) < t-3, \exists j \in C_t, i=1,2,\cdots,80\}$$

这样可大大减少平台数，使问题规模减小，便于求解。

计算程序见附件 5 中的 b2001_5_1.m 和附件 6 中的 b2011_5_2.m。计算得到的见围堵方案附录图 2.2 和围堵方案附录表 2.6。

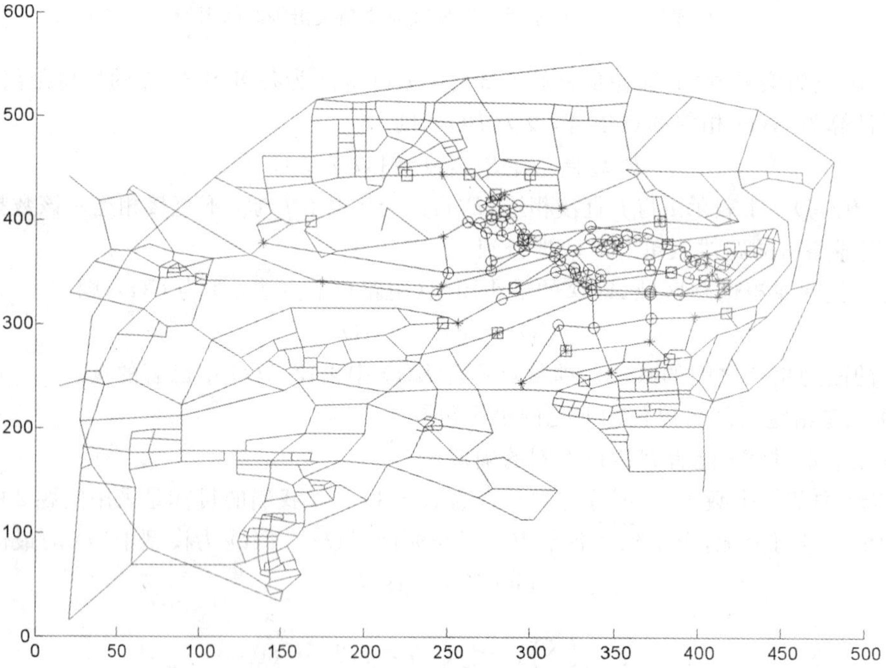

附录图 2.2　围堵方案图

其中 ○ 为内部点，* 为包围点，□ 为分配的平台

附录表 2.6　围堵方案表

序号	包围点	平台号	封锁时间 /min	罪犯逃跑到该点时间 /min
1	14	14	3	10.043 2
2	17	17	3	10.650 4
3	26	11	3.9	9.726 54
4	29	15	8.700 5	9.155 63
5	41	2	6.441 1	10.502 5
6	43	1	4.800 1	9.387 94
7	62	4	3.35	9.131 9
8	68	19	5.238 4	9.153 07
9	70	3	5.971 9	9.448 18
10	76	18	6.132 8	9.238 45
11	168	168	3	12.479 1
12	215	171	6.6274	11.254 2
13	217	172	3.971 7	9.837 24
14	218	170	6.278 9	9.445 92
15	227	174	6.699 8	9.223 63
16	240	173	9.695 2	10.154 1
17	248	167	6.678 8	20.523 7
18	273	182	5.102 4	12.808 8
19	371	320	10.361	15.894
20	482	482	3	11.173 1
21	487	481	7.565	14.640 2
22	549	476	6.025 5	10.720 6
23	558	475	5.052 6	11.099 1
24	562	480	4.941 6	11.398 8

警察在接到报案后，最长完成封锁时间为 10.361－3＝7.361 min。

附件 1：数据预处理及输出数据文件的 Matlab 程序 b2011_1.m。

```
%初始数据处理，作图，并得到 92 个路口之间的最短路 A(92,92)，
%计算并输出 20 个平台与 13 个路口之间距离 dis1.txt
%输出 20 个路口到待分配路口(86 个)的距离矩阵(20 * 86)dt1.txt
%输出待分配路口的(86)口的发案数 ft1.txt
%还可对 LINGO 计算结果按照规范形式输出。
loadDA.txt   %所有路口号(582 个)，x，y，区，发案率
```

```
%街道数据
loadDB.txt;%连接线,928条
DA=DA(1:92,:);%取前92个路口信息
[ma,na]=size(DA);
[mb,nb]=size(DB);
pos=[12,14,16,21,22,23,24,28,29,30,38,48,62];%A区出入口位置
k=20;%1--20平台
x=DA(:,2);  y=DA(:,3);f=DA(:,5);%分别获得个路口的x坐标,y坐标,发案数
plot(x,y,'bo',x(1:k),y(1:k),'g*');%作图,○为所有路口,*为前20个平台
kp=0;%统计A区街道数
LineA=zeros(200,2);
for i=1:mb
  if DB(i,1)<=92&&DB(i,2)<=92
    kp=kp+1;
    LineA(kp,1)=DB(i,1);
    LineA(kp,2)=DB(i,2);
      end
end  %将A区街道的起始点和终点分别放在数组LineA(kp,1)和LineA(kp,2)中。

holdon
fprintf('A区街道数%2d\n',kp);
px=zeros(2,1);py=zeros(2,1);
for i=1:kp
px(1)=x(LineA(i,1));py(1)=y(LineA(i,1));
px(2)=x(LineA(i,2));py(2)=y(LineA(i,2));
plot(px,py);  %将A区所有街道连线
end
%利用Floyd算法求任意两点之间最短路
v=1000;%每分钟速度
n=92;  %A区路口数为92
A=zeros(n,n);%存储任意两点最短路
for i=1:n
  for j=1:n
    if (i==j)A(i,j)=0;
    elseA(i,j)=1000000;
    end
  end
end
```

```
for i=1:kp  %给每条线路赋予距离
  point1=LineA(i,1);point2=LineA(i,2);
p1x=x(point1);p1y=y(point1);
p2x=x(point2);p2y=y(point2);
d=sqrt((p1x-p2x)^2+(p1y-p2y)^2);
A(point1,point2)=d;
A(point2,point1)=d;
end
U=A;%原始矩阵
%1.1 利用 Floyd 算法计算最短距离矩阵
fork=1:n
for i=1:n
  for j=1:n
      t=A(i,k)+A(k,j);
      if t<A(i,j)  A(i,j)=t;end
      end    %endforj
      end  %endfori
end  %endfork

A=100*A;%每 mm 代表 100 m,得到以 m 为单位的距离.
Dis=zeros(20,13);%存储 20 个平台和 13 个交通要道的距离
  for i=1:20
    for j=1:13
      ip=i;  %第 ip 个平台
      jp=pos(j);%第 jp 个路口
      Dis(i,j)=A(ip,jp);
    end
  end%获得 20 个平台和 13 个交通要道(路口)的距离矩阵

%输出 20 个平台与 13 个路口之间距离
  fid=fopen('d:\lingo12\dat\dis1.txt','w');
  for i=1:20
    for j=1:13
        fprintf(fid,'%6.2f',Dis(i,j));
    end
    fprintf(fid,'\n');
  end
  fclose(fid);
```

```
n=92;%路口数
m=20;   %平台数
Plat=1:m;%平台

  T=zeros(1,n);%存储到各路口的时间
  S=zeros(1,n);%存储到各路口时间最少的平台号
  %求到各路口的最短时间和对应的平台号
for j=1:n
  jp=j;   %路口
    mint=1000;
  for i=1:m
        ip=Plat(i);%平台
    t=A(ip,jp)/v;
    if t<mintmint=t;xu=ip;end
  end

  T(j)=mint;%到第 j 个路口的最短时间
  S(j)=xu;%到第 j 个路口的时间最短的平台号
end

%计算各路口到平台的最短时间
fprintf('到平台超过 3 min 的路口信息.\n');
fprintf('路口,平台,最短时间,任务量\n');
  U=ones(1,n);
for j=1:n
  if T(j)>3.0   U(j)=0;   fprintf('%2d   %2d   %6.2f%6.2f\n',j,S(j),T(j),f
(j));end
end%输出超过 3 min 到达的路口
%获得待分配的路口序号(时间不超过 3 min 的路口)
Lu=[];
for j=1:n
  if U(j)= =1Lu=[Lu,j];end
end
r=length(Lu);   %剩余路口数
%获得 20 个平台到剩路口(86)的距离矩阵
D=zeros(m,r);%(平台,路口)
for i=1:m   %平台数 m=20
  for j=1:r   %剩余路口数 r=86
    ip=Plat(i);
```

```
      jp=Lu(j);
      D(i,j)=A(ip,jp);
    end
  end

  fid=fopen('d:\lingo12\dat\dt1.txt','w');%输出 20*86 的距离矩阵
    for i=1:m
      for j=1:r
        fprintf(fid,'%6.2f',D(i,j));
      end
      fprintf(fid,'\n');
    end
    fclose(fid);

    fid=fopen('d:\lingo12\dat\ft1.txt','w');%输出剩余 86 个路口的任务量
    for j=1:r
      k=Lu(j);
      fprintf(fid,'%5.1f\n',f(k));
    end
    fclose(fid);

    %此段程序对 LINGO 程序 b2011_1.lg4 计算结果进行整理,开始时不需要。
    TEST=1;%当 TEST=1,对 LINGO 计算结果进行规范输出,便于阅读和写作。
      if TEST==1
        %对对 Lingo 求解结果进行整合,重新按照规范格式输出。
        x=zeros(m,r);
    w=[0,1.4,0,0,0,0,0.6,0,0,0,0,0,0,0,2.7,1.2,0,0,0,0.8];%初始各平台的任务量
    %将 LINGO 计算结果拷贝在下面。
    x(1,1)=1;x(1,59)=1;x(1,66)=1;x(1,67)=1;x(1,72)=1;x(1,73)=1;
x(1,74)=1;x(1,75)=1;
    x(2,2)=1;x(2,36)=1;x(2,64)=1;x(2,69)=1;x(3,3)=1;x(3,40)=1;x(3,50)=1;
x(3,51)=1;
    x(3,65)=1;x(3,71)=1;x(4,4)=1;x(4,53)=1;x(4,56)=1;x(4,57)=1;
x(4,58)=1;x(4,60)=1;
    x(4,61)=1;x(5,5)=1;x(5,45)=1;x(5,49)=1;x(5,52)=1;x(5,55)=1;x(6,6)=1;
x(6,46)=1;
    x(6,47)=1;x(6,48)=1;x(6,54)=1;x(7,7)=1;x(7,28)=1;x(7,44)=1;x(8,8)=1;
x(8,30)=1;
    x(8,31)=1;x(8,43)=1;x(9,9)=1;x(9,33)=1;x(9,34)=1;x(9,35)=1;x(9,41)=1;
```

```
x(10,10)=1;
    x(11,11)=1;x(11,26)=1;x(11,27)=1;x(12,12)=1;x(12,25)=1;x(13,13)=1;
x(13,21)=1;
    x(13,22)=1;x(13,23)=1;x(13,24)=1;x(14,14)=1;x(15,15)=1;x(15,29)=1;
x(16,16)=1;
    x(16,32)=1;x(16,42)=1;x(17,17)=1;x(17,37)=1;x(17,38)=1;x(17,39)=1;
x(18,18)=1;
    x(18,80)=1;x(18,82)=1;x(18,84)=1;x(18,85)=1;x(18,86)=1;x(19,19)=1;
x(19,62)=1;
    x(19,63)=1;x(19,68)=1;x(19,70)=1;x(19,77)=1;x(19,78)=1;x(20,20)=1;
x(20,76)=1;
    x(20,79)=1;x(20,81)=1;x(20,83)=1;

    %输出每个平台管辖的路口,任务量,最长时间
    fprintf('\n 第一问 LINGO 求解结果的输出.\n');
    fprintf('平台,管理的路口,  任务量,  最长时间:\n');
    TT=zeros(m,1);
    W=zeros(m,1);
      fori=1:m
        fprintf('%2d:',i);
        s1=w(i);%初始任务
        TT(i)=0;
        forj=1:r
            ifx(i,j)= =1
                jp=Lu(j);
                s1=s1+f(jp);
                t=A(i,jp)/v;
                ift>TT(i)TT(i)=t;end
                fprintf('%2d,',jp);
            end
            W(i)=s1;
          end
        fprintf('w=%5.2ft=%5.2f\n',s1,TT(i));
      end
    end
```

附件 2　问题 1 的 LINGO12 程序 b2011_1.lg4。

该程序对 86 个待分配路口进行分派,所使用的数据文件 dt1.txt 和 ft1.txt 由 Matlab 程序 b2011_1.m 生成。LINGO 程序的计算结果可直接拷贝到 b2011_1.m 中最后相应位置,重

新按照规范格式输出。在 b2011_1.m 中设置 TEST=1 控制输出。

```
! 问题 1 的 LINGO 程序;
model:
sets:
Plat/1..20/:s,w;
Kou/1..86/:T,f;
Assign(Plat,Kou):dis,x;
endsets
data:
v=1000;
n=20;
dis=@file('d:\lingo12\dat\dt1.txt');
! 20 个平台和待分配的 86 个路口的距离矩阵;
f=@file('d:\lingo12\dat\ft1.txt');! 待分配的 86 个路口的发案量;
@text()=@writefor(Assign(i,j)|x(i,j)#GT#0:'x(',i,',',j,')=',x(i,j),'');
w=0,1.4,0,0,0,0,0.6,0,0,0,0,0,0,0,2.7,1.2,0,0,0,0.8;! 20 个平台的初始发案量;
enddata

min=@sqrt(@sum(Plat(i):(s(i)-sv)^2)/(n-1));! 标准差最小;
@for(Kou(j):@sum(Plat(i):x(i,j))=1);! 每个路口恰好有一个平台;
@for(Plat(i):@sum(Kou(j):x(i,j))>=1);! 每个平台至少管理一个路口;
@for(Kou(j):T(j)=@sum(Plat(i):x(i,j)*dis(i,j)/v));! 第 j 个路口的处理时间;
@for(Kou(j):T(j)<=3);  ! 没个路口到达时间少于 3 分钟;
@for(Plat(i):x(i,i)=1);! 每个平台管理自己的路口;
@for(Plat(i):s(i)=w(i)+@sum(Kou(j):f(j)*x(i,j)));
! 计算各平台管辖的路口的任务量;
sv=@sum(Plat(i):s(i))/n;! 平均路口数;
@for(Assign(i,j):@bin(x(i,j)));
end
```

附件 3　问题 2 的 LINGO12 程序 b2011_2.lg4。

该程序对 13 个交通要道的围堵问题优化求解。

```
model:
sets:
Plat/1..20/;
Kou/1..13/:T;
Assign(Plat,Kou):dis,x,Time;
endsets
```

```
data:
v=1000;
dis=@file('d:\lingo12\dat\dis1.txt');! 20个平台和13个路口的距离矩阵;
@text()=@writefor(Assign(i,j)|x(i,j)#GT#0:'x(',i,',',j,')=',x(i,j),'');
enddata

min=aver;
! min=TT;
TT=@max(Assign(i,j):Time(i,j));  ! 最大时间最小化;
aver=@sum(Kou(j):T(j))/13;! 平均时间;
TT<8.02;  ! 当优化第二目标时将第一目标变为约束;
@for(Assign(i,j):Time(i,j)=x(i,j)*dis(i,j)/v);
@for(kou(j):T(j)=@sum(Plat(i):x(i,j)*dis(i,j))/v);! 到第j个路口的时间;
@for(Plat(i):@sum(Kou(j):x(i,j))<=1);  ! 第i个平台最多到一个路口;
@for(Kou(j):@sum(Plat(i):x(i,j))=1);! 第j个路口一定有一个平台到达;
@for(Assign(i,j):@bin(x(i,j)));
end
```

附件 4　b2011 问题 3 新增平台的算法程序 b2011_3.m

```
%A(582,582)任意两点之间的最短距离,先运行 b2011_5_1.m 获得最短距离矩阵 A(582,582)
%采用单选法,每次从超过 3 min 的路口中选取 1 个降低最长时间最多的路口
%考察 B 区
Qu=1;%1(A区);2(B区),3(C区),4(D区),5(E区),6(F区)
%输出不同区号可计算不同区增加平台情形.

loadDC.txt;%平台号(80个),所属区
K=length(DC);
  Plat=[];%存储某区平台
    n=0;%统计某区已有平台数
  fori=1:K
    Belong=DC(i,2);%1(A区);2(B区),3(C区),4(D区),5(E区),6(F区)
    ifBelong= =QuPlat=[Plat,DC(i,1)];n=n+1;end
  end
  loadDA.txt;  %路口号(92个),x,y,区,发案率
  Lu=[];  %存储某区路口数
  fz=[];  %存储发案率

  L=length(DA);
```

```
  m=0;%统计某区已有路口数
  fori=1:L
    Belong=DA(i,4);%路口号(92 个),x,y,区,发案率
    ifBelong= =QuLu=[Lu,DA(i,1)];fz=[fz,DA(i,5)];m=m+1;end
  end

%计算各路口到各平台的最短时间
%1.初始情形:
x=zeros(1,m);%确定每个路口受管辖的平台
T=zeros(1,m);%每个路口到所管辖平台的时间
v=1000;%速度


fori=1:m
    tmin=100;
  forj=1:n
    ip=Lu(i);  %路口号
    jp=Plat(j);%平台号
    t=A(ip,jp)/v;
    ift<tmintmin=t;pj=jp;end
  end
  x(i)=pj;%第 i 个路口受管辖的平台
  T(i)=tmin;%第 i 个路口到所管辖平台的时间

end

fprintf('路口,平台,时间:\n');

fori=1:m
  fprintf('%2d  %2d%5.2f\n',Lu(i),x(i),T(i));
end

%获得超过 3 min 的路口,平台,时间
S=zeros(40,3);
  p=0;
fori=1:m
  ifT(i)>3
    p=p+1;
    S(p,1)=i;S(p,2)=x(i);  S(p,3)=T(i);
  end
```

```
end
  fprintf('区号%2d,路口数%2d,平台数%2d,超过 3 min 的路口%2d\n',Qu,m,n,p);
fprintf('超过 3 min 的路口,平台,时间\n');
fori=1:p
  fprintf('%2d   %2d   %5.2f\n',Lu(S(i,1)),S(i,2),S(i,3));
end

maxT=max(T);%最长时间

fprintf('增加平台数,最长时间\n');
%方法,每次从超过 3 min 的路口中选取 1 个降低最长时间最多的路口

Temp_Plat=zeros(1,m);
Have_Plat=zeros(1,m);
Yu=zeros(1,m);%剩余平台
fori=n+1:m
  Yu(i)=1;
end%获得当前剩余的平台
fori=1:n
  Temp_Plat(i)=Plat(i);
  Have_Plat(i)=Plat(i);%已经选定的平台
end

forKp=1:22   %增加平台数,22 为最多增加数量

  flag=0;

  fork=1:p
    sel=S(k,1);  %选取 1 个超过 3 分钟的平台序号
    Temp_Plat(n+Kp)=Lu(sel);

    fori=1:m
      tmin=100;
  forj=1:n+Kp   %平台数
      ip=Lu(i);
      jp=Temp_Plat(j);
      t=A(ip,jp)/v;
      ift<tmintmin=t;pj=j;end
  end   %endforj
```

```
x(i)=pj;%第 i 个路口受管辖的平台
T(i)=tmin;%第 i 个路口到所管辖平台的时间

      end  %endfori

      maxT1=max(T);
  ifmaxT1<maxT   maxT=maxT1;Add_Plat=sel;flag=1;end

end%endfork

ifflag= =1  %Add_Plat 为平台在路口中的序号
Temp_Plat(n+Kp)=Lu(Add_Plat);   Have_Plat(n+Kp)=Lu(Add_Plat);
Yu(Add_Plat)=0;
flag=0;

fori=1:m
  tmin=100;
forj=1:n+Kp
  ip=Lu(i);
  jp=Have_Plat(j);
  t=A(ip,jp)/v;
  ift<tmintmin=t;pj=j;end
end%endforj
x(i)=pj;%第 i 个路口受管辖的平台
T(i)=tmin;%第 i 个路口到所管辖平台的时间
end  %endfori

fprintf('Kp=%2dPlat=%2dmaxT=%5.4f\n',Kp,Lu(Add_Plat),max(T));
end%endifflag= =1
end  %endforKp
```

当对 A 区计算,结果为

增加平台数,最长时间

Kp=1Plat=28maxT=4.1902

Kp=2Plat=61maxT=3.6822

Kp=3Plat=38maxT=3.6013

Kp=4Plat=92maxT=2.7083

附件 5　求取最短距离矩阵 A(582,582)的程序 b2011_5_1.m

```
clear;
load DA.txt;%路口号(92个),x,y,区,发案率
load DB.txt;  %连接线  928条
load DC.txt;%平台号,80个
load DD.txt;  %全市出入市区路口号 (17个)
x=DA(:,2);  y=DA(:,3);
b=DA(:,4);%所属区 s
f=DA(:,5);%发案率
[ma,na]=size(DA);
[mb,nb]=size(DB);
kp=length(DB);  %连接线总数
px=zeros(2,1);py=zeros(2,1);
hold on
for i=1:kp
px(1)=x(DB(i,1));py(1)=y(DB(i,1));
px(2)=x(DB(i,2));py(2)=y(DB(i,2));
%sfprintf('(%5.0f,%5.0f)--(%5.0f,%5.0f)\n',px(1),py(1),px(2),py(2));
plot(px,py);  %画原始点及线路
end

%形成线的0-1邻接矩阵P
P=zeros(kp,kp);
for i=1:kp
  i1=DB(i,1);j1=DB(i,2);
  P(i1,j1)=1;
  P(j1,i1)=1;
end
  pos=32;  %罪犯逃跑点
plot(x(pos),y(pos),'ro');
%利用Flod算法求任意两点之间最短路
v1=1000;%罪犯逃跑速度
n=ma;  %582
A=zeros(n,n);%存储任意两点最短路
for i=1:n
     for j=1:n
        if(i= =j) A(i,j)=0;
        else A(i,j)=1000000;
        end
     end
```

```
end
for i=1:kp  %给每条线路赋予距离
  point1=DB(i,1);point2=DB(i,2);
p1x=x(point1);p1y=y(point1)   ;
p2x=x(point2);p2y=y(point2);
d=sqrt((p1x-p2x)^2+(p1y-p2y)^2);
A(point1,point2)=d;
A(point2,point1)=d;
end

U=A;%原始矩阵
%1.1 利用 Flod 算法计算最短距离矩阵
for k=1:n
for i=1 :n

    for j=1:n
        t=A(i,k)+A(k,j);
        if t<A(i,j)  A(i,j)=t;end
          end      %end for j
    end   %end for i
end   %end for k
A=100*A;%每 mm 代表 100 m
%获得 A(582,582)为任意两点之间的最短距离
```

附件 6　完成围堵的程序 b2011_5_2.m。

```
%先运行 b2011_5_1.m 区出任意两点之间的最短距离 A(582,582)
%求给定 t 时的集合 At,Bt,Ct,Pt(可选平台集合)
  %给定时间 t 时
v=1000;%罪犯速度

t=9.1;   %给定时间
At=[];
num1=0;
%step1  求 t min 内形成的范围 At
fori=1:582
  if A(i,pos)/v1<t
    num1=num1+1;
    At=[At,i];
  end
end
```

```
holdon
fori=1:num1
plot(x(At(i)),y(At(i)),'bo');   %画 At 点
end

%step2 求与 At 相邻的点 Bt
Bt=[];
U=zeros(582,1);
for i=1:num1
  i1=At(i);
  for j=1:582
    if P(i1,j)= =1U(j)=1;end   %找出与 At(i)相连的点
  end
end

  for i=1:582
    if U(i)= =1Bt=[Bt,i];end
  end
  num2=length(Bt);
  %step3 求 C(t)=B(t)-A(t)
    U=zeros(582,1);

  for i=1:num1
    k=At(i);
    U(k)=1;
  end
    Ct=[];
  for i=1:num2
    i1=Bt(i);
    if U(i1)= =0Ct=[Ct,i1];end
  end

  kp=length(DB);   %连接线总数
px=zeros(2,1);py=zeros(2,1);
holdon

for i=1:kp
px(1)=x(DB(i,1));py(1)=y(DB(i,1));
```

```
px(2)=x(DB(i,2));py(2)=y(DB(i,2));
plot(px,py);  %画原始点及线路
end

pos=32;  %罪犯逃跑点
plot(x(pos),y(pos),'bo');
%求到包围点最近的平台
kp=length(DC);
U=zeros(kp,1);
Dp=zeros(length(Ct),1);%包围点获得指定的平台
TT=zeros(length(Ct),1);%存储平台到包围点的时间
for i=1:length(Ct);
  tmin=1000;
  for j=1:length(DC);
    tt=A(Ct(i),DC(j,1))/v;
    if tt<tmin&&U(j)= =0s=j;tmin=tt;end
  end
  TT(i)=tmin;U(s)=1;Dp(i)=DC(s,1);
end
for i=1:length(Ct);
  T1(i)=A(Dp(i),Ct(i))/v;
  T2(i)=A(pos,Ct(i))/v;
end
  for i=1:length(Ct)
plot(x(Ct(i)),y(Ct(i)),'ro');  %画包围圈点
  end
    for i=1:length(Dp)
plot(x(Dp(i)),y(Dp(i)),'bs');  %画平台点
    end
      fprintf('序号新包围点,平台,封锁时间,罪犯到达时间\n');
for i=1:length(Ct)
    fprintf('%4d%4d  %4d  %6.4f    %6.4f\n',i,Ct(i),Dp(i),TT(i)+3,T2(i));
end
  Info=zeros(length(Ct),4);
fori=1:length(Ct)
  Info(i,1)=i;Info(i,2)=Ct(i);Info(i,3)=Dp(i);Info(i,4)=TT(i)+3;Info(i,5)=T2(i);
end
XLSWRITE('rest.xls.',Info,'A1:E24');%输出到 XLS 文件中.
```

参 考 文 献

[1] 姜启源.数学模型.3版.北京:高等教育出版社,2003.
[2] 谢金星,薛毅.优化建模与LINDO/LIBGO软件.北京:清华大学出版社,2005.
[3] 田铮,肖华勇.随机数学基础.北京:高等教育出版社,2005.
[4] 田铮.时间序列的理论与方法.2版.北京:高等教育出版社,2001.
[5] 周义仓,赫孝.数学建模实验.西安:西安交通大学出版社,1999.
[6] 薛定宇,陈阳泉.高等应用数学问题的MATLAB求解.北京:清华大学出版社,2004.
[7] 袁震东,洪渊,等.数学建模.上海:华东师范大学出版社,1997.
[8] 杨启帆,等.数学建模.3版.杭州:浙江大学出版社,1999.
[9] 杨洪.图论常用算法选编.北京:中国铁道出版社,1988.
[10] 卢开澄,等.图论及其应用.北京:清华大学出版社,1995.
[11] 李大潜.中国大学生数学建模竞赛.北京:高等教育出版社,1998.
[12] 叶其孝.数学建模教育与国际数学建模竞赛.工科数学,1994(4).
[13] 叶其孝.大学生数学建模竞赛辅导教材(二).长沙:湖南教育出版社,1997.
[14] 叶其孝.大学生数学建模竞赛辅导教材(三).长沙:湖南教育出版社,1998.
[15] 叶其孝,等.大学生数学建模竞赛辅导教材(四).长沙:湖南教育出版社,2001.
[16] 刘来福,曾文艺.数学模型与数学建模.北京:北京师范大学出版社,1997.
[17] 赵静,等.数学建模与数学实验.北京:高等教育出版社,施普林格出版社,2000.
[18] 李占利.运筹学简明教程.西安:西北工业大学出版社,2004.
[19] 施锡铨,范正绮.数据分析方法.上海:上海财经大学出版社,1997.
[20] 谭浩强.C程序设计.北京:清华大学出版社,2005.